卓越农林人才培养实验实训实习教材

# 现代规模化养殖场兽医实习与实训

**主　编**
李前勇　　（西南大学）
杨正涛　　（佛山大学）
易华山　　（西南大学）

**副主编**
张德志　　（西南大学）
刘国文　　（吉林大学）
李小兵　　（云南农业大学）
郭梦尧　　（东北农业大学）
范才良　　（重庆市荣昌区农业农村委员会）

**参　编**（排名不分先后）
胡延春　　（四川农业大学）
张欣科　　（西北农林科技大学）
宋旭琴　　（贵州大学）
胡世君　　（西南大学）
欧红萍　　（成都农业科技职业学院）
王燕琴　　（集宁师范学院）
吕彩云　　（黄山学院）
张余蓬　　（西南大学）
朱　瑞　　（西南大学）
白朝勇　　（四川博策生物科技有限公司）
赖守勋　　（四川铁骑力士实业有限公司）
王钟翊　　（齐鲁动物保健品有限公司）
万　立　　（合江温氏畜牧有限公司）
左联文　　（重庆恒都农业集团有限公司）
尹　远　　［重庆德康农牧（集团）有限公司　合川分公司］
彭　晓　　（正大集团　渝黔区鸡事业部）

西南大学出版社
国家一级出版社　全国百佳图书出版单位

图书在版编目(CIP)数据

现代规模化养殖场兽医实习与实训 / 李前勇，杨正涛，易华山主编. -- 重庆：西南大学出版社，2024.6
卓越农林人才培养实验实训实习教材
ISBN 978-7-5697-1452-4

Ⅰ.①现… Ⅱ.①李… ②杨… ③易… Ⅲ.①兽医学—高等学校—教学参考资料 Ⅳ.①S85

中国版本图书馆CIP数据核字(2022)第208644号

## 现代规模化养殖场兽医实习与实训
李前勇　杨正涛　易华山　主编

| 责任编辑：陈　欣
| 责任校对：刘欣鑫
| 装帧设计：观止堂_朱　璇
| 排　　版：张　祥
| 出版发行：西南大学出版社(原西南师范大学出版社)
|     　　　地址：重庆市北碚区天生路2号
|     　　　邮编：400715　　市场营销部电话：023-68868624
| 印　　刷：重庆亘鑫印务有限公司
| 成品尺寸：195 mm×255 mm
| 印　　张：19
| 字　　数：428千字
| 版　　次：2024年6月　第1版
| 印　　次：2024年6月　第1次印刷
| 书　　号：ISBN 978-7-5697-1452-4
| 定　　价：58.00元

# 总序

2014年9月,教育部、农业部(现农业农村部)、国家林业局(现国家林业和草原局)批准西南大学动物科学专业、动物医学专业、动物药学专业本科人才培养为国家第一批卓越农林人才教育培养计划改革试点项目。学校与其他卓越农林人才培养高校广泛开展合作,积极探索卓越农林人才培养的模式、实训实践等教育教学改革,加强国家卓越农林人才培养校内实践基地建设,不断探索校企、校地协调育人机制的建立,开展全国专业实践技能大赛等,在卓越农林人才培养方面取得了巨大的成绩。西南大学水产养殖学专业、水族科学与技术专业同步与国家卓越农林人才教育培养计划专业开展了人才培养模式改革等教育教学探索与实践。2018年9月,教育部、农业农村部、国家林业和草原局发布的《关于加强农科教结合实施卓越农林人才教育培养计划2.0的意见》(简称《意见2.0》)明确提出,经过5年的努力,全面建立多层次、多类型、多样化的中国特色高等农林教育人才培养体系,提出了农林人才培养要开发优质课程资源,注重体现学科交叉融合、体现现代生物科技课程建设新要求,及时用农林业发展的新理论、新知识、新技术更新教学内容。

为适应新时代卓越农林人才教育培养的教学需求,促进"新农科"建设和"双万计划"顺利推进,进一步强化本科理论知识学习与实践技能培养,西南大学联合相关高校,在总结卓越农林人才培养改革与实践的经验基础之上,结合教育部《普通高等学校本科专业类教学质量国家标准》以及教育部、财政部、发展改革委《关于高等学校加快"双一流"建设的指导意见》等文件精神,决定推出一套"卓越农林人才培养实验实训实习教材"。本套教材包含动物科学、动物医学、动物药学、中兽医学、水产养殖学、水族科学与技术等本科专业的学科基础课程、专业发展课程和实践等教学环节的实验实训实习内容,适合作为动物科学、动物医学和水产养殖学及相关专业的教学用书,也可作为教学辅助材料。

本套教材面向全国各类高校的畜牧、兽医、水产及相关专业的实践教学环节,具有较广泛的适用性。归纳起来,这套教材有以下特点:

**1. 准确定位,面向卓越** 本套教材的深度与广度力求符合动物科学、动物医学和水产养殖学及相关专业国家人才培养标准的要求和卓越农林人才培养的需要,紧扣教学活动与知识结构,对人才培养体系、课程体系进行充分调研与论证,及时用现代农林业发展的新理论、新知识、新技术更新教学内容以培养卓越农林人才。

**2.夯实基础,切合实际** 本套教材遵循卓越农林人才培养的理念和要求,注重夯实基础理论、基本知识、基本思维、基本技能;科学规划、优化学科品类,力求考虑学科的差异与融合,注重各学科间的有机衔接,切合教学实际。

**3.创新形式,案例引导** 本套教材引入案例教学,以提高学生的学习兴趣和教学效果;与创新创业、行业生产实际紧密结合,增强学生运用所学知识与技能的能力,适应农业创新发展的特点。

**4.注重实践,衔接实训** 本套教材注意厘清教学各环节,循序渐进,注重指导学生开展现场实训。

"授人以鱼,不如授人以渔。"本套教材尽可能地介绍各个实验(实训、实习)的目的要求、原理和背景、操作关键点、结果误差来源、生产实践应用范围等,通过对知识的迁移延伸、操作方法比较、案例分析等,培养学生的创新意识与探索精神。本套教材是目前国内出版的能较好落实《意见2.0》的实验实训实习教材,以期能对我国农林的人才培养和行业发展起到一定的借鉴引领作用。

以上是我们编写这套教材的初衷和理念,把它们写在这里,主要是为了自勉,并不表明这些我们已经全部做好了、做到位了。我们更希望使用这套教材的师生和其他读者多提宝贵意见,使教材得以不断完善。

本套教材的出版,也凝聚了西南大学和西南大学出版社相关领导的大量心血和支持,在此向他们表示衷心的感谢!

总编委会

# 前言

为深入贯彻习近平总书记在2018年全国教育大会上的重要讲话精神，积极响应《安吉共识——中国新农科建设宣言》，努力探索培养知农、爱农，服务于国家乡村振兴战略的新一代兽医技术人才，我们针对高等农业院校动物医学专业学生教学生产实习、毕业实习环节缺乏相应参考教材的实际，邀请了国内十一所高校中具有指导学生开展教学生产实习、毕业实习经验的教师，以及国内七家大型农牧企业中有指导学生实习经验的管理、技术人员，共同编写了《现代规模化养殖场兽医实习与实训》一书。

本教材旨在以动物医学专业教学生产实习及毕业实习大纲为指引，以我国当前现代规模化养殖场兽医工作的实际情况为出发点，以顶岗实习为手段，全面培养学生在现代化养殖场的各种专业技能和工作能力。全书依据现代规模化养殖场主要饲养的牛、羊、猪、鸡等对象，分为九章，包括现代规模化牛场预防兽医岗位实习与实训、现代规模化牛场临床兽医岗位实习与实训、现代规模化羊场预防兽医岗位实习与实训、现代规模化羊场临床兽医岗位实习与实训、现代规模化繁育猪场兽医岗位实习与实训、现代规模化育肥猪场兽医岗位实习与实训、现代规模化肉鸡场兽医岗位实习与实训、现代规模化蛋鸡场兽医岗位实习与实训、现代规模化种鸡场兽医岗位实习与实训等。每章都辅以"问题导入""实习目的""实习流程""实习评价"，将学生开展顶岗实习时可能遇到的问题和疑惑、各岗位实习的工作内容和顺序、实习中所要掌握和了解的兽医专业知识和技能等进行了较好嵌入，并提出了达成实习目标的评价指标、依据和办法。本书内容涵盖兽医传染病学、兽医寄生虫学、兽医内科学、兽医外科学、兽医产科学、兽医临床诊断学、兽医药理学等动物医学专业主干课程内容，可为动物医学专业学生到现代规模化养殖场开展教学生产实习、毕业实习等在实习准备、规范实习及实习后的评价等方面提供指导和帮助。本书可作为我国高等农业院校、职业技术院校动物医学及相关专业学生的参考教材，也可作为国内养殖企业员工的上岗培训、技术提升等的参考书。

本书在编写过程中得到了西南大学动物医学院、西南大学出版社及各编者单位领导的重视和支持，各位编者在日常繁忙的教学科研、事务管理、业务工作之余，多次通过微信、QQ、电话等方式对教材结构、内容等进行研讨、斟酌，历经多年努力终于成稿并出版。在此一并表示衷心感谢。

本教材涉及的学科领域广泛,各学科的发展又十分迅速,在资料搜集中难免遗漏;同时,我国幅员辽阔,南北差异明显,规模化养殖场的现代化水平存在实际差异。因此,书中的不足在所难免,敬请师生、同行及其他读者批评指正。

编者

2024年5月

# 目录

## 第一章
### 现代规模化牛场预防兽医岗位实习与实训

第一节　牛场重点疫病的免疫接种及抗体监测·············3
第二节　牛场检疫·············10
第三节　牛场消毒及效果监测·············24
第四节　牛场驱虫及效果监测·············30
第五节　病害牛的无害化处理·············35
第六节　杀虫与灭鼠·············38
第七节　牛场兽医卫生防疫设施与制度·············41

## 第二章
### 现代规模化牛场临床兽医岗位实习与实训

第一节　巡栏检视·············47
第二节　牛场常见普通病防治要点·············50
第三节　牛场常见传染病防治要点·············72
第四节　牛场常见寄生虫病防治要点·············86

## 第三章
### 现代规模化羊场预防兽医岗位实习与实训

第一节　羊场重点疫病的免疫接种及抗体监测……97
第二节　羊场检疫……100
第三节　羊场消毒及效果监测……104
第四节　羊场驱虫及效果监测……106
第五节　病害羊的无害化处理……108
第六节　杀虫与灭鼠……108
第七节　羊场兽医卫生防疫设施与制度……110

## 第四章
### 现代规模化羊场临床兽医岗位实习与实训

第一节　巡栏检视……115
第二节　羊场常见普通病防治要点……117
第三节　羊场常见传染病防治要点……130
第四节　羊场常见寄生虫病防治要点……140

## 第五章
### 现代规模化繁育猪场兽医岗位实习与实训

第一节　繁育猪场重点疫病的免疫接种及抗体监测……147
第二节　繁育种猪及其产品出入场检疫……154
第三节　繁育猪场消毒……155
第四节　防鼠与灭鼠……165
第五节　防虫与灭虫……167
第六节　繁育猪场兽医日常巡场及临床检查……170
第七节　繁育猪场兽医卫生防疫设施与制度……171

## 第六章
### 现代规模化育肥猪场兽医岗位实习与实训

第一节　育肥猪场重点疫病的免疫接种及抗体监测…………177
第二节　育肥猪场的检疫与消毒…………178
第三节　育肥猪场兽医卫生防疫制度与日常巡栏…………180
第四节　猪场主要疾病防治要点…………181

## 第七章
### 现代规模化肉鸡场兽医岗位实习与实训

第一节　肉鸡场重点疫病的免疫接种及抗体监测…………205
第二节　肉鸡场检疫…………211
第三节　肉鸡场消毒及效果监测…………217
第四节　肉鸡场驱虫及效果监测…………220
第五节　病死鸡的无害化处理…………223
第六节　杀虫、灭鼠与控鸟…………225
第七节　鸡场兽医卫生防疫设施与制度…………227

## 第八章
### 现代规模化蛋鸡场兽医岗位实习与实训

第一节　蛋鸡场重点疫病的免疫接种及抗体监测…………233
第二节　蛋鸡场检疫…………236
第三节　蛋鸡场消毒及效果监测…………242
第四节　病死鸡的无害化处理…………247
第五节　防鸟、杀虫、灭鼠…………248

# 第九章
## 现代规模化种鸡场兽医岗位实习与实训

第一节　种鸡场重点疫病的免疫接种及抗体监测……………………253
第二节　种鸡场疫病检疫与控制……………………256
第三节　种鸡场消毒及效果监测……………………262
第四节　病死鸡的无害化处理……………………267
第五节　杀虫、灭鼠与控鸟……………………268

**附　录　养殖场兽医安全用药**……………………277
**主要参考文献**……………………292

# 第一章

# 现代规模化牛场预防兽医岗位实习与实训

> **问题导入**
>
> A同学为国内某大学动物医学专业三年级的学生,已在学校进行了系统的动物医学课程学习,掌握了动物医学专业基础及临床知识,学会了各种动物医学专业实验技术和技能。按照学校制定的人才培养计划,A同学须完成至少4周的专业教学生产实习和8周以上的毕业生产实习,方可取得相应学分。目前,经学校、学院及老师多方努力,给A同学联系到了国内某著名奶业企业的一个奶牛场进行实习,实习岗位为奶牛场预防兽医岗位。A同学为全日制在校大学生,过去的学习中未曾有到奶牛场访问、学习的经历,对牛场工作要求及奶牛场预防兽医岗位的工作内容不清楚,心中疑虑重重,不知如何进行实习准备,也不知将来的实习工作如何开展。

以上现象是存在于我国动物医学专业大学生群体中的普遍现象,我们的大学生朋友们大多是在学校完成相应阶段的学习任务,对社会生产接触不多,尤其对所学专业对应行业生产中的专业工作更为陌生。为了帮助动物医学专业大学三年级以上学生到牛场开展预防兽医岗位顶岗实习,我们通过访问国内现代化生产牛场兽医工作者,邀请业内专家,共同编写出了牛场预防兽医岗位实习内容,以供参考。

## 实习目的

1. 掌握牛场牛群重点疫病的免疫方法和程序、牛场检疫的方法和内容、牛场消毒的方法、牛群驱虫的方法。
2. 掌握重点疫病免疫效果监测、牛场消毒及驱虫效果的监测、病害牛无害化处理、牛场杀虫与灭鼠的方法。
3. 了解牛场兽医卫生防疫知识，体验兽医卫生防疫制度的执行和监督。
4. 了解和熟悉牛场预防兽医岗位实习工作内容，初步获得在牛场从事预防兽医工作的能力。

## 实习流程

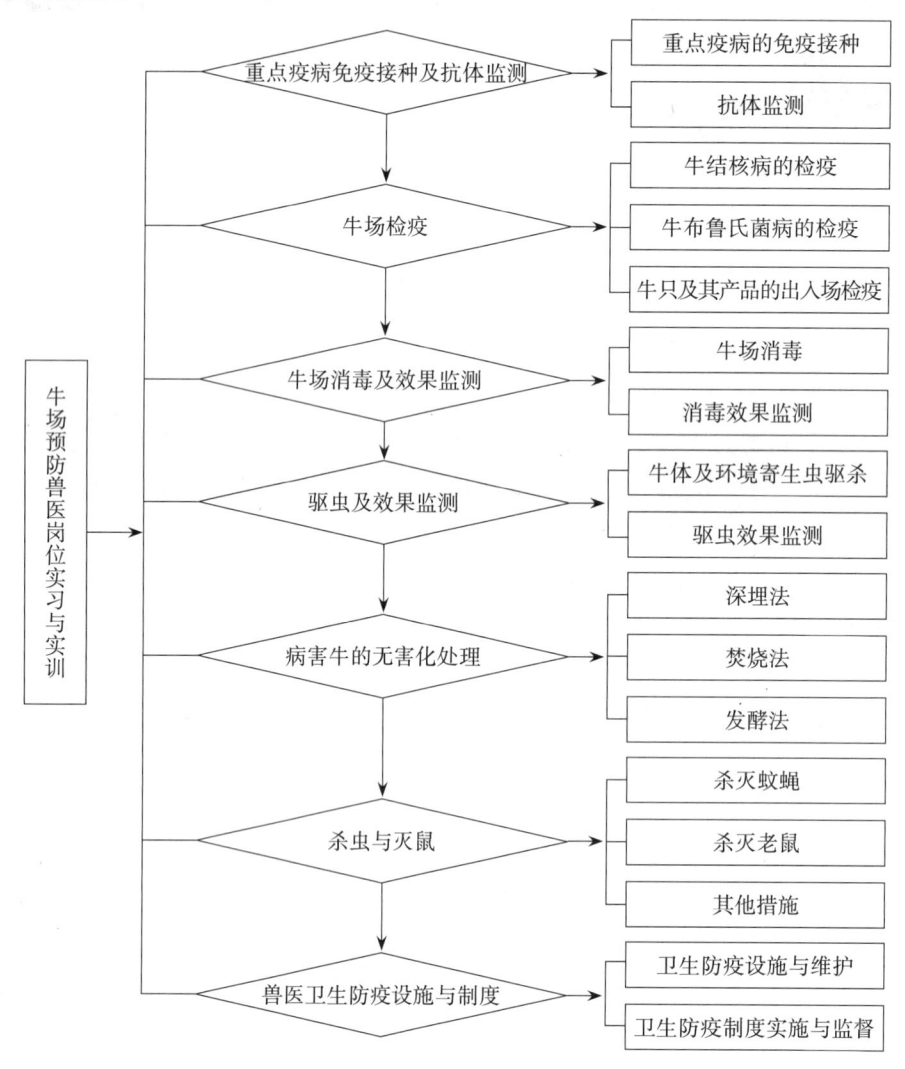

```
牛场预防兽医岗位实习与实训
├── 重点疫病免疫接种及抗体监测
│   ├── 重点疫病的免疫接种
│   └── 抗体监测
├── 牛场检疫
│   ├── 牛结核病的检疫
│   ├── 牛布鲁氏菌病的检疫
│   └── 牛只及其产品的出入场检疫
├── 牛场消毒及效果监测
│   ├── 牛场消毒
│   └── 消毒效果监测
├── 驱虫及效果监测
│   ├── 牛体及环境寄生虫驱杀
│   └── 驱虫效果监测
├── 病害牛的无害化处理
│   ├── 深埋法
│   ├── 焚烧法
│   └── 发酵法
├── 杀虫与灭鼠
│   ├── 杀灭蚊蝇
│   ├── 杀灭老鼠
│   └── 其他措施
└── 兽医卫生防疫设施与制度
    ├── 卫生防疫设施与维护
    └── 卫生防疫制度实施与监督
```

现代规模化牛场兽医防疫设施较健全,兽医卫生防疫制度比较严格,生物安全意识较强。学生进入牛场在预防兽医岗位上实习可以收到极好的效果。规模化牛场实习的主要内容,一般包括重点疫病(如口蹄疫、出败、梭菌病、牛流行热等)的免疫接种、抗体监测,牛群检疫("两病"检疫、牛及产品出入场检疫),消毒(饮用水、环境)及效果监测,定期驱虫及效果监测,牛场杀灭蚊蝇鼠害及效果评价,病害牛的无害化处理,牛场卫生防疫设施维护、制度实施和监督等。

## 第一节 牛场重点疫病的免疫接种及抗体监测

### 一、牛场重点疫病的免疫接种

#### (一)免疫接种疫苗及程序

在经常发生某些传染病的地区(牛场),或某些传染病潜在的地区(牛场),或受到邻近地区某些传染病威胁的地区(牛场),为防止传染病的发生,应有计划地给健康牛群进行预防性免疫接种。迄今为止,对健康牛群开展预防性免疫接种是许多重要传染病的最高效、经济、简便的防控方式。我国地域辽阔,牛场多而分布广,各地区、各牛场重点疫病流行、发生的特点有很大差异,国家兽医主管部门对个别重点疫病的防控政策也有所不同,如布鲁氏菌病在北方牧区可实行"布鲁氏菌19号活菌苗"免疫,但在南方农区则要求实行严格的检疫、扑杀措施。因此,各牛场应积极配合当地兽医主管部门、高校及科研院所开展本地区和邻近地区牛重点疫病的流行病学研究,并针对牛场牛群实际,制定科学合理的疫病免疫程序。表1-1、表1-2为我国南方农区牛场主要传染病的免疫参考程序。

表1-1 犊牛及后备牛主要传染病的免疫参考程序

| 月龄 | 疫苗种类 | 免疫途径 | 备注 |
| --- | --- | --- | --- |
| 1月龄 | 牛副伤寒灭活疫苗 | 皮下或肌内注射 | 出生后2~7日龄首免1剂,免疫期6个月 |
| | 气肿疽灭活疫苗 | 皮下或肌内注射 | 出生第2周注射1剂,放牧或半放牧牛必免,免疫期1年 |
| | 牛传染性鼻气管炎疫苗 | 肌内注射 | 出生第3周注射1剂,5月龄再接种1次 |
| | 牛病毒性腹泻疫苗 | 肌内注射 | 出生第4周注射1剂,6月龄再接种1次 |

续表

| 月龄 | 疫苗种类 | 免疫途径 | 备注 |
|---|---|---|---|
| 2月龄 | 牛出败灭活苗 | 皮下或肌内注射 | 出生第5周注射1剂,免疫期9个月 |
| | II号炭疽芽孢苗 | 皮下或肌内注射 | 出生第7周注射1剂,免疫期12个月 |
| 3月龄 | 口蹄疫灭活疫苗 | 皮下或肌内注射 | 第9周用成年牛1/2剂量初免,隔1个月后加强免疫1次,以后用成年牛剂量每隔4个月免疫1次 |
| 4月龄 | 牛支原体肺炎灭活苗 | 皮下或肌内注射 | 免疫期1年 |
| 6月龄 | 梭菌多联灭活疫苗 | 皮下或肌内注射 | 免疫保护期6个月 |
| 12月龄 | 牛出败灭活苗 | 皮下或肌内注射 | 每牛1剂,免疫期9个月 |
| | II号炭疽芽孢苗 | 皮下或肌内注射 | 免疫期12个月 |
| | 牛病毒性腹泻疫苗 | 肌内注射 | 每牛1剂,免疫期12个月 |
| | 牛传染性鼻气管炎疫苗 | 肌内注射 | 每牛1剂,免疫期12个月 |
| 18月龄 | 口蹄疫灭活疫苗 | 皮下或肌内注射 | 免疫期3~4个月,每牛注射1剂 |
| | 魏氏梭菌灭活苗 | 皮下注射 | 每牛注射5 mL,免疫期6个月 |
| 24月龄 | II号炭疽芽孢苗 | 皮下或肌内注射 | 免疫期12个月 |
| | 口蹄疫灭活疫苗 | 皮下或肌内注射 | 免疫期3~4个月,每牛注射1剂 |
| | 牛出败灭活苗 | 皮下或肌内注射 | 每牛1剂,免疫期9个月 |
| | 魏氏梭菌灭活苗 | 皮下注射 | 每牛注射5 mL,免疫期6个月 |
| | 牛病毒性腹泻疫苗 | 肌内注射 | 每牛1剂,免疫期12个月 |
| | 牛传染性鼻气管炎疫苗 | 肌内注射 | 每牛1剂,免疫期12个月 |

表1-2 成年母牛免疫参考程序

| 免疫时间 | 疫苗种类 | 免疫途径 | 备注 |
|---|---|---|---|
| 每年3,9月 | 口蹄疫灭活疫苗 | 皮下或肌内注射1剂 | 免疫期6个月,新购进等未免牛应及时补免 |
| 每年4,5,8月 | 牛流行热灭活疫苗 | 皮下注射1剂 | 免疫保护期6~8个月 |
| 母牛配种前30~50 d | 牛传染性鼻气管炎疫苗 | 肌内注射1剂 | 初产母牛须在配种前1~3个月进行接种 |

续表

| 免疫时间 | 疫苗种类 | 免疫途径 | 备注 |
| --- | --- | --- | --- |
| 母牛配种前30～50 d | 牛病毒性腹泻疫苗 | 肌内注射1剂 | 初产母牛须在配种前1～3个月进行接种 |
| | 牛出败灭活苗 | 皮下或肌内注射1剂 | 免疫期9个月 |
| 母牛产前第8周 | 口蹄疫灭活疫苗 | 皮下或肌内注射 | 每牛1剂 |
| 母牛产前第5周 | 犊牛副伤寒疫苗 | 皮下或肌内注射1剂 | 免疫期6个月 |
| 母牛产前第4周 | 梭菌多联灭活疫苗 | 皮下或肌内注射1剂 | 免疫期6个月 |

### (二)疫苗免疫注射方法

**1. 皮下注射**

注射部位以皮肤较薄、皮下组织疏松处为宜,奶牛一般在颈部两侧。皮下注射一般选用16号(4 cm)针头,注射时对注射部位剪毛消毒(用70%酒精和2%碘酊涂抹消毒,规范操作为先用2%碘酊涂抹注射部位皮肤1次,再用70%酒精涂抹注射部位皮肤1次)。一般用左手拇指和食指捏起注射部位皮肤,使皮肤与针刺方向成45°角,右手持注射器,或用右手拇指、食指和中指单独捏住针头座,将针头迅速刺入捏起的皮肤皱褶内,使针尖刺入皮肤皱褶内1.5～2.0 cm深,然后松开左手,连接针头和针管,将药液徐徐注入皮下。注射完毕后,拔出注射器及针头,再用酒精棉球消毒1次。

**2. 肌内注射**

肌内注射的部位一般选择在肌肉层较厚的臀部或颈部。使用16号(4 cm)针头,注射时,对注射部位剪毛消毒(消毒方法同上),取下注射器的针头,以右手拇指、食指和中指捏住针头座,对准消毒好的注射部位,将针头用力刺入肌肉内,然后连接吸好药液的针管,徐徐注入药液。注射完毕后,拔出针头,针眼以酒精棉球消毒。也可用右手手握连接针头的注射器,以针头对准消毒后注射部位快速刺入至针头的2/3,再以左手固定针筒,右手徐缓推注药液。注射完毕后立即拔针、消毒。

### (三)疫苗免疫接种注意事项

**1. 注意牛群健康**

开展疫苗免疫接种前,应对牛群进行详细巡视。对于有体弱、消瘦、咳嗽、流涕、发热、减食、腹泻、便秘、尿血、排尿困难、精神差、运步无力等现象的病牛要及时隔离,并通过临床检查和必要的实验室病原检测后进行诊断,或进行及时治疗,或及早淘汰。在确认牛群健康、无任何重点传染病隐性感染后,可实施疫苗免疫接种。

**2. 严格确保疫苗质量**

在使用疫苗前,应仔细检查疫苗毒株与本地流行毒株是否相符,尽量使用国内外知名厂家的多联疫苗;应仔细阅读疫苗使用说明书,特别关注其使用剂量、免疫保护时间;应仔细检查疫苗瓶体有无裂缝、封口是否严密、是否过期、疫苗中是否混有杂质、颜色是否发生改变、保存方法是否符合要求等。

**3. 接种操作规范**

工作人员应穿工作服和胶靴,必要时可戴口罩,工作前后应洗手消毒,免疫接种的金属注射器及针头要高温消毒。免疫接种时,要做到疫苗不离保温容器,保温容器不离冰。吸取疫苗前,应按要求对疫苗进行稀释,并将疫苗振荡均匀,保证疫苗的有效含量。同时注射两种及以上疫苗时,注射器、针头、疫苗不能混用。要做到一牛换一个针头,勤换注射器,防止交叉感染。注射接种时,要防止打空针、漏针。剩余疫苗及消毒用过的酒精棉球应集中销毁,金属注射器、针头应高温消毒,使用后的工作服、胶靴也应进行消毒、清洗。注射后当天,免疫场所最好用含碘的消毒剂实施消毒1次。

**4. 接种后的反应和处理**

有少数牛只在接种某些疫苗后2~3 d内,可出现精神变差、食欲减退、发热、运步缓慢等现象,但很快会消失,此为免疫反应。兽医人员应在疫苗免疫接种后3 d内勤于检视牛群,密切关注发生免疫反应牛只的状况,对发生疫苗过敏反应的牛只(表现为倒卧于地、口吐白沫、知觉丧失、二便失禁、高热)可及时使用肾上腺素、盐酸异丙嗪、苯海拉明、抗菌药物、解热药物等进行处置。

**5. 免疫接种期间的饲养管理**

预防接种前后,应注意加强牛群的饲养管理,可适当增加蛋白质、必需微量元素、多种维生素的供给,勤于清粪、通风,保持牛舍干燥、温度适宜,以利于牛只机体产生高水平的特异性抗体,减少接种后的不良反应。

**(四)免疫接种标记和档案的建立**

免疫接种后,兽医人员应在接种牛群的牛栏上悬挂免疫标识牌,免疫标识牌上的信息主要包含免疫接种疫苗种类、生产厂家及批号、接种日期、牛只品种等。牛场兽医室还应建立完善详细的免疫接种档案,明确记载每一次疫苗接种的疫苗种类、生产厂家及批号、接种日期、接种牛号、接种后的反应等。

## 二、疫苗免疫抗体监测

准确了解免疫牛群疫苗免疫的抗体水平及其动态变化,掌握疫苗免疫的实际保护率,对科学、高效防控牛群重点(大)疫病、有效减轻疫病对牛业生产造成的损失有着十分重要的意义。与此同时,对重大疫情预防预警、疫病的病原诊断、疫苗质量评估等也有十分积极的意义。

(一)抽样

依据国家农业农村部关于"国家动物疫病监测与流行病学调查计划"的通知要求,开展免疫牛群抗体监测可分为集中监测和常规监测,集中监测应每六个月进行一次,常规监测则每月一次。牛群抽样数量可按预期抗体合格率90%、95%置信水平、可接受误差10%进行确定(详见表1-3),抽样个体则应按照完全随机抽样法或随机群组抽样法或多级随机抽样法确定。

表1-3 场群内抗体监测抽样数量表　　　　单位:头

| 场群存栏数 | 可接受误差 ||||||
|---|---|---|---|---|---|---|
| | 5% | 6% | 7% | 8% | 9% | 10% |
| 50 | 37 | 33 | 30 | 26 | 24 | 21 |
| 100 | 59 | 49 | 42 | 36 | 30 | 26 |
| 150 | 72 | 59 | 48 | 40 | 34 | 29 |
| 200 | 82 | 65 | 53 | 43 | 36 | 30 |
| 250 | 90 | 70 | 56 | 45 | 37 | 31 |
| 300 | 95 | 73 | 58 | 46 | 38 | 32 |
| 350 | 100 | 76 | 59 | 47 | 39 | 32 |
| 400 | 103 | 78 | 60 | 48 | 39 | 32 |
| 450 | 106 | 80 | 61 | 49 | 39 | 33 |
| 500 | 109 | 81 | 62 | 49 | 40 | 33 |
| 550 | 111 | 82 | 63 | 50 | 40 | 33 |
| 600 | 113 | 83 | 64 | 50 | 40 | 33 |
| 650 | 115 | 84 | 64 | 50 | 41 | 33 |
| 700 | 116 | 85 | 65 | 51 | 41 | 33 |
| 750 | 117 | 85 | 65 | 51 | 41 | 34 |
| 800 | 118 | 86 | 65 | 51 | 41 | 34 |
| 850 | 119 | 87 | 66 | 51 | 41 | 34 |
| 900 | 120 | 87 | 66 | 51 | 41 | 34 |
| 950 | 121 | 88 | 66 | 52 | 41 | 34 |
| 1 000 | 122 | 88 | 66 | 52 | 41 | 34 |

续表

单位:头

| 场群存栏数 | 可接受误差 | | | | | |
|---|---|---|---|---|---|---|
| | 5% | 6% | 7% | 8% | 9% | 10% |
| 1 100 | 123 | 89 | 67 | 52 | 42 | 34 |
| 1 200 | 125 | 89 | 67 | 52 | 42 | 34 |
| 1 300 | 125 | 90 | 67 | 52 | 42 | 34 |
| 1 400 | 126 | 90 | 68 | 53 | 42 | 34 |
| 1 500 | 127 | 91 | 68 | 53 | 42 | 34 |
| 1 600 | 128 | 91 | 68 | 53 | 42 | 34 |
| 1 700 | 128 | 91 | 68 | 53 | 42 | 34 |
| 1 800 | 129 | 92 | 68 | 53 | 42 | 34 |
| 1 900 | 129 | 92 | 69 | 53 | 42 | 34 |
| 2 000 | 130 | 92 | 69 | 53 | 42 | 34 |

注:预期抗体合格率90%,95%置信水平。

### (二)血液样品的采集及血清的制备

一般在牛群实施疫苗免疫3周后进行采样,牛口蹄疫疫苗免疫若是属于加强免疫,则需要在二次免疫后第28天进行。采血宜安排在喂草、喂料前,最好采空腹晨血。采血部位多选取在颈部静脉,奶牛场常选取尾部静脉。采血时,应先准备好消毒采血针与针管或20 mL的一次性注射器、消毒酒精/碘酒棉球、毛剪、洁净采血试管(或商品级惰性分离促胶凝管)、牛只保定器具(牛鼻钳、保定绳、保定架)。采血前,应先对牛只进行必要保定:进行颈静脉采血时宜先对牛只实施头部绳套法保定,使其头部固定在牛栏横杆上或保定架一侧立柱上,充分暴露颈部;进行尾静脉采血时可对两后肢实行"8"字形保定或缠绕保定。然后,对采血部位进行常规剪毛、消毒。颈静脉采血时宜先阻断该静脉的下部,待其充盈,选择颈部静脉上1/3与中1/3交界部位以45°角刺入采血针至针长2/3处,立即缓慢抽血约5 mL,随后快速拔出针头,用消毒棉球按住止血;尾静脉采血时,先高抬牛尾,在牛尾内侧距肛门4 cm处消毒,用采血注射器刺入3～8 mm,缓慢抽血3～5 mL,随后拔针消毒。抽取的血液样品应立即注入采血管中,并进行编号、标记,斜放于试管架上,室温静置2 h或37 ℃下放置1 h。

采集的血液样品静置后,待上层有少许血清析出时,可平衡放于医用离心机中,3 000 r/min离心15～20 min,然后取上层血清于新的试管内,做好标记,保存于−20 ℃下备用。

### (三)抗体效价的测定

以O型口蹄疫疫苗免疫抗体检测为例。

**1. 主要实验材料**

口蹄疫O型抗体液相阻断ELISA检测试剂盒(中国农业科学院兰州兽医研究所生产)(ELISA即酶联免疫吸附试验),全自动酶标仪(SUNRIS TECAN型,匈牙利进口),自动酶标洗板机(DEM-Ⅲ,北京科学实验仪器厂),单道可调移液器(25 μL、100 μL、200 μL,德国Ependorf公司),恒温振荡培养箱(DHG-9145A,上海齐欣科学仪器有限公司)。

**2. 试剂准备**

(1)包被缓冲液(pH=9.6):将试剂盒配备的碳酸盐缓冲液胶囊1粒小心打开,倾出其中粉末于100 mL去离子水中,溶解,装入洁净试剂瓶内4 ℃下保存。1月内有效。

(2)磷酸盐-吐温缓冲液(PBST):取出试剂盒中配备的25倍PBST浓缩液,用去离子水或双蒸水稀释成1倍PBST,即1份PBST浓缩液中加入24份水,混匀,4 ℃下保存。

(3)底物溶液:自试剂盒中取1片柠檬酸-磷酸盐片,溶解于100 mL去离子水中;然后,取50 mL溶解液,再加入1片邻苯二胺(OPD),充分溶解后,分装(5 mL/管),避光-20 ℃下保存。

**3. 抗体测定操作步骤**

(1)口蹄疫特异抗体的包被:用包被缓冲液稀释口蹄疫O型兔抗血清至工作浓度(1:1 000),在酶标板上加样,50 μL/孔,振荡,封板或置湿盒内,室温过夜。

(2)抗原抗体反应:首先用PBST液将阴性、阳性对照血清及被检血清分别按1:2,1:8,1:4的比例稀释,将稀释后的三种液体分别以50 μL/孔的量加到96孔血清/病毒抗原反应板上,然后用PBST液以倍比稀释方式,将阴性对照血清从1:2稀释至1:4,阳性对照血清从1:8稀释至1:1 024,被检血清从1:4稀释至1:64。将病毒抗原用PBST液稀释至工作浓度后,以50 μL/孔的量加入被检血清、阴性与阳性对照血清各稀释孔内,病毒抗原对照孔加入100 μL。振荡,2~8 ℃过夜。加入等量的病毒抗原后,血清的稀释倍数加倍。

(3)抗原抗体混合物移至酶标板上:用PBST液连续洗涤反应板5次,甩出孔内液体,吸水纸吸干。再将抗原抗体混合物从抗原抗体反应板上依次转移至酶标板上对应孔中,50 μL/孔,封板,37 ℃温育60 min。

(4)加入口蹄疫O型豚鼠抗血清:用PBST液连续洗涤酶标板5次,在吸水纸上甩干。用豚鼠抗血清稀释液稀释口蹄疫O型豚鼠抗血清至工作浓度(1:1 000),加样,50 μL/孔,封板,37 ℃温育60 min。

(5)加入酶标抗体:用PBST液连续洗涤酶标板5次,在吸水纸上甩干。用PBST液稀释兔抗豚鼠血清IgG-辣根过氧化物酶结合物至工作浓度(1:500),加样,50 μL/孔,封板,37 ℃温育60 min。

(6)加入底物:PBST液连续洗涤酶标板5次,在吸水纸上甩干。以50 μL/孔的量加底物溶液(底物溶液使用时,务必按底物溶液:双氧水=100:1的比例,加入3%的双氧水),37 ℃温育60 min。

(7)终止反应、OD值测定:每孔加入50 μL终止液,使反应终止。再用酶标仪读取$OD_{492\,nm}$值。

**4. 结果判定**

(1)实验认可标准:每块实验板的病毒抗原对照$OD_{492\,nm}$值应在1.5±0.5范围内,阳性对照血清抗体效价在1:29至1:211(1:512至1:2 048)之间,阴性对照血清抗体效价<1:8,说明实验操作成功,被测血清样品数据可信。

(2)血清抗体效价的判断:计算病毒抗原孔$OD_{492\,nm}$值的均值,再除以2,得到阻断50%反应的对照$OD_{492\,nm}$值。以该值为临界值,被检血清孔(含各稀释孔)$OD_{492\,nm}$值大于临界值为阴性孔,小于或等于临界值为阳性孔。$OD_{492\,nm}$值等于临界值的阳性孔的稀释倍数即为抗体效价。若临界值处于两个稀释孔$OD_{492\,nm}$值之间,可将两个稀释倍数取自然对数值后进行平均,再计算其反对数值,可得稀释倍数,进而获得抗体效价。

(3)结果判定:使用ELISA抗体测定法,样品抗体效价为1:128及以上时,可以提供99%以上的保护;为1:64及以上时,可以提供有效保护;效价在1:22至1:90之间时,判断为合格;在1:16以下为不合格。牛群中,免疫合格的个体比例≥70%时,视为牛群免疫合格。

## 第二节 牛场检疫

开展牛场检疫是对国家《动物防疫法》贯彻执行的具体体现,对防止人畜共患病的流行和蔓延、重大动物疫病的传播,有效保障牛场牛群健康及动物产品的消费安全等均有十分重要的意义。此外,牛场检疫工作有助于兽医人员及时、准确、全面了解牛群疫病情况,便于制订更加科学合理的防疫计划,实施积极有效的防治措施,有益于牛场的安全高效生产。

牛场检疫属于生产性动物检疫。此外,动物检疫还包括产地检疫、屠宰检疫、向无规定动物疫病区输入相关动物及其产品的检疫,以及运输检疫监督、市场检疫监督等。在国际贸易中,我国还开展了进境动物检疫,进境动物产品检疫,出境动物检疫,过境动物检疫,运输工具检疫,进出口动物精液、胚胎及种蛋的检疫等。

一般说来,兽医检疫工作属于相关主管部门的日常工作范畴,但是,为了更好地阻止人畜共患病、重大动物疫病的流行、蔓延和传播,牛场可按动物检疫规程自行安排检疫。《反刍动物产地检疫规程》《跨省调运乳用种用家畜产地检疫规程》中规定:口蹄疫、布鲁氏菌病、炭疽、牛结核病、牛结节性皮肤病为主要检疫对象,乳用、种用牛的检疫对象还包括地方流行性牛白血病、牛传染性鼻气管炎(传染性脓疱外阴阴道炎)。据初步调查,我国现有牛场自行检疫的工作内容主要为春秋的"两病"检疫和牛只购入检疫。

## 一、牛群结核病的检疫

牛群结核病的检疫一般以3周龄以上牛只为主,养殖场检疫的抽样比例应为100%。检疫时应临诊观察、实验室诊断结合进行,实验室诊断有结核菌素变态反应法、提纯结核菌素(PPD)变态反应法及γ-干扰素检测法。牛群结核病检疫一般每年进行2次,分别在3—4月和9—10月进行。

### (一)牛群结核病的临诊检疫要点

**1. 流行病学特点**

该病以奶牛最易感,其他种类的牛及人均可感染;患病牛为主要传染源,健康牛可通过被污染的空气、饲料、饮用水等经呼吸道、消化道等感染。

**2. 典型临床症状**

肺型、乳房型及肠型结核病常呈慢性经过,进行性消瘦和贫血,长期咳嗽、流鼻涕、呼吸迫促,体温变化不显著。肺型结核以长期顽固性干咳为特征;乳房型结核则乳腺淋巴结慢性肿胀、泌乳减少显著;肠型结核呈现持续性下痢与便秘交替发生,粪便夹血或脓汁。

**3. 主要病理变化**

病(死)牛肺、乳房、胃肠黏膜处有白色或黄白色的结节,大小不等,切面呈干酪样坏死或钙化;胸膜、肺膜上有如珍珠状的结核结节,乳房内有豆腐渣状干酪样病灶。

### (二)提纯结核菌素(PPD)变态反应法

**1. 主要实验材料**

牛型提纯结核菌素(冻干)、灭菌生理盐水、酒精棉、卡尺、1.0~2.5 mL注射器、针头、工作服、口罩、胶靴、记录表、手套。

**2. 操作方法**

(1)注射部位及处理:登记检疫牛只编号后,以牛颈侧中上1/3处为注射部位,对注射部位剪毛,用卡尺测量术部中央皮皱厚度,做好记录。然后,对术部进行75%酒精棉球涂抹消毒。

(2)注射:先将牛型提纯结核菌素用灭菌生理盐水稀释至10万IU/mL,再用一次性注射器(1 mL)准确吸取0.1 mL稀释液。术者用左手拇指、食指捏起消毒皮肤,右手持注射器与皮肤皱褶纵线平面成30°角将针头刺入皮内,然后将针头上挑起再进针1~2 mm,随后注入稀释液,完毕后拔针、消毒。注射后局部应出现小疱。若注射失败,可另选距原注射部位15 cm以外的部位或对侧重做。

(3)观察和测量:皮内注射后72 h,仔细观察注射局部有无热痛、肿胀等炎性反应,并同时用卡尺测量皮皱厚度,做好详细记录(表1-4)。对于阴性和可疑反应牛,应于注射后96 h、120 h再各观察一次,以防个别牛出现迟发性变态反应。

**3. 结果判定**

(1)检疫结果判定:若牛只注射部位有明显炎性反应,皮厚差(注射前、后皮皱厚度差)等于或大于4 mm以上者,应判断为阳性(+);进口种牛检疫时,凡皮厚差大于2 mm者均判断为阳性;若局部炎性反应不明显,皮厚差在2.1~3.9 mm间,可判断为可疑(±);局部无炎性反应,皮厚差小于2 mm者,判断为阴性(-)。

(2)可疑牛的复检和判定:凡判断为可疑的牛只,可在第一次检验30 d后进行复检,其结果仍为可疑的,经30~45 d再复检,若仍为可疑,应判断为阳性。

表1-4 牛结核病检疫记录表

| 牛场/牛栏:××场/××号栏 ||| 检疫方法:PPD法 | 时间:××年×月×日 ||| 检疫人:××× |
|---|---|---|---|---|---|---|---|
| 牛号 | 牛龄 | 注射时间 | 部位 | 原皮厚/mm | 注射后皮厚/mm ||| 结果判定 |
| ||||| 72 h | 96 h | 120 h ||
| | | | | | | | | |
| | | | | | | | | |
| | | | | | | | | |
| | | | | | | | | |
| | | | | | | | | |
| | | | | | | | | |
| 受检头数: ||| 阳性头数: || 可疑头数: || 阴性头数: ||

**(三)阳性牛的处理**

根据《牛结核病防治技术规范》及《动物防疫法》要求,对检疫呈阳性的牛只应立即上报牛场兽医技术主管,并提供检疫详细资料。兽医技术主管得到报告后,应按程序及时向当地动物防疫监督机构报告。配合动物防疫监督机构工作人员做好病牛、阳性牛的扑杀和病害尸体的无害化处理,牛场实行封闭管理,养殖环境可用10%的漂白粉、10%~30%的石灰乳或复合酚等有效消毒剂进行消毒,协助兽医技术管理部门做好牛群的后续监测,直至封锁、疫情解除。

## 二、牛群布鲁氏菌病的检疫

牛群布鲁氏菌病的检疫对象为牛场所有牛只,无论其性别和年龄大小。检疫时应临诊观察、实验室诊断结合进行,实验室诊断方法有细菌学检查、试管凝集反应(SAT)、平板凝集反应、虎红平板凝集试验(RBPT)、全乳环状反应、补体结合反应(CFT)、变态反应试验、间接酶联免疫吸附试验(I-ELISA)、竞争酶联免疫吸附试验(C-ELISA)、快速纤维素膜试纸(dipstick)试验、荧光偏振试验(FPA)、免疫胶体金标记技术、分子生物学诊断(聚合酶链反应-单链构象多肽性方法,

PCR-SSCP;核酸探针检测法)等。我国对国内牛群布鲁氏菌病的诊断,大多是先用RBPT进行初筛,再用SAT或CFT进行确诊,但有研究指出,SAT与I-ELISA配合可以更好地检出人和动物的布鲁氏菌病。

### (一)临诊检疫技术要点

**1. 流行病学特点**

牛为易感动物之一,母牛、成年牛最易发病,第一次妊娠母牛发病较多,发病母牛流产的胎儿、胎衣是主要的传染源,可经消化道、生殖道、损伤的皮肤和黏膜等途径发生感染。

**2. 典型临床症状**

本病的潜伏期为2周至6个月,临床典型症状有怀孕母牛流产、胎衣滞留、子宫内膜炎,母牛群还出现乳房炎、关节炎、久配不孕等现象流行,公牛出现睾丸炎、附睾炎或关节炎。

**3. 主要病理变化**

病死牛脾脏、淋巴结、肝、肾出现特征性肉芽肿,生殖器官充血、肿胀;胎儿呈败血病变,浆膜、黏膜有出血点或出血斑,皮下结缔组织发生浆液性、出血性炎症。个别牛关节肿大、炎性渗出。

### (二)实验室诊断技术

**1. 虎红平板凝集试验(RBPT)**

试验用抗原为布鲁氏菌加虎红制成,能区分犊牛菌苗接种抗体和感染抗体,是一种快速玻片凝集反应,可用于大量试验样品的初步筛选。

(1)实验材料:布鲁氏菌虎红平板凝集试验抗原、阳性血清、阴性血清、被检血清、玻片、移液器(100 μL)、计时器等。

(2)操作步骤:被检血清和布鲁氏菌虎红平板凝集试验抗原各30 μL滴于载玻片上,每份血清各用一干净牙签搅拌混匀。在室温(约20 ℃)下4~10 min内记录反应结果。同时以阳性、阴性血清作对照。

(3)结果判定:在阳性、阴性血清试验结果正确的前提下,被检血清出现任何程度的凝集现象均判断为阳性,完全不凝集的判断为阴性,无可疑反应。

**2. 试管凝集反应(SAT)**

本方法多与RBPT法联合使用,二者试验结果可用于对病牛的诊断。

(1)实验材料:抗原(中国农业科学院兰州兽医研究所生产,使用时用0.5%石炭酸生理盐水作1:20稀释)、阳/阴性血清(中国农业科学院兰州兽医研究所生产)、0.5%石炭酸生理盐水稀释液(用化学纯石炭酸、氯化钠配制,经高温灭菌后备用)、被检血清(新制备血清,要求无溶血、无沉淀)。

(2)操作步骤:取5支10 mL干净试管,依次编号、标记。第1管加入稀释液2.4 mL,第2管不加,第3、第4、第5管各加入稀释液0.5 mL,吸取被检血清0.1 mL加入第1管中,混匀,吸取混合液加入第2、第3管(各0.5 mL)；再吸取第3管混合液0.5 mL加入第4管内,吸取第4管混合液0.5 mL加入第5管内,弃去第5管混合液0.5 mL。然后,将1:20稀释的抗原由第2管起,每管加入0.5 mL,血清的稀释度自第2管起依次为1:50,1:100,1:200,1:400。

每次试验须有三种对照：阴性血清对照操作步骤与被检血清相同；阳性血清对照须将血清稀释到原有滴度,其他步骤同上；抗原对照即将当时使用的已稀释抗原0.5 mL加稀释液0.5 mL。

每次试验须制备比浊管,作为记录结果的依据。配制方法是用当时使用的已稀释抗原和适量稀释液,按下表比例配制。

表1-5  比浊管配制方法

| 管号 | 抗原稀释液/mL | 试验用稀释液/mL | 清亮度/% | 标记 |
|---|---|---|---|---|
| 1 | 0 | 1.00 | 100 | ++++ |
| 2 | 0.25 | 0.75 | 75 | +++ |
| 3 | 0.50 | 0.50 | 50 | ++ |
| 4 | 0.75 | 0.25 | 25 | + |
| 5 | 1.00 | 0 | 0 | - |

全部试管充分振荡后,置37～38 ℃恒温箱内,22～24 h后用比浊管对照检查、记录结果。出现50%以上凝集的最高稀释度为该份血清的凝集价,因此50%清亮度的比浊管很重要。

(3)结果判定：牛血清凝集价为1:100以上者为阳性,凝集价为1:50者为可疑,凝集价为1:25以下为阴性。可疑反应牛只应于3～4周后进行重复检测,重检时仍为可疑及以上者判断为阳性。检疫结果应规范记录,填写相应报告(见表1-6)。

表1-6  布鲁氏菌病凝集反应报告单

| 登记报告单号 |  | 采血日期：年 月 日 | 场名称 |  |
|---|---|---|---|---|
|  |  | 收到日期：年 月 日 | 地址 |  |
|  |  | 检验日期：年 月 日 |  |  |

| 畜别 | 畜号 | 血清凝集试验 ||||| 判断 | 备注 |
|---|---|---|---|---|---|---|---|---|
|  |  | 1:25 | 1:50 | 1:100 | 1:200 | 1:400 |  |  |
|  |  |  |  |  |  |  |  |  |
|  |  |  |  |  |  |  |  |  |
|  |  |  |  |  |  |  |  |  |
|  |  |  |  |  |  |  |  |  |
| 检验人： |||||| 年 月 日 ||

**3.补体结合反应（CFT）**

（1）试验材料：溶血素、补体、绵羊红细胞悬液（3%）；抗原和阴、阳性血清（中国农业科学院兰州兽医研究所）；稀释液（生理盐水）；玻璃试管、移液器等。

被检牛血清及阴、阳性血清在试验时，用生理盐水1∶10稀释，在56～57 ℃下灭能30 min。

3%绵羊红细胞悬液的制备：无菌采集健康成年绵羊静脉血液，按阿氏液∶血液=2∶1比例稀释血液，混匀，4 ℃下放置5 d。使用前摇匀，取出所需量，用生理盐水离心洗涤3次，每次在水平转子离心机上2 000 r/min离心5 min，弃去上清液，最后一次离心10 min。留下层红细胞，用生理盐水吸打成3%的红细胞悬液。

（2）预备试验。

①配制标准比色管：首先制备3%的血红素液。取10 mL 3%的红细胞悬液，加入15 mL离心管中，水平转子离心机上2 000 r/min离心10 min，弃去上清液，加蒸馏水至9 mL，反复吸打至液体清亮，然后加入8.5%氯化钠溶液混匀即可。其次，配制标准比色管。可按下表进行操作。

表1-7 标准比色管的配制及判定标准

| 溶血度/% | 3%血红素液体积/mL | 3%红细胞悬液体积/mL | 稀释液体积/mL | 处理 | 分级符号 | 判定结果 |
| --- | --- | --- | --- | --- | --- | --- |
| 0 | 0 | 0.10 | 0.4 | 混匀后离心 | ++++ | 阳性 |
| 10 | 0.01 | 0.09 | 0.4 | | ++++ | |
| 20 | 0.02 | 0.08 | 0.4 | | +++ | |
| 30 | 0.03 | 0.07 | 0.4 | | +++ | |
| 40 | 0.04 | 0.06 | 0.4 | | +++ | |
| 50 | 0.05 | 0.05 | 0.4 | | ++ | 疑似 |
| 60 | 0.06 | 0.04 | 0.4 | | ++ | |
| 70 | 0.07 | 0.03 | 0.4 | | ++ | |
| 80 | 0.08 | 0.02 | 0.4 | | + | |
| 90 | 0.09 | 0.01 | 0.4 | | + | |
| 100 | 0.10 | 0 | 0.4 | | − | 阴性 |

②补体效价测定：试验当天打开若干瓶（依试验所需量而定）补体，用蒸馏水溶解后，取效价所需量作1∶20稀释，余下的补体4 ℃下保存备用。取7支试管，按下表加样，然后将试管放于37 ℃下水浴感作30 min，每5 min振荡1次。水平转子离心机上2 000 r/min离心3 min，与标准管比较，记录溶血程度。

表1-8 补体效价测定

| 试管号 | 1:20稀释补体体积/mL | 稀释液体积/mL | 致敏红细胞体积/mL |
| --- | --- | --- | --- |
| 1 | 0.01 | 0.29 | 0.20 |
| 2 | 0.02 | 0.28 | 0.20 |
| 3 | 0.03 | 0.27 | 0.20 |
| 4 | 0.04 | 0.26 | 0.20 |
| 5 | 0.05 | 0.25 | 0.20 |
| 6 | 0.06 | 0.24 | 0.20 |
| 7 | 0.07 | 0.23 | 0.20 |

在普通坐标纸上,以溶血度为横坐标,1:20稀释的补体的用量为纵坐标,绘制曲线。找出50%溶血的补体用量,作为1个单位的补体。本试验用3个单位补体。补体效价的计算公式(校正)为:$X=\dfrac{K}{4.5 \times y_1} \times y_2$($X$为配制3个补体单位所需补体原液的稀释倍数,$K$为滴定前补体稀释倍数,$y_1$为1个单位补体用量,$y_2$为正式试验时每管补体的用量)。

③溶血素效价测定:先稀释溶血素,取0.2 mL溶血素原液,加入19.8 mL生理盐水中,制成1:100稀释的溶血素,再按下表稀释成不同稀释度的溶血素。

表1-9 溶血素的稀释表

| 稀释度 | 溶血素及其用量 | 生理盐水用量/mL |
| --- | --- | --- |
| 1:500 | 1:100溶血素1.0 mL | 4.0 |
| 1:700 | 1:100溶血素1.0 mL | 6.0 |
| 1:800 | 1:100溶血素1.0 mL | 7.0 |
| 1:900 | 1:100溶血素1.0 mL | 8.0 |
| 1:1 000 | 1:100溶血素2.0 mL | 18.0 |
| 1:1 200 | 1:100溶血素0.5 mL | 5.5 |
| 1:1 400 | 1:100溶血素0.5 mL | 6.5 |
| 1:1 600 | 1:100溶血素0.5 mL | 7.5 |
| 1:1 800 | 1:100溶血素0.5 mL | 8.5 |
| 1:2 000 | 1:100溶血素0.5 mL | 9.5 |
| 1:2 200 | 1:1 000溶血素2.0 mL | 2.4 |

续表

| 稀释度 | 溶血素及其用量 | 生理盐水用量/mL |
|---|---|---|
| 1∶2 500 | 1∶1 000溶血素2.0 mL | 3.0 |
| 1∶2 800 | 1∶1 000溶血素2.0 mL | 3.6 |
| 1∶3 000 | 1∶1 000溶血素1.0 mL | 2.0 |
| 1∶4 000 | 1∶1 000溶血素1.0 mL | 3.0 |
| 1∶5 000 | 1∶1 000溶血素1.0 mL | 4.0 |

注：若溶血素是在等量甘油中保存，则溶血素原液所需量加倍，并相应减少生理盐水用量。

然后，制备不同稀释度的溶血素致敏红细胞。取16个试管，每管加入1.5 mL 3%的红细胞悬液，然后分别缓慢加入不同稀释度的溶血素1.5 mL，混匀，37 ℃水浴感作15 min。按下表所需量配制1∶20稀释的补体。用不同稀释度的致敏红细胞分别进行补体效价测定。

表1-10　溶血素测定结果表

| 溶血素稀释度 | 不同补体(1∶20稀释)用量的测定结果 |||||||
|---|---|---|---|---|---|---|---|
|  | 0.07 mL | 0.06 mL | 0.05 mL | 0.04 mL | 0.03 mL | 0.02 mL | 0.01 mL |
| 1∶500 | — | — | 98 | 85 | 70 | 25 | 0 |
| 1∶700 | — | — | 98 | 95 | 70 | 20 | 0 |
| 1∶800 | — | — | 98 | 90 | 70 | 20 | 0 |
| 1∶900 | — | — | 98 | 90 | 70 | 30 | 0 |
| 1∶1 000 | — | — | 98 | 80 | 70 | 30 | 0 |
| 1∶1 200 | — | — | 95 | 90 | 70 | 25 | 0 |
| 1∶1 400 | — | — | 95 | 90 | 70 | 25 | 0 |
| 1∶1 600 | — | — | 98 | 80 | 70 | 25 | 0 |
| 1∶1 800 | — | — | 98 | 90 | 70 | 20 | 0 |
| 1∶2 000 | — | — | 95 | 75 | 70 | 10 | 0 |
| 1∶2 200 | — | — | 98 | 80 | 45 | 20 | 0 |
| 1∶2 500 | — | 98 | 98 | 80 | 45 | 15 | 0 |
| 1∶2 800 | 98 | 98 | 90 | 70 | 50 | 0 | 0 |
| 1∶3 000 | 98 | 85 | 85 | 50 | 0 | 0 | 0 |

续表

| 溶血素稀释度 | 不同补体(1:20稀释)用量的测定结果 ||||||| 
|---|---|---|---|---|---|---|---|
| | 0.07 mL | 0.06 mL | 0.05 mL | 0.04 mL | 0.03 mL | 0.02 mL | 0.01 mL |
| 1:4 000 | 90 | 60 | 50 | 0 | 0 | 0 | 0 |
| 1:5 000 | 90 | 50 | 45 | 0 | 0 | 0 | 0 |

注：数据表示溶血度，—表示100%溶血，0表示不溶血。

对每一个稀释度的溶血素均找出50%溶血时1:20稀释的补体的用量，并换算成补体原液的用量（补体用量除以20）。在普通坐标纸上，以补体原液用量为纵坐标，溶血素稀释度为横坐标，绘制曲线。取溶血素的稀释倍数最高，而补体用量较低的溶血素稀释度为试验用效价。

④抗原效价测定：按下表依次进行标准阳性血清的稀释、抗原稀释，并同时作对照。

表1-11　抗原效价测定表

| 阳性血清稀释度 | 不同稀释度抗原的测定结果 ||||||| 对照(1:10)的测定结果 |
|---|---|---|---|---|---|---|---|---|
| | 1:5 | 1:10 | 1:20 | 1:40 | 1:80 | 1:160 | 1:320 | 1:640 | |
| 1:5 | 0 | 0 | 0 | 0 | 0 | 0 | 5 | 30 | 0 |
| 1:10 | 0 | 0 | 0 | 0 | 0 | 0 | 0 | 10 | 0 |
| 1:20 | 0 | 0 | 0 | 0 | 0 | 0 | 0 | 10 | 0 |
| 1:40 | 0 | 0 | 0 | 0 | 0 | 0 | 0 | 60 | 0 |
| 1:80 | 5 | 0 | 0 | 0 | 0 | 0 | 0 | 80 | 0 |
| 1:160 | 70 | 60 | 30 | 15 | 10 | 0 | 50 | 90 | 50 |
| 1:320 | — | — | 90 | 90 | 60 | 60 | 70 | — | — |
| 1:640 | — | — | — | — | — | — | — | — | — |
| 阴性血清(1:5) | — | — | — | — | — | — | — | — | — |

注：数据表示溶血度，—表示100%溶血，0表示不溶血。

针对上表的说明：1个单位补体对照为50%溶血，2个、3个单位补体对照均为100%溶血，红细胞对照不溶血。本测定结果显示，抗原作1:160稀释时，阳性血清的效价最高，因此，以1:160稀释的抗原浓度为工作浓度（或单位）。

(3)被检血清的正式试验。

按照预试验结果稀释溶血素、标准抗原和补体。再将灭能后的被检血清、标准阳性和阴性血清分别作倍比稀释（标准阳性血清应超过其效价，标准阴性血清可作3个稀释度的稀释）。试验时可按下表进行。

表1-12 血清效价测定表

| | 血清试验管 ||| 血清抗补体对照 ||| 抗原对照 | 补体对照 | 红细胞对照 |
|---|---|---|---|---|---|---|---|---|---|
| | 1:10 | 1:20 | 1:40 | 1:10 | 1:20 | 1:40 | | | |
| 血清体积/mL | 0.1 | 0.1 | 0.1 | 0.1 | 0.1 | 0.1 | — | — | — |
| 抗原体积/mL | 0.1 | 0.1 | 0.1 | — | — | — | 0.1 | — | — |
| 稀释液体积/mL | — | — | — | 0.1 | 0.1 | 0.1 | 0.1 | 0.2 | 0.3 |
| 补体体积/mL | 0.1 | 0.1 | 0.1 | 0.1 | 0.1 | 0.1 | 0.1 | 0.1 | — |
| 第一次感作 | 振荡均一后,4 ℃下放置18 h |||||||||
| 致敏红细胞体积/mL | 0.2 | 0.2 | 0.2 | 0.2 | 0.2 | 0.2 | 0.2 | 0.2 | 0.2 |
| 第二次感作 | 振荡摇匀后,37 ℃水浴30 min |||||||||
| 比色读数 | 取出试管,水平转子离心机2 000 r/min离心3 min,比照标准比色管,记录试验结果 |||||||||

标准阳性血清、阴性血清、对照和被检血清均按上表进行操作。

试验结果判断:1个补体单位的对照应为50%溶血,2个、3个补体单位的对照应为100%溶血,抗原对照应为100%溶血,红细胞对照不溶血,阳性血清对照试验结果与已知效价符合度±1个滴度,阴性血清对照应为100%溶血,血清抗体补体对照抗补管与试管的抑制溶血程度相同。达到上述结果条件,说明试验成功,可以进行被检血清的结果判定。

比照标准比色管,达到50%抑制溶血时,血清的最高稀释度为该血清的效价。被检血清稀释20倍达到50%抑制溶血时,可判断为阳性。也可按公式换算成国际补体结合单位。国际补体结合单位与血清效价的换算公式为:$b=\dfrac{1\,000 \times a}{a_0}$。$b$为国际补体结合单位(IU/mL),$a$为被检血清效价,$a_0$为测得的国家标准血清效价。

### (三)阳性牛的处理

根据《布鲁氏菌病防治技术规范》及《动物防疫法》要求,对检疫呈阳性的牛只参照结核病的处理办法进行。但消毒时,养殖设施、设备可以采用火焰、熏蒸等方式,圈舍、场地、车辆等应使用2%烧碱进行消毒,粪便应进行堆积发酵,皮毛应用环氧乙烷、福尔马林熏蒸。对于牧区、老疫区,可按国家规定选择布病疫苗S2株、M5株、S19株及农业农村部批准的其他疫苗进行紧急免疫接种。

## 三、牛只及其产品出入场检疫

为了防止动物传染病的传播,牛场在购入种牛、架子牛、种精或牛只及其产品离开生产地前,应按我国《动物防疫法》《动物检疫管理办法》的相关规定申报和进行检疫。适时做好本项工作,有利于及时发现动物疫情、及早采取防控措施,将疫病控制在局部,减少传播,可最大限度降低经济损失;还可增强养殖经营者的疫病防控意识,促进疫病的防疫和检疫工作的有机结合,实现以检促防。

一般说来,开展牛只及其产品出入场检疫工作的主体是动物卫生监督机构,但在检疫工作完成过程中,还需要牛场兽医给予积极的配合;同时,为了保证生产牛场牛群的生物安全,最大限度地降低疫病发生的风险,牛场兽医人员应积极主动开展出入生产场的牛只及其产品检疫。依据我国农业农村部的规定,对于出入场的牛只及其产品主要应检疫口蹄疫、布鲁氏菌病、牛结核病、炭疽、牛传染性胸膜肺炎等疫病。

依据牛只及其产品出场、入场两种情况的不同,牛场兽医人员开展或协助开展的工作也有差别。具体叙述如下。

### (一)出场检疫的协助

**1. 检疫申报**

牛只及其产品(种精、胚胎)等在离开生产牛场时,兽医人员应提前向当地动物卫生监督机构进行检疫申报(育肥牛、淘汰用作肉用奶牛一般提前 3 d 申报,精液、胚胎等应提前 15 d 申报),可采用申报点填报、传真、电话等方式申报,均需填写、提交动物检疫申报单。跨省(自治区、直辖市)调运奶牛、精液、胚胎的,还应提交输入地动物卫生监督机构审批的"跨省引进乳用种用动物检疫审批表"。

**2. 检疫协助**

动物卫生监督机构接到检疫申报后,会作出受理或不予受理的决定,并通知到场。受理的,会给出检疫申报受理单,并派出官方兽医到场或到指定检疫地点实施检疫。牛场兽医应协助官方兽医的检疫工作,包括提交"动物防疫条件合格证",养殖档案,牛场日常诊疗、消毒、免疫、无害化处理记录,精液和胚胎的采集、存储、销售等的记录,协助查验检疫牛只标识。若官方兽医需要采集牛只血液、精液、胚胎样品送省级动物卫生监督机构指定的实验室进行检测,兽医人员应给予必要的协助或自行完成采样。

出场牛只及产品检疫合格的,应及时到动物卫生监督机构领取动物检疫合格证,便于场部安排后期工作。经检疫不合格的,应按照官方兽医出具的"检疫处理通知单"要求,遵照农业农村部相关规定进行处理。

### (二)入场检疫

牛场为了自身发展和生存,经常会自外地购入犊牛、架子牛,或进口种牛、种精或胚胎。新购入的牛只、种精或胚胎,应进行切实的检疫,符合要求后方可进入牛场,以防止外来疫病对牛群的危害。多数情况下,牛只及其产品的检疫主要应由当地动物卫生监督机构指派专门的官方兽医进行,但为确保牛场牛群安全,牛场兽医应自主开展牛只及其产品的入场检疫。

**1. 证明资料的查验**

购入的牛只及其产品到达牛场隔离舍后,在未卸车前,兽医人员需安排人员对车辆进行消毒。仔细查验购入动物的产地检疫合格证是否符合要求,牛只品种、数量、产地是否与证单相符,牛只耳标是否完好;运输过程经过疫区的,要询问通过疫区后是否消毒、是否逗留;查验免疫档案时,确认牛只是否进行了国家规定的强制免疫、是否在有效保护期;确认购入动物是否来自疫区,调运的种精、胚胎是否符合种用动物健康标准等。

**2. 临床检查检疫**

购入动物到达隔离场,经官方兽医和牛场兽医查验,各种证明资料合格后,牛只可实行卸车、进入隔离场进行观察饲养。临床检查检疫可安排在动物到场后3~7 d内进行。检查的方法及内容如下。

(1)检查方法:主要包括群体检查和个体检查两个方面。群体检查时,主要运用视诊方法观察牛群精神状况、外貌、呼吸状态、运动状况、饮食欲、反刍及排泄物状态等。个体检查时,常应用视诊、触诊、听诊等方法,检查牛只精神状况、体温、呼吸、皮肤、被毛、可视黏膜、胸腹内脏器官、体表淋巴结、排泄情况及排泄物性状等。

(2)检查内容及诊断意义。

①出现发热、精神不振、食欲减退、流涎等症状,蹄冠、蹄叉、蹄踵部有水疱或水疱破裂后形成的出血、暗红色烂斑,蹄壳脱落,鼻、口、舌、乳房等部位有水疱和糜烂的,应怀疑为口蹄疫。

②母牛流产、死胎或产弱胎,子宫阴道炎、胎衣滞留,持续排出污灰色或棕红色恶露,严重乳房炎;公牛睾丸炎或关节炎、滑膜囊炎;可怀疑为布鲁氏菌病。

③牛只渐进性消瘦、咳嗽,偶发顽固性腹泻,乳腺淋巴结肿大,粪便混黏液状脓汁,可怀疑为结核病。

④出现高热,呼吸加快、心跳急速,食欲废绝,可视黏膜紫绀,突然倒毙,天然孔出血、血凝不良并呈煤焦油样,尸僵不全,体表皮下、直肠、口腔黏膜处有痈结,疑为炭疽病。

⑤出现高热稽留、呼吸困难、咳嗽、鼻孔扩张,可视黏膜发绀,胸前和肉垂水肿,便秘、腹泻交替发生,厌食、消瘦,流鼻涕、白沫等,疑为传染性胸膜肺炎。

**3. 种精的检疫**

为改善后备牛只的品质,提高生产效益,促进牛场发展,生产牛场(尤其是乳牛场、繁殖母牛场)需经常从国内外购入种牛、优质精液。但是,通过精液可以传播许多疫病,若不经过严格检疫和处理,精液可成为疫病传播的重要途径之一。因此,开展种精的检疫对疫病的防控有着十分积极的意义。具体的方法为:

(1)精液的抽样:抽样时,100支以下采样4%~5%,100~500支采样3%~4%,500~1 000支采样2%~3%,1 000支以上采样1%~2%。

(2)精液色泽和气味观察:抽样精液室温溶解后混匀,然后取出1滴置于载玻片上,观察其色泽、嗅闻其气味。正常公牛精液呈乳白色或乳黄色,稍带汗味或无其他气味。若精液呈淡绿色、黄色、淡红色、红褐色,有絮状物,带腐败臭味或其他异味等,均属于不合格精液。

(3)精子密度和活力检查:精子的密度检测方法有目测法、血细胞计数器计算法和光电比色法,我国基层配种站和人工授精站常采用目测法检测精子密度。一般取未稀释精液1滴置于载玻片上,盖上盖玻片,于显微镜下观察精子的密度。若视野内充满精子、几乎看不到空隙、很难见到单个精子活动,则定义等级为密;视野内精子间有相当于一个精子长度的空隙,可见单个精子活动,可定义等级为中;视野内精子间空隙很大,等级为稀。

精子的活力检查常用的方法有平板压片法、悬滴检查法、染色鉴定法,通常用十级评分制或五级评分制来进行评定。采用悬滴检查法时,可在盖玻片上滴1滴精液,然后在凹玻片的凹窝中做成悬滴检查标本,再放于显微镜下放大400倍进行观察。每个滴片需观察3个视野,对不同运动情况的精子进行计数并给予评定。整个操作过程应在37 ℃左右温度下完成。《牛冷冻精液》(GB 4143—2022)中规定,冻精的精子活力应≥40%(水牛冻精子活力≥35%);每剂冻精中前向运动的精子数≥600万个(水牛应≥1 000万个)。

(4)畸形精子和顶体异常精子检查:畸形精子主要表现为精子头部畸形,如巨头、小头、窄头、梨形头、断头、双头、顶体分离、顶体缺失、顶体畸形或皱缩等。检查畸形精子时,取少量精液经生理盐水适度稀释,再取混合稀释液1滴置于载玻片上,做成抹片。自然干燥后,浸入95%酒精或5%福尔马林中固定2~5 min,然后用蒸馏水冲洗,阴干后再进行伊红或美蓝染色,在显微镜下放大400倍对畸形精子数及精子总数进行计数。一般要求观察精子总数不得低于500个。再代入公式计算精子畸形率。精子畸形率=$\frac{畸形精子数}{精子总数}\times 100\%$。《牛冷冻精液》(GB 4143—2022)中规定,冷冻牛精液精子畸形率应<20%(水牛≤22%)。

顶体异常的精子常表现为顶体肿胀、残缺、部分脱落或全部脱落等。进行顶体异常精子检查时,应先取少量精液用生理盐水进行适当稀释,立即涂片,自然风干后,用10%中性缓冲福尔马林固定15 min。然后用蒸馏水冲洗,再用吉姆萨染色液进行染色,再蒸馏水冲洗,干燥后,在显微镜下放大950倍观察,计算顶体异常精子数,代入公式计算顶体异常精子率。冷冻精液或已稀释精液,必须将样品在含有2%甲醛的柠檬酸盐中固定,涂片后在37 ℃下干燥,才能染色和镜检。顶体异常精子率=$\frac{顶体异常精子数}{精子总数}\times 100\%$。

(5)精液中微生物检查:购回的精液中可能存在牛胎儿毛滴虫、布鲁氏菌、牛结核分枝杆菌、副结核分枝杆菌、钩端螺旋体、李斯特菌、胎儿弯杆菌、绿脓杆菌、化脓棒状杆菌、致病性大肠杆菌、口蹄疫病毒、牛传染性鼻气管炎病毒、牛病毒性腹泻病毒、副流感3型病毒、牛白血病病毒、牛流行热病毒、蓝舌病病毒、支原体及衣原体等病原体,易造成输精母牛受胎率低,甚至疫病流行。

因此,精液中的微生物检查常作为冻精的一项重要检查内容。精液菌落数常作为精液微生物检查的指标。

进行精液菌落计数时,先用缓冲蛋白胨水稀释培养基,制作胰蛋白酶大豆琼脂培养基等。然后,准备1个加有3.6 mL稀释培养基的试管、4个加有9 mL稀释培养基的试管。取精液样品置37 ℃水浴2 min后,剪开精液瓶口软管,将精液无菌移入洁净试管内。精确吸取0.4 mL精液加入有3.6 mL稀释培养基的试管内,旋转混匀,使呈10倍稀释。然后吸取10倍稀释精液1 mL加入有9 mL稀释培养基的试管内,混匀,使呈100倍稀释。依次配制成$10^3$,$10^4$,$10^5$倍的稀释液。分别取10,$10^2$,$10^3$,$10^4$,$10^5$倍的稀释液1 mL至培养平皿中,再各加入15 mL冷却至45 ℃的计数用琼脂培养基,环形振荡混匀,凝固后将培养皿倒置于37 ℃温箱中培养48~72 h。然后取出,记录每个平皿中的菌落数,计算每个稀释度培养皿的平均菌落数。最后,选取平均菌落数在30~300的稀释度作为菌落计数依据,将该平均菌落数乘以稀释倍数,即为每毫升精液细菌数量或菌落形成单位(CFU)。

(6)精液中病原微生物的检查:精液中的病原微生物分为规定检查病原和常规检查病原。对于牛精液,常规检查病原一般有牛结核分枝杆菌、布鲁氏菌和胎儿弯杆菌等。

①牛结核分枝杆菌的培养检查:取精液0.1 mL至1.5 mL的EP管中,再加入0.2 mL 4%氢氧化钠溶液,盖上盖子,在振荡器上振荡2 min,然后室温静置20 min。用1 mL一次性消毒注射器吸取精液悬液0.1 mL,接种于改良罗氏培养基斜面上,并使其分布均匀,盖上盖子或棉塞(少留缝隙),培养箱内37 ℃培养4~6周。培养第3天、第7天观察培养情况,以后每周观察1次,保持培养箱湿度。若培养至第8周仍无菌落生长,可判断为阴性;如有菌落生长,则可采集生长菌落用抗酸染色法镜检确认。牛结核分枝杆菌抗酸染色法在生物安全柜内进行,先挑取生长的单个菌落到1.5 mL EP管内,加入0.2 mL去离子水混匀,高压灭菌30 min。挑取灭菌菌落稀释液到干净载玻片上,椭圆形展开,自然干燥。然后持玻片一端,将玻片在酒精灯上来回烘烤3~4次进行固定,加入石炭酸复红染液染色,再将其置酒精灯上烘烤至玻片上液面出现蒸汽,然后冷却,再烘烤、冷却4~5次,然后流水缓慢冲去石炭酸复红染液,干燥;再滴加5%盐酸乙醇液脱色3 min,流水冲洗,若颜色未脱尽,可反复脱色至无紫红色为止,干燥玻片;再滴加美蓝复染液,染色1 min,流水冲洗,干燥,油镜下观察培养菌形态。若培养过程中出现颗粒、结节状、乳白色、不透明,表面粗糙、皱缩似菜花样菌落,镜检呈现细长、略弯曲的红色菌体,菌体有结节状,则为牛结核分枝杆菌阳性。

②牛布鲁氏菌的培养检查:采用双相细菌血培养瓶无菌操作。取精液1 mL,接种到布鲁氏菌选择培养基平皿上,37 ℃电热恒温培养箱内培养,每隔1 d观察一次。培养基上有菌落生长时,挑取菌落进行涂片,自然干燥后用无水乙醇固定,加入1%的沙黄水溶液,在酒精灯火焰上微微加热至出现蒸汽,2 min后水洗,再加入1%的亚甲蓝染色液复染1 min,随后流水冲洗,干燥,显微镜下用油镜观察。试验时,若在培养基上有细小菌落生长,菌落呈圆形、隆起而湿润,表面

光滑、边缘整齐、无色透明,柯氏染色后观察到细小、两端钝圆的红色球杆菌或短杆菌,则为阳性。若观察培养10 d均未有菌落长出,或柯氏染色无相应红色杆菌,则为阴性。

③胎儿弯杆菌的培养检查:取精液0.2 mL加入3 mL灭菌生理盐水中,吹打混匀,静置2 min后,无菌吸取上清2 mL接种于增菌运输培养基中,37 ℃培养72 h,用接种环将菌液划线接种到MH琼脂平板上,将MH琼脂平板放入厌氧培养箱内(培养箱充入混合气体:质量比为氧气:二氧化碳:氮气=3.5%:10%:86.5%)37 ℃培养72 h,观察有无菌落生长及菌落状态。若MH琼脂平板上有不溶血、半透明、光滑、周边整齐、圆整、直径1 mm左右菌落生长,观察到革兰氏染色为红色、菌体两端尖、螺旋状或"S"状的细菌(老龄培养物为球状或球杆状),则为阳性,否则为阴性。

## 第三节 牛场消毒及效果监测

### 一、牛场消毒

牛场消毒是用物理、化学和生物学方法杀灭或清除牛体外环境、饮用水中各种病原微生物的过程。为切断传染病的传播途径,预防和控制疫病流行,降低疫病发生造成的经济损失,保障人畜健康,牛场应切实开展消毒工作。一般来说,消毒对于有效防治消化道传染病、体表传染病有很重要的意义。牛场消毒是兽医卫生工作的一项重要内容,也是综合性疫病防控的重要措施之一。

#### (一)常用消毒设备及用途

高压清洗机(如图1-1),可用于牛床、粪沟、墙壁等污物清洗,其清洗效果好、效率高。喷雾火焰消毒器(如图1-2),既可用于火焰消毒,也可用于喷雾消毒,适用于墙角、墙缝、深坑等处的彻底消毒。高压蒸汽灭菌锅(如图1-3),主要用于兽医诊疗室注射、手术等器械的消毒。灭菌消毒紫外灯,可杀灭各种微生物(包括病毒和立克次氏体),多安置在人员消毒室,在不低于1 W/m³的配置下,可对进入养殖场人员进行有效消毒。喷雾器,如背负式手动喷雾器(如图1-4)是牛场对场地、圈舍、其他养殖设施等进行消毒常使用的化学消毒设备,其价格便宜、结构简单、保养方便、喷洒效率较高;大型牛场为提高工作效率,还常常选用高压机动喷雾消毒器(如图1-5)。消毒液机(如图1-6),是以食盐和水为原料通过电化学方法产生次氯酸、二氧化氯复合消毒剂的专业设备,对各种病原体均有杀灭作用,适用于牛场各类设施、人员的防护消毒及疫情污染时的大面积消毒。此外,还有用于日常机械清扫、冲洗的铁扫帚、粪铲、粪车,养殖人员专用的洗衣机等。壁挂式超声雾化消毒机(如图1-7),采用感应控制系统,可感应距离为5 m,能区分进出方向,可实现单向消毒自动化控制,消毒时间可自行设定;可雾化出 1～5 μm 的雾颗粒并迅速弥散至整个空间,雾量大,消毒舒适;主要用于办公区至生产区、生产区之间的人员通道、关卡的消毒。

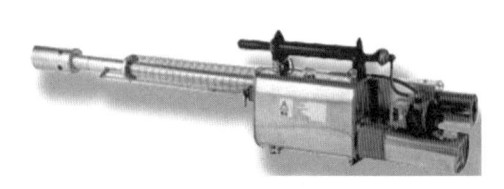

图 1-1　高压清洗机　　　　　　　　图 1-2　喷雾火焰消毒器

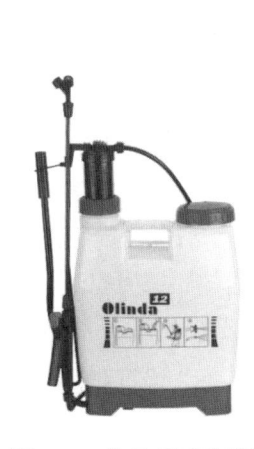

图 1-3　高压蒸汽灭菌锅　　图 1-4　背负式手动喷雾器　　图 1-5　高压机动喷雾消毒器

图 1-6　消毒液机　　图 1-7　壁挂式超声雾化消毒机

### (二)牛场消毒方法

**1. 日常消毒**

(1)牛舍环境消毒:牛舍应每天清扫、冲洗(舍内粪沟)1 次,每 2 周用消毒药液喷洒 1 次牛舍四壁、地面、饲槽、水槽和运动场。带牛消毒,可选用 0.2% 的过氧乙酸或次氯酸、0.05% 的百毒杀等药物喷洒消毒,一般 2 周消毒 1 次。挤奶间消毒时,应在奶牛挤奶结束后进行,每天应用高压清洗机冲洗地面,每周用0.2%的百毒杀或次氯酸钠溶液喷洒消毒地面3次;每周应对挤奶间空气消毒1次,可采用0.2%的百毒杀或次氯酸钠喷雾法进行。

(2)饮用水与器具消毒:牛群饮用水应保持水质良好、清洁干净。夏季炎热时,为防止水中病原微生物污染,饮用水可加入0.002%百毒杀或漂白粉等进行消毒,对水槽、料槽等器具应每天清洗,并定期消毒。一些日常用具(如饲喂用具、饲料推车、配种用具、挤奶设备等),可用0.1%新洁尔灭或0.3%过氧乙酸浸泡消毒,洗净后使用。挤奶器的内鞘和挤奶杯应每天消毒1次,多用0.2%百毒杀或0.2%次氯酸钠溶液浸泡30 min,再用85 ℃以上热水冲洗,阳光下晾晒后使用。牛场使用的各种手术器械、注射器、针头、输精枪、开膣器等,应在每次使用前经高压灭菌消毒或0.1%新洁尔灭浸泡消毒。

(3)车辆与人员消毒:进出牛场的车辆须走专用消毒通道和消毒池,并对车辆及运输物品表面喷洒消毒药液消毒。消毒池内药液(2%氢氧化钠)每周应更换1~2次。冬季,可采用喷雾消毒,用0.5%的百毒杀或次氯酸钠重点消毒车轮。进入牛场的各类人员,应先更换工作服和工作鞋,经过紫外消毒或喷雾消毒(0.1%的百毒杀液)以及脚踏消毒池后再进场,消毒通道地面应铺设草垫或塑料胶垫,内加0.5%的次氯酸钠。消毒池内药液深度应以能浸满鞋底为准,所使用的消毒药应间隔3个月左右轮换使用,工作服(鞋)每周应清洗、紫外消毒或药液浸泡消毒3~4次。

(4)牛体消毒:奶牛场要求牛只体表保持清洁,一般可用0.1%的新洁尔灭或相同浓度的过氧乙酸进行体表喷洒消毒,冬季1次/周,夏季2~3次/周;同时还要进行体表刷拭,一般1次/d,最好在挤奶前进行。泌乳奶牛挤奶前后也要进行消毒。挤奶前,用含0.2%次氯酸钠的温水浸湿毛巾后对乳头、乳头括约肌进行擦洗消毒,用另一消毒毛巾擦干乳房和乳头;挤奶后,用0.5%的碘伏或0.5%的洗必泰液对乳头药浴30 s,冬季,乳头药浴后应及时擦干乳头或涂擦少量凡士林,防止乳头冻伤;消毒乳房用的毛巾应每天用0.5%漂白粉液煮沸再高压灭菌后使用。蹄部消毒对维持牛只蹄部健康有重要作用,牛场应设置专门的蹄部消毒池,每隔1~2个月对奶牛蹄部进行1次药浴。药浴时,先在药池中放入4%硫酸铜溶液,以淹没奶牛蹄部为宜,然后让牛在池中站立或牛只通过消毒池达到消毒目的。

**2.疫情下的消毒**

牛场发生传染病时,应立即进行紧急消毒。其消毒程序是:用5%氢氧化钠或10%石灰乳溶液对养殖场道路及周围环境进行消毒,每天1次;用15%的漂白粉溶液喷洒牛舍地面、牛栏,每天1次;用0.2%的过氧乙酸溶液喷洒牛体,每天1次;粪便及污物等进行化学或生物发酵消毒;养殖用具、设备及车辆可用15%漂白粉溶液喷洒消毒,进出人员严格实行消毒制度。

为解除封锁、消灭疫点内可能残存的病原体,应进行终末消毒。其消毒程序为先对牛舍及周围环境彻底清扫、冲洗1次,用5%氢氧化钠对牛舍地面、墙壁、道路、排粪沟进行喷洒消毒1~2次,对墙体死角、铁制牛栏等用高压喷灯焚烧消毒1次,饲槽、养殖用具、饮用水设施、车辆等用20%漂白粉溶液消毒1次,所有粪便、污物清理干净并焚烧。

**3. 全进全出牛场消毒**

对于全进全出的肉牛养殖场,牛只出售后,先对牛舍进行彻底清扫、冲洗,再用消毒药进行喷洒消毒,然后用高锰酸钾+甲醛进行熏蒸消毒1次,用火焰灭菌器消毒墙角、地缝1次,最后还应喷洒消毒药1次,放置1～2周后方可放入新牛群。

**(三)常用消毒药的用法与禁忌**

**1. 氢氧化钠**

俗称烧碱、火碱,为白色干燥块状、棒状或片状结晶,易溶于水及乙醇,极易潮解,可与空气中的二氧化碳形成碳酸盐,注意密封保存。能杀灭各种细菌、芽孢、病毒,杀菌作用与温度呈正相关。2%～3%的水溶液,用于喷洒牛舍、饲槽、运输工具以及消毒池;5%的水溶液,用于炭疽芽孢污染场地消毒。本品腐蚀性强,不宜用作带畜圈舍消毒、牛场用具消毒。

**2. 氧化钙**

又名生石灰,为白色或灰白色的硬块,无臭,易吸潮,与空气中的水和二氧化碳反应生成碳酸钙,进而失去消毒效果。对大多数繁殖型细菌有较强的杀灭作用,但对芽孢和结核杆菌无效。10%～20%的乳剂可用于涂刷牛舍墙壁、牛栏和地板,1 kg氧化钙+350 mL水的制剂可用于潮湿地面、粪池周围及污水沟的消毒。因配制后的氧化钙易与空气中的水和二氧化碳反应生成碳酸钙而失效,故应现配现用。

**3. 漂白粉**

俗称含氯石灰,为灰白色粉末,有氯气味,受潮易分解失效。能杀死细菌、芽孢和病毒,酸性环境中作用最强。10%～20%乳剂,用于牛舍、粪池、车辆、排泄物和环境的消毒;每吨水加入5～10 g,可用于饮用水消毒。本品应现配现用,久放失效;对金属、衣物、皮肤和黏膜均有腐蚀、刺激作用,注意使用时的防护。应于阴凉干燥处妥善保存。

**4. 百毒杀**

其化学名为溴化二甲基癸基铵,为无色无味液体,与水能互溶,性质稳定。对各种细菌、病毒、霉菌、某些虫卵均有一定的杀灭作用。10 000～20 000倍稀释,可用于饮用水消毒;3 000倍稀释,可用于牛舍、环境、饲槽、器具消毒。

**5. 二氯异氰尿酸钠**

又名优氯净、84消毒灵,为白色结晶粉末,有很强的氯气味,易溶于水,但在水中稳定性差。可杀灭多种细菌、真菌孢子、细菌芽孢及病毒,有净水、除臭、去污作用。每千克水中加入835 mg,可用于圈舍地面、环境、用具、车辆消毒;每千克水加入50～80 g,可用于饮用水消毒。本品宜现配现用,于阴凉干燥处密闭保存。

**6. 过氧乙酸**

又名过醋酸,为无色透明液体,易溶于水和有机溶剂,易挥发,有刺激性醋酸味。能杀灭各种细菌、病毒和芽孢。0.2%～0.5%的溶液可用于牛舍地面、墙壁、门窗的喷洒消毒,用具及车辆的消毒；15%的溶液可用于空牛舍的空气消毒。本品对组织有刺激作用，对金属、橡胶制品有腐蚀性。宜现配现用，避光、密封保存。

**7. 复合酚**

又名农福、消毒净、菌毒敌，为深红色或褐色黏稠液体，有特殊臭味，易溶于水。可杀灭多种细菌、霉菌、病毒及寄生虫虫卵，还可抑制蚊、蝇、鼠害的滋生。0.5%~1%的水溶液可用于环境、圈舍、器具、饲养场地、排泄物、运输车辆的消毒；稀释300~400倍，可用于牛只药浴，防治螨虫等皮肤病。忌与其他消毒药（尤其是碱性消毒药）配伍使用。对皮肤、黏膜有刺激，注意防护。

**8. 戊二醛**

为无色透明油状液体，溶于热水、乙醇等。可杀灭细菌繁殖体、芽孢、病毒、结核杆菌、真菌等。2%的水溶液，加入0.3%碳酸氢钠，使pH为7.5~8.5时，可用于牛场环境、圈舍、器具的喷洒消毒，也可用于各种器具的浸泡消毒。加入0.3%碳酸氢钠的戊二醛消毒液稳定性差，宜现配现用。

**9. 熏蒸消毒剂**

熏蒸消毒剂的主要成分为甲醛和高锰酸钾。甲醛为无色透明液体，与水或醇能任意混合，有刺激性；35%~40%的甲醛溶液又称为福尔马林，4%~8%的甲醛溶液能杀灭细菌芽孢和繁殖体、病毒、真菌等。高锰酸钾为蓝紫色、细长的菱形结晶或颗粒，易溶于水、碱液，性质稳定，属于强氧化剂，要避免遇有机材料、还原剂、易燃材料、过氧化物及醇类，以免引起火灾或爆炸；能有效杀灭细菌繁殖体、真菌、结核杆菌、乙肝病毒和芽孢。每立方米空间用甲醛25 mL、水12.5 mL、高锰酸钾25 g，将高锰酸钾加入甲醛与水的混合液中，关闭圈舍门窗12~24 h，可对圈舍空间进行熏蒸消毒；若需杀灭圈舍空间芽孢，则每立方米空间需要福尔马林250 mL；大面积消毒牛舍、隔离舍时，每立方米空间需要福尔马林500 mL。熏蒸消毒时，应密闭消毒空间，消毒后要打开门窗通风30 min以上，用氨气通入消毒空间可快速减少甲醛气体的残存量。

**10. 新洁尔灭**

为淡黄色液体，有芳香味，易溶于水，性质稳定。是季铵盐类表面活性剂，可杀灭化脓性病菌、肠道菌及部分病毒，抑制细菌芽孢，对革兰氏阳性菌的杀灭效果较好。0.1%水溶液用于玻璃、搪瓷、橡胶制品的浸泡消毒，0.15%~2%水溶液用于牛舍喷雾消毒，0.01%~0.05%水溶液用于冲洗阴道、尿道、膀胱及深部感染创。本品忌与肥皂、阴离子洗涤剂、碘及过氧化物合用，不适合于饮用水、排泄物消毒。

**11. 来苏儿**

又称为煤酚皂溶液、甲酚皂溶液，为黄棕色至红棕色黏稠液体，有酚味，难溶于水，性质稳定。能杀灭细菌繁殖体、真菌、亲脂性病毒。1%~2%浓度用于皮肤消毒，5%~10%浓度用于器械、牛舍地面和污物的消毒处理。稀释、配制时不可使用山泉水、井水等硬度高的水，以免降低杀菌作用。

**12. 碘酊**

为碘与碘化钾的酒精溶液,含单质碘5%,为深红色透明液体,性质稳定,其配制方法是碘5 g、碘化钾1 g、纯水1 mL,加酒精至100 mL。能杀死细菌繁殖体、芽孢、霉菌、病毒等,且杀菌快速。主要用于术部、手指、小面积皮肤创伤消毒。10%的浓碘酊液(碘10 g,其他成分及用量同5%碘酊)可用于治疗慢性腱炎、腱鞘炎、关节炎、骨膜炎等。碘在室温下易升华,宜密闭保存;使用碘酊消毒皮肤后应用酒精脱碘,不宜与红汞药液同时使用,以免产生碘化汞腐蚀皮肤。

**13. 消毒酒精**

为70%~75%的乙醇水溶液,无色透明,易挥发、燃烧。能杀灭一般繁殖型的病原菌,对芽孢无效。主要用于皮肤、注射针头等小件医疗器械等的消毒。应密封保存,乙醇浓度不能超过75%,否则可使菌体表层蛋白迅速凝固,妨碍酒精渗透菌体,降低杀菌效果。

## 二、消毒效果监测

一般地,牛场常用的消毒药中不同的消毒药对不同病原体的杀灭效果不同,牛舍环境湿度、通风程度对消毒药的作用效果也有很大影响;多数养殖场常年只使用1~2种消毒药,致使环境中消毒药非敏感细菌、病毒产生;冲水式牛舍和干湿分离式牛舍环境中病原体数量存在较大差异,也会影响消毒药的效果。这些都会对牛群的健康产生较大危害,增加牛群疫病流行的风险。开展牛场消毒效果的监测,可了解消毒药物的实际消毒效果,及时采取可靠措施杀灭养殖环境病原体,保持圈舍清洁、干净,保障牛群健康,降低疫病流行风险。

### (一)实验方法

**1. 实验仪器与试剂**

恒温培养箱、冰箱、天平(千分之一精度)、菌落计数器、放大镜、平皿(直径90 mm)、带棉塞三角烧瓶、中号试管、灭菌棉签、营养琼脂培养基(蛋白胨10 g、牛肉膏粉3 g、氯化钠5 g、琼脂15 g,加蒸馏水或去离子水1 000 mL,搅拌加热煮沸至溶解,分装到三角烧瓶,121 ℃下高压灭菌30 min,然后倒成琼脂平板)、磷酸盐缓冲液、灭菌生理盐水、75%消毒酒精、15%硫代硫酸钠溶液等。

**2. 环境样品的采集**

进行表面消毒效果监测时,分别于消毒前、消毒后30~60 min,在牛舍2个对角、中心、料槽处,用3 cm×3 cm的不锈钢规格板选取采样区域4个,用消毒后的磷酸盐缓冲液浸湿灭菌棉签对采样区域表面(地面、墙壁面、饲槽外侧面)轻轻来回滚动涂抹6~8次,然后将棉签放于灭菌生理盐水试管内(用含氯消毒剂消毒时,棉签要放到15%的硫代硫酸钠溶液中,以中和氯)。

进行空气消毒效果监测时,消毒前后采样时需将牛舍关闭,取营养琼脂平板5个,分别放置于牛舍的四角和中央,一般距地面50 cm左右,打开平皿盖使其在空气中暴露5~30 min,然后迅速盖好平皿盖(平皿盖四周用酒精灯火焰消毒)。

### 3.微生物的培养

采集的表面消毒监测样品先进行充分振荡,使棉签上菌体洗于液体中。消毒前的样品液,可用生理盐水依次稀释成 $10^{-1}$, $10^{-2}$, $10^{-3}$, $10^{-4}$, $10^{-5}$ 浓度。消毒后的样品液每管取 0.5 mL 置于营养琼脂平皿内,迅速用展开玻棒涂匀样品;每个消毒前样品取 $10^{-4}$, $10^{-5}$ 浓度稀释液,接种于营养琼脂平皿内。每个样品平行做 2 个重复,所有平皿放置于恒温培养箱内 37 ℃ 培养 18~24 h。空气消毒监测样品琼脂平皿直接于 37 ℃ 下培养 18~24 h。

### (二)消毒效果的评价

培养后取出培养皿,观察记录每个平皿的菌落个数,同时借助于放大镜仔细观察小的菌落。将消毒前后细菌菌落数代入公式计算消除率。消除率=(消毒前菌落数−消毒后菌落数)/消毒前菌落数×100%。再依据消除率按下表要求进行消毒效果评价。

表1-13 养殖场消毒效果评价表

| 评价等级 | 平均消除率 | | |
|---|---|---|---|
| | 舍内物体 | 舍内空气 | 厂区道路 |
| 优 | >90% | >90% | >90% |
| 良 | 85%~90% | 85%~90% | 85%~90% |
| 合格 | 80%~84% | 80%~84% | 80%~84% |
| 不合格 | <80% | <80% | <80% |

注:表内为动物舍的判断标准。

## 第四节 牛场驱虫及效果监测

牛场牛群饲喂方式全为生饲。牛只在采食青草、干草、青储及其他补充料时,与场外环境及场内地面接触机会很多,各种线虫、吸虫及虫卵可进入消化道内引起感染;牛场饲养牛只多,相对密度较大,牛群结构也较复杂,螨、蜱、虱、蚤、蝇蛆互感机会大,易引起流行发病。轻度、中度的寄生虫感染可降低饲料的转化率,引起牛只食欲下降、饲料的营养吸收利用率降低,胴体质量和增重效果下降;重度寄生虫感染可表现突出的临床症状、免疫抵抗力下降,甚至引起病毒性疾病、细菌性疾病的继发,造成死亡。因此,开展牛场驱虫及效果监测有很重要的意义。

## 一、牛场驱虫

血矛线虫、食道口线虫、网尾线虫、犊新蛔虫、肝片吸虫、泰勒焦虫、多头绦虫、球虫、弓形虫、附红细胞体等是牛只体内较易感染的寄生虫,其中以线虫、吸虫和球虫感染率较高。疥螨、虱、蚤、蜱为牛体表常见的寄生虫,其中疥螨、蜱对牛只危害严重。为保障牛只健康,应定期驱杀。

### (一)牛体寄生虫的驱杀

**1. 驱虫时间安排**

牛场犊牛首次驱虫宜安排在2月龄时,3个月后再驱虫一次。架子牛在12月龄宜驱虫1次。成年牛一般每个季度应驱虫1次,每年应驱虫4次。繁殖母牛可在配种前15 d驱虫1次,产后1月再驱虫1次。自异地购入牛只,可在购入后20~30 d内驱虫1次,以后按成年牛要求进行驱虫。目前一些生产牛场、半放牧式养牛户,生产管理比较粗放,牛群驱虫次数较少,一般每年进行1~2次预防性驱虫,即春秋两季各进行一次,据相关数据,这种驱虫频次对牛体内可能寄生的大多数蠕虫来说,还是有效的。

此外,牛场还应在夏秋两季,各进行1次疥螨、虱、蚤、蜱的检查,对有感染牛群应安排1~2次驱虫、杀虫工作。

**2. 驱虫药的给药方法**

针对牛群,可将药物拌入精料内,混匀后让牛只自由采食;或将药物均匀地混入饮用水中让牛自由饮用;需要单独驱虫的个体,可用徒手投药方法或胃导管法进行给药。一些驱虫药物制剂(如左旋咪唑注射液、伊维菌素注射液)的给药途径限制为肌内注射或皮下注射,则应根据要求进行注射给药。

大多数体表寄生虫(如虱、蚤、蜱、蝇蛆)的驱杀应进行体表给药,可用喷洒法将药物投到动物体表,用涂布法将药液涂到患部皮肤,有条件的还可用药浴的方法(将杀虫药配成一定浓度的溶液置于药浴池内,再把患牛头部以下浸泡于其中1~2 min)对体表寄生虫进行驱杀。

**3. 牛场常用抗寄生虫药物及其用法**

(1)盐酸左旋咪唑:有片剂和针剂两种剂型,对胃肠道线虫、肺丝虫有效,片剂内服可按5~10 mg/kg体重,肌内或皮下注射可按每次5~6 mg/kg体重。本品注射给药易引起中毒死亡,一般内服给药。

(2)阿苯达唑:又名抗蠕敏,一般为片剂,对牛胃肠道线虫、肺丝虫、肝片吸虫、牛囊尾蚴等有效。内服一次用量为10~15 mg/kg体重。长期使用易产生耐药性,妊娠前期使用会引起胎儿畸形,泌乳期奶牛禁用。

(3)哈乐松:为片剂,对皱胃、小肠内的线虫驱杀作用较强,主要针对捻转血矛线虫、奥斯特线虫、毛圆线虫、食道口线虫、毛首线虫、细颈线虫等的成虫及幼虫。内服一次用量为44 mg/kg体重。泌乳奶牛禁用。

(4)芬苯达唑:又名苯硫咪唑,为片剂,临床主要用于驱杀血矛属、奥斯特属、毛圆属、古柏属、食道口属线虫及莫尼茨绦虫,尤其对上述寄生虫幼虫的驱杀率很高,达到90%以上。内服可按5~7.5 mg/kg体重。但若长期使用易产生耐药性,泌乳期禁用。

(5)伊维菌素:或称为灭虫丁,有片剂、针剂两种剂型,为新型广谱、高效、低毒驱虫药,对牛体内线虫、蜱、螨、虱等均有驱杀作用。内服一次用量为0.3~0.4 mg/kg体重,皮下注射一次用量为0.2 mg/kg体重。本品一般用药1次即有效,需重复用药时,应间隔7~10 d,肉牛休药期为5周,泌乳期及临产期母牛禁用。

(6)吡喹酮:为片剂,对绦虫、血吸虫有效。驱杀绦虫内服一次用量为10~20 mg/kg体重;驱杀血吸虫一次用量为25~30 mg/kg体重。

(7)硝氯酚:又称为拜耳9015,常见为片型剂型,主要用于驱杀肝片吸虫的成虫,对幼虫也有一定效果。内服一次用量为黄牛、奶牛、杂交牛3~7 mg/kg体重,水牛1~3 mg/kg体重。过敏时(出现呼吸困难、发热等症状),用安钠咖、维生素C进行救治。

(8)盐酸氨丙啉:或称氨保宁、氨保乐,常用为粉剂,临床主要用于牛球虫病的防治。犊牛内服一次用量为20~25 mg/kg体重。禁止与维生素$B_1$同时使用,以免降低药物效果。

(9)三氮脒:又名贝尼尔,为粉针,规格为1 g/支。主要用于双牙焦虫、巴贝斯焦虫、柯契卡巴贝斯焦虫等的驱杀。肌内一次注射剂量为4~7 mg/kg体重。本品使用后可有注射部位疼痛、肿胀、肌肉震颤、心跳呼吸加快、流涎、频排粪尿等反应,应少给予动物刺激并观察,多自行恢复。

(10)蝇毒磷:为片剂,主要用于牛疥螨、牛皮蝇、蜱、虱、蚤等的驱杀,对圈舍蚊、蝇也有很好的杀灭作用。可内服或体表涂布使用。内服一次用量为2 mg/kg体重。本品毒性较低,可经牛体代谢排出,因而是常见体表寄生虫驱杀剂中最为理想的药物。

**4. 驱虫时的注意事项**

(1)驱虫的具体安排:牛群驱虫时,最好安排在下午或晚上进行,以便在给药后第二天收集粪便和进行无害化处理(堆积发酵);给药以空腹为佳,给足饮用水,以提高药效。从外地购回的牛只不宜立即进行驱虫。

(2)驱虫药物的配合运用:牛群进行寄生虫的盲驱时,主要考虑对线虫、吸虫的有效驱杀,并适度考虑寄生虫的耐药性,一般将阿苯达唑、伊维菌素配合使用,可以大大提高牛只体内外寄生虫的驱杀效果。在肝片吸虫流行的地区,可配合使用硝氯酚。科学驱虫的方法是在用药之前,先检查其粪便和各种症状进行确诊后,再依据感染寄生虫的种类选择恰当的药物进行驱虫。

(3)驱虫的安全性:驱虫药物一般毒性较大,部分药物还会造成畜产品残留,有的药物还影响胎儿的发育,甚至造成流产、死胎,因此使用时应特别关注其安全性。大牛群驱虫时,应先选择几头代表性牛只进行小量驱虫试验,观察和评价其实际驱虫效果及安全性,然后再进行大批量驱虫。一般母牛妊娠期不安排驱虫,泌乳奶牛驱虫应充分考虑弃奶期,育肥肉牛驱虫要充分考虑休药期。

(4)注意胃肠功能调节:一般情况下,多数驱虫药对牛只胃肠消化和运动功能都有一定的影响,因此,驱虫后应进行胃肠功能的调节。生产中使用的健胃方法比较多,可选用人工盐60~100 g/头,或健胃散300~500 g/头,灌服,1次/d,连用2~3 d;食欲较差的牛只还可增喂酵母粉或酵母片,200~300 g/头。驱虫后,牛只粪便干燥时,可用植物油300~500 mL、复合维生素20~30 g,一次灌胃,1次/d,连用2 d。驱虫后,若出现前胃弛缓病例,可用维生素$B_1$注射液30~60 mL/次,肌内注射,1~2次/d,连用2 d;或10%氯化钠注射液300~500 mL,静脉注射,1次/d,连用2~3 d,也可选用氨甲酰胆碱注射液、新斯的明注射液等进行治疗。

**(二)环境寄生虫的杀灭**

牛场牛床、运动场地面及饲草若被寄生虫虫体、虫卵等污染,牛只在采食、舔舐等时,可使寄生虫进入体内引起感染。因此应加强对牛场环境寄生虫的杀灭。

**1. 粪便处理**

在每次进行牛场寄生虫驱杀的3~5 d内,牛群应保持圈养,驱虫期间排出带虫体、虫卵的粪便应集中收集,并采用堆积发酵、坑沤发酵方式处理,对污染的场地、房舍、饲具等要进行彻底消毒。

**2. 注重饮用水及饲料卫生**

夏秋两季,河流、溪水易滋生钉螺,钉螺为血吸虫的中间宿主,牛场饮用水取自天然河流、溪水的要加强过滤、消毒处理。水生植物较易附带肝片吸虫病原,在该病流行地区应禁止收购、使用水生植物作为牛只饲草。

**3. 消灭中间宿主**

钉螺等软体动物是许多寄生虫的中间宿主,地螨是绦虫的中间宿主。牛场的牧草用地要定期对耕作土地中的杂草进行拔除、翻挖晾晒土壤,可减少地螨的滋生,也可用药物对钉螺、地螨进行定期杀灭。此外,还应坚持不使用新鲜牛粪、牛尿或未经发酵处理的牛粪对牧草施肥,减少牛只感染寄生虫的机会。

## 二、驱虫效果的监测

鉴于牛只的食性特点,以及土壤、饮用水、牛场和运动场的寄生虫污染状况,牛体寄生虫感染很常见;市售驱虫药种类相对较少,长期使用易产生耐药性;牛场在购入和使用药物时,商品级药物的实际含量可能存在差异,导致药物的使用剂量偏小,影响实际驱虫效果。为此,开展驱虫效果的监测很有必要。驱虫效果监测的具体方法和步骤为:

**(一)粪便的收集**

一般在牛场实施驱虫后,收集第2~5 d内的粪便,100头以下规模牛场采集20头牛的粪便(20头及以下规模为全部),100~200头规模牛场可采集25头牛的粪便,200头以上规模牛场可采集30头牛的粪便。粪便收集应以刚排出的新鲜粪便为好,每次每头牛可采集100 g粪便,并立即置于干净的一次性塑料样品袋内,每天收集1次,至驱虫后第5天。收集到的粪便样品可立即进行检查,也可密封包装好后放置于4 ℃下保存,待样品收集完成后统一进行检查。牛场不能进行寄生虫实验室检查的,可将粪便样品浸入加温至50~60 ℃的5%~10%福尔马林中进行保存,等待送样检测。在牛场驱虫后第20天,可再次采集粪便检查其中虫体及虫卵的情况,了解牛体内寄生虫的感染情况,进而衡量实际的驱虫效果。

### (二)寄生虫的检测方法

**1.虫体的肉眼检查**

牛只感染蛔虫、线虫、吸虫等,情况严重时,驱虫药物可驱杀其成虫并随粪便排出,可采用肉眼检查法检测。

检查时,可在粪便表面或将粪便搅碎,肉眼观察较大的蛔虫、线虫、吸虫虫体,记录虫体数目和种类。对于绦虫节片、小型虫体,需将粪便置于烧杯内,加入5~10倍体积的清水,彻底搅拌后静置10 min,然后倾去上层液体,再重新加水、搅拌、静置,反复多次,直至上层液体透明为止。最后倾去上液,取少量沉淀于干净的培养皿中,以黑色为背景进行观察,也可借助放大镜观察虫体和节片,记录虫体数目和种类。

**2.沉淀检查法**

由于虫卵密度比水大,可自然沉淀于水底,便于集中虫卵进行检查。一般多用于体积较大虫卵的检查,如吸虫、棘头虫虫卵等。

先称取粪便3 g置于小烧杯内,加入10~15倍的水搅匀,用金属网或纱布将粪便液过滤到另一烧杯中,再倒入大离心管内,用天平配平后放入离心机内,2 500 r/min离心2 min,取出后倾去上层液,沉淀反复水洗,离心沉淀,直至上层液透明为止。最后倾去上层液,用吸管吸取沉淀物滴于载玻片上,加盖玻片,在显微镜下观察虫卵数量和种类,记录观察结果。

**3.饱和食盐漂浮检查法**

用密度比虫卵大的食盐溶液作为漂浮液,使虫卵、球虫卵囊浮于液体表面,便于进行集中检查。本法适用于大多数较小的虫卵,如某些线虫、球虫、绦虫的卵或卵囊。

饱和食盐水溶液的配制:将食盐加入沸水中,直到不再溶解也不产生沉淀为宜(1 000 mL水中约需加入400 g食盐),然后用四层纱布或脂棉过滤,冷却保存备用。也可改用硫代硫酸钠饱和溶液(1 000 mL水溶解硫代硫酸钠1 750 g,溶液保存在15 ℃以上温度下)、硫酸镁饱和溶液(100 mL水中溶解硫酸镁92 g)、硝酸铅饱和溶液(100 mL水溶解硝酸铅65 g)。

取5~10 g粪便置于100~200 mL烧杯或塑料杯内,加入20倍的饱和食盐漂浮液,充分搅拌均匀,将粪液用金属筛或纱布滤入另一烧杯内,弃去粪渣,滤液静置40 min左右,用直径0.5~1.0 cm的金属圈平着接触液面,提起后将液膜抖落于载玻片上,如此多次挑取不同部位液面,加盖玻片后在显微镜下观察,记录虫卵数量及种类。

**4. 斯陶尔氏虫卵计数检查法**

本方法可估算出每克粪便样品中虫卵的数量,进而可粗略估计牛只体内寄生虫的感染强度,在判断药物的驱虫效果方面有很重要的参考价值。可用于吸虫卵、线虫卵、棘头虫卵、球虫卵的计数检查。

检查时,在 100 mL 三角烧瓶的 56 mL、60 mL 处各作一刻度标记。先向烧瓶内加入 0.1 mol/L 的氢氧化钠溶液至 56 mL 刻度处,再加入粪便使液面升至 60 mL 刻度处,然后将 10 粒玻璃珠放入瓶内,用橡皮塞塞紧后充分振荡。边摇边用刻度吸管吸取 0.15 mL 粪液,滴于 2~3 张载玻片上,加盖玻片镜检,分别统计其虫卵数,所得总数乘以 100,即为每克粪便中的虫卵数(EPG)或卵囊数(OPG)。

**5. 麦克马斯特氏虫卵计数检查法**

本法适用于绦虫卵、线虫卵和球虫卵囊的计数。量取 58 mL 饱和食盐水,称取 2 g 粪便放于烧杯内,充分振荡混匀后,纱布过滤。边摇晃边用吸管吸取少量滤液,注入计数板的计数室内,盖上盖玻片,放于显微镜载物台上,静置 2~3 min 后,用低倍镜计数两个计数室内的全部虫卵,取其平均值(即一个计数室内平均虫卵数),再乘以 200,即为每克粪便中虫卵数(EPG)或卵囊数(OPG)。

### (三)效果判断

将上述实验结果代入公式"虫卵减少率=(驱虫前平均虫卵数−驱虫后平均虫卵数)÷驱虫前平均虫卵数×100%","虫卵消失率=(驱虫前动物感染数−驱虫后动物感染数)÷驱虫前动物感染数×100%",计算并评估驱虫的实际效果。

## 第五节 病害牛的无害化处理

牛场病死牛,特别是疫病死亡牛的尸体、组织脏器、污染物和排泄物,是一种特殊的传染源,为有效防止疫病的传播和扩散,应做到及时正确处理。我国《病死及病害动物无害化处理技术规范》规定了病死(害)动物无害化处理的方法有焚烧法、化制法、高温法、深埋法、化学处理法等。由于死亡牛只个体较大,常用的无害化处理方法有深埋法、焚烧法、发酵法。

### 一、深埋法

#### (一)适用对象

适用于发生疫情或自然灾害等突发事件后病死(害)牛尸体的处理,以及边远和交通不便地区零星病死牛的处理。不得用于因炭疽等芽孢杆菌类疫病、牛海绵状脑病、痒病等致死牛尸体、污染产品和组织的处理。

### (二)实施方法

#### 1.地点选择

选择掩埋地点时,应满足地势高燥,远离牛场(1 000 m以上)、居民区(1 000 m以上)、水源、泄洪区、草原及交通要道,避开岩石地区,位于主导风向的下方,不影响农业生产,避开公共视野等要求。

#### 2.坑洞挖掘

通常使用挖掘机和人力进行。坑洞深度2~7 m,保证被掩埋物的上层距离地表1.5 m以上。宽度应能让机械平稳地水平填埋处理,长度则应由填埋尸体多少来定。坑洞容积大小一般不小于掩埋物总体积的2倍。

#### 3.尸体掩埋

首先在坑洞底部撒上漂白粉或生石灰,用量为0.5~2.0 kg/m$^2$,掩埋物量大时可适当多撒消毒剂。其次,死亡牛只尸体按20 mL/m$^2$剂量用10%漂白粉上清液喷雾,作用2 h。将处理过的牛只尸体投入坑内,使之侧卧,并将污染的土层和运输尸体时的有关污染物(如垫草、绳索、饲料和其他物品等)一起入坑。先用40 cm厚的土层覆盖尸体,然后再放入未分层的熟石灰或干漂白粉,使其厚度达到2~5 cm,也可按20~40 g/m$^2$剂量加入。最后覆盖土壤,平整地面,覆盖土层厚度不应少于1.5 m。

### (三)注意事项

石灰或干漂白粉勿直接覆盖在尸体上,以免影响消毒作用;任何情况下均不允许人到坑内去处理动物尸体。掩埋工作应在现场督察人员的指挥、控制下,严格按程序进行,所有工作人员在工作开始前必须接受培训。掩埋场应标识清楚,并得到合理保护。掩埋后15 d内应进行检查,杜绝渗漏。掩埋3个月后,应对掩埋场进行复检,以确保环境、地面生物的安全。

## 二、焚烧法

### (一)适用对象

适用于国家规定的染疫牛及其产品、病死或死因不明的牛尸体,尤其是因炭疽等芽孢杆菌类疫病、牛海绵状脑病、痒病等致死牛尸体、污染产品和组织的处理。焚烧法花费较高,应根据国家相关要求正确使用。

### (二)实施方法

#### 1.地点选择

应远离居民区、建筑物、易燃物品,上面不能有电线、电话线,地下不能有自来水、燃气管道,周围有足够的防水带,位于主导风向的下方,避开公共视野。

**2.火床准备**

(1)十字坑法:按长、宽、深分别为2.6 m、0.6 m、0.5 m,挖出十字形长坑。在两坑交叉处坑底堆放干草或木柴,坑沿横放数条粗湿树枝或木棒,将尸体放在架上,在尸体的周围及上部再放些木柴,然后在木柴上倒些柴油,并压一砖瓦或铁皮。

(2)双层坑法:先挖一条长、宽各2 m,深0.75 m的大沟,在沟的底部再挖一长2 m、宽1 m、深0.75 m的小沟。在小沟沟底铺以干草、木柴,两端各留出18~20 cm的空隙,以便吸入空气。在小沟沟沿横架数条粗湿木棒,将尸体放在架上,之后处理同上。

**3.焚烧操作**

将死亡牛只尸体背部向下、头尾交叉,横放在火床上。然后,用刀切断四肢的伸肌腱,防止燃烧时肢体伸展。尸体堆放完毕后,用柴油浸透木棒或树枝以及尸体。再用煤油浸泡的破布引火,保持火焰的持续燃烧,在必要时要及时添加燃料。焚烧结束后,掩埋燃烧后的灰烬,表面撒布消毒剂。填土高于地面,场地及周围消毒,设立警示牌,定期查看。

**(三)注意事项**

浇油前,应彻底检查现场及人员是否存在或携带明火或明火取用设备(如打火机、火柴、燃烧的烟头等),若有此种情况应彻底清除。点火前,所有车辆、人员和其他设备须撤离火场。点火应顺风向点火。焚烧过程应注意安全,须远离易燃易爆物品,并设立安全防范区域,禁止无关人员进出,以免引起火灾和人员伤害。运输工具应当消毒。焚烧操作人员应做好个人防护。焚烧工作应在现场督察人员的指挥、控制下,严格按程序进行,所有工作人员在工作前必须接受培训。

## 三、发酵法

**(一)适用对象**

发酵法是将死亡牛只尸体抛入专门的尸体发酵池内,利用微生物方法将尸体发酵分解,以达到无害化处理目的的一种方法。该法适用于牛场零星死亡动物、非典型和非重大疫病尸体的无害化处理,多用于犊牛尸体的处理。

**(二)实施方法**

**1.地点要求**

应远离住宅、动物饲养场、草场、水源及交通要道等。

**2.发酵池建设**

用挖掘机挖直径为3 m、深为10 m的一圆形深池,池底及池壁用混凝土浇注,使其不渗水、不漏气。池口高出地面约30 cm,池口做盖,盖平时落锁,池内有通气管道。每个牛场至少建设2个发酵池。

### 3.发酵处理

牛场平时零星死亡小牛的尸体、组织及非重大疫病死亡动物尸体,经妥善包装运输后送达发酵池边,先打开运输包装和发酵池盖,再将动物尸体直接抛入发酵池内,然后盖上池盖、上锁。发酵池上及周围用漂白粉或生石灰撒布消毒,运输工具用消毒剂消毒,临时包装袋焚烧处理。

尸体堆积于池内,当堆积物高度达到距池口 1.5 m 处时,再用另一个发酵池。动物尸体在密闭发酵池内,夏季处理不得少于 2 个月,冬季不得少于 3 个月,尸体组织完全腐败分解后,可以挖出用作有机肥料。一般牛场建的 2 个以上的发酵池应轮换使用。

## 第六节 杀虫与灭鼠

我国牛场大多数离城市、集镇较远,与较集中的农村居住区也有一定距离,周围多有密集农田、山林、杂草、水沟、塘堰,加上养殖场牛只较多,每天排泄粪尿数量较大,场内经常存放草料,很易滋生蚊蝇、老鼠,引来各种蛇类。大量的蚊蝇滋生,一方面蚊蝇叮咬牛只、吸取血液,影响牛群正常休息,造成饲料报酬下降;另一方面蚊蝇等可通过叮咬传播疾病(如牛结节性皮肤病、乙型脑炎、蓝舌病、乙型肝炎、副伤寒、阿米巴痢疾等),带来疫病流行的风险。老鼠滋生,可造成饲料鼠耗、养殖场设备设施损坏(如老鼠咬坏饲料包装、水管、电线、保温材料等)、疫病传播(如口蹄疫、弓形体、流行性腹泻等)、引来毒蛇咬伤人畜等极坏的影响。因此,为预防牛疫病的发生,应经常性开展杀虫、灭鼠工作。

### 一、杀灭蚊蝇

#### (一)杀灭蝇蛆

牛场每年春季来临时应多次组织实施杀灭蝇蛆工作。当外界气温达到 15 ℃左右时,环境中的蝇卵开始发育,是杀灭蝇蛆的最好时机。可选用灭蝇胺(环丙氨嗪)按 0.1%~0.2% 浓度喷洒牛床、粪沟、粪尿、屋角、屋顶及牛场外环境等,也可按 100~200 g/t 添加进饲料中或按 100 g/t 添加进饮用水中,持续 4~6 周,此药安全无毒,可放心使用。也可用 0.4% 敌百虫水剂或 50% 蝇蛆净粉剂喷洒环境,但不能接触到草料、饮用水、牛体,以免发生中毒。

#### (二)杀灭蚊蝇成虫

夏、秋季节,牛场内蚊蝇可用 0.4% 氯菊酯油剂或 0.2% 苯醚菊酯进行喷洒,2~3 次/周;牛场外环境可用 1% 马拉硫磷乳剂或 5% 高效氯氰菊酯可湿粉进行喷洒,每周 1~2 次。外环境使用的杀虫剂多有毒性,使用时应注意勿污染水源和草料,操作人员也要做好防护,以免人员中毒。

市售有战影、卫豹、灭蝇王等许多商品级杀灭蚊蝇药物,牛场也可选用。

## 二、杀灭老鼠

### (一)鼠情观察

杀鼠前应先分别进行牛场内老鼠的密度、鼠迹观察,以便了解老鼠的数量、活动痕迹,方便投放毒饵。

进行密度观察时,可用看和听的方法进行,也可通过询问饲养员或管理人员进行了解。一般地,夜间偶尔看见老鼠跑、偶尔听到老鼠叫,属于低密度;白天看见老鼠跑、听到老鼠叫,夜间经常看到老鼠跑、听到老鼠叫,属于高密度。

进行鼠迹观察时,先把废布料剪成20 cm×20 cm的方块,沿牛场内外墙脚间隔10 m放置方块布片,然后在布上均一撒布滑石粉,以不见底为宜。次日清晨检查出现爪印或痕迹的阳性布块数,代入公式计算鼠密度。计算公式为:鼠密度=阳性布块数/放置的有效布块数×100%。每个牛场至少放置20个带滑石粉的布块。

### (二)灭鼠药物的选择

目前,市售的杀鼠剂种类较多,有甘氟、氟乙酸钠、氟乙酰胺(又名灭鼠灵、三步倒、敌蚜胺)、毒鼠强(又名没命鼠、闻到死、特效灭鼠灵)、华法林(又名杀鼠灵)、杀鼠酮(又名鼠完)、敌鼠、克灭鼠、灭鼠醚、双杀鼠灵(即敌害鼠)、氯杀鼠灵(又名比猫灵)、溴敌隆、灭鼠特、氯灭鼠等。其中,因甘氟、氟乙酸钠、氟乙酰胺、毒鼠强等毒性强,人畜沾染后危害大,中毒后极难救治,国家已明文规定禁止使用。牛场灭鼠应选择对人畜毒性低,杀鼠效果好的灭鼠药物,畜禽生产中常选用的灭鼠药有立克命追踪粉(有效成分为杀鼠醚)、卫公灭鼠(新一代抗凝血杀鼠剂)、敌鼠钠盐等。

### (三)灭鼠方法

将卫公灭鼠剂1支(10 mL)溶解于100 mL热水中,加入500 g牛精料或玉米、稻米,充分搅拌均匀。在牛场内鼠洞、通道、墙脚、生活区、办公室、饲料仓库、场外邻近养殖场500 m范围内设置毒饵投放点,一般每隔2~3 m设置1个投放点,每个点投放50 g左右毒饵,每天检查1次,老鼠吃后及时补充,连续检查3~4 d。一周内发现老鼠不吃毒饵,可重新规划、投放毒饵。也可用1份立克命追踪粉加入19份的牛精料或玉米粉、小麦粉,充分混匀,按同样的方法进行毒饵投放和观察。灭鼠毒饵常晚布晨收,灭鼠期间早晨收取毒饵一定要早,一般多在早晨6:00左右。投放毒饵灭鼠时,不必担心老鼠吃多少毒饵,只要其通过放置毒饵的鼠道,其体表沾染毒饵,则老鼠在自我清洁时舔舐毒饵也可达到灭鼠的目的。依据牛场老鼠的数量和密度,每年可安排2~4次全场灭鼠,尤其是在春末夏初的繁殖高峰季节,应至少安排1~2次的灭鼠工作。

### (四)灭鼠效果的评价

灭鼠期间,每天寻找毒死老鼠的尸体,尽可能全部收集,尤其注意鼠洞、沟渠、草丛、顶棚等易藏匿地。一般投毒饵后7 d内均为毒死老鼠收集时间。将收集数量乘以20可得本次灭鼠的估计数量。也可用密度观察法、鼠迹观察法来评价灭鼠的效果。

### 三、其他措施

牛场蚊蝇、鼠害控制要取得较好的效果，应特别注意综合防治。首先，平时应搞好牛场内外的卫生，牛舍粪尿要每天清扫清除，建立专门的牛粪处理场处理牛粪，尿液进沼气池，勤于打扫料槽周围，牛场其他垃圾应按要求堆放，并定期清理；牛舍外的绿化带、水沟及场外500 m以内生长的杂草应定期拔除，尤其是春夏季杂草生长快，应多次拔除；牛场的各种污物要按规定收集堆放，定期清理。其次，要搞好牛场草料管理，堆放牛只精料及原料的仓库、放置青贮的窖仓、存放干草的草房等应有专人管理，注意搜寻鼠洞、鼠道，并及时进行破坏或堵塞，经常翻动库房物品，不让老鼠有安稳的藏身之所。此外，还要设置必要的防治设施，落实群防群治。牛场周围围墙可增设防鼠网、防鼠挡板，增加场外老鼠进入牛场的难度；牛舍门窗可加装蚊蝇防护网或纱窗，阻碍牛舍外蚊蝇进入舍内；建设固定毒饵站，可长期、重复、不定期开展杀虫灭鼠；牛场要加强杀虫灭鼠意识，对职工定期开展杀虫灭鼠知识和技能的培训，积极动员职工参与杀虫灭鼠工作；牛场要定期与周围农户、养殖场进行杀虫灭鼠工作联系，开展群防群治，做到不留空白和死角，防止牛场灭鼠结束后周边生活的老鼠向牛场转移。

为保障牛场人畜安全，还应注意对毒蝎、蜈蚣及毒蛇的防范。可用人工捕捉法对牛场内外墙角、水沟、空地、垃圾堆等附近的毒蝎、蜈蚣进行捕杀，聘请专业捕蛇人员对牛场及附近毒蛇存在情况进行评估，并适时捕杀，还可增设防蛇网、防蛇沟等阻止毒蛇进入，每次搬运牛草料时，可预先用木棒敲打草料堆、邻近墙壁、地面数次，将蛇赶离，夜晚牛群出现骚动或惊恐时，应及时检视牛群，用脚踏、棒敲等方法震动地面，驱蛇离开，以免造成人畜伤害。

### 四、注意事项

#### (一)科学规范、确保安全

牛场进行杀虫灭鼠时，大多使用化学药剂，常见的杀鼠剂、灭蚊蝇药物均有一定毒性，尤其是杀鼠药物对各种哺乳动物甚至人均有较大毒性，因此，使用前应认真阅读药物使用说明书，按要求规范操作，避免人员在拌饵、放置等操作中中毒。杀虫灭鼠过程中，要告知场内员工，科学规范设置毒饵投放点，不要让草料、饮用水受到毒饵的污染。灭鼠时，要尽可能地收集完毒死鼠尸体，并妥善无害化处理，避免犬猫等误食尸体发生中毒；采用晚布晨收法灭鼠的，每天要早起把毒饵清扫收集干净，避免其他动物误食发生中毒。

#### (二)群防群治、系统整治

蚊蝇、老鼠活动范围较大，据记载，蚊子日常活动范围为2 km，最远可达180 km，一次飞行距离可达150 m，可飞20 m高；苍蝇善于飞行，每小时可飞行6～8 km，大都以滋生地为中心在200 m半径范围内活动，个别可飞行到10 km之外；老鼠活动时的离洞距离一般在45～150 m之间，活动面积1 000～2 400 m²，其最大离洞距离可达1 000 m，有人估算雄鼠一生可跑行3 400 km左右，雌鼠可跑行8 000 km甚至超过10 000 km，有游泳的本领，在平静的水面可游800～1 000 m远。由此可知，牛场内各生产用房、用具、设施设备、围墙水沟、树木花坛、牛场外耕地、山坡、农舍、其他养殖场等均为蚊蝇、老鼠滋生活动的场所，要搞好牛场的杀虫灭鼠工作，不仅场内要广泛动员、多次多批驱杀，还要与牛场周围农户、养殖场等多方联系，共同组织实施驱杀，做到群防群治，才可以收到良好效果。牛场内环境复杂，有日常产生的动物粪污，也有养殖管理人员的生活垃圾，还有保管不善的霉败饲料、死亡动物尸体、场内绿化地杂草、场外树木和草丛、农田庄稼作物、水田水沟、山塘湖堰等，这些均为蚊蝇、老鼠的滋生、繁殖提供了极好的场所，牛场在开展驱虫灭鼠时，还应定期开展场内场外的环境整治，拔除杂草、清掏粪水沟、破坏老鼠洞穴，尽可能减少甚至消除蚊蝇、老鼠生存环境，提高牛场杀虫灭鼠的效果。

**(三)严格管控毒物，防止事故发生**

驱杀蚊蝇、老鼠的药物多为有毒化学制剂，部分毒性强，对人畜均有毒害作用，管控不严可能被动物误食引起中毒、死亡；被少数不法分子利用，轻者可造成动物大量死亡，给牛场造成严重经济损失，重者可能对牛场员工的人身安全造成危害，甚至导致极坏的社会影响。因此，应建立牛场毒物管控制度，设立专门的保管柜(室)，有专门保管人员，灭鼠、灭蚊蝇药物应有严格的申请、购置、保管、使用制度，必须建立毒物购置和使用台账。使用中，对回收的毒物应进行计量、登记，妥善保管后重复使用或进行销毁。要严格把控毒物管理、使用的每个环节，防止毒物流出场外，杜绝事故发生，确保安全。

## 第七节 牛场兽医卫生防疫设施与制度

现代规模化牛场大多建立了完善的兽医卫生防疫制度，有配套完整的兽医卫生防疫设施设备，牛场兽医人员不仅要熟悉所有兽医卫生设施设备的规范使用，还要定期检查这些设施设备的实际使用效果、运行情况，搞好维护。对于兽医卫生防疫制度，兽医人员既是制定者，也是直接实施者之一，应按照国家标准化牛场兽医卫生防疫制度要求，依据自身牛场的实际情况，完善卫生防疫制度制定，并自觉贯彻于日常工作中。

## 一、兽医卫生防疫设施及维护

现代规模化牛场兽医卫生防疫设施要求设置齐备、使用效果可靠。常见的兽医卫生防疫设施设备有消毒池、超声雾化消毒机、紫外消毒间、喷淋消毒间及其他消毒器械等。以上消毒设施设备应规范使用,勿人为损坏。兽医工作人员应定期检查牛场常用卫生防疫设施设备的情况。一般春末夏初、秋末冬初时应各检查1次牛场消毒池,注意是否漏液、渗液,车辆通过的池两端边缘损坏的要及时修补,检查消毒池排泄口和管道是否堵塞等。每隔3个月需检查1次超声雾化消毒机、高压清洗机、高压蒸汽灭菌锅、喷雾火焰消毒器、手动喷雾器等,对出现故障不能使用或使用效果不佳的要及时维修,对完全不能使用的要及时淘汰添置,消毒服、帽、胶靴等每次使用后要及时清洗、消毒,然后放置到更衣间,不得带出。

## 二、兽医卫生防疫制度实施与监督

牛场兽医卫生防疫制度主要包括消毒制度、疾病控制与扑杀、免疫和检疫、病死牛及其产品的处理、废弃物处置五个方面的内容,除疾病控制与扑杀外,其他四个方面内容本章节前面已有详细介绍。牛场牛群疾病控制与扑杀,要求在牛场发生疫病或疑似疫病时,驻场兽医要及时作出临床诊断,并尽快向当地畜牧兽医管理部门报告疫情。确诊为口蹄疫、牛瘟、牛传染性胸膜肺炎时,应配合相应部门对牛群实施严格隔离、扑杀;发生蓝舌病、牛出血病、结核病、布鲁氏菌病等时,应对牛群清群和净化,扑杀阳性病牛。全场彻底清洗、消毒,病、死、淘汰牛尸体,按相关规范进行无害化处理,消毒按《畜禽产品消毒规范》(GB/T 16569—1996)进行。

牛场兽医卫生防疫制度应按上述要求进行分类制定,并备案、上墙,平时至少每个季度学习1次,遇有紧急疫情或重大传染病威胁时,应立即组织全体人员学习。牛场兽医工作人员应自觉履行兽医职责,贯彻执行兽医卫生防疫制度,特别注意消毒、疫苗免疫、重点疫病检疫、重大疫病控制及病害牛尸体的无害化处理的规范执行,要牢固树立防重于治、积极防疫的观念。牛场兽医组要设立流动监督岗,监督兽医、养殖、保卫等人员执行、落实牛场卫生防疫制度,发现问题及时整改,达到拒疫病于牛场之外、牛群健康无疫污染的目的。

### 注意事项

(1)熟悉环境、听从安排:学生离开学校进入规模化牛场实习,是进入了一个新的环境,牛场作为牛业生产企业具有很强的生产经营属性,有着和学校显著不同的各项管理措施,生产、生活设施布局也与学校有很大的不同。因此,学生入场后应在校外指导老师的带领下首先对牛场环境进行熟悉,并学习掌握牛场的各项管理规定,听从牛场领导的安排,切莫盲目、自主行事,以免犯错甚至给牛场带来经济损失。

(2)沟通交流、扎实推进：学生实习时，应首先按预防兽医实习岗位的工作内容拟好实习计划，与牛场领导、校外指导老师进行充分沟通，力争按本岗位实习流程按时开展实习实训，若因其他客观原因（如工作的季节性、重大疫情及自然灾害发生等）影响，可调整实习流程以及实习内容。

(3)虚心请教、踏实肯干：在牛场实习过程中，学生不仅要熟练掌握本实习岗位的工作内容、每项工作的方法，还要虚心向校外指导老师、牛场其他老师请教，努力将学校所学与牛场实习工作紧密结合，边实习边提高。预防兽医岗位工作内容多，有粗有细，每天实习工作时间长，要求学生要踏实肯干、不怕脏不怕累，锻炼自己从事本岗位工作的能力，使自己在实干中得到提升。

(4)规范操作、保证安全：开展疫苗免疫时，要求操作规范、避免牛群恐慌，防止牛只对人造成伤害；对人畜共患病情况不清的牛群进行检疫时，要按规定穿戴好防护服装，防止自身受到感染；使用各类消毒器械时，要先阅读使用说明书或由老师指导后，再安全使用，消毒药的配制应在专门的配制室内完成，特别注意使用浓度；涉及细菌培养操作时，要在符合生物安全要求的专门操作间（台）内进行，实验完成后要及时对病菌进行高压蒸汽灭菌后再处置；开展杀虫灭鼠时，要注意药物使用安全，防止对人畜造成毒害；焚烧病害牛只尸体及污染物时要按步骤操作，避免事故发生。

(5)加强修养、提升能力：牛场实习期间，学生工作在牛场、生活在牛场，故而应尽快自我调节，适应牛场的工作、生活环境。要多看、多学、多思，遇事要和场领导、老师、师傅及时沟通、交流。要学会在工作中与同事合作，培养团队精神。要学会与人和谐相处，正确处理个人与集体、同事的关系，积极参加牛场举办的各种活动，不断提高综合能力，为将来的工作打下坚实的基础。

## 实习评价

### （一）评价指标

(1)能掌握牛场重点疫病免疫接种的程序和方法，免疫档案的建立、免疫牛群抗体检测方法。

(2)能掌握牛结核病、布鲁氏菌病的检疫方法，阳性牛的正确处置方法；了解牛只及其产品出入场检疫的方法与内容。

(3)能掌握牛场消毒的方法，正确使用各种消毒设施设备，实施消毒效果监测（牛场表面及空气菌落计数及效果评价方法）。

(4)能明确牛群驱虫时间，正确选择驱虫药物实施驱虫，掌握驱虫效果评价的主要试验方法。

(5)能掌握牛场蚊蝇、老鼠的驱杀方法，可开展灭鼠效果的评价。

(6)能了解病害牛的无害化处理方法，基本掌握病害尸体及污物的焚烧处理方法。

(7)能初步了解牛场生物安全措施体系的构成,具备牛场兽医卫生防疫制度实施和监督的能力。

(8)在进入牛场后,能与场内领导、老师积极沟通,按本实习岗位内容开展全部或大部分工作,坚持撰写实习日志且实习日志完整、真实,顺利完成实习。

### (二)评价依据

(1)实习表现:学生在牛场本岗位实习期间,应遵纪守法,遵守单位的各项管理规定和学校的校纪校规,按照实习内容积极参加并完成大部分工作,表现优良。

(2)实习日志:实习期间,学生应每天对实习内容、实习效果、实习感受或收获等进行真实记录,对实习中的精彩场景、典型案例拍照并编写进实习日志。

(3)能力提升鉴定材料:牛场在学生结束实习前,可组织牛场管理、技术等部门专家形成学生实习能力鉴定专家小组,对实习学生本岗位主要实习内容进行现场考核,真实评价其能力提升情况,给出鉴定意见。

### (三)评价办法

(1)自评:学生完成实习后,应按要求写出规范的实习总结材料,实事求是地评价自己在思想意识、工作能力方面的提升情况,本岗位实习内容完成的情况。可占总评价分数的10%。

(2)小组测评:学生实习小组可按照参评人的实际实习时间、实习工作内容多少、工作中表现,以及参评提供材料的情况给予公正的评价。可占总评价分的20%。

(3)实习单位测评:实习单位可依据学生在实习工作中具体表现、能力提升情况,结合本单位指导老师给出的实习意见,给予学生实习效果的评价。可占总评价分的30%。

(4)学校测评:实习期间,每位学生均指派有校内实习指导教师。学生应定期向校内指导教师汇报实习情况,教师应定期对学生实习进行巡查和指导。可按学生提交的实习总结材料、实习单位鉴定意见、实习期间的各种汇报和表现,结合学生自评、小组测评、实习单位测评情况,给出综合评价。可占总评价分的40%。

# 第二章

# 现代规模化牛场临床兽医岗位实习与实训

> **问题导入**
>
> 小马同学来自北方牧区,有牛羊饲喂经历,曾多次见到犊牛、羊羔发病和死亡,后报考了国内某大学动物医学专业,立志学好动物医学知识,将来给动物治病,为养殖行业服务。现在,他已完成动物医学专业大三的全部课程,学校要求学生进行4~6周的兽医专业实习,该同学主动联系了家乡某著名奶业企业的一个现代化奶牛场,准备开展牛场临床兽医岗位的实习。但该同学因平常学习时很少到奶牛场进行实地调查、了解,对大动物临床兽医岗位工作方法、内容及应具备的相应知识等不够了解,急需相关书籍资料来指导其即将开始的实习工作。

> **实习目的**
>
> 1. 掌握现代规模化牛场兽医巡栏检视的时间、方法、内容及注意事项。
> 2. 掌握现代规模化牛场常见普通病、传染病、寄生虫病等的诊疗技术。
> 3. 了解现代规模化牛场临床兽医岗位的工作内容。
> 4. 通过实习实训,使学生学会理论联系实践,理论水平和兽医实践技能不断提高,临床思维能力逐步形成,初步具备从事牛场兽医临床工作的能力。

## 实习流程

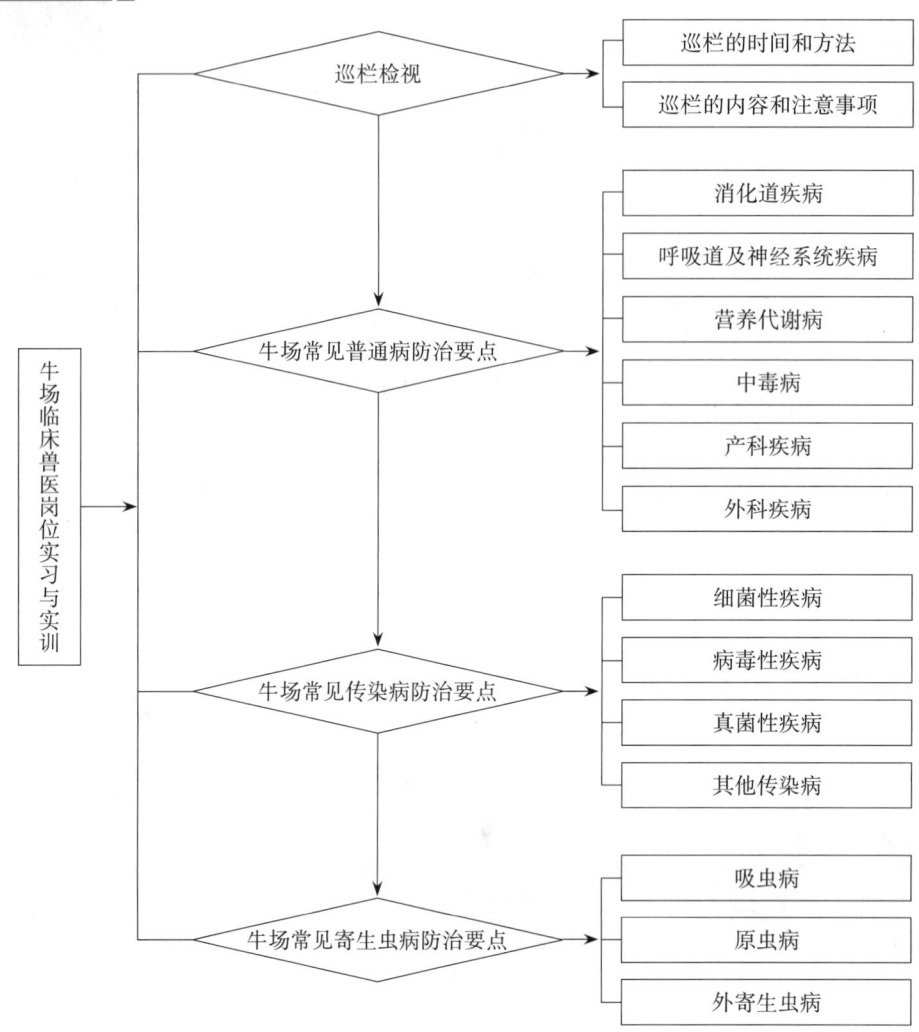

```
牛场临床兽医岗位实习与实训
├─ 巡栏检视
│   ├─ 巡栏的时间和方法
│   └─ 巡栏的内容和注意事项
├─ 牛场常见普通病防治要点
│   ├─ 消化道疾病
│   ├─ 呼吸道及神经系统疾病
│   ├─ 营养代谢病
│   ├─ 中毒病
│   ├─ 产科疾病
│   └─ 外科疾病
├─ 牛场常见传染病防治要点
│   ├─ 细菌性疾病
│   ├─ 病毒性疾病
│   ├─ 真菌性疾病
│   └─ 其他传染病
└─ 牛场常见寄生虫病防治要点
    ├─ 吸虫病
    ├─ 原虫病
    └─ 外寄生虫病
```

# 第一节 巡栏检视

巡栏检视是在现代规模化、信息化、机械化生产模式下,兽医工作者或生产负责人对群养动物、养殖设施及饲料等的情况进行现场检视、问询了解,第一时间发现动物疾病并找出疾病成因、有效掌握畜群健康动态、及时解除安全隐患的一种重要工作。巡栏检视属于牛场兽医岗位职责的重要内容之一。

## 一、巡栏的时间及方法

**1. 巡栏的时间安排**

现代规模化牛场一般每天需进行4次巡栏工作,其中正常工作时间内进行2次巡栏,夜间值班进行2次巡栏。按牛场工作流程,临床兽医岗位人员常在每天的7:00—9:00、14:00—16:00进行巡栏;夜班时,还需在21:00—22:00、次日的3:00—4:00分别进行巡栏。

**2. 巡栏的方法**

巡栏时,主要运用视诊、问诊、触诊、听诊、叩诊、嗅诊等检查方法对牛群健康状况、发病情况及病因进行调查了解。

## 二、兽医巡栏的内容

**1. 精神状态**

通常用视诊法观察牛群的精神状态。若牛群移动缓慢、动作迟缓、打堆严重,提示牛群精神状态差(精神不振),见于大多数传染性疾病、寄生虫疾病及内科病等;检视牛群,发现牛只离群、落单,运步缓慢,行走无力,或站立困难、行走跛行等,提示牛只发病,做好标记和记录,以便转入牛场治疗室或医院进行详细检查和治疗;若牛群出现异常不安、跑动,提示精神兴奋,可见于牛舍内有异常动物(如毒蛇、猫等)进入、圈舍围栏或颈架感应电过强或轻微漏电、水槽缺水;若牛群中有一至数头牛出现异常兴奋、不安、跑动,提示腹痛性疾病、个体中毒及脑病(如乙型脑炎)等;暑热夏季,环境潮湿,若牛群出现上述兴奋、不安现象,应注意排查热应激或中暑。

**2. 营养程度**

观察牛群皮下脂肪蓄积情况及肌肉的发育程度,可了解牛群的营养情况、物质代谢水平及机体免疫能力的大致状况。若牛群中大多数牛只皮肤无光泽、皮屑增多,被毛粗大,腰、臀狭小,肋骨、髋骨、肩胛骨等凸现,则提示牛群营养较差或消瘦,可见于营养缺乏、严重的寄生虫感染、慢性传染病的感染等;若牛群中个别牛只出现消瘦,除见于上述疾病之外,还要注意各种原因引起的急性腹泻、烈性高热性疾病等;若种公牛、泌乳奶牛皮肤脂肪丰富,膘情超过八成牛只,则提示牛只过肥(肥胖),这种营养程度可严重影响种牛、母牛的生产性能,甚至出现发情紊乱、配种困难及生殖能力低下等。

**3. 饮食欲情况**

巡栏时,可用视诊法观察牛饲料槽内是否剩余有饲料或饲草、剩余草料的情况,或用问诊法向饲养人员了解牛群采食、饮水的情况,以判断牛群的饮食欲状况。若个别圈栏饲料槽内剩余较多的草料,则提示该圈栏牛群食欲减损,或有牛只食欲废绝,见于各种发热性疾病、消化道疾病等;若饮水槽水量过满或奶牛的饮水碗上部干燥,说明牛群饮欲减少,可见于各种消化障碍性疾病或颅脑疾病等。若有啃食泥土、舔舐墙灰、吸食粪尿及污水等现象,提示牛群异嗜,见于钙磷代谢紊乱、钴缺乏及某些氨基酸缺乏等。

**4. 粪便尿液**

巡栏时,若观察到牛群粪便稀薄,有腐败臭味或酸臭味,见于各型肠炎或消化不良;若粪便夹杂血液或呈黑色,常提示胃、肠出血性疾病;若粪便呈现柏油样,见于胃肠阻塞;若粪便坚硬、颜色变深,见于肠弛缓、便秘、热性病;若稀粪中混有片状硬结粪块,见于瓣胃阻塞;若稀粪中夹杂有多量膜片状黏液,见于黏液膜性肠炎。圈栏检视时,若地面干燥,无或很少有排尿痕迹,提示牛群排尿减少,见于发热性疾病、缺水或急性肾炎;若尿液呈现红色,可见于牛血红蛋白尿病、梨形虫病、硒缺乏症、尿路出血性疾病;若尿液中有白色物质沉着,见于乳糜尿、饲料钙质过多。

**5. 鼻液、鼻镜、咳嗽**

检视牛群时,应对牛群鼻部皮肤湿度、鼻液量及性状等进行观察。若牛群鼻镜皮肤干燥,见于发热性疾病、重度消化障碍等;若鼻镜皮肤龟裂、脱壳,见于恶性卡他热、严重瓣胃阻塞;若鼻镜皮肤湿度增大,汗呈片状、板状,见于中暑、疼痛性疾病、有机磷中毒早期等。若牛群多数牛只鼻液增多,稀薄如水,无色透明,应注意受寒感冒、流感初期、运输应激早期等;若鼻液量多,质地黏稠,呈蛋清样或团块状,灰白或灰黄、黄绿色,见于卡他性鼻炎、结核病及其他呼吸器官病等。若牛只出现咳嗽,咳嗽声短暂数次出现,或一连发生十几次、数十次的咳嗽,咳嗽时喷出凝乳或团块状鼻液,可见于各型感冒中期、支原体肺炎、支气管肺炎、巴氏杆菌病、呼吸道异物等。

**6. 母牛乳腺、阴门**

在奶牛场、繁殖母牛场实习时,开展巡栏工作还应对母牛乳腺皮肤颜色、乳腺形状及大小、乳头状况、阴户开合情况、阴户黏膜颜色及阴户流出污物状况等进行视诊观察,对乳腺皮肤温度、敏感性进行触诊检查,挤出乳汁观察乳汁颜色、凝结状态,了解是否混有血液等。若乳腺肿胀、热痛,见于急性乳房炎;若乳腺硬结、无热痛,见于慢性乳房炎,若此时兼有乳腺淋巴结增大、硬结、活动性小,见于乳腺结核;若乳腺皮肤有疹疱、脓疱及结痂,见于痘疹。母牛阴唇充血肿胀,阴道分泌物增加流出,呈无色或灰白、灰黄色黏附在阴唇皮肤或尾毛上,母牛不安,采食稍减,见于发情;若母牛拱背努责,阴门流出浆液或黏液脓性污物,腥臭,见于阴道炎、子宫内膜炎等;若阴门外悬挂有垂脱物,可见于胎衣不下、子宫脱出等。

### 7.圈栏环境

进行圈栏及环境检视时,应注意观察圈栏设施、房顶是否有破损、脱落,颈架、刮粪板是否运转正常,圈舍门窗是否完整,保温或降温、通风设施设备是否工作正常。观察圈舍内放置的温度计、干湿度计读数,并衡量是否在正常要求范围内;感觉圈舍内空气中氨、硫化氢等的浓度是否太高,有无刺鼻的氨气味。还要观察当日饲喂的饲料是否发生霉败,水槽内饮用水是否清洁,槽内有无苔藓或异物,水有无异味;观察圈舍内通道地面有无尖锐异物、石块,圈栏及屋外有无飘动的塑料布及织物,若有要及时清除。

## 三、巡栏的注意事项

### 1.巡栏的范围

国外大型牛场一般设置有专职巡栏兽医,我国牛场大多数未设置专职巡栏兽医,巡栏工作一般为临床兽医工作的主要内容之一。巡栏时,除了对牛群进行详细检视、找出发病个体外,牛场兽医负责人还应对转入牛场兽医院治疗的牛只进行巡视。

### 2.规范巡栏操作

巡栏时,兽医人员应尽量放轻脚步,不要高声喧哗,避免对牛群造成刺激,尤其是夜间巡栏时,牛只大多数处于休息状态,巡栏应小心、仔细、悄无声息地进行。巡栏时,还要求认真、细致,保证每头牛都观察到,做到疾病的发现率达到100%。

### 3.巡栏记录

巡栏时,还要对巡栏情况进行记录,对发现的问题要及时上报牛场兽医主管,并关注出现问题的解决情况。

### 4.病牛的处置

兽医人员对牛群整体进行巡栏后,一般可以发现发生疾病的病牛个体,并能对疾病发生的原因有大体的了解。对巡栏发现的病牛个体,应进行及时治疗或转入牛场兽医院进行治疗。对于病情严重、治疗花费较大、生产器官因病造成严重损害或康复困难的病牛,还应提出合理淘汰或处置的方案,并及时提交牛场总兽医师、场部管理者批准。

## 第二节 牛场常见普通病防治要点

### 一、消化道疾病

**1. 前胃弛缓**

前胃弛缓是前胃神经肌肉装置感受性降低,平滑肌自主运动性减弱,瘤胃内容物运转缓慢,微生物区系失调,产生大量发酵和腐败的物质,引起消化障碍,食欲减退,反刍减少,乃至全身机能紊乱的一种综合征。

(1)疾病诊断要点。

①依据发病原因:精料饲喂过多、粗料不足,糟粕类饲料使用过多,长期饲喂未加工调制的麦秸、秸秆、稻草,喂料次数的频繁更改,饲料霉败等,可导致急性前胃弛缓。牛流行热、结核病、布鲁氏菌病、前后盘吸虫病、附红细胞体病、锥虫病、酮病、乳房炎、子宫内膜炎、骨软病及其他前胃病、真胃病,可继发前胃弛缓。临床治疗时,长期大量服用抗生素或磺胺类药物,可造成医源性前胃弛缓。

②依据典型临床症状。

急性前胃弛缓:主要表现出饮食欲减退或废绝,反刍减少、无力,瘤胃蠕动次数减少,瘤胃内容物触诊黏硬或粥状,粪便干硬、色暗。重剧性病例,出现呻吟、磨牙,反刍消失,粪便稀薄、棕褐色、恶臭,鼻镜干燥,眼球下陷,黏膜发绀,体温下降,呼吸困难。

慢性前胃弛缓:以上前胃弛缓症状时轻时重,病程长。常有便秘和腹泻交替发生,病牛消瘦、贫血。

③结合典型病理变化:瘤胃黏膜潮红、有出血斑;瓣胃体积增大至正常的3倍,瓣叶间内容物干燥,瓣叶坏死。

④实验室检查:瘤胃液pH值下降至5.5以下,纤毛虫活力降低,数量减少至7.0万个/mL,糖发酵产气低于1 mL,纤维素消化断离时间超过60 h。

(2)治疗方法。

通常用人工盐250 g、硫酸镁500 g、小苏打80~100 g,加水灌服;发病奶牛产奶20 kg/d以上时,可用5%葡萄糖盐水1 000 mL、25%葡萄糖溶液500 mL、10%葡萄糖酸钙溶液500~1 000 mL、5%碳酸氢钠溶液500 mL,一次静脉注射;瘤胃触诊黏硬时,可用硫酸镁500 g、鱼石脂20 g、酒精50 mL、温水8 000 mL,一次灌服以排除蓄食;也可用"促反刍液"(5%葡萄糖盐水1 000 mL、10%氯化钠溶液200 mL、5%氯化钙溶液300 mL、20%安钠咖注射液10 mL)一次静脉注射,或龙胆粉、姜粉、马钱子粉、碳酸氢钠各100 g,加温水一次灌服;或用维生素$B_1$注射液50 mL,一次肌内注射;病牛出现轻度脱水和自体中毒时,应配合使用樟脑酒精注射液200 mL一次静脉注射,氨苄西林3～5 g、林可霉素8～10 g,分别一次肌内注射。中药处方可用党参30 g、白术40 g、陈皮45 g、厚朴35 g、木香30 g、麦芽60 g、山楂60 g、建曲60 g、槟榔15 g、苍术35 g、大黄30 g、甘草15 g,煎水灌服。此外,还应停喂发霉变质草料,提供适量青草或青干草,给予清洁饮用水,让其适当运动。

(3)预防措施。

预防本病的关键是加强饲养管理。要注意精、粗比,钙、磷比,防止单纯追求乳量而片面追加精料现象。要坚持合理的饲养管理制度,不突然变更饲料,不随意更改喂料次数;加强饲料保管,严禁饲喂发霉变质饲料。对继发性前胃弛缓病牛,一定要及时正确治疗原发病。

**2. 瘤胃积食**

瘤胃积食是因前胃的兴奋性和收缩力减弱,同时采食了大量难以消化的粗硬饲料或使牛易臌胀的饲料,在瘤胃内积聚,引起瘤胃容积增大,内容物停滞和阻塞,瘤胃运动和消化机能出现障碍,形成脱水和毒血症的一种严重疾病。

(1)疾病诊断要点。

①依据发病原因:本病主要与牛只的过食史有关,如长期过食麦秸、稻草、花生秧、甘薯蔓等不易消化的饲草,或长期过食精料而粗料不足,或一次性偷食精料、豆粕等太多,或贪食青草、苜蓿、紫云英等适口性好的饲草等。此外,过度紧张、运动不足、感染等产生应激,也可导致本病发生,其他前胃疾病也常常继发瘤胃积食。

②依据典型临床症状:通常在采食后数小时内发病,表现腹痛,食欲废绝,反刍停止,鼻镜干燥,呆立,不愿行走,呻吟。肚腹增大,瘤胃触诊捏粉样、硬固,听诊瘤胃音减弱或消失,肠音微弱或沉寂,叩诊瘤胃大部分浊音。呼吸困难,伴呼吸而呻吟,眼球突出,结膜潮红,头颈伸直,心跳急速,可达120次/min。奶牛发病可见泌乳量下降或无乳。排粪停止。重症病牛,迅速衰弱、脱水,四肢震颤,运步无力,发生酸中毒时则出现昏迷。

③结合病理变化:瘤胃极度扩张,含气体和大量腐败物,胃黏膜潮红,有散在出血点,瓣胃叶片坏死,主要实质性器官淤血。

(2)治疗方法。

可先用硫酸镁500～1 000 g、液体石蜡1 000 mL、鱼石脂20 g,加水后一次性灌服,或硫酸镁500 g、苏打粉100 g,加水灌服,同时用5%葡萄糖盐水3 000 mL、25%葡萄糖液500 mL、安钠咖2 g、5%碳酸氢钠液1 000 mL,一次静脉注射。若因一次性采食过量豆粕、玉米粉等细小谷物致病,可用1%食盐水进行胃导管洗胃,然后再用10%氯化钠液300 mL、安钠咖2 g,一次静脉注射。若有酸中毒,可用5%碳酸氢钠液500 mL一次静脉注射或1%呋喃硫胺注射液20 mL一次静脉注射。积食严重,药物治疗效果不佳时,应手术切开瘤胃,取出过多内容物。中药处方可为:大黄90 g、枳实60 g、厚朴60 g、槟榔40 g、芒硝250 g、青皮60 g、麦芽80 g、山楂60 g、甘草15 g,煎水灌服。同时,病牛宜禁食,给以清洁饮用水,用草把对瘤胃进行揉搓按摩,4～6次/d。

(3)预防措施。

防止牛只过食是预防本病发生的关键。要严格执行饲喂制度,精料、糟粕类饲料应按规定供给。要加强饲料保管,加固牛栏,防止牛只偷跑。粗饲料应做好加工调制,喂量应合理。

**3. 瘤胃臌气**

瘤胃臌气是因前胃神经反应性降低和收缩力减弱,同时采食了容易发酵的饲料,在瘤胃内微生物的作用下,异常发酵,产生大量的气体,引起瘤胃和网胃急剧膨胀,膈与胸腔脏器受到压迫,呼吸与血液循环出现障碍,严重时发生窒息现象的一种疾病。

(1)疾病诊断要点。

①依据发病原因:牛只采食了大量豌豆蔓叶、甘薯蔓叶、花生蔓叶、苜蓿、红三叶草、紫云英,或玉米粉、小麦粉等后,易发生泡沫性瘤胃臌气。采食了大量幼嫩青草、带水或堆积发酵的青草、品种不良的青贮等,易发生非泡沫性瘤胃臌气。

②依据典型症状。

急性瘤胃臌气:采食中或采食后发病。腹部迅速膨大,左肷窝明显凸起。食欲废绝,反刍、嗳气停止,神情不安,瘤胃触诊紧张而有弹性,叩诊为鼓音,瘤胃蠕动音初增强后减弱或消失。呼吸急促、困难,可达60次/min,脉搏微弱,心动亢进,心音高朗,心跳可达100次/min,颈静脉怒张,黏膜暗紫色。眼球突出,全身出汗,口内流出泡沫状唾液。

慢性瘤胃臌气:病情时好时坏,瘤胃中等程度臌气,多间歇性反复发作。

③结合病理变化:死亡牛只立即解剖,可见瘤胃壁过度紧张,充满大量气体及含有气体的泡沫。死亡数小时后解剖,瘤胃内容物泡沫消失,有皮下气肿或瘤胃、膈肌破裂。瘤胃腹囊囊膜有红斑,上皮脱落,心外膜及肺充血,浆膜下出血。

(2)治疗方法。

可用松节油30 mL、鱼石脂20 g、酒精200 mL,加适量温水一次灌服;或生石灰水上清液2 000 mL、豆油250 mL,一次灌服;或氧化镁100 g,加水溶解后一次灌服。有窒息危险的病例,还可用胃导管间歇性放气。泡沫性瘤胃臌气,可用消胀片120片一次灌服,或菜籽油、豆油及其油脚500 mL,加水1 000 mL,一次灌服。此外,还应在病情减轻后,用硫酸镁500 g加水10 kg,一次灌服,或3%碳酸氢钠液2 000 mL一次灌服。对于慢性瘤胃臌气,除了用上述方法缓解胀气症状外,还应积极治疗原发病。中药处方可为:莱菔子15 g、木香40 g、枳实30 g、青皮50 g、小茴香35 g、槟榔20 g、二丑35 g、大蒜60 g,煎水或为末灌服。

(3)预防措施。

本病的预防原则是改善饲养管理。不要过多饲喂多汁饲料,在饲喂多汁饲料时要配合干草。不喂披霜带露的、堆积发热的、腐败变质的饲草和饲料。使用青贮料时,要逐渐增加用量,不要突然使用过大用量。要加强饲料的加工调制和日龄配合,注意精、粗比和矿物质的供给,以防止继发性臌气的发生。

**4. 瘤胃酸中毒**

瘤胃酸中毒是由于过食谷类或多糖类饲料后，导致瘤胃发酵异常，产生大量的乳酸并吸收所致的一种瘤胃消化机能紊乱性疾病。

(1)疾病诊断要点。

①依据发病史：饲喂或短期内采食大量谷物或豆类，如小麦、大麦、玉米、稻谷、高粱等，或舍饲牛突然饲喂高比例精料，可以导致本病发生。

②依据典型症状。

最急性型病例：精神高度沉郁，饮食欲废绝，站立困难，瞳孔散大。体温36.5～38 ℃，脉搏110～130次/min。重度脱水，腹部显著膨大，内容物稀软或水样，瘤胃音消失，纤毛虫死亡。发病后3～5 h死亡。

急性病例：采食后24 h内发病，饮食欲大减或废绝，呻吟、磨牙，奶牛泌乳量大减，喜卧懒动，偶发蹄叶炎。瘤胃膨满，触诊有弹性或振荡音，瘤胃音消失，瘤胃液pH=5～6，无纤毛虫存活。粪便稀软、酸臭，排尿减少，中度脱水。脉搏90～100次/min，呼吸减慢。后期出现头颈侧曲，或角弓反张，昏睡或昏迷。

亚急性型或轻微病例：病牛一时性食欲减退，饮欲增加，瘤胃蠕动减弱。奶牛泌乳量下降。体温38.5～39 ℃，脉搏72～84次/min。腹部稍显紧张，多横卧于地。

③结合病理变化：红细胞比容值高达50%～60%或以上，白细胞总数增加，核左移。瘤胃液乳酸含量升高，达50～150 mmol/L，乳酸杆菌和巨型球菌为优势菌，尿液、粪便呈酸性，血液碱储下降。

(2)治疗方法。

清理胃肠，用胃导管法，灌入1∶5的石灰水或5%小苏打水5～10 L反复洗胃，直至瘤胃内容物呈弱碱性。然后，用硫酸钠400～600 g或石蜡油1 000 mL，1次内服。重症病例，可手术切开瘤胃取出瘤胃内容物。

纠正酸中毒及补液：5%碳酸氢钠液2 000～3 000 mL，一次静注；复方氯化钠注射液或5%葡萄糖氯化钠液3 000～5 000 mL，一次静脉注射。

恢复瘤胃功能，用健康瘤胃液10～20 L，1次内服。用促反刍液静注或大剂量维生素$B_1$肌内注射，恢复前胃蠕动。用盐酸土霉素注射液5～10 mg/kg体重，一次肌内注射，以抑制乳酸的产生。

(3)预防措施。

要有效控制谷类精料与粗料比例，使精料占40%～50%，粗料占50%～60%。坚持合理饲养，严禁突然提高精料的使用量。谷类精料加工时，压片或粗略粉碎即可，切忌碾成细粉后饲喂。

**5. 创伤性网胃腹膜炎**

创伤性网胃腹膜炎是由于金属异物混杂在草料内，被误食后进入网胃，导致网胃和腹膜损伤及炎症的一种疾病。

(1)疾病诊断要点。

①依据发病史:牛场因对饲料中金属异物的检查、处理不细致,使草料或青贮中混有生产过程中所使用机械的螺丝钉,或碎铁丝、铁钉、注射针头、发卡等金属异物,随同草料被牛只采食;或饲料中矿物质、微量元素、维生素A和维生素D缺乏等造成牛只异嗜,吃进尖锐异物。

②依据典型症状。

消化紊乱:食欲减少或废绝,反刍缓慢或停止,瘤胃蠕动减弱,轻度瘤胃臌气。粪干而少,呈深褐或暗红色。慢性局限性网胃腹膜炎可表现间歇性轻度臌气,便秘或腹泻,久治不愈。

网胃疼痛:拱背站立,肘外展,肘肌震颤。压迫胸椎、脊突和剑状软骨区,病牛呻吟。病牛立多卧少,常取前高后低姿势站立。牵行时,不愿下坡、跨沟或急转弯,不愿走硬路面。起立时,前腿先起;卧下时,后腿先卧。

③结合血液学变化:初期,粒细胞总数增加(达到$1.1×10^{10}$~$1.6×10^{10}$个/L),嗜中性粒细胞增至45%~70%,核左移,淋巴细胞减少至30%~45%。慢性病例血清球蛋白含量升高,粒细胞总数中度增多,嗜中性粒细胞增多,单核细胞增加至5%~9%,嗜酸性粒细胞缺乏。

④结合病理变化:网胃壁深层组织损伤,局部增厚、化脓,或形成瘘管、脓腔。或网胃与膈粘连,局部结缔组织增生,异物被包裹,形成干酪腔或脓腔。或网胃壁穿孔,形成腹膜炎、胸膜炎,脏器粘连,肝、脾、肺脓肿。心脏受损时,出现心包炎、心肌坏死。

(2)治疗方法。

保守疗法:多用于急性病例。使牛只站立于斜坡、倾斜平台上,保持前高后低姿势,限制饲喂;或牛床前部垫高25 cm,坚持10~20 d。同时,用普鲁卡因青霉素400万单位、庆大霉素3 g,一次肌内注射;鱼石脂15 g、酒精40 mL、常水50 mL,一次灌服;网胃内投服磁棒。

手术疗法:多用于早期确诊,无并发病的牛只。通常可施行瘤胃切开术,从网胃壁摘除异物。术后应加强饲养护理,保持病牛安静,术2~3 d应绝食,其后再给予适量易消化草料,灌服防腐止酵剂。静滴高渗糖或糖钙液,可提高疗效。

(3)预防措施。

加强草料的管理,注意清除饲草、饲料内的金属异物或其他尖锐异物。用金属异物探测器对牛进行定期检查。本病多发地区,可对1岁及以上牛只投服磁棒(笼),或安装磁铁牛鼻环。

**6.瓣胃阻塞**

瓣胃阻塞是因前胃机能障碍,瓣胃收缩力减弱,大量内容物在瓣胃内停滞、水分被吸收干,胃壁扩张而形成阻塞的一种疾病。

(1)疾病诊断要点。

①依据发病史:长期饲喂糠麸、粉渣、酒糟等或含有泥沙的饲料,或甘薯藤、花生蔓、豆秸、青干草等含坚韧粗纤维的饲料,易引起本病;饲料中蛋白质、维生素、微量元素缺乏,加之缺乏饮水和运动,也可引起本病。前胃和皱胃的疾病、牛产后血红蛋白尿病、生产瘫痪、牛恶性卡他热、血液原虫病等是本病的继发因素。

②依据典型症状。

初期表现:有前胃弛缓症状,还表现鼻镜干燥,轻度瘤胃臌气,瓣胃音减弱或消失,粪干色深,右侧第8～10肋间中央触诊,病牛疼痛不安。精神迟钝,呻吟。

中期表现:精神沉郁,鼻镜皮肤龟裂,食欲废绝,反刍停止,空口咀嚼、磨牙。瓣胃穿刺阻力加大,粪便干硬,稀少。呼吸加快,脉率达80～100次/min,心悸。

晚期表现:精神忧郁,发热(升高0.5～1 ℃),结膜发绀。食欲废绝,不排便或排少量黑褐色恶臭黏液。呼吸急促,心悸,脉率约100～140次/min,脉律不齐。多卧地不起。

(2)治疗方法。

早期或轻度病例,可用硫酸镁500 g、常水10 L,液体石蜡500 mL,一次灌服;同时用氨甲酰胆碱2 mg,或新斯的明20 mg,一次皮下注射,也可用促反刍液一次静脉注射。重症病例,宜用10%硫酸钠溶液3 000 mL,液体石蜡500 mL,普鲁卡因1 g,呋喃西林3 g,一次瓣胃内注入。以上保守治疗无效时,可施行瘤胃切口术,插入胃导管至网瓣口,用水充分冲洗瓣胃至内容物变稀。最后用氨苄西林20 mg/kg体重、庆大霉素3 g、樟脑磺酸钠注射液20 mL、5%葡萄糖液3 000 mL,一次静脉注射。

**7. 皱胃变位**

皱胃变位指皱胃正常的解剖学位置发生改变的现象,分为左方变位和右方变位两种类型。皱胃左方变位是右侧方的皱胃经瘤胃腹囊与腹腔底壁间潜在的空隙移位并嵌留于腹腔左侧壁与瘤胃之间的现象,是奶牛产后泌乳早期较常见的疾病之一。皱胃右方变位是皱胃在右侧腹腔范围内各种类型位置改变的统称,有皱胃后方变位、前方变位、右方扭转、瓣胃真胃扭转等病型。

(1)疾病诊断要点。

①依据发病史:体格大、奶产量高的奶牛采用高精饲料舍饲方式饲喂易发生皱胃左方变位;冬季舍饲期奶牛缺乏运动导致机体内环境偏向碱性,在起卧、分娩等因素作用下,易发生皱胃右方变位。胎衣滞留、子宫内膜炎、乳房炎、低血钙症、迷走神经消化不良等围产期疾病,可继发本病。

②依据典型症状。

皱胃左方变位:病牛间断性厌食,拒食精料。精神沉郁,体重下降。泌乳性能下降,便秘或腹泻。左侧腹壁有扁平隆起,瘤胃蠕动减弱,次数减少或消失。以叩诊与听诊结合方法,在左侧中部倒数第2～3肋间处可听到钢管音。左侧腹壁第10～11肋间中1/3处,穿刺后可排出黄褐色或带绿色液体,pH值低于5,无纤毛虫。

皱胃右方变位:病牛很少采食或不采食,泌乳量急剧下降,不安,后肢踢腹或背腰下沉。瘤胃蠕动消失,腹泻,粪便呈黑色、混有血液。右腹部膨大或肋弓突起,触诊右肷部有半月状隆起。用叩诊与听诊结合方式检查右侧腹部,可有高亢的鼓音。右侧腹部臌胀部位穿刺,可有大量带血液体流出,pH值在1～4之间。严重病例有脱水、休克、碱中毒或死亡现象。

(2)治疗方法。

非手术疗法:主要用于皱胃左方变位。有滚转复位疗法和药物疗法两种。采用滚转疗法时,病牛需饥饿、限制饮水2~3 d,然后左侧横卧,再转成仰卧;以背轴为轴心,先向左滚转45°,回到正中,然后向右滚转45°,再回到正中,以此左右摇晃3~5 min,最后停止,使牛站立。此法复位有70%的成功率。采用药物疗法时,可口服硫酸钠、鱼石脂、酒精,促反刍液静脉注射或氨甲酰胆碱、新斯的明肌内注射,达到增强胃肠运动、促进皱胃内容物排空和复位作用。有报道称,用风油精或薄荷油10 mL加水适量内服,有良效。

手术疗法:皱胃左方变位时,在左侧腹壁腰椎横突下22~35 cm、距第13肋骨6~8 cm处,做一垂直切口,导出皱胃内气体和液体。再牵拉皱胃寻找大网膜,将大网膜引至切口处,用肠线在真胃大弯的大网膜附着部做一荷包式缝合并打结,剪去余端。将变位部分皱胃推移至正确位置,然后将大网膜缝合到右侧皱胃腹壁,关闭腹腔,缝合肌肉和皮肤。皱胃右方变位时,在右腹壁第3腰椎横突下方10~15 cm处做一垂直切口,导出皱胃内气体和液体。纠正皱胃位置,并使十二指肠和幽门通畅,然后将皱胃在正常位置加以缝合固定。

术后,要加强饲养管理,防止感染;同时,要注意纠正脱水和代谢性碱中毒,严重的右方变位病例,还应注意补钾。

(3)预防措施。

加强饲养管理,控制干奶期母牛精料摄入,减少粗硬饲料,增加青饲料和多汁饲料,保证饮水,适当运动;积极防治乳房炎、子宫炎、酮病等围产期疾病,防止继发皱胃变位;奶牛育种时,要求达到后躯宽大、腹部紧凑。

**8.胃肠炎**

胃肠炎指皱胃、肠道黏膜及深层组织的重剧性炎症性疾病。

(1)疾病诊断要点。

①依据发病史:饲喂霉败草料、冰冻饲料、久放或经雨淋的青草或青贮、混杂大量泥沙的草料,误食农药、化学药品污染饲料或有毒植物,抗生素滥用,肠道细菌或病毒感染等可引起本病;乳房炎、子宫内膜炎、创伤性网胃-腹膜炎、瘤胃酸中毒等可继发本病;长途运输、环境条件差等可诱发本病。

②依据典型症状:病牛精神沉郁,食欲减退,反刍、嗳气减少或停止,瘤胃蠕动减弱或消失,饮欲增加。体温升高,可达40~41 ℃,脉搏、呼吸加快,腹痛,腹泻,粪内夹带黏液、假膜、血液或脓性物,味腥臭。初期肠音增强,后期肠音减弱或消失。严重病例眼球下陷,四肢乏力,肌肉震颤,站立困难,体温下降,因自体中毒死亡。

(2)治疗方法。

清理胃肠:硫酸钠(镁)500~600 g,鱼石脂15~20 g,酒精80~100 mL,加常水3 000~4 000 mL,一次灌服;或液体石蜡1 000 mL,松节油20~30 mL,加常水适量,一次灌服。腹泻不止时,0.1%

高锰酸钾溶液2 000～3 000 mL，或药用炭100～200 g，加常水适量，一次内服。

抗菌消炎：磺胺脒30～50 g、碳酸氢钠40～60 g，加常水适量，一次灌服，每日2次；或盐酸环丙沙星(恩诺沙星)2～5 mg/kg体重、庆大霉素2 000～3 000 IU/kg体重，分别一次肌内注射，1～2次/d。

改善胃肠机能：5%葡萄糖溶液1 000 mL、10%氯化钠溶液300～500 mL、10%氯化钙溶液100～200 mL，一次静注；或维生素$B_1$注射液50～80 mL，一次肌内注射。

(3)预防措施。

要加强饲养管理，禁止饲喂发霉、变质草料，保障饮用水清洁，严禁饲喂有毒饲料。要防止各种应激因素的刺激，做好定期预防接种和驱虫、疫病检疫和环境消毒工作。

## 二、呼吸道疾病及神经系统疾病

**1. 感冒**

感冒是以上呼吸道黏膜炎症为主的急性全身性疾病。

(1)疾病诊断要点。

①依据发病史：发病牛有受寒的病史，如寒夜露宿、久卧凉地、大汗后受凉、遭受暴风雪袭击等。

②依据典型症状：受寒后突然起病，精神沉郁，食欲减退或废绝，皮温不均，结膜潮红，流泪。体温升高到39.5～40 ℃或40 ℃以上，呼吸、心跳加快。咳嗽，流浆液或黏液性鼻液。胸肺部听诊，肺泡音增强。

(2)治疗方法。

解热降温：30%安乃近30～50 mL，一次肌内注射；或柴胡注射液40～60 mL，一次肌内注射。也可选用鱼腥草注射液、百尔定注射液肌内注射。

防止继发：头孢噻呋钠1.5～2.5 g，加注射用水稀释后，配合氢化可的松注射液30 mL，一次肌内注射；同时，用黄芪多糖注射液30～50 mL、维生素$B_1$注射液50 mL、维生素C注射液30 mL，一次肌内注射。

(3)预防措施。

寒冷季节到达之前，要加强对牛的耐寒锻炼。加强饲养管理，防止突然受寒受凉。气温骤变时，应严格落实防寒措施。

**2. 中暑**

中暑是因暑日暴晒、潮湿闷热、体热放散困难所致的一种体温调节功能障碍的急性疾病。分为日射病和热射病。

(1)疾病诊断要点。

①依据发病史：炎热夏季，牛只在运动场、山坡、草场遭受强烈阳光暴晒，出汗过多，饮水不足；或牛舍狭小，通风不良，潮湿闷热、长途运输等，均可引起中暑。

②依据典型症状：病牛张口呼吸，流泡沫样浆液性鼻液。行走时，躯体摇晃，步样蹒跚，喜在树荫道旁休息，饮欲增加。病初，兴奋不安，前冲或转圈，很快出现反应迟钝，不听使唤，或卧地不起，意识丧失，四肢划动。体温、呼吸、脉搏加快，后期体温可达42 ℃左右，心音微弱，体表静脉怒张，口吐白沫，流粉红色泡沫样鼻液。可发生急性死亡。

③结合血液学变化：血细胞比容升高，血清钾、钠、氯离子含量降低。

(2)治疗方法。

消除病因，应将病牛转至通风、阴凉环境，保持安静，供给充足清凉饮用水。实行降温，用大量冷水浇身，或2%冰盐水5 000～8 000 mL，一次灌肠。也可用复方氨基比林注射液或安乃近注射液30～50 mL，一次肌内注射。

纠正脱水和酸中毒：5%碳酸氢钠液500 mL、复方氯化钠液4 000 mL、地塞米松注射液20 mL，一次静脉注射。

保护重要器官功能，颈静脉或耳尖放血1 000 mL左右，10%葡萄糖酸钙液300～500 mL，一次静脉注射，以保护大脑。兴奋不安时，氯丙嗪1～2 mg/kg体重，一次肌内注射。心衰时，用樟脑磺酸钠注射液20～30 mL，一次肌内注射。高度呼吸困难时，用25%尼可刹米液10～20 mL，一次肌内注射。

(3)预防措施。

牛只在夏季放牧、运动时，要避免阳光直射和暴晒；运输时，要在早晚进行，并注意通风，避免过度拥挤；舍饲牛群要降低密度，安装和开启降温、通风设施，保持牛舍空气清新、凉爽、干燥舒适；给足清洁饮用水，适当添加食盐或抗应激维生素。

## 三、营养代谢病

### 1.佝偻病

佝偻病是犊牛在其快速生长发育期，由维生素D缺乏及钙磷代谢障碍所引起的一种骨营养不良性疾病。

(1)疾病诊断要点。

①依据发病史：犊牛吸吮缺乏维生素D的母牛乳汁，或草料缺乏日光的照射，或犊牛缺乏阳光照射，可引起佝偻病的发生。犊牛长期采食缺钙、缺磷的草料(如麦秸、麦糠、多汁饲料)，或草料中的钙磷比例不当[钙磷比例超过(1.5～2)∶1范围]等，也可致病。

②依据典型症状：病牛采食减少，异嗜，生长发育迟缓，贫血，被毛粗乱、无光泽。运动障碍、跛行，四肢关节近端肿大，肋骨串珠状肿，胸骨变形，长骨弯曲，呈"O"形或"X"状，脊背凸起，骨硬度降低，偶发痉挛、抽搐。血清碱性磷酸酶活性升高，维生素D缺乏所致者，血清钙、磷含量下降，缺磷所致者，血清磷含量大幅度下降。

(2)治疗方法。

补充维生素D:维生素AD注射液5~10 mL,一次肌内注射;或维生素$D_2$胶性钙注射液5~20 mL,一次肌内注射。隔日1次,连用5~7 d为一个疗程。

补充钙磷:缺钙者用10%葡萄糖酸钙注射液100~200 mL,一次静脉注射;缺磷者用20%磷酸二氢钠溶液200~300 mL,一次静脉注射。饲料中可补加氧化钙、磷酸钙,按20~40 g/d内服。但要注意钙磷的比例。同时需供给优质豆科牧草和干草。

(3)预防措施。

要加强妊娠母牛后期的饲养管理,防止犊牛先天性骨骼发育不良。初生犊牛应按其对钙、磷及维生素D的需要量,调整全价日粮,必要时可补充优质鱼粉、骨粉。舍饲犊牛群,要保证足够的户外运动和阳光照射时间。

**2. 骨软症**

骨软症是成年牛主要因磷缺乏而发生的一种慢性骨营养代谢病。

(1)疾病诊断要点。

①依据发病史:牛的日粮中富含磷的麦麸缺乏、优质干草不足,石粉添加过多造成磷的相对缺乏;高纬度地区日照时间短,造成牧草维生素$D_2$缺乏,钙磷的吸收利用率降低;饲料和饮用水中氟含量过高,母牛妊娠对钙磷的大量消耗及胃肠、肝肾功能紊乱性疾病等因素,均可引起成年牛骨骼发生进行性脱钙,引起本病的发生。

②依据典型症状:疾病发生缓慢。病初,食欲时好时坏,异嗜,磨牙,呻吟。进一步发展,病牛不愿站立,喜卧地休息,运动时有跛行、弹腿现象,肢腿部偶尔发出爆裂音。强迫卧地时,出现全身性颤抖。蹄壁龟裂,常伴发腐蹄病,母牛发情紊乱,受胎率降低,流产和产后胎衣不下。全身关节疼痛、敏感,骨质疏松,胸廓扁平,拱背,后肢呈八字形,最后尾椎骨吸收、消失。

病牛消瘦,被毛粗乱,皮肤弹性下降。瘤胃蠕动减弱,便秘或腹泻。持久性躺卧后,易发褥疮,后被淘汰。

(2)治疗方法。

早期,可用骨粉250 g/d,饲料中添喂,连用5~7 d。跛行病例,可用磷酸氢钙按50~100 g/d于饲料中添加饲喂,连用2周;同时用20%磷酸氢二钠溶液300~500 mL,一次静脉注射,1次/d,5~7 d为一个疗程。若同时用维生素D 400万单位,肌内注射,1次/周,连用2~3周,效果更好。

(3)预防措施。

要注意饲料中钙磷比例,奶牛钙磷比例应为1.5:1,但干奶期应调整为0.8:1,黄牛为2.5:1。骨软症流行地区,可增喂麦麸、米糠、豆饼等含磷饲料,减少石粉使用量。要定期分析日粮钙磷含量和比例,多喂青绿饲料和优质干草,增加日光照射。

**3. 奶牛酮病**

奶牛酮病是泌乳奶牛体内碳水化合物及挥发性脂肪酸代谢紊乱所引起的一种全身性功能失调的代谢性疾病。有临床型酮病和亚临床型酮病两类。

(1)疾病诊断要点。

①依据发病史:奶牛产奶量过高,每天产量高于22 kg;蛋白质含量高的精料饲喂过多、碳水化合物缺乏;青贮及甜菜粕饲料使用过多;母牛产前过度肥胖;饲料中钴、碘、磷、维生素$B_{12}$等缺乏等均可引起本病的发生。

②依据典型症状。

临床型酮病:多在分娩后几天至数周内发病。病牛食欲减退,拒食精料,后期食欲废绝。产奶量显著下降,体重减轻,消瘦。乳汁、尿液、呼出气均有烂苹果味(酮味)。部分病牛表现兴奋不安,狂暴摇头,眼球震颤,局部肌群抽搐。有的病例出现肌肉乏力,强迫卧地,头屈曲放置肩胛处昏睡。体温大多无变化。

亚临床型酮病:产奶量轻度减少(约减少1%~9%),母牛发情延迟,或易发子宫内膜炎,或发生不孕等。

临床病理学变化:血糖浓度降至1.12~2.22 mmol/L,血液酮体升高到3.44 mmol/L以上。血液嗜酸性粒细胞增多(15%~40%),淋巴细胞增加(60%~80%),中性粒细胞减少(约10%),血钙浓度下降到2.25 mmol/L以下。乳汁酮粉法检验(亚硝基铁氰化钠1份、无水碳酸钠20份、硫酸铵20份,取该混合物0.2 g,加入乳汁1~2滴,搅拌均匀后,反应颜色呈紫红色或深红色)呈阳性。

(2)治疗方法。

替代疗法:25%~50%葡萄糖注射液500~1 000 mL,一次静注,2次/d,连用3~4 d。或用丙酸钠100~200 g,加水适量内服,2次/d,连用5~7 d。或丙二醇150~250 g口服,2次/d,连用5~7 d。

激素疗法:促肾上腺皮质激素(ATCH)100~200 IU,一次肌内注射;或氢化可的松0.2~0.5 g,一次肌内注射;或地塞米松磷酸钠液10~20 mg,一次肌内注射。

其他疗法:水合氯醛,首次30 g,加水内服,以后7 g,2次/d,连用4~6 d。0.15%盐酸半胱氨酸液500 mL,一次静脉注射,3 d一次,连用2~3次。此外,对酸中毒病例,用5%碳酸氢钠注射液纠正酸中毒;低血钙病例,用10%葡萄糖酸钙注射液补钙;钴缺乏时,用硫酸钴进行饲料添加或饮用水补加。用人工盐或苦味健胃剂调节胃肠功能。

**4.硒缺乏症**

硒缺乏症是由于长期饲喂缺硒、贫硒草料,引起机体多种器官组织生物膜受损,以细胞变性、坏死为病理学特征的一种营养代谢病。

(1)疾病诊断要点。

①依据发病史:牧草种植土壤硒含量低于0.5 mg/kg,饲料硒含量低于0.05 mg/kg时,易引起牛发生硒缺乏症。植物性饲料加工不当导致维生素E缺乏,饲料中不饱和脂肪酸过高、含硫氨基酸缺乏及铜、钼、汞、镉过高,也可致病。

②依据典型症状。

急性病例:主要发生于10~120日龄犊牛。起病突然,心跳加快(140次/min以上),心音微弱,节律不齐。不能站立,共济失调。多数病例很快死亡。

亚急性病例:运动缓慢,步态强拘,站立困难,躺卧。心动亢进,心音微弱,呼吸加快,腹式呼吸,咳嗽。体表肌肉变硬、肿胀,采食困难。1~2周内死亡。

慢性病例:发病慢,生长发育阻滞。腹泻,消瘦,被毛粗乱,脊柱弯曲,全身乏力,喜卧懒动。母牛繁殖机能下降,胎衣不下或死胎。

病死牛全身多处肌肉颜色变淡,有灰白至黄白色条纹,心脏扩张,乳头肌内膜出血。肝脏灰黄色或土黄色,肾脏充血、出血。

(2)治疗方法。

用0.1%亚硒酸钠注射液,成年牛15~20 mL/头,犊牛5 mL/头;维生素E注射液,成年牛5~20 mg/kg体重,犊牛0.5~1.5 g/头,一次肌内注射。可间隔7 d再注射1次。或分别按0.2 mg/kg、30 mg/kg在饲料中添加硒和维生素E,进行硒和维生素E的补充。

(3)预防措施。

缺硒地区,可按111.5 g/hm²使用亚硒酸钠改良土壤或喷洒叶面肥,提高牧草中硒的含量。或通过饲料中添加硒至0.2~0.3 mg/kg,瘤胃内投服硒丸等方法及时补充微量元素硒。母牛分娩前5周用注射法补充硒50~60 mg、维生素E 100~200 mg,间隔2周后可重复注射1次。新生犊牛,可注射补充硒3~5 mg、维生素E 50~150 mg。

## 四、中毒病

**1.氢氰酸中毒**

氢氰酸中毒是由于牛采食或饲喂富含氰苷配糖体的植物及籽实引起的一种中毒病。

(1)疾病诊断要点。

①依据发病史:牛采食了红三叶草、高粱苗或玉米苗及其再生幼苗,桃、李、梅、杏、枇杷、樱桃等的嫩叶和种子,南瓜藤、木薯及其嫩叶,亚麻籽饼等,可引起本病的发生。

②依据典型症状。

在采食中或采食后迅速发病。口角流大量白色泡沫状涎液,呻吟。出现不同程度的瘤胃臌气。体温下降,心音减弱,呼吸浅表,可视黏膜鲜红色。瞳孔散大,肌肉、眼球震颤。行走缓慢,或后肢麻痹、卧地不起,可伴发角弓反张,吼叫,迅速窒息死亡。

急性死亡病例:血液鲜红,凝血时间延长,肌肉色暗;肺、胃、肠、心脏等充血、出血,瘤胃内容物有氢氰酸气味。

(2)治疗方法。

先用5%亚硝酸钠注射液40 mL,一次静脉注射;随后用10%硫代硫酸钠液100~200 mL,一次静脉注射。同时配合使用维生素$B_1$、$B_{12}$及维生素C,效果更佳。口服30 g硫代硫酸钠,可阻止氢氰酸的吸收。

(3)预防措施。

要加强饲养管理,禁止饲喂或采食高粱苗、玉米苗及其再生幼苗或其他富含氰苷类的植物。亚麻籽饼作为饲料时,必须彻底煮沸,且喂量不宜过多。

**2.硝酸盐和亚硝酸盐中毒**

硝酸盐和亚硝酸盐中毒是采食了富含硝酸盐的饲料、饲草和饮水过多后引起的一种中毒病。

(1)疾病诊断要点。

①依据发病史:牛一次采食燕麦草、苜蓿、甜菜叶、包心菜、甘薯秧、萝卜(叶)、白菜、油菜、马铃薯等过多,或饮用已施用氮肥的田间水、氮肥厂废水等,可引发中毒。

②依据典型症状。

采食后1～5 h发病,可表现急性死亡。出现食欲废绝,反刍停止,嗳气减少,不同程度的瘤胃臌气,口角流大量泡沫性涎液,呻吟。腹痛、腹泻。体温正常或偏低,呼吸困难,心跳加快,达170次/min。可视黏膜发绀,母牛乳房、乳头淡紫或苍白,耳尖、尾端皮肤黑褐色。全身肌肉震颤、四肢乏力,或衰竭倒地,抽搐死亡。

(2)治疗方法。

用1%美蓝注射液按8 mg/kg体重计算,一次静脉注射,必要时可重复注射1次。或5%甲苯胺蓝5 mg/kg体重,一次静脉注射(也可肌内、腹腔注射)。也可用维生素C,5～20 mg/kg体重,一次静脉注射。

(3)预防措施。

牧草、饲料种植时应减少或限制含氮肥料的使用量。加强饲料、饮用水中硝酸盐的检测,严格控制含硝酸盐的各种饲料的一次性摄入量,并适当提高糖类精料的用量。饲料中添加0.1%的碳酸氢铵,有一定的预防中毒作用。

**3.酒糟中毒**

酒糟中毒是牛长期采食或一次性摄入过量的新鲜酒糟或酸败酒糟,因其中的有毒物质作用而引起的一种中毒病。

(1)疾病诊断要点。

①依据发病史:牛长期过量饲喂新鲜酒糟、酸败发霉酒糟后,酒糟中的乙醇、甲醇、乙酸、乳酸、麦角毒素、麦角胺、龙葵素、甘薯酮等可对机体造成毒害,引起本病的发生。

②依据典型症状。

急性中毒病例:出现腹痛、腹泻,粪便恶臭,眼窝下陷,脱水。精神委顿,共济失调,或四肢无力,卧地不起,呼吸麻痹,死亡。

慢性中毒病例:食欲时好时坏,瘤胃蠕动减弱,可视黏膜潮红或黄染。骨质疏松,跛行,腹泻、消瘦。后肢系部皮肤发红、肿胀,形成酒糟皮疹。母牛不孕、流产。可因其他并发症而死亡。

(2)治疗方法。

纠正酸中毒及扩充血容量,用5%碳酸氢钠液500～1 000 mL、5%葡萄糖生理盐水1 500～3 000 mL、25%葡萄糖液500 mL,一次静脉注射。补钙、补充能量,用10%葡萄糖酸钙液500～1 000 mL、20%葡萄糖液500 mL,一次静脉注射,1次/d,连用3 d。口服法纠正酸中毒,用碳酸氢钠50～100 g,加水适量一次口服,1次/d,连用3 d。对症治疗时,可使用抗菌消炎药、强心药及维生素制剂。

(3)预防措施。

酒糟应搭配其他饲料使用,用量不宜超过饲粮的1/3。尽可能使用新鲜酒糟,酒糟有轻微变质、酸败时,可加入1.5%～2%的碳酸氢钠使用。禁止饲喂发霉变质的酒糟。饲喂酒糟期间,应提高钙的供应水平。

**4. 黄曲霉毒素中毒**

黄曲霉毒素中毒是由于长期、大量采食或饲喂被黄曲霉、寄生曲霉等污染的饲料所引起的一种中毒病。

(1)疾病诊断要点。

①依据发病史:病牛长期采食或被饲喂被黄曲霉、寄生曲霉及青霉、镰孢曲霉等污染的玉米、小麦、豆粕、糟渣和作物秸秆等。

②依据典型症状。

犊牛中毒,生长发育缓慢,食欲不振或废绝,鼻镜干燥、龟裂,反刍停止。可视黏膜黄染,眼角膜混浊,甚或失明。转圈运动或徘徊运动。腹痛,间歇性腹泻,粪便夹杂血凝块。重症病例脱肛,昏迷,死亡。

成年牛中毒,食欲减退,反刍减弱,瘤胃运行弛缓。泌乳奶牛产奶量下降或泌乳停止,乳汁中黄曲霉毒素含量超标。妊娠母牛可早产、流产。

(2)治疗方法。

本病无特效疗法。可先停喂可疑饲料,提供给青绿饲料和蛋白质饲料,减少脂肪性饲料的供应,轻微病例可逐渐康复。重度病例宜用硫酸钠(镁)200～300 g加水内服,25%葡萄糖液500～800 mL,维生素C 2～4 g,一次静注;10%葡萄糖酸钙液500～1 000 mL,一次静脉注射。心衰时,用樟脑磺酸钠注射液10～20 mL,一次肌内注射;可酌情使用广谱抗生素控制继发感染。

(3)预防措施。

要搞好饲料、饲草的贮存、保管工作,防止发霉变质。定期检查饲料,饲料黄曲霉毒素超过标准时,坚决不直接用作饲料。

**5. 有机磷中毒**

有机磷中毒是由于牛接触、吸入或误食了某种有机磷农药或被农药污染的草料而引起的一种中毒病。

(1)疾病诊断要点。

①依据发病史:病牛误食有机磷农药或被该类农药污染的牧草、秸秆或饲料,误饮有机磷农药污染的饮用水,不按规定使用农药驱虫等。

②依据典型症状:病牛狂暴不安,可视黏膜颜色变淡或发绀。流涎,流泪,流鼻液。食欲减退或废绝,反刍、嗳气减少或停止。瘤胃臌气,腹痛不安,腹泻。出汗增多或大汗,尿频。瞳孔缩小,眼睑及全身震颤,共济失调,强直性痉挛,惊厥、昏迷。呼吸困难,后期体温升高,心跳加快。因心衰而死亡。

(2)治疗方法。

立即停喂可疑饲料和饮用水。用阿托品注射液20~30 mg,一次肌内注射,严重病例可用使用剂量的1/3缓慢静脉推注,余下肌内注射,2 h注射一次,直到症状基本消失。同时,用解磷定20~50 mg/kg体重,加入10%葡萄糖液500 mL,一次静注,2 h注射一次;或氯磷定15~30 mg/kg体重,一次肌内注射,1次/d,可连用2 d,30 min后若症状无改变,可重复用药1次,直至症状显著减轻或消失。对症治疗,可用复方氯化钠液2 000~3 000 mL、维生素C注射液10~20 mL,一次静脉注射,樟脑磺酸钠注射液10~20 mL,一次肌内注射。

(3)预防措施。

应严格遵守农药的使用和保管制度,积极宣传和普及动物中毒病知识。要加强饲养管理,杜绝牛接触、吸入和摄入有机磷农药污染的草料、饮用水及气雾,正确使用有机磷类驱虫剂(敌百虫)。做好牛场的安全防护,防止恶意投毒的发生。

### 五、产科疾病

**1.子宫内膜炎**

子宫内膜炎是子宫黏膜及黏膜下层的急性或慢性炎症过程。是经产母牛的常发性疾病。

(1)疾病诊断要点。

①依据发病史:接产、人工授精时消毒不严,难产、胎衣不下及产道损伤,以及阴道炎、布鲁氏菌病等,均可引发或继发本病。

②依据典型症状。

急性病例:食欲减退或废绝,瘤胃蠕动减弱,反刍减少或停止。体温升高。病牛弓背努责,频作排尿姿势,阴道内排黏液性、黏液脓性分泌物或紫红色恶臭分泌物。直肠触诊,子宫角增大,子宫壁增厚,有波动感。

慢性病例:发情时阴道流出多量混浊黏液或脓性液体,子宫口开张度扩大,并流出分泌液体。直肠触诊,子宫角增粗,有波动感。

(2)治疗方法。

急性病例:0.1%高锰酸钾液150 mL进行子宫冲洗,2 d一次;子宫内放置土霉素2~3 g,隔日1次;恩诺沙星5 mg/kg体重、氢化可的松20 mL、安乃近20~30 mL,一次肌内注射,1次/d,连用3~5 d;己烯雌酚15~25 mg,一次肌内注射,隔天1次。

慢性病例:0.1%复方碘液冲洗子宫,然后在子宫内灌注呋喃西林合剂(呋喃西林1 g、尿素

1.5 g、甘油 200 mL,蒸馏水加至 1 000 mL)30～50 mL,隔日 1 次。或将洁尔阴液稀释至 10% 浓度后,子宫内灌注 20～30 mL,1 次/周,连用 2～3 次。

(3)预防措施。

进行接产、人工授精及产道检查时,应注意消毒。处理难产、胎衣滞留等时,方法要正确,防止子宫感染和损伤。同时应做好圈舍的清洁卫生,积极防治引起子宫感染的其他细菌性疾病。

**2. 难产**

难产是母牛分娩时,不能顺利将胎儿产出的一种疾病。也是母牛分娩期的一种严重疾病。有产力性难产、产道性难产及胎儿性难产三类。

(1)疾病诊断要点。

①依据发病史:母牛腹股沟疝、阴道或阴门发育不全,双亲的隐性基因作用,胎儿个体过大,引起分娩的激素变化延迟,母牛运动不足,母牛配种过早,母牛生长迟缓,骨盆狭小或不全,腹壁疝及趾骨前腱破裂等,均可引起本病的发生。

②依据典型症状。

产力性难产:母牛出现分娩预兆,但长久不能排出胎儿;产道检查,子宫颈松软开放,胎儿及胎膜囊尚未进入子宫颈及产道,无胎向、胎位及胎势异常。或母牛频频强烈努责,阴道触诊子宫颈松软程度不够,开张不大。

产道性难产:子宫捻转时,腹痛、不安,起卧打滚,努责,但未排出胎水。直肠检查,趾骨前缘处子宫体捻转成较硬实的团块,或阴道壁紧张、阴道壁前端有大小不一的螺旋状皱褶。子宫颈开张不全时,母牛阵缩、努责,但长久不见胎儿排出,产道检查,阴道柔软,子宫颈狭窄,未完全开张。骨盆狭窄时,产道检查,骨盆变小,胎儿无法顺利通过;或骨盆有骨折形成的骨瘤、骨质增生及骨质变形等。

胎儿性难产:胎儿过大时,母牛阵缩及努责,或可见两蹄尖露出阴门之外,但胎儿排不出来,胎儿胎向、胎势、胎位无异常。胎儿畸形时,产道检查,胎儿的前置器官呈面团状,有波动感,或胎儿腹围增大、腹壁紧张;或畸形胎儿的内脏突出于阴门外,可触诊到胎儿的肠道、心脏等;或触诊到胎儿的头、四肢及其躯干粗大而短,前额和颌骨突出。胎势异常时,产道检查,胎儿的头颈姿势异常,有侧弯、下弯、后仰、头颈捻转几种表现;或前后腿姿势异常,表现有腕关节屈曲、肩关节屈曲、肘关节屈曲、前腿置于颈上、跗关节屈曲、髋关节屈曲等。

(2)治疗方法。

产力性难产:用缩宫素或脑垂体后叶激素,50～150 IU/头,静脉或肌内注射;25% 葡萄糖液 500～1 000 mL,一次静脉注射。

产道性难产:骨盆狭窄或畸形所致病例,胎儿存活时可及早剖宫助产,胎儿死亡时可进行截胎术取出胎儿。子宫捻转所致病例,宜先将子宫复位,然后把胎儿拉出,不能复位者可及时进行剖宫取胎。子宫颈狭窄所致病例,用 0.5% 普鲁卡因子宫颈分点注射后,人工扩开子宫将胎儿拉出,若不能成功,及早进行剖宫助产。

胎儿性难产:胎儿过大病例,先灌注产道润滑剂,再将胎儿拉出,若不能成功,可实行截胎术或剖宫助产。胎儿畸形所致病例,一般采用截胎术或剖宫助产。胎势异常时,宜先将胎儿推回子宫矫正,再将胎儿拉出,不能奏效时,应立即采用剖宫助产术或截胎术取出胎儿。

(3)预防措施。

妊娠母牛要加强饲养管理,合理调配日粮,保持胎儿健康发育。妊娠期间,要积极防治母牛疾病,以保证分娩时有足够的产力。要加强临产检查,母牛出现分娩征兆时,应及时对产道、胎势、胎位等进行检查,作出正确评估,立即进行矫正和做好截胎、剖宫助产准备。分娩时,要保持环境安静,防止外来因素干扰。

3. 流产

流产是因各种原因的作用,使妊娠期间胎儿与母体之间的正常关系遭受破坏,导致胚胎在子宫内被吸收或从子宫内排出已死亡或不足月胎儿的现象。

(1)疾病诊断要点。

①依据发病史:妊娠母牛矿物质(如钙、钴、铁等)及维生素(维生素A、D、E)缺乏,草料发霉变质,或受到惊吓、摔倒,或发生胎膜水肿、胎儿畸形、胎盘炎、子宫粘连、子宫内膜炎、其他高热疾病,或感染了布鲁氏菌、传染性鼻气管炎病毒、衣原体、病毒性腹泻病毒、弯杆菌、钩端螺旋体、毛滴虫、新孢子虫等病原体,或误用催情药、子宫收缩药物、泻下药物及麻醉药物等,可引起发病。

②依据典型症状:隐性流出(胚胎被吸收)和胎儿干尸化病例,一般无明显临床症状。其他类型流产,母牛出现精神不振或沉郁,食欲减退或废绝,起卧不安,子宫颈微张,阴户红肿。阴道检查,产道干燥、肿胀,子宫颈扩张或子宫、阴道内有胎骨或胎毛。有的病例,可在子宫颈触诊到气肿的胎儿。有的病例无明显症状,但突然排出死胎或活力很差的体弱胎儿。

(2)治疗方法。

有流产征兆,但子宫颈未开张的病例,宜施行保胎治疗,可用黄体酮注射液50~100 mg,一次肌内注射,1次/d,连用2~3 d。胎儿已死亡但未排出时,可用氯前列烯醇0.5 mg或雌二醇20~30 mL、催产素40~50 IU,一次肌内注射,或地塞米松20 mg,一次肌内注射,排出胎儿,也可人工拉出胎儿;胎儿排出后,可用土霉素粉3~4 g或金霉素粉2~3 g,溶解于250 mL蒸馏水中,一次灌入子宫内,隔日1次,直至阴道分泌物清亮为止。胎儿浸溶或腐解时,应立即清除子宫内的死胎、胎骨、胎毛和坏死组织,局部再按子宫内膜炎方法处置,并根据母牛表现作相应的全身处理。

(3)预防措施。

母牛妊娠期间,应保证能量、蛋白质、矿物质(如钙、磷、铁、锰、锌)和维生素(如维生素A、D、E)的供应;要加强管理,防止惊吓、挤压、碰撞和摔倒,日常检查要细心,注意严格消毒,治疗用药要谨慎。要建立健全流产病牛管理措施,流产病牛应及时隔离,流产的胎儿、胎衣及褥草应深埋或采取其他方法安全处置。要特别注意传染性因素所致的流产,做好布鲁氏菌病、传染性鼻气管炎、病毒性腹泻等的检疫或疫苗接种。

**4.胎衣不下**

胎衣不下是母牛产犊后10～12 h内,胎衣不能脱落导致不能全部排出的现象。分为全胎衣不下和部分胎衣不下两种类型。

(1)疾病诊断要点。

①依据发病史:妊娠期间,矿物质(钙、磷、镁)、维生素缺乏,运动不足、机体肥胖,早产、流产、内分泌失调,或胎儿过大、胎水过多,或患有子宫内膜炎、布鲁氏菌病等,可引起发病。

②依据典型症状。

全胎衣不下:有少量胎衣悬垂于阴门外,或无胎衣外露。阴道检查,胎衣滞留于阴道或子宫内。母牛拱背、不安、努责,有明显食欲变化。

部分胎衣不下:大部分脱落且悬垂于阴门外,呈粉红色,腐败后呈熟肉样,味臭。子宫颈开张,阴道内有褐色、稀薄腥臭腐败的分泌物,并排出体外。

胎衣腐败发生内中毒时,病牛体温升高,食欲减退或废绝。

(2)治疗方法。

胎衣剥离:病牛站立保定,用0.1%高锰酸钾溶液将阴门及周围清洗干净,用10%氯化钠溶液2 000～3 000 mL灌入子宫内。术者将操作手进行消毒和润滑,然后一手抓住游离的胎衣,另一手沿着阴道壁缓慢伸入子宫和胎衣之间,用指腹分离胎衣和子宫粘连处或用食指和中指夹住子叶周围的胎膜集成一束,以拇指指腹剥离胎衣。每个子叶剥离后,便将剥离的胎衣拉出交另外一只手固定,再依次剥离其他子叶胎衣。胎衣剥离后,用0.1%高锰酸钾液冲洗子宫,以清除子宫内的胎盘碎片和其他腐败物,再放入土霉素粉或金霉素粉2～3 g。

药物疗法:用己烯雌酚注射液50～100 mg,一次肌内注射,1～2 d一次。或缩宫素(垂体后叶激素)50～100 IU,一次皮下或肌内注射。10%葡萄糖酸钙液、25%葡萄糖液各500 mL,一次静脉注射,1次/d,连用2 d;氢化可的松125～150 mg,一次肌内注射,1次/d,连用2 d。

(3)预防措施。

加强母牛的饲养管理,注意日粮中精料与粗料的搭配比例,保证矿物质和维生素的供应。老龄、高产、体弱母牛临产前,可用10%葡萄糖酸钙液、25%葡萄糖液各250 mL,一次静脉注射,可促进胎衣的自然脱落。产后,宜立即肌内注射催产素100 IU,可减少胎衣不下的发生。助产要及时,防止产道损伤。分娩后30 min应乳房按摩或挤乳,喂服麸皮温盐水15～20 kg或自身羊水,有利于胎衣排出和子宫恢复。对疑似布鲁氏菌病等传染性因素所致流产病例,应立即隔离病牛,搞好污物的集中消毒和处理。

**5.产后瘫痪**

产后瘫痪是母牛分娩后突然发生的急性低血钙症,又称为乳热症或低血钙症。主要发生于高产奶牛,多发生于产后1～3 d。

(1)疾病诊断要点。

①依据发病史:干乳期和妊娠后期饲喂高钙饲料,饲料缺镁和维生素D,母牛分娩过程延长,可引起发病。

②依据典型症状。

典型产后瘫痪:初期,兴奋不安、紧张乱动,头与四肢震颤,食欲减退,反刍、排粪停止。中期,病牛站立困难,躺卧,四肢集于腹下,颈部呈弯曲的"S"状,将头偏于体躯一侧。体温下降(37.5~38 ℃),呼吸浅表,心音减弱(100次/min以上)。皮肤感觉减退或消失,肛门松弛,反射消失。后期,精神高度沉郁,黏膜充血或发绀,心音微弱(120次/min以上),呼吸困难。颈静脉凹陷,瞳孔散大,昏睡。

非典型产后瘫痪:精神不振,食欲减退或废绝,体温稍偏低,后肢交换踏地。运动时,轻度摇晃,步态不稳。卧地时,头弯向一侧。

病牛血清钙一般低于2 mmol/L,多数为0.4~1.25 mmol/L;血糖含量也降低。

(2)治疗方法。

补钙疗法:用10%葡萄糖酸钙液500~800 mL,或5%氯化钙液200~300 mL,一次静脉注射,1次/d,连用2~3 d。

乳房送风法:先将乳房及乳头清洗消毒,挤净乳汁,然后将消毒好的乳房送风器导管涂上润滑剂,插入乳头管慢慢打气,待乳房皮肤紧张,敲击乳房呈鼓音时,拔出乳导管,用纱布条扎住乳头防止空气溢出,1 h后移去扎条。

其他辅助疗法:地塞米松注射液10~30 mg,一次肌内注射;25%葡萄糖液500 mL、复方生理盐水1 000 mL、20%安钠咖注射液10 mL,一次静脉注射。1次/d,连用2~3 d。

(3)预防措施。

母牛分娩前1个月,应饲喂低钙性草料,分娩后宜提供足够钙的供应(每天补充钙100 g以上)。老弱或高产母牛,分娩前1周用10%葡萄糖酸钙液、25%葡萄糖液各500 mL,一次静脉注射,隔日1次,连用2~3次,可减少疾病的发生。母牛分娩前2~8 d内,用维生素$D_3$注射液1 000万IU,一次肌内注射。

**6. 乳房炎**

乳房炎是各种病原引起的母牛乳腺炎症。有临床型乳房炎和隐性乳房炎两类。奶牛极为常见,多发生于泌乳初期和停乳期,每年7,8,9三个月份为发病的高峰期。

(1)疾病诊断要点。

①依据发病史:牛舍环境卫生差,粪尿、污水淤积,运动场潮湿、泥泞;挤奶操作不规范,乳房清洗用水不洁,挤奶时过度挤压乳头;挤奶机器不匹配,抽吸时间过长;乳房、乳头外伤;饲料霉败、胃肠疾病、胎衣不下、子宫内膜炎、结核病、布鲁氏菌病等继发因素,均可引起发病。

②依据典型症状。

临床型乳房炎：急性病例，精神沉郁，体温升高到40 ℃以上，食欲减退或废绝，心跳加快，脱水；乳房发红、肿胀、变硬、疼痛，乳汁异常（稀薄、混凝乳块，或混血液、脓汁），奶产量下降。亚急性病例，乳房皮温轻度升高，肿胀，乳汁呈水样，含絮片或凝块，后期乳房萎缩，发展为"瞎乳头"。

隐性乳房炎：乳汁偏碱性（pH>7），常含有奶块和絮状、纤维物质，氯化钠含量增加至0.14%以上，体细胞数升高到50万个/mL以上，细菌数增加。加州或兰州乳房炎诊断液诊断试验呈阳性或强阳性。

（2）治疗方法。

局部疗法：先挤净患病乳区内乳汁，用氨苄西林0.5 g或头孢噻呋钠0.5 g，蒸馏水50 mL稀释后，一次乳头内注射，并用手轻推乳房，以使药物扩散，2次/d，连用3～4 d。

全身疗法：氨苄西林30～50 mg/kg体重、链霉素30 mg/kg体重，一次肌内注射，2次/d，连用3～4 d；或恩诺沙星3 mg/kg体重，一次肌内注射，1次/d，连用3～4 d。重症病牛，用葡萄糖生理盐水1 000～1 500 mL、25%葡萄糖液50 mL、维生素C注射液20 mL、复合维生素B注射液20 mL，一次静脉注射；5%碳酸氢钠液500 mL，一次静脉注射可防止酸中毒。

产奶牛发生乳房炎运用上述方法进行治疗，考虑乳汁中抗生素的残留，治疗结束后应有3～4 d的弃奶期。

（3）预防措施。

保持环境和牛体卫生，及时清扫圈舍污物，定期消毒牛舍。严格执行挤奶操作规程，挤奶前先用40～50 ℃温水洗净乳房皮肤并进行按摩，清洗乳房的水要清洁，做到一牛一张毛巾，坚持用质量较好的挤奶机挤奶，挤奶机的管道、乳杯每天洗涤1次，乳杯内鞘每周应消毒1次。挤奶后应及时进行乳头药浴，可选用4%次氯酸钠或0.3%～0.5%洗必泰作为药浴液。开展隐性乳房炎的定期检测，对隐乳为强阳性的牛可按临床型乳房炎治疗方法进行治疗。做好干奶期乳房炎的预防，可在每个乳区进行抗生素灌注1～2次。对于患有慢性乳房炎的病牛，可以适时淘汰，以降低牛群乳房炎的感染发生率。

## 六、外科疾病

**1.蹄叶炎**

蹄叶炎是蹄壁真皮的局限性或弥散性的无菌性炎症。

（1）疾病诊断要点。

急性蹄叶炎：病牛精神沉郁、食欲下降，反刍减弱或停止，不愿站立或运动。前肢患病时，表现前肢向前伸出，而后肢曲于腹下。后肢患病时，则后肢向后踏。四肢同时患病时，则站立时四肢频繁交换负重，多倒地躺卧。驱赶运动时，步样紧张、肌肉震颤。蹄温增高，蹄冠肿大，触诊敏感。

慢性蹄叶炎:患肢蹄部疼痛减轻,多为轻度跛行,发病日久则可丧失使役能力。慢性蹄叶炎多由急性转变而来。

(2)治疗方法。

发病早期,可用冷水浇蹄30 min或水池浸泡1～2 h,1～2次/d,持续2～3 d。也可蹄头血针后,用盐酸苯海拉明0.8～1.2 mg/kg体重,一次肌内注射;10%氯化钙液200～500 mL、5%葡萄糖生理盐水1 000～1 500 mL、维生素C注射液20～40 mL,一次静脉注射。也可用氢化可的松20～40 mL,一次肌内注射;0.25%盐酸普鲁卡因液100～150 mL,一次静脉注射,或用普鲁卡因进行神经干封闭。

(3)预防措施。

要加强饲养管理,重度使役时不宜急速驱赶运动,使役后不要急着休息,应进行适当的牵遛。母牛产前、产后忌粗暴驱赶。使用泻下剂时,要按要求精确计算后使用,不得过量使用;配制的盐类口服制剂,其浓度不得超过5%。

**2. 腐蹄病**

腐蹄病是指蹄角质腐败分解,侵害真皮的慢性炎症。

(1)疾病诊断要点。

①依据发病史:病牛精料饲喂过多、钙磷不足或比例不当,或牛舍阴暗潮湿、粪尿浸渍,运动场泥泞、有各种尖锐异物,造成蹄部感染或损伤。

②依据典型临床症状:初期,蹄角质崩解、趾间皮肤潮红、肿胀,不安,频频举蹄,运动跛行。中期及以后,蹄球、蹄冠部肿胀,甚至化脓、形成溃疡,趾间或蹄冠部渗出恶臭脓性液体。然后,蹄匣角质剥离,并发骨、腱、韧带的坏死,体温升高,甚或蹄匣脱落。病牛精神委顿、食欲下降,泌乳量下降。

(2)治疗方法。

局部处置:首先对病灶部进行清洗、消毒,然后再扩创或削修蹄部角质,显露出深部组织,并用3%双氧水或0.1%高锰酸钾液进行冲洗,用10%硫酸铜液或5%碘酊涂抹,撒布碘仿磺胺粉,用绷带进行包扎,在绷带的表面涂上松馏油或鱼石脂。若遇局部严重肿胀,可蹄部温浴或切开排出脓汁、清除坏死组织,再按化脓创处理。

全身处理:可用青霉素10 000 IU/kg体重、链霉素8 000 IU/kg体重,一次肌内注射,1～2次/d,连用3～5 d;或氨苄西林30～50 mg/kg体重,磺胺嘧啶钠注射液30～50 mg/kg体重,一次肌内注射,1～2次/d。

(3)预防措施。

加强饲养管理,减少蹄部的损伤。搞好环境卫生和消毒,创造干净、干燥的环境条件,保护蹄部健康。牛场应设置蹄部药浴池,内装2%～4%硫酸铜溶液或石灰硫酸铜药液(5份硫酸铜加100份石灰),牛群每半个月浴蹄一次,每次5～10 min。在牛群饲料中添加硫酸锌,对腐蹄病有较好的预防作用。

**3. 关节炎**

关节炎是指关节滑膜层的炎症。慢性浆液性关节炎还可引起关节内积液,又称为关节积水。

(1)疾病诊断要点。

①依据发病史:病牛关节受到机械性损伤(如挫伤、脱位、硬地上滑倒等),或病原微生物(布鲁氏菌、大肠杆菌、衣原体、沙门氏菌、支原体等)侵入滑膜关节内,均可引起关节炎的发生。

②依据典型症状。

急性关节炎:出现关节肿大,局部增温,触诊疼痛敏感,站立时患肢屈曲,运动时表现以肢跛为主的混合跛行。

慢性关节炎:炎症现象较轻,偶见跛行,关节增大,关节腔积有多量液体。

化脓性关节炎:关节高度肿胀,患肢不敢负重,皮下可出现水肿,以"三脚跳"方式运动。体温升高,食欲减退或废绝。

(2)治疗方法。

对于急性关节炎,可在局部用2%普鲁卡因液做环状封闭注射,外涂复方醋酸铅散,然后打上绷带。若关节囊内渗出过多液体,可用一次性消毒注射器无菌抽出关节液,并向其内注入0.5%普鲁卡因青霉素液,再打上绷带,然后用氢化可的松100~250 mg、氨苄西林0.5 g,一次肌内注射,可隔4 d后再注射1次。对于慢性关节炎,一般用鱼石脂酒精绷带、石蜡疗法、烧烙疗法及火针疗法进行治疗。

对于化脓性关节炎,先应局部关节穿刺,排出脓汁,再用0.1%雷佛奴尔液反复冲洗关节腔,并注入青霉素、链霉素,1次/d。同时配合磺胺类药物、抗生素(四环素、金霉素)静脉注射,达到全身治疗的目的。

(3)预防措施。

牛群要加强管理,搞好饲养环境的清洁卫生和日常消毒,减少各种不良因素对关节的损伤。对引起关节炎的牛大肠杆菌病、沙门氏菌病、支原体病及布鲁氏菌病等要采取积极的防治或检疫措施,以减少牛关节炎的发生。

**4. 腕前黏液囊炎**

腕前黏液囊炎是牛腕关节背侧皮下出现的局限性肿胀现象,又称为腕部水瘤。

(1)疾病诊断要点。

①依据发病史:牛床地面坚硬,牛起卧时腕关节与地面反复摩擦,或牛只出现猝跌等,可引起本病;患布鲁氏菌病牛只可继发本病。

②依据典型症状:急性浆液性腕前黏液囊炎,腕关节前下方出现局限性肿胀,触诊有热痛、波动感、捻发音,偶尔表现轻度跛行。纤维素性腕前黏液囊炎,腕关节前局限性隆起,逐渐变大,无热、无痛,患部皮肤角化,呈鳞片状,肿胀部触诊坚硬,动物运动无跛行,此时黏液囊内充满胶冻样纤维蛋白和黏液囊液。化脓性腕前黏液囊炎,腕关节弥漫性肿胀,触诊有波动感、疼痛,运步跛行,穿刺排出脓汁。

(2)治疗方法。

腕前黏液囊炎局部肿大不严重时,可进行穿刺放液后,用0.5%盐酸普鲁卡因注射液30 mL、可的松100~200 mg、青霉素400万IU混合注入囊内,再打上绷带。若处理后患部再次增大,可重复处理一次。对于浆液性、纤维素性黏液囊炎局部出现特大肿胀的病例,一般需施行黏液囊完整摘除手术。化脓性黏液囊炎,应采取切开排脓,冲洗与防腐药引流等方法进行治疗。

(3)预防措施。

牛场牛床地面应硬改软,最好采用沙床、橡胶床;拴系式牛场,牛缰绳不应太短,以免造成饲槽与腕部的撞击。此外,还要积极防治牛布鲁氏菌病和结核病,以尽量减少本病的发生。

## 第三节 牛场常见传染病防治要点

### 一、细菌性疾病

**1. 大肠杆菌病**

大肠杆菌病是由致病性大肠杆菌引起的以严重腹泻和败血症为特征的细菌性传染病。引起牛发病的大肠杆菌血清型有O8、O9、O20、O78、O101,其中产生肠毒素的大肠杆菌一般带有K99、F41黏附素。主要发生于犊牛。

(1)疾病诊断要点。

①依据典型临床症状:发病犊牛出现发热,腹泻或未见腹泻,迅速死亡,呈现败血型经过。或体温升高达40 ℃,腹泻,粪便如粥样、黄色,后期水样、灰白色,夹杂未消化的凝乳块、凝血及气泡,有酸臭味。转为慢性的病例,可继发脐炎、关节炎或肺炎。

②依据病理剖检变化:真胃黏膜充血、水肿,覆盖胶状黏液。肠内容物混血液、气泡,恶臭。小肠和直肠黏膜充血、出血,肠系膜淋巴结肿大,胆囊扩张、充满胆汁,心内膜有出血点。

③流行特点:本病多发于出生后10 d以内的犊牛,一年四季都可发生,但冬季、春季舍饲期间的牛只发生较多。可呈地方流行或散发。犊牛出生后未及时采食初乳、体质瘦弱、气候骤变、环境卫生不良等较易引起本病。

④实验室诊断依据:可取刚病死牛的肠内容物,利用细菌分离培养法分离病原菌,再镜下观察、进行生化试验及动物试验,确定致病性大肠杆菌后可确诊。或依据该类菌的特异性黏附素、肠毒素基因的核酸序列,设计特异性引物进行PCR检测。

(2)治疗方法。

可选用氨苄西林 30 mg/kg 体重或头孢噻呋钠 1～3 mg/kg 体重,配合庆大霉素 2～5 mg/kg 体重或丁胺卡那霉素 5～8 mg/kg 体重,一次肌内注射;脱水和酸中毒时,可用复方氯化钠液 500～1 000 mL、5%碳酸氢钠液 300～500 mL、维生素C注射液 10～20 mL,一次静脉注射;或用胃肠调节剂(葡萄糖 67.53%、氯化钠 14.34%、甘氨酸 10.3%、枸橼酸 0.81%、枸橼酸钾 0.21%、磷酸二氢钾 6.8%)64 g,煎水至 2 000 mL,分2次内服,每天1剂,连用2～3剂。

(3)预防措施。

要加强母牛产前和产后的饲养管理,初生犊牛应及时吮吸初乳,定时定量饲喂,勿使其过饥或过饱。要搞好犊牛舍的环境卫生,并坚持定期消毒,保持饮用水、垫料床的清洁。有条件的牛场,可分离本场犊牛大肠杆菌病的致病菌后制作适合本场大肠杆菌病的灭活疫苗进行预防接种。也可使用促菌生等微生态制剂进行饲喂预防。

**2.沙门氏菌病**

沙门氏菌病是由沙门氏菌属细菌引起的一种传染病。2周龄至1月龄的犊牛较易发病。引起犊牛发病的病原主要为鼠伤寒沙门氏菌。

(1)疾病诊断要点。

①依据典型临床症状:发病犊牛体温升高至41 ℃,脉搏、呼吸加快,腹式呼吸;食欲废绝,腹泻、腹痛,粪便夹杂血丝或黏液,味恶臭。病死率可高达60%,一周内死亡。病程延长者,多出现腕、跗关节炎,继发小叶性肺炎。妊娠母牛多发生流产。

②依据病理剖检变化:病死犊牛心壁、腹膜、真胃及肠小点状出血,肠系膜淋巴结水肿;出现关节炎时腱鞘和关节腔内含有胶冻样液体,出现肺炎时肺部有坏死灶。成年牛肠黏膜出血、脱落,肠系膜淋巴结水肿、出血。

③流行特点:本病主要经消化道感染,一年四季均可发生,成年牛多发生于夏季放牧时节,犊牛则多发于产后1月以内,2周以后发生居多。成年牛常为散发,犊牛则多呈流行发生。

④实验室诊断依据:可取刚病死牛的肠内容物及其他病变组织,利用细菌分离培养法分离病原菌,再镜下观察、进行生化试验及动物试验,确定病原。或依据鼠伤寒沙门氏菌、都柏林沙门氏菌、纽波特沙门氏菌的O抗原或H抗原的核酸序列,设计特异性引物进行PCR检测。

(2)治疗方法。

对于发病牛,可用恩诺沙星 3～5 mg/kg 体重、黄连素注射液 10～20 mL,一次肌内注射。有脱水、内中毒时,可用复方氯化钠液 500～1 500 mL、5%碳酸氢钠液 500～1 000 mL,一次静脉注射,心衰者可用樟脑磺酸钠强心。抗菌药物还可选用沙拉沙星、乙酰甲喹、磺胺嘧啶、磺胺对甲氧嘧啶、磺胺间甲氧嘧啶等。

(3)预防措施。

要搞好牛场环境卫生,保持牛舍清洁干燥,定期对牛舍和用具消毒,及时清扫粪便。加强饲养管理,保持乳汁、饲料和饮用水的质量和卫生,增加犊牛营养以提高其抵抗能力。沙门氏菌高发季节或时期,可适当使用敏感抗生素进行预防注射。依据牛场情况,可选用牛副伤寒疫苗进行预防接种,或分离本场菌株制成单价灭活苗后使用,还可使用活菌剂等。

**3. 巴氏杆菌病**

巴氏杆菌病是由多杀性巴氏杆菌引起的临床上以败血症、出血性炎症为主要特征的一种传染性疾病。牛的巴氏杆菌病又称为牛出血性败血症(简称牛出败)。以该菌的O抗原分型,感染我国牛群牛只的多为6:B血清型,近来发现A血清型菌也易引起牛只感染。

(1)疾病诊断要点。

①依据典型临床症状:牛感染后,主要表现败血型和肺炎型,牦牛则最常表现为水肿型。

败血型:病牛体温升高达41～42 ℃,心跳、呼吸加快;皮温不均,结膜潮红,鼻镜干燥,食欲废绝;腹痛腹泻,粪便夹杂血液、膜片,味恶臭。濒死期,体温下降,多于发病后24 h内死亡。

肺炎型:病牛呼吸困难,痛咳,流泡沫样鼻液;肺部听诊有水泡音。疾病初期便秘,后期腹泻,粪便恶臭、混血液。多2周内死亡。

牦牛发病,体温轻度升高,呼吸困难,食欲减退或废绝,鼻镜干燥。头、颈、咽喉及胸前皮下水肿,舌肿胀、伸出口外,流涎、流泪,黏膜发绀。多在36 h内死亡。

②依据病理剖检变化:最急性型突然死亡病例,肝脏有细小的黄白色坏死灶。急性死亡病例肝肿大、暗红色,表面或切面有黄白色针头大的坏死灶,心包积液,心外膜、心冠部散在小点状出血,小肠黏膜肿胀、出血,肺大部分淤血、水肿,实变呈紫黑色。慢性病例可发生关节炎。

③流行特点:本病主要经消化道和呼吸道感染,同种动物可相互传染,猪也可将本病传染给牛。黄牛、水牛发病较多。一年四季均可发生,且气候骤变、闷热潮湿、梅雨季节及长途运输后发生较多。一般以散发为主,水牛、牦牛可呈地方流行。

④实验室诊断依据:可取刚病死牛病变组织,进行涂片染色观察,或用细菌分离培养法分离病原菌,再镜下观察、进行生化试验及动物试验,确定病原。或依据巴氏杆菌特定的核酸序列,设计特异性引物进行PCR检测。

(2)治疗方法。

对于发病牛群,应先将病牛隔离,并进行全群消毒。对于病牛,可用头孢噻呋钠3～5 mg/kg体重、卡那霉素10～15 mg/kg体重、地塞米松注射液10～20 mg/kg体重,安乃近5～10 g,一次肌内注射。抗生素还可选用四环素、氨苄西林,以及磺胺类、喹诺酮类(恩诺沙星、环丙沙星)等。如将抗生素和高免血清联用,则效果更佳。出血严重时,可注射维生素K;呼吸喘息时,可用氨茶碱注射;心衰时宜强心。同群其他牛只,可用抗生素、高免血清预防用药,隔离观察1周后,牛群健康时可补免牛出败苗1次。

(3)预防措施。

应加强饲养管理,牛群要保证足够平衡的营养供应,以增强机体的抵抗力,严格执行环境清扫和卫生消毒制度,避免牛群受惊、受寒、受热和拥挤。定期对牛群进行免疫,可选用牛出血性败血症氢氧化铝菌苗,100 kg体重以上6 mL,100 kg体重以下5 mL,皮下注射,每6个月注射1次。

**4. 牛肺炎链球菌病**

牛肺炎链球菌病是由肺炎链球菌引起牛的一种急性败血性传染病。主要发生于犊牛,其主要病原为溶血性链球菌。

(1)疾病诊断要点。

①依据典型临床症状:最急性型发热,呼吸极度困难,结膜发绀,心脏衰弱,食欲显著降低或废绝,全身虚脱,四肢抽搐、痉挛,多于数小时内死亡。急性型鼻镜潮红,流脓性鼻液,结膜潮红,食欲减退,腹泻;继发肺炎时,咳嗽、呼吸困难,肺部听诊啰音。共济失调。

②依据病理剖检变化:病死牛胸腔积液、积血,脾脏增生性肿大,脾髓黑红色,质韧如硬橡皮,即"橡皮脾"。肝肾充血、出血、脓肿。成年母牛则表现子宫内膜炎和乳房炎。

③流行特点:3周龄以内的犊牛最易发生本病,主要经呼吸道、受损的皮肤黏膜及犊牛脐带端口等感染。本病流行有明显的季节性,每年的秋末至春季是牛肺炎链球菌病的流行时期,呈散发或地方流行。

④实验室诊断依据:可采集病牛的鼻拭子、心血或病死牛肺组织,进行涂片或触片染色观察,或在血液琼脂培养基中培养后,观察菌落形态、溶血环有无及镜下形态进行诊断。

(2)治疗方法。

对于发病牛群,应立即采取隔离措施,全群消毒。对于有症状病牛,可用头孢噻呋钠2～3 mg/kg体重、氟苯尼考10～20 mg/kg体重、地塞米松注射液10～20 mg/kg体重,分别一次注射。呼吸困难时,宜用尼可刹米缓解呼吸紧张,咳嗽频繁时可用氨茶碱,发热时宜解热。抗生素还可选用林可霉素、土霉素、泰妙菌素、磺胺类、乙酰甲喹、喹乙醇等。其他假定健康牛用上述抗菌药物处理1～2次。

(3)预防措施。

要加强饲养管理,保证营养供应,防止受凉挨冻。搞好牛舍清洁和消毒,应经常清除粪便污物,定期更换垫草,适时通风换气,保持牛舍干燥,定期进行消毒。外购牛只时要进行检疫和隔离,确定健康后方可混群饲养。本病高发季节,可用土霉素、磺胺类药物进行预防用药,以防止流行性发生。

**5. 结核病**

牛结核病是由结核分枝杆菌引起的一种人兽共患的慢性传染病。牛为最易感动物,特别是奶牛。牛分枝杆菌为本病的主要病原,禽分枝杆菌也可以感染牛。

(1)疾病诊断要点。

①依据典型临床症状:病牛咳嗽,易疲劳,呼吸加快,严重时出现气喘。逐渐消瘦、贫血,有

时可有体表淋巴结肿大、慢性瘤胃臌气。典型病例胸部听诊有摩擦音,乳房上淋巴结肿大,泌乳量减少,乳汁稀薄如水。母牛发情频繁,慕雄狂,不孕和流产。公牛附睾肿大,阴茎前端有结节和糜烂。部分病例可表现癫痫、运动障碍。

②依据病理剖检变化:肺或其他器官出现许多凸起的白色结节,切面干酪化坏死或有空洞;胸膜、腹膜有粟粒至豌豆大小的半透明灰白色坚硬结节,形状如珍珠,俗称"珍珠病"。乳房结核时,乳腺组织有大小不等的干酪样结节。子宫黏膜及下层有结节、溃疡或瘢痕,卵巢肿大,输卵管变硬。

③流行特点:开放性结核病病牛排出的粪便、乳汁、鼻液、唾液、痰液及污染后的草料、空气、饮用水中的病原,可通过呼吸道、消化道及损伤的皮肤黏膜进行个体间传播,交配时还可经生殖道感染。本病无明显的季节性、地区性,多呈散发。传统养牛区、历史较长的奶牛场可能较易发生本病。

④实验室诊断依据:对于开放性结核病例,可取发病牛的病灶组织、痰液、尿粪、乳汁及其他分泌物,做抹片检查、分离培养和动物接种试验,依据结果可以作出诊断。也可以采用提纯结核菌素诊断法、荧光抗体病原检查法及PCR法进行诊断。

(2)治疗方法。

在传统牧区,发病牛应立即隔离饲养,加强消毒,可用异烟肼1~2 g/d,分2次拌料饲喂,连续使用1~3个月,同时用链霉素3~5 g/d肌内注射,隔天1次,直至症状消失。南方农区肉牛场及奶牛场,由于本病不能根治,且治疗时间长、费用高,通常宜在确诊后进行淘汰处理。

(3)预防措施。

加强检疫:无病牛群每年春秋两季要用结核菌素试验进行2次检疫,检出率高于3%的牛群每个季度应进行检疫1次;犊牛出生后1个月进行第一次检疫,第2个月进行第2次检疫,第6个月进行第3次检疫;新引进或购入牛,应隔离观察12个月,并每3个月进行1次检疫。检疫出的阳性牛应淘汰,可疑牛则在临时隔离45 d后复检,复检仍为可疑则判断为阳性。

实施隔离、消毒:牛场应建立专门的隔离牛栏或牛舍,要求距离健康牛群1 000 m左右。检出的阳性或可疑牛应立即进入隔离牛舍饲养,开放性结核病病牛宜立即扑杀,优良种牛可选择治疗;可疑牛观察饲养适当时间后复检。检出阳性牛后,牛场应全场立即消毒3~7 d,污染的牛床、饲槽可用15%石炭酸或3%复合酚喷洒消毒,1次/d,连续7 d;也可选用5%漂白粉乳剂、20%新鲜石灰乳、2%氢氧化钠等消毒液进行消毒。

培养健康犊牛:若牛群中结核病阳性牛较多,犊牛刚出生即进行体表消毒,并隔离到安全犊牛舍内进行人工饲养,喂以健康牛乳或消毒乳。断奶时及断奶后3~6个月进行2次结核菌素试验,阴性牛转入健康牛群。受威胁的犊牛,可在出生1月后接种50~100 mL卡介苗进行预防。

**6. 布鲁氏菌病**

布鲁氏菌病是由布鲁氏菌引起的一种人畜共患的慢性、接触性传染病。对成年牛危害较大。牛布鲁氏菌、羊布鲁氏菌、猪布鲁氏菌均可感染牛,但以牛布鲁氏菌为主。

(1)疾病诊断要点。

①依据典型临床症状:妊娠母牛主要表现流产,怀孕后6~8个月最常见。出现阴唇、乳房肿胀,阴道黏膜有粟粒大小红色结节,并流出灰白色、浅褐色黏液,继而发生流产,流产后排出污灰色或棕红色恶臭的液体。有时伴发胎衣不下。公牛表现睾丸肿大,热痛反应,之后热痛消失,质地变硬。病牛群还常出现关节炎、跛行,或乳房炎。

②依据病理剖检变化:胎衣呈黄色胶冻样,时见胎衣增厚、有出血点。绒毛叶苍黄色,有灰色或黄绿色渗出物,或覆盖坏死组织。流产胎儿真胃中有淡黄色或白色絮状黏液,胸、腹腔有大量积液,肝、脾、淋巴结肿大坏死,胃肠黏膜点状出血,脐带肥厚、浆液性浸润。公牛精囊出血、坏死,睾丸、附睾有灰白色坏死灶。

③流行特点:牛是该病的敏感动物之一。发病的妊娠母牛可通过流产的胎儿、胎衣、胎水及阴道分泌物排出病原菌,公牛的精液中也带菌。可经消化道、皮肤、黏膜、生殖道及吸血昆虫进行传播。性成熟的牛对本病易感,以首次妊娠的母牛发生最多见。老疫区很少发生流行,新疫区多以暴发性流行为主。

④实验室诊断依据:可取流产胎衣、绒毛膜渗出物涂片,柯兹洛夫斯基染色法染色、镜检,或采取牛只血样,进行虎红平板凝集和试管凝集试验诊断,或采用全乳环状试验、酶联免疫吸附试验进行诊断,也可采用PCR诊断。

(2)治疗方法。

一般情况下宜对病牛作淘汰处理。在老疫区,流产母牛宜先剥离、清理胎衣,用1%高锰酸钾液或生理盐水液冲洗子宫至无分泌物流出为止。然后用土霉素按10 mg/kg体重或四环素10 mg/kg体重,肌内注射,连续2周。对于发热病例,可注射解热药物处理。发病公牛无治疗价值,应予以淘汰。

(3)预防措施。

牛群应定期开展检疫,及时隔离、淘汰阳性牛,建立布鲁氏菌病净化牛群。老疫区或传统养牛区,可用布鲁氏菌19号苗,5~8月龄免疫1次,18~20月龄加强免疫1次,免疫效果可达数年。牛群中出现病牛时,应立即进行隔离,假定健康牛群要加强消毒,对污染牛舍、运动场和用具等用5%来苏儿、10%石灰乳或5%热碱液进行严格消毒。要坚持自繁自养,培育健康牛群,禁止从疫区引进牛。种牛购入时,要严格执行检疫,新购牛应隔离观察2个月,并进行2次检疫为阴性后,方可入场混群饲养。定期对饲养员、场内管理人员进行布鲁氏菌病的筛查,防止疾病在人畜间的传播。

**7.炭疽**

炭疽是由炭疽芽孢杆菌引起的人畜共患的急性、热性、败血性传染病。本病在我国被列为二类动物疫病。

(1)疾病诊断要点。

①依据典型临床症状。

急性型:病牛体温升高达41 ℃以上,兴奋、吼叫,或乱顶乱撞。食欲减退,反刍、泌乳减少或停止,颈、胸、腹部水肿,呼吸困难。初便秘后腹泻带血,中度臌气,腹痛。孕牛流产。濒死期肛门、鼻孔出血。

亚急性型:颈、咽、胸、腹下、肩胛等部位皮肤及直肠、口腔黏膜等处出现硬固的结节、坏死或溃疡。其他症状与急性型相似。

②依据病理剖检变化:急性死亡病例出现尸僵不全、易腐败,天然孔流黑红色血液,黏膜发绀。血液不良,如煤焦油样。皮下、肌间、浆膜下组织水肿。脾淤血、出血、水肿,增大至2～5倍。全身淋巴结肿大、出血。肾、心等变性,胃肠道出血性坏死。

③流行特点:牛是本病的易感动物之一。主要通过采食被炭疽芽孢杆菌污染的草料和饮用水经消化道感染,也可经呼吸道吸入或昆虫叮咬而感染。本病主要散发,也可地方流行,夏季多发。

④实验室诊断依据:可取血样或脾组织样,制作涂片或触片,染色后镜检确诊;或制备血清样品后,通过环状沉淀反应进行抗原检测;或利用PCR法检测炭疽杆菌的毒素质粒pX01、荚膜质粒pX02的特异性基因序列进行诊断。

(2)治疗方法。

已确诊的动物一般不予治疗,应严格销毁。一些特殊动物,应实施严格的隔离、消毒和防护后,用抗炭疽高免血清100～250 mL,一次皮下或静脉注射,可疑牛群可用30～50 mL剂量一次注射,1次/d,连用3 d。同时选用青霉素钠/钾300万～400万单位、磺胺间甲氧嘧啶 50 mg/kg体重,一次肌内注射,2次/d,连用3 d。皮肤炭疽痈,可在周围分点注射抗生素。

(3)预防措施。

疫区或常发地区,应避免牛只接触、采食洪水冲刷过的牧草,积极杀灭蚊蝇。每年4—5月份,可用无毒炭疽芽孢苗、Ⅱ号炭疽芽孢苗进行免疫1次。无疫区应做好生物安全和检疫防范工作。

(4)扑灭措施。

本病一旦暴发,应立即上报疫情,牛场实施隔离、封锁。确诊后,按要求进行无血扑杀,尸体进行深埋,垫料、粪便进行焚烧,圈舍、用具进行彻底消毒。受威胁的动物进行紧急免疫接种。

**8.牛副结核病**

牛副结核病是由副结核分枝杆菌引起牛的临床上以持续顽固性腹泻和渐进性消瘦、泌乳性能降低为特征的慢性消化道传染病。又称为牛副结核性肠炎、约翰氏病。副结核分枝杆菌可感染牛、羊、猪、马、驴、骆驼等,牛为易感动物,尤其是奶牛和幼年牛最为易感。

(1)疾病诊断依据。

①依据典型临床症状:本病潜伏期6～12月或更长。病初出现间断性腹泻,然后转变为顽固性腹泻,粪便稀薄、恶臭,夹杂气泡、黏液、血块。病牛逐渐消瘦,眼窝下陷,下颌、垂皮水肿,泌乳减少或停止。若腹泻不止,约3～4个月后可衰竭而死亡。染疫牛群病死率可达10%。

②依据病理剖检变化:病死牛尸体消瘦,肠系膜淋巴结肿大,为正常的2～3倍,切面多汁。空肠、回肠和结肠高度肥厚,为正常的2～3倍,有硬而弯曲的皱褶。

③流行特点:病牛及隐性感染牛为主要传染源,通过排泄物污染牛舍、饲料、饮用水及牧地等后,经消化道传播或子宫垂直传播。可呈地方流行。一年四季均可发生,饲料中缺乏无机盐、饲养管理不当、妊娠和分泌、长途运输等可促发或诱发本病。

④实验室诊断依据:可用副结核菌素或禽结核菌素0.2 mL于牛颈侧进行皮内注射,48 h后观察,如注射部位皮下弥漫性肿胀、热痛,皮厚增加1倍以上,可判断为阳性。也可采集牛只血样,利用ELISA法或PCR法进行检测。

(2)治疗方法。

目前尚无有效的治疗药物。疫区病牛可选用异烟肼20 mg/kg体重或利福平10 mg/kg体重口服,1次/d。配合使用链霉素或丁胺卡那,加上鞣酸蛋白等药物对症处置。虽然可以减轻或消除症状,但不能根治,也不能杜绝疾病的传染。

(3)预防措施。

引种时,要加强检疫,严禁引进带菌病牛。定期进行变态反应、血清学反应诊断,阳性牛应集中隔离饲养,及时用药物进行处置,直到转为阴性;有临床症状的病牛应立即扑杀。做好消毒,要求用生石灰、烧碱、漂白粉等对牛场进行全面彻底的消毒,粪便要进行堆积高温发酵杀菌。

## 二、病毒性疾病

### 1.口蹄疫

口蹄疫是由口蹄疫病毒引起的一种急性、发热性、高度接触性人兽共患传染病,又称为"口疮""蹄癀",为国际贸易必检的动物疫病和世界动物卫生组织(WOAH)要求必须报告的疫病之一。口蹄疫病毒有7个血清型,各血清型间无交叉免疫性,且易通过抗原漂移而发生变异。我国流行的血清型有O型、A型及亚洲Ⅰ型。

(1)疾病诊断依据。

①依据典型临床症状:体温升高,达40～41 ℃,持续48 h,食欲减退,流涎。发病1 d后,唇内侧、齿龈、舌面等处黏膜发生水疱,涎液增多,呈白色泡沫状,挂于口唇周围;采食、反刍停止。再经1～3 d,水疱破溃,形成红色糜烂;继发细菌感染可形成溃疡,或坏死性口膜炎、胃肠炎。乳房皮肤也可形成水疱、烂斑。口腔水疱发生的前后,趾间、蹄冠部也可出现水疱,后期形成溃疡或糜烂,如管理不当,可引起蹄部的化脓、坏死,出现跛行,甚至蹄匣脱落。成年牛多呈良性经过,

病程1～2周。犊牛表现肌肉发抖,心跳加快,节律失调,食欲减退,反刍停止,腹泻,粪便夹血,虚弱、运动障碍、倒地、死亡,死亡率达20%～40%。

②依据病理剖检变化:除口腔、蹄部的病变外,食管、瘤胃黏膜出现水疱和烂斑,真胃、小肠黏膜出血,心包弥漫性点状出血,心脏表面有灰白色或浅黄色斑点或条纹,心肌松软,颜色变淡。

③流行病学特点:牛为本病的易感动物之一。病牛及带毒牛为主要传染源,可经直接接触病牛或带毒牛、吸入病毒污染的飞沫、采食或接触病毒污染物经消化道等传播,还可随风呈跳跃式、远距离传播,低温、高湿、阴霾天气下可发生长距离的气雾传播。疫区呈现周期性流行,3～5年暴发1次。牧区主要发生在秋冬季节,农区则季节性不明显。

④实验室诊断:可采集病牛血样,利用间接夹心ELISA法或口蹄疫液相阻断ELISA法进行抗体检测,或收集水疱皮或水疱液进行PCR检测诊断。

(2)防控措施。

预防:无疫区引种时,尽量不要安排到疫区购牛,对来自疫区的动物及其产品进行严格检疫,阳性动物及物品实行销毁。疫区或传统牧区,可用口蹄疫O型、A型及亚洲Ⅰ型灭活疫苗进行免疫,可每半年免疫1次;疫区牛场粪便、污物要进行堆积发酵或妥善消毒处理,牛舍坚持勤消毒。

疫区处置:牛群暴发口蹄疫时,应立即上报疫情,划定疫点、疫区和受威胁区,实施隔离封锁。疫点内的牛群应按当地兽医业务主管部门要求,开展扑杀、深埋或焚毁等工作,污染牛舍、用具、车辆一律进行彻底消毒,污染的粪便、饲料用2%烧碱彻底消毒,限制疫区人畜流动,直至疫情解除。受威胁区内的未感染牛群可进行口蹄疫疫苗的紧急接种。

**2.牛病毒性腹泻/黏膜病**

牛病毒性腹泻/黏膜病是由牛病毒性腹泻病毒Ⅰ型和Ⅱ型引起的一种急性、热性传染病。牛病毒性腹泻病毒有一种血清型、两种生物型和两种基因型,各毒株间存在抗原多样性,可感染牛、羊、猪、家兔等,牛最为易感。

(1)疾病诊断依据。

①依据典型临床症状:急性型突然发病,体温升高,达40～42 ℃,持续4～7 d,发热期白细胞减少。精神不振,食欲降低,鼻、眼有浆液性分泌物,流涎,呼吸恶臭。鼻镜、口腔黏膜糜烂,舌面上皮坏死。严重腹泻,粪便水样,夹杂黏液和血液。部分病例有蹄叶炎,趾间皮肤糜烂、坏死。多数死亡。慢性型体温略升高,鼻镜片状糜烂,门齿齿龈发红,有蹄叶炎,趾间皮肤糜烂、坏死,跛行。眼浆液性分泌物增多。妊娠母牛出现流产或犊牛小脑发育不全。发病牛大多在2～6个月内死亡。

②依据病理剖检变化:食管黏膜糜烂,大小不等、呈直线排列。皱胃水肿、糜烂。肠壁增厚,肠淋巴结肿大,盲肠、结肠、直肠出血、溃疡及坏死。

③流行病学特点:6～8月龄的牛最易发生本病。病牛、带毒牛为主要传染源,可经消化道、

呼吸道传播,也可经胎盘感染。呈地方流行,常年均可发生,但冬末和春季多发。新疫区发病率约5%,病死率为90%～100%,老疫区多为隐性感染。

④实验室诊断:持续感染牛,可采血样分离白细胞等,提取样本中总RNA,利用PCR法检测牛病毒性腹泻病毒;或利用ELISA法或病毒中和试验法检测病牛血清中的抗体,进行诊断。

(2)治疗方法。

本病尚无有效治疗方法。可根据典型临床症状,用复方氯化钠液1 500～2 000 mL、10%低分子右旋糖酐500 mL、地塞米松30 mL,一次静脉注射以补液;用5%碳酸钠液500 mL一次静脉注射以纠正酸中毒,樟脑磺酸钠注射液20～30 mL一次肌内注射维护心脏功能;碱式硝酸铋20～30 g一次内服,恩诺沙星3～5 mg/kg体重、阿米卡星5～7.5 mg/kg体重、黄芪多糖30～50 mL,肌内注射。病情较轻者,同时进行牛病毒性腹泻疫苗的接种,有一定的效果。

(3)预防措施。

要保障牛场的生物安全,对引种或购入的牛只要进行持续性感染检测,犊牛出生后要与母牛隔开饲养,并检测犊牛的持续感染状态。开展牛群牛病毒性腹泻/黏膜病的筛查,及时淘汰阳性牛。阴性牛群可用牛病毒性腹泻/黏膜病病毒灭活疫苗或弱毒疫苗进行免疫接种,免疫期6个月。

**3. 牛传染性鼻气管炎**

牛传染性鼻气管炎是由牛传染性鼻气管炎病毒引起牛发生的一种急性接触性传染病,又称为坏死性鼻炎、牛媾疫、流行性流产,俗称红鼻子病。该病毒属于水痘病毒属,被称为牛疱疹病毒Ⅰ型,有呼吸道型病毒、生殖道型病毒两个型。

(1)疾病诊断依据。

①依据典型临床症状。

呼吸道型:体温升高,达40～42 ℃,食欲废绝,流大量脓性鼻液,鼻黏膜充血、潮红,浅表溃疡。结膜炎,流泪,角膜轻度混浊。呼吸困难,张口呼吸,呼出气味臭,频繁咳嗽。偶见出血性腹泻。奶牛产奶量锐减或停止。临床最常见。

生殖道型:母牛发病,轻度发热,食欲减退,尿频尿痛,阴道黏膜红肿、有灰白色脓疱,或形成灰色坏死膜。部分病例可发生流产。公牛感染,包皮肿胀、糜烂,包皮、阴茎有颗粒状脓疱,严重时阴囊肿胀,精液可带毒。

脑膜脑炎型:主要发生于犊牛。体温40 ℃以上,食欲废绝,流泪,鼻黏膜潮红,流浆液性鼻液。出现共济失调,肌肉震颤,兴奋、惊厥,口吐白沫,角弓反张,四肢划动。

②依据病理剖检变化。

呼吸道型:呼吸黏膜充血、浅表溃疡,被覆腐臭灰色黏脓性液体,咽喉出血、附着伪膜。可发生肺炎、胸膜肺炎。皱胃黏膜发炎、溃疡,肠有卡他性炎症。

脑膜脑炎型:表现三叉神经炎,延髓感觉神经通路非化脓性脑炎。

③流行病学特点:病牛、带毒牛为主要传染源。可通过空气、飞沫、精液和接触进行传播,也

可经胎盘垂直感染。肉牛多发,牛群发病率可高达75%,20~60日龄犊牛最易感,病死率也较高。多发于寒冷季节,牛群密度大、大群饲养等为疾病的促发因素。

④实验室诊断:发病早、中期,可取病变部上皮制备切片,镜下观察嗜酸性核包涵体进行辅助诊断。也可采集病牛病初和康复期血样,运用中和试验或ELISA法检测病毒抗体,若康复期抗体水平显著增高,则有诊断学意义。还可取病牛的分泌物等,利用PCR法检测病毒获得诊断。

(2)治疗方法。

目前尚无特效的治疗方法。一般无需治疗,特殊情况下,可选用广谱抗生素或磺胺,加上双黄连、利巴韦林、氨茶碱等进行抗炎、抗病毒和对症处置。

(3)预防措施。

无疫区应尽量不从疫区引种或购牛,若必须引牛则须严格执行检疫,禁止使用来自疫区的牛源产品。疫区或传统牧区,宜开展牛传染性鼻气管炎的血清学检测,分群严格管理或淘汰阳性牛,阴性牛可进行牛传染性鼻气管炎灭活苗或弱毒苗接种,免疫期6个月。暴发本病后,应立即隔离病牛,无疫区暴发宜扑杀全部病牛,被污染的环境应彻底消毒。

**4. 牛流行热**

牛流行热是由牛流行热病毒引起牛的一种急性、热性传染病,又称为暂时热、三日热。牛流行热病毒为暂时热病毒属成员,只有一个血清型。主要感染奶牛和黄牛。

(1)疾病诊断依据。

①依据典型临床症状:突然发病,病牛全身颤抖,皮温不整。随后,体温40~42.5 ℃,稽留热;结膜充血,眼睑水肿,羞明流泪。呼吸、心跳加快,腹式呼吸,鼻镜干燥,流浆液或黏液样鼻液,食欲废绝,反刍停止。先便秘后腹泻,排尿减少。部分病例出现运动障碍,或出现神经症状。个别牛发生轻度瘫痪。

②依据病理变化:气管、支气管内蓄积泡沫状液体,肺高度膨胀、间质增宽,有胶冻样浸润。胸腔积聚暗紫色液体,真胃、小肠和盲肠有卡他性炎症、出血。淋巴结肿大、充血,肝、肾有散在坏死灶。

③流行病学特点:病牛、带毒牛为主要传染源。经蚊子、库蠓等吸血昆虫的叮咬进行传播。3~5岁青壮年牛发生最多,犊牛、9岁以上牛发生很少。每3~5年或6~8年流行一次,周期发生。每年的8—10月份多发,传染力强,传播迅速,发病率高。

④实验室诊断:可采集发病期、康复期牛血样,利用病毒中和试验或ELISA法检测抗体水平进行判断,或对发热初期牛血液利用PCR法检测牛流行热病毒实现诊断。

(2)治疗方法。

本病无特效治疗药物。发病牛群应按"早发现、早隔离、早治疗,合理用药、大量补液、加强护理"的原则进行处置。可用安乃近或氨基比林20~40 mL、吗啉胍10~15 mg/kg体重、卡那霉素10~15 mg/kg体重、氨苄西林10~20 mg/kg体重、维生素$B_1$注射液30~50 mL,肌内注射;对呼吸粗喘的,可用氨茶碱注射,关节疼痛的用水杨酸钠溶液,脱水用5%糖盐水或复方氯化钠液静脉注射。

(3)预防措施。

要搞好牛场卫生,及时清理粪便、污物、杂草;加强消毒,每周至少2次;扑灭蚊蝇、库蠓等吸血昆虫,每周用杀虫药喷洒1次。每年5—6月份,可用牛流行热弱毒苗或灭活苗接种1剂,间隔3周后再接种1剂,免疫期6个月。

**5. 恶性卡他热**

恶性卡他热是由Ⅰ型狷羚病毒引起牛的一种致死性淋巴增生性传染病,在我国被列为三类动物疫病。该病病毒属于疱疹病毒科,不同毒株存在抗原差异,主要感染水牛和黄牛。

(1)疾病诊断依据。

①依据典型临床症状:初期,体温41~42 ℃,高热稽留,呼吸、心跳加快,肌肉震颤,食欲锐减,前胃运动弛缓。鼻镜干热,鼻、眼有分泌物,羞明、流泪,鼻黏膜充血、坏死、糜烂。最急性型可在此期死亡。24~36 h后,口、鼻黏膜充血、坏死、糜烂,流脓性鼻液,流泪,出现角膜炎,或失明。初期便秘后期腹泻,白细胞减少,怀孕母牛发生流产。部分病例全身痉挛,磨牙、鸣叫,或攻击人畜,下颌淋巴结肿大。

②依据病理剖检变化:喉头、气管和支气管黏膜充血,小点状出血,覆盖伪膜;肺充血、水肿,或出现小叶性肺炎;心肌变性、小点状出血,脾、淋巴结肿大;皱胃、肠黏膜出血、溃疡,脑膜充血、浆液性浸润。

③流行病学特点:绵羊、非洲角马的无症状带毒者为本病的传染源,传播方式为接触传染,但病牛不传染健康牛。一年四季均可发生,冬季、早春发病较多,可呈散发或地方流行。以1~4岁牛较易感,犊牛、老龄牛很少发生。

④实验室诊断:可采集发病牛血液制备血清样品,用间接ELISA法检测抗体水平进行诊断,或采集血样、脾组织,用PCR法检测病毒实施诊断。

(2)治疗方法。

本病无特效治疗药物,且疾病病程长达60 d,致死率达95%以上,又多散发、牛只间不传染,因此没有治疗价值。特殊情况下需要治疗时,可用碘苷或无环鸟苷、黄芪多糖对抗病毒,氨苄西林、庆大霉素、地塞米松抗菌消炎,倍他米松新霉素点眼,中药"龙胆泻肝汤"加减内服,有一定的治疗效果。

(3)预防措施。

清除牛群中的绵羊,禁止牛与绵羊、狷羊、角马等接触。加强牛舍和用具的消毒,保持牛舍清洁干燥,健康牛群可用恶性卡他热弱毒疫苗进行预防接种。发病后,要上报疫情,开展扑杀病牛等工作。

**6. 牛结节性皮肤病**

牛结节性皮肤病是由皮肤疙瘩病病毒引起牛的急性、亚急性或慢性传染病。又称为牛皮肤疙瘩病、牛结节性皮炎、牛结节疹。是WOAH规定必须报告的疫病。本病病毒为羊痘病毒属成员,只有一个血清型,在血清学上与羊痘病毒有交叉中和反应。

(1)疾病诊断依据。

①依据典型临床症状。

初期,体温升高达41 ℃,一周内呈稽留热。出现鼻炎、结膜炎、角膜炎。4～12 d后,皮肤出现硬实、圆形隆起的结节,有痛感,以头、颈、胸、会阴、乳房和四肢处最明显,结节大小不一。2周后发生浆液性坏死、结痂。因蚊子叮咬和摩擦,结痂脱落,形成空洞。

病牛肩前、腹股沟、股前等处淋巴结肿大,四肢肿大明显。流泪、流涎、流鼻液,发生肺炎。母牛可流产,发生子宫内膜炎;公牛发生睾丸炎,永久不育。

②依据病理剖检变化:结节腔内有干酪样灰白坏死组织,结节腔可深达骨骼。气管、支气管、肺、瘤胃、皱胃及肾等可有结节。淋巴结增生性肿大、充血、出血。肺间质增宽,肺小叶舒张不全。

③流行病学特点:各种牛均为易感动物。病牛及带毒牛为传染源。健康牛与病牛等直接接触可导致传播,蚊、蠓、硬蜱也可传播该病。主要发生于夏季,冬季也可发生。发病率可为20%～80%,死亡率10%～75%。

④实验室诊断:可取发病1周内病牛血样,采用ELISA试剂盒检测病毒抗体情况。也可采集表皮病料、血液,采用PCR法进行检测。

(2)治疗方法。

本病无特异性疗法。无疫区暴发本病后建议立即进行隔离、消毒(使用醛类制剂),开展实验室确诊,然后进行扑杀。疫区发病,可采取对症治疗措施。如对患部皮肤进行外科清创、高锰酸钾清洗、涂擦碘甘油,用抗生素、磺胺药、碘苷(三氟胸苷、利巴韦林、西多福韦、干扰素)等进行全身处置。

(3)预防措施。

疫区或传统养殖区,可用牛结节性皮肤病弱毒疫苗或灭活苗进行免疫接种。也可用绵羊痘病毒、山羊痘病毒疫苗进行免疫接种,但接种牛群中可能仍会有11%左右的发病率。无疫区要加强本病的检疫。要禁止从疫区引入带病的种牛,要加强对疫区牛的皮张的消杀和无害化处置,减少疫病扩散。

### 三、真菌性疾病

**1. 牛皮肤真菌病**

牛皮肤真菌病是由疣状毛癣菌、须毛癣菌及马毛癣菌等引起的,以皮肤圆形脱毛、渗出,形成痂皮为特征的一种浅在性皮炎。

(1)疾病诊断依据。

①依据典型临床症状:病牛眼周、头部,或颈、胸背、会阴、乳房等处出现丘疹,以同心圆方式向外扩散或相互融合,形成白色石棉状痂块。癣痂或如铜钱大小,或如核桃大小,也有的呈大片或弥散状。病牛剧烈瘙痒、摩擦,食欲减退、消瘦、贫血。

②流行病学特点:病牛及受病原污染的环境均为传染源,可通过直接接触和间接接触进行传染。犊牛、老牛易发生感染,传染快、蔓延广。一般多发于冬季。病牛可传染人。属于人畜共患性疾病之一。

③实验室诊断:可刮取病灶皮肤鳞屑或癣痂,置清洁载玻片上,加10%氢氧化钠1~2滴,盖上盖玻片,制作标本,镜下观察有无菌丝、孢子等进行诊断。也可收集病料提取总RNA,用PCR法检测皮肤真菌18S rRNA进行诊断。

(2)治疗方法。

先病灶局部剪毛,清除鳞屑、痂皮等,再用10%水杨酸酒精乳剂(水杨酸10 g、石炭酸1 g、甘油25 g、酒精100 mL),或氯化锌软膏、3%~5%噻苯达唑软膏、3%克霉唑软膏、盐酸特比萘芬软膏等,1~2次/d,连用数天。同时,用维生素AD注射液5~10 mL,一次肌内注射,连用2 d;灰黄霉素按5~10 mg/kg体重一次内服,2次/d,连用7 d。若辅以适当阳光照射,效果更好。

(3)预防措施。

要及时隔离发病牛,细心收集病牛脱落的毛发和皮屑并进行销毁,发病牛群应用0.5%过氧乙酸彻底消毒。在冬季等本病高发季节,尽量增加牛只晒太阳的时间,勤打扫牛舍,牛床、牛栏及其他用具可用1.5%硫酸铜液或2.5%来苏儿液消毒,每周1~2次。饲养上要饲喂全价日粮,补足维生素、微量元素的量,增强牛的体质。

### 四、其他传染病

#### 1.传染性牛支原体肺炎

传染性牛支原体肺炎是由牛支原体引起黄牛、奶牛等的以严重下呼吸道疾病症状为主的一种传染性疾病。民间俗称"烂肺病"。本病的病原是牛支原体,又称为牛霉形体。

(1)疾病诊断要点。

①依据典型临床症状:病初体温升高达42 ℃,可持续3~4 d,食欲减退或废绝;咳嗽,午夜、早晨明显;流浆液性或脓性鼻液。中期出现腹泻,粪便中夹杂血液或黏液,部分病例会表现关节肿胀,跛行或卧地不起。后期心率加快、心音微弱,呼吸极度困难,腹式呼吸,眼球下陷,听诊肺部有干啰音和湿啰音,极度消瘦。最后因窒息而死亡。

②依据病理剖检变化:气管黏膜斑点状出血,肺尖叶、心叶、膈叶局灶性红色肉变,多处或大面积肺脏出现干酪样或化脓性坏死灶。肺和胸膜轻度粘连,心包积水,胸腔少量积液。关节肿大病例,关节腔有积液,并有脓性渗出物。肝脏表面有黄豆粒大小化脓灶。肠系膜淋巴结暗红、肿大,切面多汁。

③流行特点:在我国,本病主要发生于经长途运输后的3~12月龄的杂交肉牛(西门塔尔与本地牛杂交的后代),发病率最高可达90%~100%,死亡率则达60%~70%。健康牛可通过与病牛及其鼻腔分泌物接触发生感染。春季、冬季及牛只运输后2周内均可发生,气候变化、通风不良、过度拥挤等促进疾病的发生。

④实验室诊断依据:可采集病牛的鼻拭子、喉拭子或病死牛肺组织,在牛支原体培养基中培养,然后镜下观察诊断;也可采用牛支原体ELISA抗体检测试剂盒检测病牛血清抗体水平变化进行诊断,或针对牛支原体的 uvrC 基因设计引物,进行反转录PCR或巢式PCR扩增实现快速、敏感、特异性诊断。

(2)治疗方法。

对于发病牛群,应立即隔离病牛,全群消毒。对于有症状病牛,可用盐酸环丙沙星3～5 mg/kg体重、多西环素注射液2 mg/kg体重、氢化可的松20～30 mL,一次肌内注射,1～2次/d,连用3～5 d。此外,抗生素还可选用左氧氟沙星、丁胺卡那、先锋V、四环素、泰乐菌素、替米考星等。对于发烧的病例要及时使用安乃近进行解热,咳嗽严重时可选用氨茶碱或清开灵注射液,脱水严重时宜尽快补液。值得说明的是,对于本病发生后出现关节炎现象的病例,使用上述方法一般疗效较差。同群其他假定健康牛,也应使用抗生素全部处理1～2次。

(3)预防措施。

要加强运输前的饲养、预防工作,建议运输前对全部牛只使用贝尼尔或咪唑苯脲对牛泰勒焦虫进行驱杀,并补充足够营养,尤其要注意补充微量元素锌、硒及维生素A、C;有牛支原体肺炎疫苗情况下,可在运输前3周注射1剂该疫苗;运输前3 d可内服中药处方"运舒散",1剂/d,连用2～3 d。装车时,勿过度驱赶、抓捕,避免牛只紧张,装载不宜过于拥挤。运输时,尽量保持车速均匀,每隔4 h可休息15 min,并提供清洁饮用水1次。牛只到达牛场后,要让其充分休息,给足饮用水,气温较高时可在饮用水中加入适量十滴水让其自饮;到场2～3 h后,可给予少量易消化的青料,切勿多喂;可在到达后2 d内使用环丙沙星、替米考星注射液1次,并投服开胃健脾中草药1剂;为防止病毒性因素协同导致本病,可内服"抗毒散"1剂。要坚持牛舍消毒,避免使用能释放刺激性气体的消毒药物。

# 第四节 牛场常见寄生虫病防治要点

## 一、吸虫病

### 1.肝片吸虫病

肝片吸虫病是由寄生于牛肝脏、胆管内的片形属吸虫引起急性和慢性肝炎、胆管炎的寄生虫病。肝片吸虫呈扁平叶片状,鲜活虫体为棕红色,长20～30 mm,宽5～13 mm;虫卵呈椭圆形,淡黄褐色;主要分布于我国长江以南地区,牛羊等为其终末宿主,小土窝螺、斯氏萝卜螺为其中间宿主。

(1)疾病诊断依据。

①依据典型临床症状:成年牛症状一般不明显。严重感染牛(体内寄生250条以上)逐渐消瘦、贫血,食欲减退,反刍减少,周期性前胃弛缓或瘤胃臌气,下痢,皮下水肿,奶牛产奶量降低,孕牛流产,因极度消瘦而死亡。犊牛感染后,症状更明显,还可有急性肝炎现象。

②依据病理剖检变化:肝肿大、出血,或实质硬变,胆管增粗,胆管壁粗糙、发炎,有胆盐沉积,胆囊肿大,胆管内或有虫体。肺组织有含有虫体的结节。

③流行病学特点:多发于多雨的年份,尤其久旱的雨后可暴发流行。我国北方主要发生在夏季,南方地区全年均可发病,但夏、秋季节多见。

④实验室诊断:可采集粪便用反复水洗沉淀法或尼龙筛兜集卵法进行肝片吸虫虫卵检查,也可用肝片吸虫ELISA法进行免疫学诊断。

(2)治疗方法。

可用硝氯酚(拜耳9015)粉剂按3~4 mg/kg体重一次口服,针剂按0.5~1 mg/kg体重深部肌内注射,对成虫有效。或10%三氯苯唑(肝蛭净)混悬剂或丸剂,按10 mg/kg体重一次口服,对成虫、幼虫、童虫均有高效的驱杀作用。也可用硫双二氯酚(别丁)按40~50 mg/kg体重,一次口服。

(3)预防措施。

要搞好预防性驱虫,北方地区可在秋末冬初、冬末春初分别驱虫1次;南方地区可在夏季、秋季及冬末春初各驱虫1次,或每个季节驱虫1次。驱虫后1~2 d内粪便应集中收集,堆积发酵以杀死幼虫、虫卵。消灭中间宿主,可用1:50 000的硫酸铜液或生石灰等对牧草地的沟渠、低洼地带,以及牛只出没地带的潮湿地、沼泽、湿地等进行喷洒,以消灭椎实螺、囊蚴等,减少牛只摄入的机会。

## 二、原虫病

**1.牛泰勒虫病**

牛泰勒虫病是由泰勒虫属中的环形泰勒虫、瑟氏泰勒虫寄生于牛的巨噬细胞、淋巴细胞和红细胞内,引起以高热、贫血、出血、消瘦和淋巴结肿胀为特征的一种寄生虫病。环形泰勒虫寄生于红细胞内时,形态多样,但以圆环形和卵圆形为主;寄生于淋巴结、脾脏时以裂殖体形态出现;瑟氏泰勒虫寄生于红细胞内时,其形态以杆形、梨籽形为主。环形泰勒虫主要流行于我国西北、华北和东北等地域。

(1)疾病诊断依据。

①依据典型临床症状:病初,体温升高,达39.5~41.8 ℃,呈稽留热型;呼吸、心跳加快,体表淋巴结肿大、疼痛,精神、食欲较差,便秘。中期,体温40~42 ℃,鼻镜干燥,黏膜苍白或黄红色,食欲减退,反刍消失;腹泻或便秘、腹泻交替发生,排出血红蛋白尿,心音亢进,血液稀薄,不易凝固。病牛极度消瘦。严重病例出现死亡。

②依据病理剖检变化:皮下出血或淤血,淋巴结肿大、出血,脾脏肿大至正常的2~3倍,脾髓软化。肝肿大,心肌出血性变性,皱胃黏膜肿胀、充血,有针尖至黄豆大、暗红色或黄白色的结节或溃疡灶,肠系膜有不同大小出血及胶冻样浸润,重症病例大小肠有溃疡斑。

③流行病学特点:残缘璃眼蜱、长角血蜱是本病的传播者。环形泰勒虫病主要发生于舍饲的牛群中,一般每年的6月份开始,7月份达到高潮,8月份逐渐平息,本病流行的牧区牛群可呈现暂时性的温和感染,感染牛为带虫牛,其死亡率较低,但引进的牛只感染后其死亡率可高达90%。瑟氏泰勒虫病一般起病于5月份,6—7月份达到高峰,10月份终止,其自然感染发病的过程较长。

④实验室诊断:可采集病牛血液制作血涂片,或取淋巴组织制作组织触片,用显微镜观察虫体、裂殖体(籽);或用ELISA法检测虫体的抗体,也可用PCR法检测和鉴别泰勒虫的种类。

(2)治疗方法。

可选用磷酸伯氨喹啉,按0.75~1.5 mg/kg体重剂量口服,1次/d,连服3 d,对环形泰勒虫配子体杀灭迅速。或用7%的三氮脒(贝尼尔、血虫净),按7 mg/kg体重一次肌内注射,1次/d,连用3 d,可连续治疗2个疗程。也可用5%布帕伐醌,按2.5 mg/kg体重一次肌内注射,对环形泰勒虫和瑟氏泰勒虫均有很好的杀灭效果。

对严重贫血病牛,可无菌采集健康牛血液500~1 000 mL,一次静脉滴注,但要注意输血反应。用维生素$B_{12}$ 80~120 mg,一次肌内注射。同时应使用强心、补液、健胃、疏肝利胆的药物进行对症治疗,用抗生素防止继发感染。

(3)预防措施。

本病流行地区,可用环形泰勒虫裂殖体胶冻细胞苗进行免疫接种,免疫期1年以上。非流行区,尽量不从病区引牛;若必须引种购牛,则应做好检疫,并安排于无蜱活动季节进行。牛场每年10—11月份,可用0.2%~0.5%的敌百虫喷洒圈舍及墙壁,以消灭越冬的蜱;每年2—3月份,可用0.2%的敌百虫液喷洒牛体1次,可间隔2周后再喷洒1次,以消灭牛体上的幼蜱。

**2. 牛巴贝斯虫病**

牛巴贝斯虫病是由巴贝斯属的多种蜱传播性、寄生于红细胞内的原虫引起的,以发热、血红蛋白尿、溶血性贫血和死亡为特征的一种寄生虫疾病。在我国,寄生于牛的巴贝斯虫有双芽巴贝斯虫、牛巴贝斯虫、卵圆巴贝斯虫和东方巴贝斯虫4种。双芽巴贝斯虫为大型虫体,寄生于红细胞中呈成对的梨籽形,尖端以锐角相连;牛巴贝斯虫为小型虫体,具多形性,典型形状与双芽巴贝斯虫相似;卵圆巴贝斯虫为大型虫体,有多种形态;东方巴贝斯虫的形态也有多种。

(1)疾病诊断依据。

①依据典型临床症状:体温升高到40~42 ℃,高热稽留。精神、食欲不佳,反刍减少或停止,脉搏、呼吸加快,轻度腹泻。消瘦,黏膜苍白、黄染,尿液浅红或酱油色。母牛流产、泌乳减少或停止。

②依据病理剖检变化：病尸消瘦，结膜苍白或黄染，血液稀薄如水。皮下水肿、黄染。内脏器官黄染，皱胃干涸、黏膜点状出血，脾肿大至正常的4～5倍，暗红色，肝脏肿大，呈黄褐色，胆囊充盈、胆汁浓稠。膀胱黏膜点状出血，并蓄积红色尿液。心肌呈黄红色，心内膜有出血斑。脑灰质充血明显。

③流行病学特点：蜱是巴贝斯虫的传播者。本病的流行与蜱的活动有关，一般春末、夏、秋季节多发。1～7月龄的犊牛发病率较高，8月龄以上较少发病，成年牛多为带虫者，带虫现象可持续2～3年。

④实验室诊断：可采集可疑牛血液制备抗凝血，低速离心后取下层红细胞制作血涂片、染色，镜下观察有无目标虫体进行诊断。也可采集血液制备血清样品，利用ELISA法检测巴贝斯虫的特异性抗体进行确诊。利用PCR法扩增本病病原特异性基因也可实现早期诊断。

(2) 治疗方法。

可选用5%的三氮脒（贝尼尔）注射液，肉牛、乳牛按3.5 mg/kg体重一次肌内或皮下注射，可间隔1 d后重复用药1次；水牛按1 mg/kg体重一次肌内或皮下注射。或10%咪唑苯脲，按1～3 mg/kg体重一次肌内或皮下注射，1次/d，连用2～4次。或用5%的硫酸喹啉脲，按1 mg/kg体重一次皮下或肌内注射，2 d后可重复使用1次。也可用0.5%～1%的吖啶黄液（锥黄素）按3～4 mg/kg体重一次静脉注射，必要时可24 h后重复用药1次。

(3) 预防措施。

灭蜱是预防巴贝斯虫病的关键，在本病流行区可依据蜱活动规律，有计划地对牛群采用药浴、人工摘除牛体上的蜱等方法来消灭蜱。牛群也可在春季末至秋季口服咪唑苯脲缓释制剂，每隔60 d使用1次，有很好的预防作用。澳大利亚已研制出牛巴贝斯虫、双芽巴贝斯虫的弱毒疫苗，应用该疫苗进行免疫接种有较好的预防效果。

**3. 牛球虫病**

牛球虫病是由数种球虫寄生于牛肠道黏膜上皮细胞内引起以出血性肠炎为特征的一种原虫病。牛感染的球虫主要有牛艾美尔球虫、邱氏艾美尔球虫和阿沙卡孢球虫，其中艾美尔球虫致病力较强，主要寄生于牛小肠、盲肠、结肠和直肠中。

(1) 疾病诊断依据。

①依据典型临床症状：病牛精神沉郁，食欲减退，腹泻，粪中夹血，消瘦。疾病中期，体温40～41 ℃，瘤胃蠕动和反刍停止，肠音高朗，排带血稀粪，可混纤维素性假膜，恶臭。疾病后期，腹泻剧烈，粪便呈黑色，体温下降，死亡。慢性感染病例，长期下痢，消瘦、贫血，死亡。犊牛一般呈急性经过。

②依据病理剖检变化：肠黏膜出血，肠系膜淋巴结肿大、发炎；直肠内容物呈褐色、恶臭，含纤维素性假膜和黏膜碎片。

③流行病学特征：2岁以内犊牛发病较多，死亡率高；成年牛为带虫者。潮湿、有沼泽的草场放牧条件下4—9月份发病较多，舍饲条件下犊牛在冬季易发生感染。

④实验室诊断:可采集病牛粪便,用饱和食盐水浮集法将粪便中虫卵漂浮富集,再取上清涂片镜检,或取直肠刮取物直接镜检,有球虫卵囊即可诊断。

(2)治疗方法。

可用氨丙啉按20~25 mg/kg体重一次口服,1次/d,连用4~5 d;或用磺胺二甲氧嘧啶,按100 mg/kg体重一次口服,配合酞磺胺噻唑100~150 mg/kg体重一次口服,1~2次/d,连用2~3 d;也可用磺胺喹噁啉按150~200 mg/kg体重一次口服,1次/d,连用2 d。

(3)预防措施。

牛群可每2~3个月使用药物驱虫1次,每次的驱虫药物种类要不同,避免产生抗药性,如春季可用氨丙啉、球痢灵或地克珠利,夏季则更换为莫能菌素、盐霉素或那拉菌素等。要搞好牛舍卫生,保持牛舍干燥、清洁;驱虫后排虫期的粪便要集中收集、发酵处理。也可采用球虫疫苗口服接种对本病进行预防。

### 三、外寄生虫病

**1. 牛螨病**

牛螨病是由疥螨属的疥螨和痒螨属的痒螨寄生于牛体表或皮内引起的一种慢性接触性皮肤病。感染牛的疥螨主要为牛疥螨,感染牛的痒螨为牛痒螨。螨类为永久性寄生虫,它们的一生都在宿主身上度过,从卵发育到成虫需要2~3周,其繁殖快,传播迅速。

(1)疾病诊断依据。

①依据典型临床症状:患部皮肤剧痒,病牛不停啃咬患部或摩擦患部皮肤,病牛进入温暖场所或运动后皮温增高时更加明显。患部脱毛,皮肤出现水疱、渗出液和痂皮,皮肤增厚,有皱褶,有时形成龟裂,皮肤失去弹性。严重病例可影响采食和休息,使胃肠消化、吸收机能降低,表现为日渐消瘦。严重的继发感染病例可出现死亡。

②流行病学特点:螨病的传播方式为接触感染,既可通过动物间直接接触进行传播,也可经螨污染的其他物品等进行间接传播。主要发生于冬季、秋末、春初,潮湿、阴暗、拥挤及饲养管理不良可促进发病。犊牛、体质瘦弱牛易受到感染。

③实验室诊断:可用刮取法在牛体表病健交界部位刮取表皮病料,再置于载玻片上,滴加1~2滴50%甘油水溶液或煤油,盖上盖玻片后在低倍镜下观察螨虫有无进行诊断。或将皮肤病料加入适量10%氢氧化钠溶液,浸泡2 h使痂皮完全溶解,低速离心2~3 min,取沉渣镜检;或将此沉淀物加入60%硫代硫酸钠溶液内,充分混匀后离心2~3 min,再用金属圈蘸取液面薄膜,抖落到载玻片上加盖玻片镜检。

(2)治疗方法。

可用伊维菌素注射液按0.1~0.2 mg/kg体重,一次皮下注射,严重病例可间隔2周后重复用药1次;或用0.025%~0.05%的双甲脒液进行喷洒或药浴1次,10 d后可重复1次;或氯苯甲脒稀释至0.1%～0.2%后进行喷洒或药浴1次。也可用胺菊酯和苄呋菊酯混合液进行体表喷洒,可每周喷洒1次,连用2～3次。

(3)预防措施。

牛舍要保持清洁干燥,牛体要经常刷晒。牛舍环境及用具可用20%生石灰或5%克辽林进行消毒,2～3次/周。牛群发病后,要立即隔离发病牛,然后全群牛应预防性用药杀螨1次。新引进牛要隔离观察15～30 d,健康后方可合群饲养。每年夏末秋初,可用伊维菌素或其他杀螨药物对牛群进行预防性用药1次。

**2.牛皮蝇蛆病**

牛皮蝇蛆病是皮蝇属的昆虫在其幼虫阶段寄生于牛背部皮下组织引起的一种慢性疾病。寄生于牛的皮蝇有牛皮蝇和纹皮蝇两种。成蝇将卵产到牛被毛上,卵孵出的第1期幼虫经毛囊钻入皮下,形成的第2期幼虫沿外围神经外膜组织移行到椎管硬膜脂肪组织中,停留约5个月后从椎间孔爬出,到背腰皮下成为3期幼虫,使动物表现症状。

(1)疾病诊断依据。

①依据典型临床症状:夏季,成蝇围绕牛只飞翔产卵时,常引起牛惊恐不安,甚或发狂、跌倒,母牛流产。1期幼虫转入皮肤时,引起牛只皮肤痛痒,神情不安。3期幼虫到达背腰部皮下后,引起局部结缔组织增生、皮下蜂窝织炎或瘘管,病牛贫血、消瘦,生产性能下降。2期幼虫误入延脑或大脑脚,可引起神经症状或死亡。

②流行病学特点:一般牛皮蝇成虫出现于6—8月份,纹皮蝇出现于4—6月份。牛只背腰部出现感染症状则多为3—5月份。雌性成蝇可飞行数公里至十几公里远的距离,寻找牛、马、骡等产卵,使疾病传播。各种牛只均可感染,以被毛多、毛孔大的牛品种最易发生。

③实验室诊断:3期幼虫感染牛,可用力挤压背腰部隆起处皮肤,使幼虫脱出,利用放大镜或体视显微镜观察虫体结构、特征进行诊断。

(2)治疗方法。

对于背腰部有结节隆起的病例,可先用碘酒消毒患部,再用刀片刮开皮肤,用镊子小心取出幼虫。结节隆起较多时,取出后可用氨苄西林、链霉素各160万单位注射1次,然后再用伊维菌素注射液按0.2 mg/kg体重一次皮下注射。也可用2%的敌百虫溶液涂擦牛背部,杀死幼虫;或用4%蝇毒灵按10 mg/kg体重一次肌内注射。

(3)预防措施。

在流行地区,可在4—11月份之间用8%皮蝇磷溶液按0.33 mL/kg体重,或3%倍硫磷乳剂按0.3 mL/kg体重,或伊维菌素注射液0.2 mg/kg体重,一次肌内注射或喷洒牛体,可隔2周重复用药1次。成蝇活动频繁的夏季,尤其是晴朗无风的时候,可用0.2%蝇毒灵溶液喷洒牛体,2%敌百虫液喷洒牛舍,以杀死成蝇及产下的虫卵。此外,经常性给牛刮毛也可减少疾病的发生。

### 注意事项

(1)关爱生命、爱护动物:临床兽医工作者面对的大多是发病动物,患病动物生理、行为等均有显著变化,甚至处于生命垂危之中。养殖场将动物生命及财产安全予以托付,要求临床兽医不仅要有精湛的临床诊疗技能,还要有关爱生命、爱护动物的高尚情操,才能做到千方百计地挽救动物生命、保障养殖场事业的健康发展。

(2)加强学习、提高诊疗技能:牛场临床兽医工作中可遇到传染病、寄生虫病、内科病、营养代谢病、中毒病、外科病、产科病,需要较扎实的全科兽医知识,学生应不断学习和丰富理论知识,并将其运用到临床实践中去;在临床兽医岗位实习过程中,应根据病例的需要及时开展各种临床检查、实验室检查、注射输液、接产剖宫、外科手术及包扎等工作,学生在实习实训中要在校外指导老师的带领下,积极开展实习、训练,逐步培养临床思维能力,不断提高临床诊疗技能。

(3)科学用药、守护食品安全:临床兽医工作者几乎每天均会使用药物,要求实习学生牢记抗生素的抗菌谱、联合用药的原则,熟悉用药剂量、疗程、途径,谨记药物使用禁忌,科学选择药物,不用违禁药物,减少耐药菌的产生,注重用药休药期,最大限度地减少动物食品中抗生素及其他药物的残留,保护好食品安全。

(4)好问决疑、吃苦耐劳:兽医临床工作,内容丰富,具体而辛苦。一个成熟的兽医临床工作者往往具有较高超的临床诊疗能力和挽救动物生命的好身手,甚至可能有秘不可宣的技术和技巧。临床学习者应当在科学的理论指导下,勇于实践,针对临床实际中出现的千变万化征象,要及时向临床一线老师学习,勤学好问,方可理解所学知识的真谛。从事牛场临床兽医工作时需要解决的问题多,工作量大,不少工作费时费力、脏臭杂陈,需要吃苦耐劳、踏实肯干,方可完成既定的工作任务。

(5)沟通合作、提升能力:肉牛、奶牛均为大动物,处置不少病例时,需要多人合作才能完成(如手术、接产、采血等),遇疑难病例还需会诊,集思广益。学生在实习过程中,要向一线临床兽医老师学习业务上的沟通和协作方法,要善于与他人沟通,乐于合作。牛场也是个小社会,要学会与人和谐相处,正确处理个人与他人、集体的关系,积极参加牛场举办的各种活动,不断提高综合能力,为将来的工作打下坚实的基础。

(6)规范操作、注重安全:牛场临床兽医工作也面临一些不安全的因素,甚至可能导致兽医人身安全事故发生。要求在进行临床检查、治疗时,应特别注意,避免被牛踢伤、踩伤、顶伤。日常诊疗时,要穿好工作服,随时掌握牛群人畜共患性疾病(如布鲁氏菌病、结核病等)的感染情况,做好必要防护。进行各种检查、注射、手术、修蹄等工作时,要熟悉牛的行为,规范操作,注重自身和动物的安全,保证实习实训工作的顺利完成。

## 实习评价

**(一)评价指标**

(1)能掌握牛场巡栏检视的方法、内容,了解其注意事项。

(2)能掌握牛场常见普通病的防治知识,熟悉常见重点普通病的临床防治技能。

(3)能掌握牛场常发传染病的防治知识,熟悉重点传染病防控的法律规定和执行措施,熟悉常见非特定疫病的防控方法。

(4)能掌握牛场常见寄生虫病的防治知识,熟悉重点寄生虫病的检疫、防控方法。

(5)能初步具备在牛场从事临床兽医工作的能力。

(6)能按本实习岗位内容开展全部或大部分工作实习,坚持撰写实习日志且实习日志完整、真实,顺利完成实习。

**(二)评价依据**

(1)实习表现:学生在牛场本岗位实习期间,应遵纪守法,遵守单位、学校等的各项管理规定,按照实习内容积极参加并完成大部分工作,表现优良。

(2)实习日志:实习期间,学生应每天对实习内容、实习效果、实习感受或收获等进行真实记录,对实习中的精彩场景、典型案例拍照并编写进实习日志。

(3)能力提升鉴定材料:学生实习末期,牛场应组织场内管理、技术等部门专家形成学生实习能力鉴定专家小组,对学生在本岗位的主要实习内容进行现场考核,真实评价其能力提升情况,给出鉴定意见。

**(三)评价办法**

(1)自评:学生完成实习后,应按要求写出规范的实习总结材料,实事求是地评价自己在思想意识、工作能力方面的提升情况,本岗位实习内容完成的情况。可占总评价分数的10%。

(2)小组测评:学生实习小组可按照参评人的实际实习时间、实习工作内容多少、工作中表现,以及参评提供材料的情况给予公正的评价。可占总评价分的20%。

(3)实习单位测评:实习单位可依据学生在实习工作中具体表现、能力提升情况,结合本单位指导老师给出的实习意见,给予学生实习效果的评价。可占总评价分的30%。

(4)学校测评:实习期间,每位学生均指派有校内实习指导教师。学生应定期向校内指导教师汇报实习情况,教师应定期对学生实习进行巡查和指导。可按学生提交的实习总结材料、实习单位鉴定意见、实习期间的各种汇报和表现,结合学生自评、小组测评、实习单位测评情况,给出综合评价。可占总评价分的40%。

# 第三章
# 现代规模化羊场预防兽医岗位实习与实训

> **问题导入**
>
> 据调查,目前高校动物医学专业实习过程中存在着学生对实习的热情度不高、频繁更换实习单位、实习岗位流动性较差、"边学边卖"式实习、实习单位或岗位与所学专业不相符、"弄虚作假"式实习等问题。通过调查分析,发现这些现象的产生主要与学生对实习的方法与内容不熟悉、对开展专业实习的目的与意义不清楚、对行业企业和生产需求不了解,实习单位对学生的要求不高,以及学校与实习单位联系沟通不到位等有关。这些现象已引起了国内许多高校的关注和重视,并提出了强化实习动员、提高实习学生的主动性,严格筛查实习企业、优化实习基地实习条件、加强校企合作沟通,严格实习制度、强化实习效果评价机制,创新实习管理模式等措施,以不断提高我国动物医学专业人才培养的质量。

为帮助广大动物医学专业大学生到现代规模化羊场开展预防兽医岗位实习,我们通过访问国内现代化生产羊场兽医工作者,邀请业内专家,共同编写出了羊场预防兽医岗位实习内容,以供参考。

## 实习目的

1. 掌握现代规模化羊场重点疫病的免疫程序、免疫效果监测方法。
2. 掌握规模化羊场主要疫病的检疫方法。
3. 掌握规模化羊场常用的消毒药物、消毒方法及消毒效果的评估方法。
4. 掌握规模化羊场驱虫的方法及驱虫效果的评估方法。
5. 掌握规模化羊场病害羊尸体等的无害化处理方法、羊场杀虫与灭鼠的方法。
6. 了解规模化羊场兽医卫生防疫知识,体验兽医卫生防疫制度的执行和监督。
7. 了解和熟悉羊场预防兽医岗位实习工作内容,初步培养学生羊场预防兽医岗位工作能力。

## 实习流程

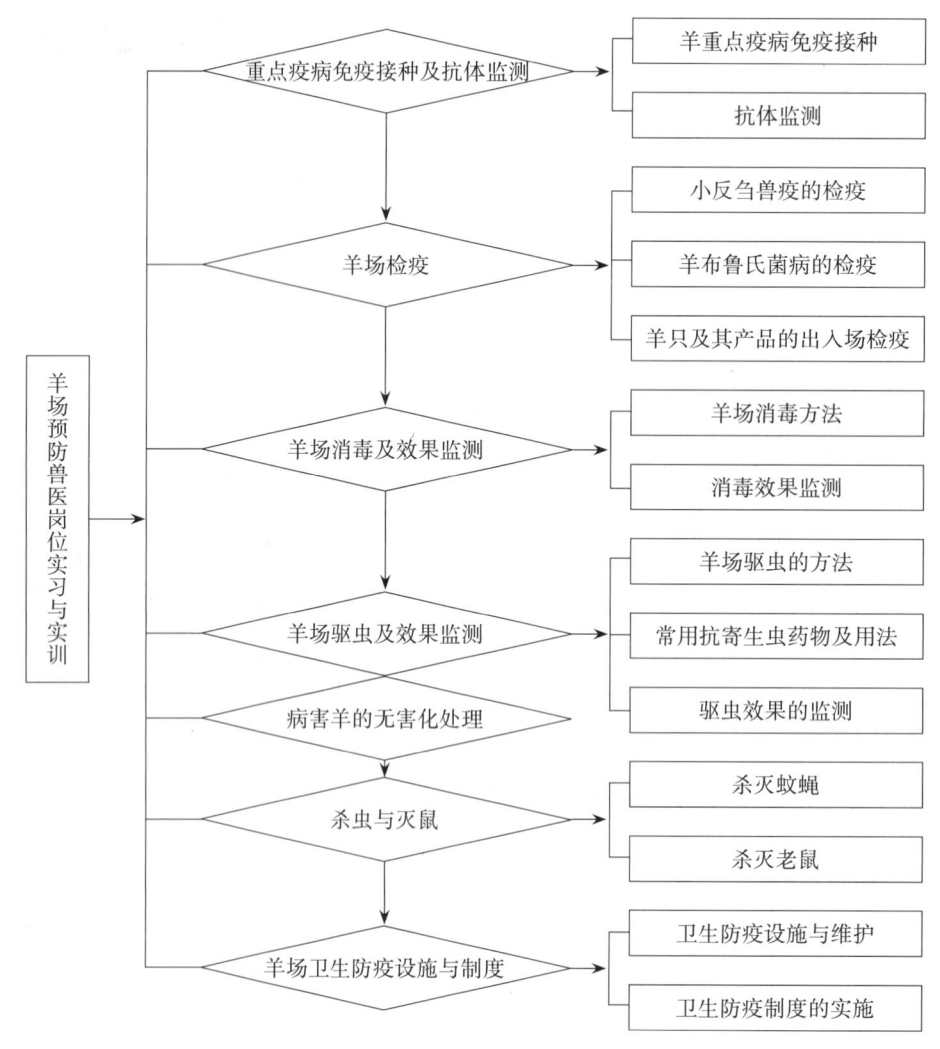

羊场预防兽医岗位实习与实训

- 重点疫病免疫接种及抗体监测
  - 羊重点疫病免疫接种
  - 抗体监测
- 羊场检疫
  - 小反刍兽疫的检疫
  - 羊布鲁氏菌病的检疫
  - 羊只及其产品的出入场检疫
- 羊场消毒及效果监测
  - 羊场消毒方法
  - 消毒效果监测
- 羊场驱虫及效果监测
  - 羊场驱虫的方法
  - 常用抗寄生虫药物及用法
  - 驱虫效果的监测
- 病害羊的无害化处理
- 杀虫与灭鼠
  - 杀灭蚊蝇
  - 杀灭老鼠
- 羊场卫生防疫设施与制度
  - 卫生防疫设施与维护
  - 卫生防疫制度的实施

学生进入现代规模化羊场开展实习,其主要内容包括重点疫病(如口蹄疫、小反刍兽疫、羊痘病、羊传染性胸膜肺炎、梭菌性疾病等)的免疫接种、抗体监测,羊群检疫(布病检疫、羊只及其产品出入场检疫),消毒(饮用水、环境)及效果监测,定时驱虫及效果监测,羊场杀灭蚊蝇鼠害及效果评价,病害羊的无害化处理,羊场卫生防疫设施维护、制度实施和监督等。

# 第一节 羊场重点疫病的免疫接种及抗体监测

## 一、羊场重点疫病的免疫接种

### (一)免疫接种疫苗及程序

免疫接种是一种主动保护措施,通过激活免疫系统,建立免疫应答,使机体产生足够的抵抗力,从而保证群体不受病原侵袭。免疫接种是目前对羊群进行重点疫病防控最经济、高效的方法。当前,我国羊群主要流行的传染病有羊肠毒血症、羊快疫、羊猝狙、口蹄疫、羊传染性胸膜肺炎、小反刍兽疫、传染性脓疱性口炎、羊痘病、羊布鲁氏菌病、羊炭疽病、山羊关节炎-脑炎、羊溶血性链球菌病、羊李氏杆菌病等,生产中常使用的疫苗有羊"三联四防"灭活疫苗、牛羊口蹄疫灭活疫苗、小反刍兽疫弱毒疫苗、羊传染性胸膜肺炎氢氧化铝灭活苗、羊痘鸡胚化弱毒疫苗、羊传染性口疮弱毒疫苗、羊布鲁氏菌S2株活疫苗、第Ⅱ号炭疽菌苗(山羊用)及无毒炭疽芽孢苗(绵羊用)等。我国各地气候条件、地理环境差异较大,养殖的羊品种、饲养方式、饲料营养等也不完全相同,主要疫病流行的情况呈现出了显著差异,此外,国家兽医主管部门对个别重点疫病的防控政策也有所不同,如在北方牧区可对羊实行布鲁氏菌病的疫苗免疫,但南方农区则要求严格检疫、扑杀。因此,各羊场应针对羊群实际情况,制定科学合理的疫病免疫计划(程序)。

**1.羔羊常用免疫程序**

羔羊可从初乳中吸收各类免疫球蛋白进而获得免疫力,故羔羊出生后1 h内应保证吃到初乳。半月龄以内的羔羊,疫苗主要用于紧急免疫,一般暂不注射。羔羊常用疫苗和使用方法见表3-1。

表3-1　羔羊常用疫苗和使用方法

| 时间 | 疫苗名称 | 剂量 | 方法 | 备注 |
| --- | --- | --- | --- | --- |
| 出生12 h内 | 破伤风抗毒素 | 1 mL/只 | 肌内注射 | 预防破伤风 |
| 16～18日龄 | 羊痘弱毒疫苗 | 0.2 mL/只 | 尾根内侧皮内注射 | 预防羊痘 |
| 23～25日龄 | 羊"三联四防"疫苗 | 1 mL/只 | 肌内注射 | 预防魏氏梭菌、黑疫、猝狙、肠毒血症、快疫 |
| 30日龄 | 羊传染性胸膜肺炎氢氧化铝菌苗 | 2 mL/只 | 肌内注射 | 预防羊传染性胸膜肺炎 |
| 35～40日龄 | 羊"三联四防"疫苗 | 1 mL/只 | 肌内注射 | |
| 50日龄 | 小反刍兽疫苗 | 1 mL/只 | 颈部皮下注射 | 预防小反刍兽疫 |
| 70日龄 | 口蹄疫疫苗 | 1 mL/只 | 颈部肌内注射 | 预防口蹄疫 |

**2.成年羊及围产期母羊的免疫程序**

我国羊场成年羊的疫苗免疫主要安排在春季和秋季进行,主要有羊"三联四防"、羊口疮、羊痘、传染性胸膜肺炎及口蹄疫等疫苗,新购入羊可根据实际需要进行加强免疫或补充免疫,种羊场母牛围产期免疫还需要考虑溶血性链球菌疾病,种公羊免疫可参考成年羊免疫程序。各地区、各羊场羊传染病的流行种类和流行情况存在差异,各场最好依据实际情况制定适合的免疫程序。成年羊及围产期母羊的疫苗免疫程序见表3-2、表3-3。

表3-2　成年羊免疫程序

| 免疫时间 | 疫苗种类 | 免疫途径 | 备注 |
| --- | --- | --- | --- |
| 每年3月、9月 | 羊"三联四防"疫苗 | 颈部肌内或皮下注射1 mL | 新购进羊到场2周后,可补充免疫1次 |
| 每年3月、9月 | 羊口疮弱毒细胞冻干苗 | 口腔内黏膜注射0.2 mL | 新购进12月龄以上羊,到场2周后可补充免疫1次 |
| 每年5月下旬 | 羊痘疫苗 | 尾内侧皮内注射0.2 mL | 新购进羊到场3 d后,可补充免疫1次 |
| 每年7月 | 传染性胸膜肺炎疫苗 | 肌内注射,6月龄以上羊5 mL,3～6月龄羊3 mL | 新购进羊到场30 d后,可补充免疫1次 |
| 每年4月、10月 | 羊口蹄疫疫苗 | 颈部肌内注射1 mL | 新购入羊到场3个月后或随成年羊免疫 |

表3-3 围产期母羊免疫程序

| 免疫时间 | 疫苗种类 | 免疫途径 |
| --- | --- | --- |
| 产羔前6~8周 | 羊"三联四防"疫苗 | 颈部肌内或皮下注射1 mL |
| 产羔前2~4周 | 羊"三联四防"疫苗 | 颈部肌内或皮下注射1 mL |
| 产后30 d | 羊口蹄疫疫苗 | 颈部肌内注射1 mL |
| 产后40 d | 羊链球菌灭活疫苗 | 皮下注射1 mL |
| 产后50 d | 山羊痘灭活疫苗 | 尾内侧皮内注射0.2 mL |

**(二)疫苗免疫注射方法**

**1.皮下注射**

注射部位以皮肤较薄、皮下组织疏松处为宜,羊一般在颈部两侧。皮下注射一般选用12号(4 cm)针头,注射时对注射部位剪毛消毒。具体操作参见第一章第一节。

**2.肌内注射**

羊肌内注射的部位一般选择在肌肉层较厚的臀部或颈侧。使用9号(4 cm)针头,注射时,对注射部位剪毛消毒,然后进行注射。具体操作参见第一章第一节。

**3.皮内注射**

羊皮内注射应在颈部外侧或尾根皮肤有皱襞处进行。

**(三)疫苗免疫接种注意事项**

(1)注意羊的健康状况:要了解接种羊群的年龄、妊娠、泌乳及健康状况,体弱羊、病羊免疫接种后可能会发生免疫反应,可暂时不进行疫苗接种。

(2)考虑母源抗体的因素:15日龄以内的羔羊,因母源抗体的影响,除紧急免疫外,一般暂不进行疫苗接种。

(3)免疫记录和规范操作:预防接种前,对疫苗的有效期、批号及生产厂家应注意记录,以便备查;预防接种的针头,应做到一头一换。

(4)免疫接种标记和档案的建立:免疫接种后,兽医人员应在接种羊群的圈栏上悬挂免疫标识牌或打上免疫耳标。羊场兽医室还应建立完善详细的免疫接种档案,明确记载每一次疫苗接种的疫苗种类、疫苗生产厂家及批号、接种日期、接种羊号、接种后的反应等。

## 二、免疫监测

**1.配合做好疫病监测**

羊场当地畜牧兽医行政管理部门依照《中华人民共和国动物防疫法》及其配套法规的要求,结合当地实际情况,制定疫病监测方案,由当地动物防疫监督机构实施,羊场兽医应积极予以配合。

**2. 羊场常规监测的疫病**

羊场常规监测的疫病一般包括：口蹄疫、小反刍兽疫、羊痘、炭疽、布鲁氏菌病。同时需注意监测外来病的传入，如痒病、蓝舌病、梅迪-维斯纳病、山羊关节炎-脑炎等。除上述疫病外，还应根据当地实际情况，选择其他一些必要的疫病进行监测。

**3. 免疫效果评价的方法**

羊场兽医在配合当地动物防疫监督部门免疫监测的过程中，涉及的主要工作是抽样、采血，实施抽样和采血时，可参照本书第一章第一节中关于抽样、采血的内容，结合羊群数量计算抽样采血数量，并进行规范采血、送样。如羊场需对口蹄疫等的疫苗免疫进行免疫效果评价，可参照第一章中口蹄疫疫苗免疫抗体检测操作或其他专业书籍进行。

## 第二节 羊场检疫

开展羊场检疫工作是对国家《动物防疫法》的贯彻实行的具体体现，对防止人畜共患病的流行和蔓延、防止重大动物疫病的传播、有效保障羊场羊群健康及动物产品的消费安全等均有十分重要的意义。此外，羊场检疫工作有助于兽医人员及时、准确、全面了解羊群疫病情况，便于制订更加科学合理的防疫计划，实施积极有效的防治措施，有益于羊场的安全高效生产。

### 一、羊场重点疫病的检疫

国家《反刍动物产地检疫规程》中规定：口蹄疫、布鲁氏菌病、绵羊痘和山羊痘、小反刍兽疫、山羊传染性胸膜肺炎等为羊的主要检疫对象。据初步调查，我国现有羊场自行检疫的工作内容主要为小反刍兽疫、布鲁氏菌病的检疫和羊只购入检疫。

**（一）羊群小反刍兽疫的检疫**

小反刍兽疫的检疫一般以3周龄以上羊只为主，养殖场检疫的抽样比例一般为100%。检疫时应临诊观察、实验室诊断结合进行，小反刍兽疫的实验室诊断技术主要包括：病毒粒子电镜观察、病毒分离培养、病毒中和试验（VN）、琼脂凝胶免疫扩散（AGID）、对流免疫电泳、夹心ELISA、PCR、免疫组化等。

**1. 羊群小反刍兽疫的临诊检疫要点**

主要依据临床发病特点。该病以山羊和绵羊最易感；病羊出现高稽留热，不安，口鼻干燥，食欲减退；流黏液脓性鼻漏，呼出恶臭气体；发病前期口腔黏膜充血，颊黏膜进行性广泛性损害，随后出现坏死性病灶。后期出现带血水样腹泻，严重脱水，消瘦及体温下降，怀孕母畜流产等。

**2. RT-PCR 诊断**

提取病死羊组织脏器或羊鼻腔拭子的 RNA，利用荧光定量 RT-PCR 方法进行病毒核酸检测。试验结果成立条件为：阴性对照无 Ct 值，同时无特定扩增曲线，阳性对照 Ct 值≤30 并出现特定的扩增曲线。待检样品 Ct 值≤30，且出现特定的扩增曲线，判为阳性；待检样品 Ct 值>30 且<37 并出现特定扩增曲线，判为可疑，需要复检，再扩增后进行检测结果判定，如仍为可疑，则可判定为阳性；被检样品 Ct 值≥37 时，判定为阴性。

**3. 阳性羊的处理**

根据国家《动物防疫法》要求，对检疫呈阳性的羊只应立即上报羊场兽医技术主管，并提供检疫详细资料；兽医技术主管得到报告后，应按程序及时向当地动物防疫监督机构报告。配合动物防疫监督机构工作人员做好病羊、阳性羊的扑杀和病害尸体的无害化处理，羊场实行封闭管理，养殖环境可用 10% 的漂白粉、10%～30% 的石灰乳或复合酚等有效消毒剂勤于消毒，协助兽医技术管理部门做好羊群的后续监测，直至封锁、疫情解除。

**（二）羊群布鲁氏菌病的检疫**

羊群布鲁氏菌病的检疫对象为羊场所有羊只，无论其性别和年龄大小。检疫时应临诊观察、实验室诊断结合进行，实验室诊断有细菌学检查、试管凝集反应(SAT)、平板凝集反应、虎红平板凝集试验(RBPT)、全乳环状反应、补体结合反应(CFT)、变态反应试验、间接酶联免疫吸附试验(I-ELISA)、竞争酶联免疫吸附试验(C-ELISA)、快速纤维素膜试纸(dipstick)试验、荧光偏振试验(FPA)、免疫胶体金标记技术、分子生物学诊断(如聚合酶链反应-单链构象多肽性方法、核酸探针检测法)等。国内对布鲁氏菌病的诊断，大多是先用 RBPT 进行初筛，再用 SAT 或 CFT 进行确诊，但有研究指出，SAT 与 I-ELISA 配合可以更好地检出人和动物的布鲁氏菌病。羊群布病检疫一般每年进行 2 次，分别在 3—4 月和 9—10 月进行。

**1. 临诊检疫技术要点**

流行病学特点：羊为易感动物之一，母羊、成年羊最易发病，第一次妊娠母羊发病较多，发病母羊流产的胎儿、胎衣是主要的传染源，可经消化道、生殖道、损伤的皮肤和黏膜等途径发生感染。

典型临床症状：本病的潜伏期为 2 周至 6 个月，主要表现有怀孕母羊流产、胎衣滞留、子宫内膜炎，母羊群还出现乳房炎、关节炎、久配不孕等现象流行，公羊出现睾丸炎、附睾炎或关节炎。

病理剖检变化：病死羊脾脏、淋巴结、肝、肾出现特征性肉芽肿，生殖器官充血、肿胀；胎儿呈败血病变，浆膜、黏膜有出血点或出血斑，皮下结缔组织发生浆液性、出血性炎症。个别羊关节肿大、炎性渗出。

**2. 实验室诊断**

羊布鲁氏菌病的实验室诊断需用虎红平板凝集试验(RBPT)、试管凝集反应(SAT)、补体结合反应(CFT)等结合进行，具体实验操作可参见第一章第二节"牛群布鲁氏菌病的检疫"部分内容。

### 3. 阳性羊的处理

根据国家《布鲁氏菌病防治技术规范》及《动物防疫法》要求，对检疫呈阳性的羊只进行相应处理。消毒时，养殖设施、设备可采用火焰、熏蒸等方式，圈舍、场地、车辆等可使用2%烧碱进行消毒，粪便应进行堆积发酵，皮毛应用环氧乙烷、福尔马林熏蒸。对于牧区、老疫区，可按国家规定选择布病疫苗S2株、M5株、S19株及农业农村部批准的其他疫苗进行紧急免疫接种。

## 二、羊只及其产品出入场检疫

为了防止羊传染病的传播，羊场在购入或销售出种羊、商品羊、种精等即羊只及其产品时，应按我国《动物防疫法》《动物检疫管理办法》申报和进行检疫。一般说来，羊只及其产品出入场检疫工作的主体是动物卫生监督机构及其官方兽医，但在检疫工作完成过程中，羊场兽医应给予积极的配合；同时，为了保证生产羊场羊群的生物安全，最大限度地降低疫病发生的风险，羊场兽医人员应主动开展出入场检疫。依据我国农业农村部的规定，对于出入场的羊只及其产品主要应检口蹄疫、布鲁氏菌病、小反刍兽疫、炭疽、羊传染性胸膜肺炎等疫病。

依据羊只及其产品出场、入场两种情况，羊场兽医人员协助开展或开展的工作也有差别。具体如下：

### （一）出场检疫协助

#### 1. 检疫申报

羊只及其产品（种精、胚胎）等在离开生产场时，兽医人员应提前向当地动物卫生监督机构进行检疫申报（育肥羊一般提前3 d申报，精液、胚胎等应提前15 d申报），申报方式有申报点填报或传真、电话申报，并填写、提交动物检疫申报单。跨省（自治区、直辖市）调运时，还应提交输入地的动物卫生监督机构审批的"跨省引进动物检疫审批表"。

#### 2. 检疫协助

动物卫生监督机构接到检疫申报后，若作出受理决定，会给出检疫申报受理单，并派出官方兽医到场或到指定检疫地点实施检疫。在协助官方兽医检疫的过程中，羊场兽医应提交"动物防疫条件合格证"、养殖档案，羊场日常诊疗、消毒、免疫、无害化处理记录，精液和胚胎的采集、存储、销售等的记录，还需协助查验检疫羊只标识。若官方兽医需要抽取羊只血液、精液、胚胎样品送省级动物卫生监督机构指定的实验室进行检测，兽医人员应给予必要的协助或自主完成采样。

出场羊只及其产品检疫合格后，应及时到动物卫生监督机构领取动物检疫合格证，便于场部安排后期工作。经检疫不合格的，应按照官方兽医出具的"检疫处理通知单"要求，遵照农业农村部规定的处置技术规范进行处理。

## (二)入场的检疫工作

羊场在新购入羊只、种精或胚胎时,应进行切实的检疫。多数情况下,羊只及其产品主要应由当地动物卫生监督机构指派专门的官方兽医进行检疫,但为确保羊场羊群安全,羊场兽医应自主开展羊只及其产品的入场检疫。

### 1.证明资料的查验

购入的羊只及其产品到达隔离舍后,未卸车前应先对车辆进行消毒,仔细查验购入动物的产地检疫合格证,注意购入羊品种、数量、产地是否与证单相符,耳标是否完好,运输途中经过疫区的,要询问通过疫区后是否消毒、是否逗留;确认羊只是否进行了强制免疫疾病的免疫、是否在有效保护期内;确认购入动物是否来自疫区,调运的种精、胚胎是否符合种用动物健康标准等。

### 2.临床检查检疫

临床检查检疫可安排在动物到场后3~7 d内进行。临床检查主要包括群体检查和个体检查两个方面。羊的临床检查的内容与牛基本一致,详见本书第一章。临床检查检疫时,可能出现的症状表现及诊断学意义如下:

口蹄疫病变:出现发热、精神不振、食欲减退、流涎、蹄冠、蹄叉、蹄踵部有水疱或水疱破裂后形成的出血、暗红色烂斑、蹄壳脱落,鼻、口、舌、乳房等处有水疱和糜烂的,应怀疑为口蹄疫。

布鲁氏菌病病变:母羊流产、产死胎或弱胎,子宫阴道炎、胎衣滞留,持续排出污灰色或棕红色恶露,严重乳房炎;公羊睾丸炎或关节炎、滑膜囊炎,可怀疑为布鲁氏菌病。

小反刍兽疫病变:羊体温升高至41 ℃,稽留热型,流脓性鼻液、流涎、呼出气恶臭,口黏膜、下唇、下齿龈有红色浅表坏死灶,水样腹泻、粪中带血,咳嗽,流行性发生,应怀疑为小反刍兽疫。

炭疽病病变:出现高热,呼吸加快、心跳急速,食欲废绝,可视黏膜紫绀,突然倒毙,天然孔出血、血凝不良并呈煤焦油样,尸僵不全,体表皮下、直肠、口腔黏膜处有痈结,疑为炭疽病。

传染性胸膜肺炎病变:出现高热稽留、呼吸困难、咳嗽、鼻孔扩张,可视黏膜发绀,胸前和肉垂水肿,便秘、腹泻交替发生,厌食、消瘦、流鼻涕、白沫等,疑为传染性胸膜肺炎。

### 3.种精的检疫

种羊场因生产需要,经常从场外购入优质精液。为杜绝经种精途径传播疫病,应开展种精的检疫。

①精液样品的抽取:抽样时,按购回精液的批次为一个计算单位,100支以下采样4%~5%,100~500支采样3%~4%,500~1 000支采样2%~3%,1 000支以上采样1%~2%。抽出样品以支计。

②精液色泽和气味观察:取抽样精液室温溶解后混匀,然后取出1滴于载玻片上,观察其色泽、嗅闻其气味。正常公羊精液呈浓厚的乳白色、云雾状,稍带腥味或无味。若精液呈绿色、红色、褐色,带腐败臭味或其他异味等,均属于不合格精液。

③精子密度和活力检查:主要采用目测法检测精子密度。取未稀释精液1滴于载玻片上,盖上盖玻片,于显微镜下观察精子的密度。若视野内充满精子、几乎看不到空隙、很难见到单个精子活动,则定义等级为密;视野内精子间有相当于一个精子长度的空隙,可见单个精子活动,可定义等级为中;视野内精子间空隙很大,为等级稀。我国国家标准《山羊冷冻精液》(GB 20557—2006)中规定,每剂精液前进运动精子数应>3000万个。

精子的活力检查采用悬滴法。可在盖玻片上滴1滴精液,然后在凹玻片的凹窝中做成悬滴检查标本,再放于显微镜下放大400倍进行观察。每个滴片需观察3个视野,记录不同层次精子运动情况给予评定。整个操作过程应在37 ℃左右条件下完成。《山羊冷冻精液》(GB 20557—2006)中规定,冻精的精子活力应≥30%。

④畸形精子和顶体异常精子检查:畸形精子主要表现为精子头部畸形,如巨头、小头、窄头、梨形头、断头、双头、顶体分离、顶体缺失、顶体畸形或皱缩等。顶体异常的精子常表现为顶体肿胀、残缺、部分脱落或全部脱落等。羊种精中畸形精子、顶体异常精子的实验室检测方法与牛基本一致,详见本书第一章第二节。《山羊冷冻精液》(GB 20557—2006)中规定,冷冻羊精液精子畸形率应≤20%。

⑤精液中微生物及致病菌的检查:种精检疫还需进行精液中微生物检查及致病菌的检查,具体检查的方法和内容见本书第一章第二节。《山羊冷冻精液》(GB 20557—2006)中规定,解冻后羊精液中细菌数应≤800个。

## 第三节 羊场消毒及效果监测

### 一、羊场消毒

为切断羊传染病的传播途径,预防和控制疫病流行,降低疫病发生造成的经济损失,保障人畜健康,羊场应切实开展消毒工作。羊场消毒是兽医卫生工作的一部分,也是羊场疫病综合性防控的重要措施之一。

**(一)常用消毒设备及用途**

现代规模化羊场开展日常消毒,需要一定的消毒设备,一方面可以提高工作效率,另一方面也可提高消毒的实际效果。羊场消毒需要的基本设备有高压清洗机、喷雾火焰消毒器、高压蒸汽灭菌锅、灭菌消毒紫外灯、喷雾器或高压机动喷雾消毒器、消毒液机、超声雾化消毒机等,其具体用途详见本书第一章第三节。此外,羊场还有用于日常机械清扫的铁扫帚、粪铲、粪车,养殖人员专用的羊舍工作服、胶靴、胶手套及专用洗衣机等。

### (二)羊场消毒方法

**1. 日常消毒**

羊舍环境消毒：羊圈应每天清扫2~3次，粪沟每隔2~3 d冲洗1次；羊舍四壁、地面、饲槽、水槽和运动场每周消毒1~2次。带羊消毒，可选用0.2%的过氧乙酸或次氯酸、0.05%的百毒杀等体表喷洒消毒，2周一次。

饮用水与器具消毒：羊群饮水池可加入0.002%百毒杀或漂白粉等进行消毒，尤其是在夏季，15 d需进行一次消毒。水槽、料槽应坚持每天清洗，并每周消毒1次。饲喂用具、饲料推车、配种用具，可用0.1%新洁尔灭或0.3%过氧乙酸浸泡消毒，洗净后使用。羊场使用的各种手术器械、注射器、针头、输精枪、开膣器等，应在每次使用前用经高压灭菌消毒或0.1%新洁尔灭浸泡消毒（开膣器）后使用。

车辆与人员消毒：进出羊场的车辆须走专用消毒通道和消毒池，并对车辆及运输物品表面喷洒消毒药液消毒。消毒池内药液更换、出入场的人员及车辆轮胎等的消毒方法，可参考第一章第三节。

羊体消毒：一般可用0.1%的新洁尔灭或相同浓度的过氧乙酸进行体表喷洒消毒，冬季1次/周，夏季2~3次/周；同时还需进行体表刷拭。

**2. 疫情下的消毒**

羊场发生传染病时，应立即进行紧急消毒。消毒的对象有养殖场通道及周围环境、羊圈、粪便及污物、养殖用具、设备及车辆等，具体消毒程序和方法见第一章第三节。进出人员还需严格执行消毒制度。在解除封锁前，还需对疫点内可能残存的病原体进行终末消毒。其消毒程序和方法见第一章第三节。

**3. 全进全出羊场消毒**

对于全进全出的商品羊场，羊只出售后，应先对羊舍进行彻底清扫、冲洗，再用消毒药进行喷洒消毒，然后用高锰酸钾+甲醛进行熏蒸消毒1次，用火焰灭菌器消毒墙角、地缝1次，最后还应喷洒消毒药1次，放置1~2周后方可放入新羊群。

羊场常用消毒药用法与禁忌与牛场相同，参见第一章第三节。

## 二、消毒效果监测

一般来说，不同的消毒药对不同病原体的杀灭效果不完全相同，圈舍环境湿度、通风程度对消毒药的作用也有较大影响，不少养殖场常年只使用1~2种消毒药，致使环境消毒液非敏感细菌、病毒产生，这会对消毒效果产生较大影响。为了解消毒药物的实际消毒效果，及时采取可靠措施杀灭养殖环境病原体，保持圈舍清洁、干净，保障羊群健康，降低疫病流行风险，需不定期开展消毒效果监测。监测时，主要采集羊舍地面、料槽表面及空气等环境样品，开展微生物培养，采用菌落计数方法进行评价，具体操作见第一章第三节。

## 第四节 羊场驱虫及效果监测

### 一、羊场驱虫

羊场羊群饲喂全为生饲,场内羊只相对密度较大,极易引起消化道线虫、多头蚴、吸虫、球虫、螨虫等感染,导致寄生虫病的流行。轻度、中度的寄生虫感染可降低饲料的转化率,引起羊只食欲下降、饲料的营养吸收利用率降低,胴体质量和增重效果下降;重度寄生虫感染可出现临床症状,引起免疫抵抗力下降,甚至导致病毒、细菌性疾病的继发,造成死亡,开展羊场驱虫十分重要。

#### (一)羊体寄生虫的驱杀

捻转血矛线虫、仰口线虫、食道口线虫、毛首线虫等消化道线虫,以及肝片吸虫、前后盘吸虫、莫尼茨绦虫、多头绦虫(脑包虫)、球虫等是羊只体内较易感染的寄生虫,其中以消化道线虫、绦虫和球虫感染率较高。疥螨、毛虱为羊体表常见的寄生虫,其中疥螨对羊只危害严重。为保障羊只健康,应定期驱杀。

**1. 驱虫时间安排**

羔羊首次驱虫时间为50~60日龄,断奶当年的8—9月再驱虫一次。成年羊一般每年驱虫3次,分别在2月、6—7月、11—12月各安排驱虫1次。繁殖母羊可在配种前15 d驱虫1次、产前1周驱虫1次、产后3~4周驱虫1次。自异地购入羊只,可在购入后20~30 d内驱虫1次,以后按成年羊要求进行驱虫。实际生产中,一些羊场也采用每年2次的预防性驱虫方法,即2—3月、8—9月各进行一次。

此外,为防治疥癣病,羊场还应在夏秋两季,各进行1次药浴,每次药浴1周后,还可进行强化,强化可选用治疗疥癣的口服药物内服。

**2. 驱虫药的给药方法**

羊群驱虫,可将药物拌入精料内,羊只自由采食内服;或将药物混入饮用水中自由饮用。个体驱虫,可徒手投药或通过胃导管给药。左旋咪唑注射液、伊维菌素注射液等驱虫药可按要求进行注射给药。

针对疥螨、毛虱、蚤等体表寄生虫,可用喷洒法、药浴法给药。药浴时应先将杀虫药配成一定浓度置于药浴池内,再把患羊自头部以下浸泡于其中1~2 min,然后赶出。

**3. 羊场常用抗寄生虫药物及其用法**(见表3-4)

表3-4 羊场常用抗寄生虫药物及其用法

| 药物名称 | 驱虫作用 | 用法及用量 | 注意事项 |
| --- | --- | --- | --- |
| 盐酸左旋咪唑片 | 广谱驱虫药,对胃肠道70余种线虫及其幼虫、肺线虫等均有效 | 8 mg/kg体重,拌料或饮水内服 | 喂食前30~60 min给药 |
| 盐酸左旋咪唑注射液 | 同上 | 5~6 mg/kg体重,皮下或肌内注射 | |
| 丙硫苯咪唑片 | 对肠道线虫、肺线虫、绦虫、肝片吸虫均有效 | 5~20 mg/kg体重,拌少量精料,内服 | 适口性差,需少喂勤添 |
| 吡喹酮片 | 对绦虫、吸虫有广谱、高效驱杀作用 | 50 mg/次,拌料内服 | |
| 吡喹酮注射液 | 同上 | 50 mg/次,肌内注射,连用3天 | 可治疗血吸虫 |
| 硫双二氯酚片(别丁) | 对多种吸虫(血吸虫除外)、绦虫均有驱杀作用 | 7.5~100 mg/kg体重,拌料内服 | 进行绦虫幼虫驱虫时,需加量使用 |
| 硫双二氯酚注射液 | 同上 | 20~25 mg/kg体重,深部肌内注射 | 同上 |
| 硝氯酚片(拜耳9015) | 对肝片吸虫成虫驱杀作用强 | 3~4 mg/kg体重,拌料内服 | 驱杀肝片吸虫幼虫效果差 |
| 硝氯酚注射液 | 同上 | 1~2 mg/kg体重,肌内注射 | 同上 |
| 敌百虫片 | 对消化道大多数线虫,多种外寄生蜱、螨、虱、蚤、蚊、蝇均有效 | 80~100 mg/kg体重,一次内服;0.5%~1%溶液喷洒于环境;1%~2%溶液涂擦体表 | 剂量不宜过大,易中毒。中毒后,可用阿托品+解磷定进行急救 |
| 伊维菌素片(注射液) | 对胃肠道线虫、肺丝虫及体外蝇蛆、螨、虱等有效 | 0.2 mg/kg体重拌料内服或注射 | 重复使用应间隔至少7 d |

**(二)环境寄生虫的杀灭**

羊场圈舍、运动场地面及饲草可能存在寄生虫虫体、虫卵等,通过羊采食、舔舐等可使寄生虫进入体内引起循环感染,应对羊场环境寄生虫进行杀灭。

羊场在进行寄生虫驱杀的3~5 d内,羊群应进行圈养,驱虫后粪便应集中收集,并堆积发酵、坑沤发酵处理。夏秋两季,河流、溪水易滋生钉螺,羊场饮用水取自天然河流、溪水的要加强过滤、消毒处理,以减少血吸虫的感染。水生植物较易附带肝片吸虫病原,应禁止收购、使用水生植物作为羊饲草。羊场的牧草用地要定期拔除杂草、翻挖晾晒土壤,可抑制地螨的滋生,减少绦虫病的发生。此外,对牧草施肥时,应使用发酵处理后的粪、尿。

## 二、驱虫效果的监测

羊属于草食性动物,有喜生饲的特点,环境中寄生虫及虫卵易感染机体造成发病;羊场使用的驱虫药物单一,商品级药物的实际含量可能存在差异,导致羊群的实际驱虫效果受到影响。为此,开展驱虫效果的监测很有必要。

监测羊群驱虫效果时,先要采集粪样,一般在驱虫后第 2~5 d、第 20 d 分别采集粪便样品;可用肉眼观察法、沉淀检查法、饱和食盐水漂浮法、斯陶尔氏虫卵计数检查法、麦克马斯特氏虫卵计数检查法等进行实验室检验,最终可确定驱虫的实际效果。具体检验操作见本书第一章第四节。

## 第五节 病害羊的无害化处理

羊场病死羊,特别是疫病死亡羊的尸体、组织脏器、污染物和排泄物,是一种特殊的传染源,为有效防止疫病的传播和扩散,应做到及时正确处理。我国《病死及病害动物无害化处理技术规范》规定了病死(害)动物无害化处理的方法有焚烧法、化制法、高温法、深埋法、化学处理法等。死亡羊只个体较大,常用的无害化处理方法有深埋法、焚烧法、发酵法。具体操作方法见第一章第五节。

## 第六节 杀虫与灭鼠

按照我国相关法律法规及标准化规模化养殖场建设规范的要求,现有羊场需建设在远郊、山区,周围分布着山林、杂草、水沟、塘堰,养殖场产生的粪污也较多,场内经常存放草料等,极易导致蚊蝇、老鼠滋生,还可引来各种蛇类。大量的蚊蝇滋生,可传播蓝舌病、沙门氏菌病等疫病,带来疫病流行的风险;老鼠滋生,可造成饲料鼠耗、养殖场设备设施被咬坏,传播口蹄疫、弓形体等疫病；引来的毒蛇可咬伤人畜，对羊场安全生产造成严重影响。因此，应经常性开展杀虫、灭鼠等工作。

### 一、杀灭蚊蝇

春季，羊场应多次组织实施杀灭蝇蛆工作。可用灭蝇胺（环丙氨嗪）按0.1%～0.2%浓度喷洒羊圈及内外环境，也可按剂量在饲料或饮用水中添加口服，一般持续4～6周。用0.4%敌百虫水剂或50%蝇蛆净粉剂喷洒环境也有较好效果，但要防止中毒。

夏、秋季节，羊舍可用0.4%氯菊酯油剂或0.2%苯醚菊酯进行喷洒，2～3次/周；羊场外环境可用1%马拉硫磷乳剂或5%高效氯氰菊酯可湿粉喷洒，每周1～2次。外环境用杀虫剂多有毒性，需注意避免人畜中毒。战影、卫豹、灭蝇王等许多商品级杀灭蚊蝇药物，也可选用。

### 二、杀灭老鼠

杀鼠前应先分别对羊场内老鼠的密度、鼠迹进行观察，以便了解老鼠的数量、活动痕迹，方便投放毒饵。

羊场灭鼠应选择对人畜毒性低，杀鼠效果好的灭鼠药物，市售的灭鼠药种类较多，畜禽生产中常选用的灭鼠药有立克命追踪粉（有效成分为杀鼠醚）、卫公灭鼠（新一代抗凝血杀鼠剂）、敌鼠钠盐等。灭鼠的具体方法见第一章第六节。

灭鼠期间，每天寻找毒死老鼠的尸体，尽可能全部收集。一般投毒饵后7 d内均为毒死老鼠收集时间。将收集数量乘以20可得本次灭鼠的数量，可推算灭鼠的效果。也可用密度观察法、鼠迹观察法来确认灭鼠的效果。

### 三、毒蛇、蜈蚣等的防范

为防范毒蝎、蜈蚣及毒蛇对羊场造成的危害，可用人工捕捉法对场内外生长的毒蝎、蜈蚣进行捕杀，聘请专业捕蛇人员对羊场及附近毒蛇存在情况进行评估，并适时捕杀，还可增设防蛇网、防蛇沟等阻止毒蛇进入。工人在搬运羊草料时，可预先用木棒敲打草料堆、邻近墙壁、地面数次，将蛇赶离。夜晚羊群出现骚动或惊恐时，应及时检视羊群，用脚踏、棒敲等方式震动地面，驱蛇离开，以免造成人畜伤害。

### 四、注意事项

使用杀虫灭鼠剂时，要谨慎小心、规范操作；要科学规划杀虫灭鼠区域、地点，完全收集中毒死亡老鼠尸体及未用完毒饵，并妥善处置；要开展宣传，发挥群防群治的作用，提高驱杀效果；要建立羊场毒物管控制度,严格把控毒物管理、使用的每个环节,防止毒物流出,杜绝事故发生,确保安全。

## 第七节 羊场兽医卫生防疫设施与制度

现代规模化羊场的兽医卫生防疫设施设备和防疫制度均较完善。要求兽医工作人员定期检查羊场常用卫生防疫设施设备的情况,春末夏初、秋末冬初时应各检查1次羊场消毒池,做好防漏、防渗,疏通消毒池排泄口和管道的堵塞点等工作;每3个月检查1次各种消毒设备,对因故障不能使用或使用效果不佳的要及时维修,完全不能使用的应及时淘汰。工作服、帽、胶靴等每次使用后要及时清洗、消毒,然后放置到更衣间,不得带出。

对于要求控制与扑杀的羊病,在羊场发生疑似病例时,驻场兽医要及时作出临床诊断,并尽快向当地畜牧兽医管理部门报告疫情。确诊为口蹄疫、小反刍兽疫等时,应配合相应部门对羊群实施严格隔离、扑杀;发生蓝舌病、结核病、布鲁氏菌病等时,应对羊群清群和净化,扑杀阳性病羊,全场彻底清洗、消毒,病、死、淘汰羊尸体按相关规范进行无害化处理,消毒按《畜禽产品消毒规范》(GB/T 16569—1996)进行。

羊场兽医卫生预防制度应按要求分类制定,并备案、上墙,平时至少每个季度学习1次,在遇有紧急疫情或重大传染病威胁时,应立即组织全体人员学习。羊场兽医应自觉履行兽医职责,贯彻执行兽医卫生防疫制度,特别注意消毒、疫苗免疫、重点疫病检疫、重大疫病控制及病害羊尸体的无害化处理等的规范执行,要牢固树立防重于治、积极防疫的观念。羊场兽医组还要设立流动监督岗,监督兽医、养殖、保卫等人员执行、落实羊场卫生防疫制度情况,发现问题及时整改。

### 注意事项

(1)学习企业规定、听从安排:学生进入规模化羊场实习,是进入了一个新的环境,羊场作为生产企业具有很强的生产经营特性,有着不同的各项管理措施,因此,学生入场后应在校外指导老师的指导下,熟悉羊场环境、学习掌握羊场的各项管理规定,听从羊场领导的安排,切勿自主行事,以免因失误给羊场带来经济损失。

(2)充分沟通、推进实习:学生实习时,应首先按预防兽医实习岗位的工作内容拟定好实习计划,与羊场领导、校外指导老师进行充分沟通,力争按本岗位实习流程按时开展实习实训,若因其他客观原因(如工作的季节性、重大疫情及自然灾害发生等)影响,可自主调节实习流程甚至实习内容。

(3)虚心请教、踏实肯干:在羊场实习过程中,学生不仅要熟练掌握本实习岗位的工作内容和方法,还应虚心向羊场老师请教,努力将所学与羊场实际工作紧密结合,使自己得到提高。预防兽医岗位工作内容多,每天实习工作时间长,要求学生要踏实肯干、不怕脏不怕累,锻炼自己从事本岗位工作的能力,在实干中增长才干。

(4)规范操作、保证安全:疫苗免疫时,要操作规范、避免羊群恐慌,防止意外伤害发生;对人畜共患病情况不明的羊群进行检疫时,要按规定穿戴好防护服装,防止自身受到感染;使用各类消毒机械时,要先阅读使用说明书或请教老师,再安全使用,消毒药的配制应在专门的配制室内完成;涉及细菌培养操作时,要在符合生物安全要求的专门操作间(台)内进行,实验完成后要及时对病菌进行高压杀灭后再处置;开展杀虫灭鼠时,要注意药物使用安全,防止对人畜造成毒害;焚烧病害羊只尸体及污染物时要按步骤操作,避免事故发生。

(5)加强修养、提升能力:羊场实习期间,学生工作、生活均在羊场,应尽快自我调节,适应羊场的工作和生活。要多看、多学、多思,遇事要多请教和沟通。要学会与同事合作,与人和谐相处,积极参加羊场举办的各种活动,不断提高自己的综合能力。

## 实习评价

**(一)评价指标**

(1)能掌握羊场重点疫病免疫接种的程序和方法、免疫档案的建立程序、免疫羊群抗体检测方法。

(2)能掌握羊布鲁氏菌病的检疫方法、阳性羊的正确处置方法;了解羊只及其产品出入场检疫的方法与内容。

(3)能掌握羊场消毒的方法,正确使用各种消毒设施设备,实施消毒效果监测(羊场表面及空气菌落计数及效果评价方法)。

(4)能明确羊群驱虫时间,正确选择驱虫药物实施驱虫,掌握驱虫效果评价的主要方法。

(5)能掌握羊场蚊蝇、老鼠的驱杀方法,可开展灭鼠效果的评价。

(6)能了解病害羊的无害化处理方法,基本掌握病害尸体及污物的生物发酵处理、焚烧处理方法。

(7)能初步了解羊场生物安全措施体系的构成,具备羊场兽医卫生防疫制度实施和监督的能力。

(8)能与羊场领导、老师积极沟通,按本实习岗位内容开展全部或大部分实习工作,坚持撰写完整、真实的实习日志,顺利完成实习实训。

## （二）评价依据

（1）实习表现：学生在羊场预防兽医岗位实习期间，遵纪守法，遵守单位的各项管理规定和学校的校纪校规，按照实习内容积极参加并完成大部分工作，表现优良。

（2）实习日志：实习期间，学生应每天对实习内容、实习效果、实习感受或收获等进行真实记录，对实习中的精彩场景、典型案例拍照并编写进实习日志。

（3）鉴定材料：羊场在学生结束实习前，可组织管理、技术等部门专家形成学生实习能力鉴定专家小组，对实习学生本岗位主要实习内容进行现场考核，真实评价其能力提升情况，给出鉴定意见。

## （三）评价办法

（1）自评：学生完成实习后，应按要求写出规范的实习总结材料，实事求是地评价自己在思想意识、工作能力方面的提升情况，本岗位实习内容完成的情况。可占总评价分的10%。

（2）小组测评：学生实习小组可按照参评人的实际实习时间、参加实习工作内容多少、工作中表现，以及参评提供材料的情况给予公正的评价。可占总评价分的20%。

（3）实习单位测评：实习单位可依据学生在实习工作中具体表现、能力提升情况，结合本单位指导老师给出的实习意见，给予学生实习效果的评价。可占总评价分的30%。

（4）学校测评：实习期间，每位学生均指派有实习校内指导教师。学生应定期向校内指导教师汇报实习情况，教师应定期对学生实习进行巡查和指导。可按学生提交的实习总结材料、实习单位鉴定意见、实习期间的各种汇报和表现，结合学生自评、小组测评、实习单位测评情况，给出综合评价。可占总评价分的40%。

# 第四章

# 现代规模化羊场临床兽医岗位实习与实训

> **问题导入**
>
> 小吴是来自我国西北地区的一名动物医学专业大学生,他的家乡是我国草食畜牧业的优势生产区,尤其是养羊业比较发达,他曾立志要为家乡的发展作出贡献,幸运的是如愿以偿考上了国内某高校动物医学专业。目前他已顺利完成了大学三年级的课程学习,按学校要求需要进行教学生产实习。小吴根据自己的爱好,选择了羊场临床兽医岗位的实习实训,但现代规模化羊场临床兽医岗位具体有哪些工作内容、如何开展实习,成了困扰小吴的问题。

本章内容主要叙述了现代规模化羊场临床兽医岗位实习的方法、内容,特别介绍了羊场常见疾病的临床诊疗要点,以便于学生开展实习时查阅使用。

> **实习目的**
>
> 1.掌握现代规模化羊场兽医巡栏检视的方法、内容及注意事项。
> 2.掌握现代规模化羊场常见普通病、传染病、寄生虫病等的防治技术要点,熟练掌握疾病诊疗技术。

3.了解现代规模化羊场临床兽医岗位的职责、工作内容。

4.取之于理,用之于道。通过实习实训,使学生能够做到理论与实践相联系,不断提高其理论水平和兽医实践技能,逐步形成临床思维,并初步具备从事临床兽医工作的能力。

## 实习流程

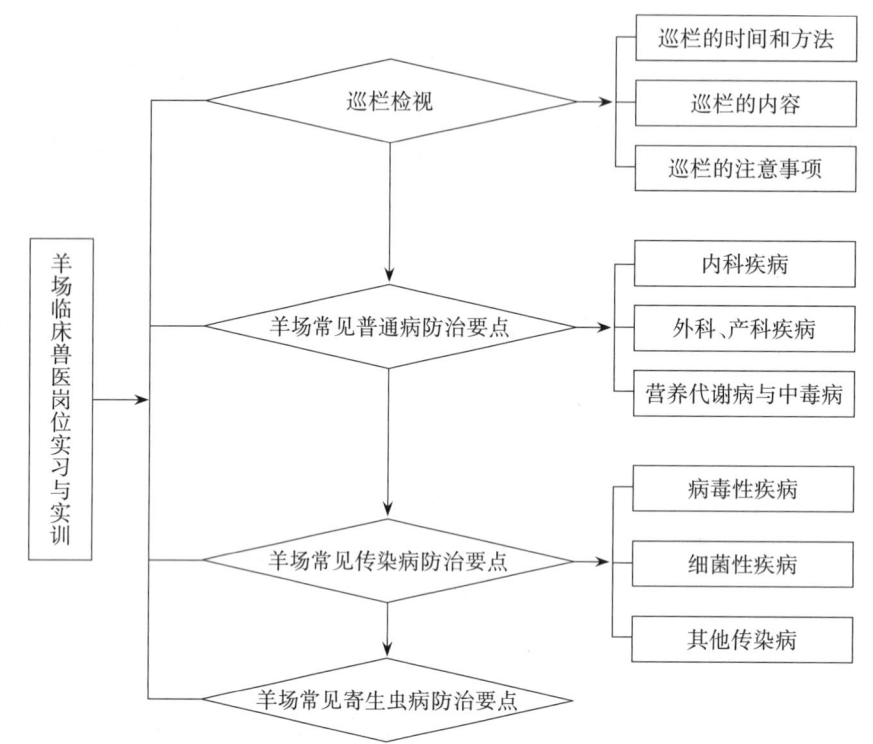

```
                            ┌── 巡栏的时间和方法
                  巡栏检视 ──┼── 巡栏的内容
                            └── 巡栏的注意事项

                                      ┌── 内科疾病
羊场临床兽医   羊场常见普通病防治要点 ──┼── 外科、产科疾病
岗位实习与实训                         └── 营养代谢病与中毒病

                                      ┌── 病毒性疾病
              羊场常见传染病防治要点 ──┼── 细菌性疾病
                                      └── 其他传染病

              羊场常见寄生虫病防治要点
```

# 第一节 巡栏检视

巡栏检视是现代规模化羊场临床兽医岗位工作的重要内容,也是日常工作之一。羊场临床兽医人员每天需检视羊群,了解羊只精神、饮食欲、运动行为、粪便和尿液状况,可以较易发现异常羊只,种羊还需注意其发情、阴门黏膜颜色、分泌液等的状况,对于早期发现疾病、及时合理诊治、减少生产损失有十分重要的意义。

## 一、巡栏的时间和方法

**1. 巡栏时间**

圈养羊场驻场兽医一般每天安排4次巡栏,半放牧式羊场则安排3次巡栏。具体时间为圈养羊场每天7:00—9:00、14:30—16:00、20:00—21:00、次日2:00—3:00,半放牧式羊场每天5:00—7:00、18:00—20:00、次日2:00—3:00。

**2. 巡栏的方法**

兽医在巡栏时,可使用视诊、问诊、触诊、听诊、嗅诊等方法,结合查看饲养记录、兽医接种及治疗记录,对羊群健康状况、疾病发生原因和症状等进行调查了解。

## 二、巡栏的内容及异常变化

**1. 体格及发育情况**

若羊群中有羊只躯体矮小,结构不匀称,发育迟缓或停滞,多见于营养不良或慢性传染病、寄生虫病等。若发生于羔羊,则见于佝偻病。

**2. 营养程度**

若羊只消瘦,被毛蓬乱,皮肤缺乏弹性,骨骼表露,躯体乏力,不愿走动,见于营养不良。急性营养不良可能见于由胃肠道细菌或病毒感染引起的疾病,如大肠杆菌病、梭菌性疾病、沙门氏菌病。慢性营养不良见于贫血、佝偻病、硒-维生素E缺乏症、羊肝片吸虫病、羊莫尼茨绦虫病、羊多头蚴病、捻转血矛线虫病、钩虫病、鞭虫病及胃肠消化紊乱病等。

**3. 精神状态**

羊群羊只若出现兴奋、惊恐、不安,可见于脑及脑膜的炎症、中暑或某些中毒疾病及传染病,也可见于钙缺乏、维生素缺乏等疾病。当羊出现精神沉郁、萎靡、反应迟钝,甚至昏睡、昏迷,可见于热性疾病、消耗性疾病、脑及脑膜疾病、中毒病、某些代谢性疾病的后期及衰竭性疾病等。

**4. 体态及运动情况**

若羊表现四肢交替负重,站立困难,运动时有跛行症状,见于骨软症、风湿症;若羊表现躯体歪斜,失去平衡,站立不稳,共济失调,或转圈、徘徊,可见于脑包虫病、流行性乙型脑炎、中暑、脑膜脑炎及部分中毒病等。

**5. 饮食欲**

若表现饮食欲减退或废绝,可见于严重的脑病、胃肠阻塞性疾病、剧烈疼痛性疾病;若仅食欲减退或废绝,可见于热性疾病、胃肠功能紊乱性疾病、各种中毒病等。

**6. 表被状态**

若出现被毛稀疏、脱落,见于体表寄生虫病、微量元素及维生素缺乏症、湿疹、痘病等;若皮肤弹性减退,见于脱水、慢性皮肤病等;若被毛稀疏部位及乳房皮肤上出现圆形豆粒状疱疹,则为痘疹。

**7. 可视黏膜状态**

若眼结膜潮红,见于眼结膜炎、发热性疾病等;若眼结膜苍白,见于贫血;若眼结膜发绀,见于呼吸道狭窄疾病、心脏机能障碍、某些中毒性疾病(如亚硝酸盐中毒等);若眼结膜黄染,见于血液寄生虫病(如附红体病、焦虫病等)、实质性肝炎、胆道结石等。

**8. 鼻端、鼻液、咳嗽**

若鼻端皮肤干燥,见于发热性疾病、重度消化障碍等;若鼻端皮肤龟裂、脱皮,见于恶性卡他热、严重瓣胃阻塞;若鼻端皮肤湿度增大,汗呈片状、板状,见于中暑、疼痛性疾病、有机磷中毒早期等。若鼻液增多,如水样,见于感冒、流感初期等。若出现咳嗽,咳嗽声短暂数次出现,或一连发生十几次、数十次的咳嗽,咳嗽时喷出凝乳或团块状鼻液,可见于各型感冒中期、羊传染性胸膜肺炎、支气管肺炎、巴氏杆菌病。

**9. 反刍、嗳气及腹部异常**

若羊反刍时间过短、咀嚼迟缓无力,提示其反刍功能障碍或反刍功能减弱,见于前胃弛缓、瘤胃积食、瘤胃臌气、瓣胃或真胃阻塞等。若反刍完全停止,提示病情严重。若嗳气减少,提示瘤胃机能障碍或其内容物干涸,见于前胃弛缓、瘤胃积食、食管阻塞等;嗳气完全停止,见于完全性食管阻塞、严重前胃功能障碍、瘤胃臌气中后期等。若羊腹部左侧胀大明显,见于瘤胃积食或积气;腹部明显小于正常大小时,见于一些慢性消耗性疾病、长期下痢等。

**10. 排粪及粪便状态**

若羊排粪时费力、动作幅度加大,提示胃肠疾病及热性病等;若频频排粪甚至排粪失禁,粪呈粥样甚至水样,见于胃肠道感染性疾病及部分中毒病等;排粪表现不安、呻吟,见于腹膜炎及胃肠炎等疾病。粪便中夹杂有黏液,见于胃肠炎;若粪便中混有血液,则为出血性肠炎;若混有肠黏膜,则为坏死性肠炎;若混有寄生虫虫体,则提示肠道寄生虫病。

**11. 母羊外生殖器及乳房状态**

秋冬季节,若母羊阴道黏膜充血,阴唇充血肿胀,阴唇或尾部黏附,流出无色、灰白或灰黄色透明液体,见于发情。若母羊出现尿频,阴户流出浆液或黏液及脓性腥臭液体,阴道黏膜敏感、充血出血、肿胀,甚至溃疡或糜烂,见于阴道炎或子宫炎。若乳房皮肤上出现疱疹、脓疱及结节,见于痘病、口蹄疫等;若乳房出现部分肿胀、发硬,皮肤紫红,局部热痛,挤出的乳汁浓稠,含絮状物或脓汁、血液,见于临床型乳房炎。

### 三、巡栏的注意事项

**1. 着装规范、动作轻缓**

羊嗅觉、视觉均较好,且善于游走、登高、跳跃,巡栏时,兽医人员需注意自己服装上不应带有腥味、动物的尿味、火药味,穿行于羊群、圈舍内,动作宜轻缓、轻声交流。夜间巡栏,不宜多人同时进行,以免影响羊群休息。

**2. 逐一巡视、细致观察**

巡栏时,要求认真、细致,保证每只羊都观察到,做到疾病的发现率达到100%。

**3. 及时记录、立即上报**

巡栏时,还需随时记录巡栏情况,发现的问题应立即上报兽医主管,并为病羊的治疗积极提供巡栏细节情况。

## 第二节 羊场常见普通病防治要点

### 一、内科疾病

**1. 前胃弛缓**

前胃弛缓是前胃神经肌肉的感受性降低、收缩力减弱的疾病。是羊群常见疾病,多见于舍饲羊只。

(1)疾病诊断要点。

①依据病因:长期饲喂劣质且难以消化的饲料、柔软缺乏刺激性的饲料(麸皮、面粉)、霉败青贮或酒糟等常引起发病,各种热性疾病、寄生虫病可继发引起疾病。

②依据典型症状:病羊食欲减退或废绝,反刍减少,瘤胃蠕动减少,瘤胃内容物稀软,或有黏硬感,时发间歇性瘤胃臌气。前期、中期粪便稍干,后期粪便稀薄、恶臭。

(2)防治方法。

可用硫酸钠20 g、松节油5 mL、酒精10 mL、常水300～500 mL,成年羊一次内服,羔羊酌减。人工盐20～30 g、大蒜酊5～10 mL、常水200～300 mL,成年羊一次内服,以兴奋瘤胃。用10%氯化钠液50~80 mL,一次静脉注射。心衰时,用樟脑磺酸钠强心;瘤胃臌气时,内服消胀片;继发肠炎时,可用黄连素200~300 mg,一次内服。继发者,还需治疗原发病。

预防本病要加强饲养管理,羊场要合理配合使用草料,防止饲料单一、劣质、霉败;要严格执行科学的饲养管理制度,不可随意变更饲养方法和制度;对继发前胃弛缓者,要及时防治原发病。

**2. 瘤胃积食**

瘤胃积食是瘤胃充满大量饲料,致使胃体积增大,胃壁扩张,食糜滞留在瘤胃中而导致严重消化不良的疾病。

(1)疾病诊断要点。

①依据发病原因:羊只采食了过多质量不良、粗硬易膨胀的饲料,或过食谷物,可引起原发性疾病;前胃弛缓、瓣胃阻塞、创伤性网胃腹膜炎、真胃阻塞等可继发本病。

②依据典型临床症状:发病较快,采食、反刍停止,病初不断吸气,随后嗳气停止,腹痛。左侧腹下轻度膨大,肷窝变平或突起。瘤胃动初期增强,以后减弱或停止,呼吸迫促,心音增数,黏膜深紫红色。过食谷物者,瘤胃松软积液,冲击触诊有波动感,病羊喜卧,腹部紧张度降低,可表现视觉扰乱,盲目运动。

(2)防治方法。

发病初期,可在羊的左肷部用手掌按摩瘤胃,每次按摩5~10 min,每天按摩5~10次,可刺激瘤胃使其恢复蠕动。10%氯化钠注射液50~80 mL,一次静注,同时皮下注射氨甲酰胆碱5~10 mL,2~3次/羊。复方氯化钠溶液200 mL、5%碳酸氢钠溶液50~80 mL,一次静脉注射,以补充体液,纠正代谢性酸中毒。严重的积食病例,可进行瘤胃手术切开,取出瘤胃内容物。

防止本病发生,要严格执行饲喂制度,避免使用质量不良的饲料,精料喂量应科学;要积极防治羊前胃其他疾病和真胃疾病。

**3. 急性瘤胃臌气**

急性瘤胃臌气是羊采食了过多易于发酵的草料后,在瘤胃内迅速发酵,产生大量气体而引起瘤胃网胃急性膨胀的疾病。多发生于夏季放牧的羊群,以绵羊多见。

(1)疾病诊断要点。

①依据发病原因:羊采食了大量幼嫩的紫云英、苜蓿、三叶草、野豌豆、甘薯蔓、青草等植物,或食用了霜冻饲料、酒糟或霉败变质的饲料等,可引起发病;绵羊的肠毒血症、肠扭转等较易引起继发性瘤胃臌气。

②依据典型临床症状:初期表现不安,回顾腹部,拱背伸腰,肷窝突起,严重时,左肷部向外突出高于髋节或背中线;反刍和嗳气停止,腹部紧张,瘤胃蠕动音减弱。黏膜发绀、心率增快、呼吸困难,严重者张口呼吸、步态不稳,治疗不及时,可能迅速发生窒息或因心脏麻痹而死亡。

(2)防治方法。

急性的瘤胃臌气,应立即通过瘤胃穿刺或胃导管等进行放气。放气后,可经放气针注入

0.5%普鲁卡因青霉素80万～240万IU,或酒精20～30 mL;也可灌服豆油、花生油、棉籽油50～100 mL。用硫酸钠或硫酸镁50～100 g,或植物油100～250 mL,一次灌服,可让胃肠内容物尽快排出。

预防本病,要坚持科学饲养,防止羊过食各类幼嫩植物,少喂或不喂霜冻、霉败饲料,要积极防治肠毒血症、肠扭转疾病等。

**4. 瓣胃阻塞**

瓣胃阻塞是由于瓣胃的收缩力减弱,瓣胃内容物充满、干燥而导致的疾病。舍饲羊群偶有发生。

(1)疾病诊断要点。

①依据发病原因:米糠、麦麸、花生秆、豆秸等饲喂过多或饲料中泥沙混入较多,炎热、干燥季节饮用水供应不足等,可引起发病;前胃及真胃其他疾病可以继发本病。

②依据典型临床症状:瘤胃蠕动音减弱,瓣胃蠕动消失,病羊右侧第7至第9肋间肩关节水平线上下触诊,疼痛不安。初期,便少色暗,后期,排粪停止。瓣胃小叶发生炎症、坏死、败血症时,体温升高、呼吸加快,卧地不能站起,最后死亡。

(2)防治方法。

可用25%硫酸镁溶液30～40 mL、石蜡油100 mL,一次瓣胃注射,第二日可重复注射1次。用10%氯化钠溶液50～100 mL、10%氯化钙溶液10 mL、5%葡萄糖生理盐水150～300 mL混合后静脉注射。瓣胃松软后,可皮下注射0.1%氨甲酰胆碱0.2～0.3 mL,可有较好效果。

预防本病时,日常饲养中使用粗硬难以消化的饲料应逐渐给予,且比例不宜过大;收采的草料应尽量去除泥沙后再饲喂,夏秋二季要提供干净充足的饮用水。

**5. 皱胃阻塞**

皱胃阻塞是真胃内积累过量食糜,使胃壁扩张,体积增大,胃黏膜及胃壁发炎,食物不能进入肠道所致的疾病。是羊场较易发生的疾病。

(1)疾病诊断要点。

①依据发病原因:长期采食麦秸、豆秸、玉米秆,又缺乏青绿饲料,较易发病;误食毛球、破布、线绳、塑料等可致机械性阻塞,前胃弛缓、创伤性网胃炎、皱胃炎及皱胃溃疡等可继发本病。

②依据典型临床症状:病羊食欲减退,排粪减少或停止,粪便干燥,其上附有大量黏液或血丝,或排少量糊状、棕色恶臭粪便;右腹皱胃区增大,胃内充满液体,按压触诊真胃坚硬。严重病例结膜黄染,被毛逆立,鼻端干燥,眼球下陷,心音减弱、增快,心律不齐。

(2)防治方法。

用25%硫酸镁溶液50 mL、甘油30 mL、生理盐水100 mL,混合后经皱胃一次注射;10 h后,可用氨甲酰胆碱注射液0.05 mg/kg体重,一次皮下注射。5%葡萄糖生理盐水300～500 mL、10%氯化钾溶液5～10 mL,一次静脉注射,可连用2～3 d。种羊早期可行皱胃切开术,以排除阻塞物。治疗过程中,切勿使用碳酸氢钠,以免加重机体碱中毒。

羊场在平常的饲养中,要合理使用纤维素含量高、刺激性大的饲料,草料中杂物要仔细清除,以免误食引起发病;此外,还要积极防治前胃、皱胃的其他疾病。

#### 6. 胃肠炎

胃肠炎是胃肠黏膜及其深层组织的出血性或坏死性炎症,也是羊场较常见的胃肠道疾病。

(1)疾病诊断要点。

①依据发病原因:采食了大量冰冻或发霉的饲草、饲料,或饲料中混有化肥、刺激性的药物可引起本病;羊前胃疾病、羊副结核病、羊炭疽、羊巴氏杆菌病、羔羊大肠杆菌病常继发本病。

②依据典型临床症状:病羊食欲废绝,口干发臭,舌苔黄白,伴腹痛。肠音初期增强,以后减弱或消失,不断排稀粪便或水样粪便,气味腥臭或恶臭,粪中混有血液及坏死的组织片。脱水,尿少色浓,眼球下陷,皮肤弹性降低,迅速消瘦。不能站立而卧地,体温升高,脉搏细数,四肢冰凉,昏睡,严重时出现微循环障碍、抽搐死亡。慢性胃肠炎病程长,病势缓,主要症状同急性胃肠炎,可引起恶病质。

(2)防治方法。

可用黄连素按2～3 mg/kg体重,一次内服,2～3次/d,连用2～3 d;磺胺脒100～300 mg/kg体重,加小苏打100～200 mg/kg体重,一次内服;或药用炭5 g、萨罗尔2～4 g、次硝酸铋3 g,加水一次灌服;或用恩诺沙星注射液5～10 mL,一次肌内注射,连用3 d。用5%葡萄糖溶液150～300 mL、维素C注射液5 mL,混合一次静注,每日1～2次,予以补液解毒。此外,还应对发热、腹痛、肠道出血进行相应的药物处置。

要加强羊群饲养管理,勿用冰冻、发霉等草料喂羊;要积极预防羊巴氏杆菌病、副结核病等的发生,并应及时治疗其前胃疾病。

#### 7. 感冒

感冒是由寒冷等因素所引起的,以上呼吸道黏膜炎症为主的急性全身性疾病。一般发生于早春、晚秋及其他气候多变的季节。

(1)疾病诊断要点。

①依据发病原因:羊只或羊群遭受风雪、久卧凉地、汗后雨淋、贼风侵袭,可导致发病;长途运输、营养不良等,常可促进发病。

②依据典型临床症状:精神沉郁,食欲不振或废绝,体温升高1～2 ℃,耳尖、鼻端发凉;结膜潮红,咳嗽,流水样鼻液,反刍减弱或停止。呼吸、脉搏均加快。

(2)防治方法。

用阿司匹林2～5 g,一次内服;或30%安乃近5～10 mL,一次肌内注射,1次/d,也可选用柴胡、氟尼辛葡甲胺等进行解热、降温。防止继发,可用抗生素、磺胺类药物。咳嗽,可用氯化铵片1～2 g,一次内服;增加食欲,可用维生素$B_1$注射液10～15 mL,一次肌内注射。

预防本病,要加强对羊群的管理,冬春气温较低时放牧应选择天气放晴、温度较高的时间进行,夜间要关闭好羊舍门窗,防止夜间受寒;长途运输后要加强调养,增进营养。

## 二、外科、产科疾病

### 1.脓肿

脓肿是一种局部外科感染而引起的疾病。羊肌肉、皮下、关节、乳房等经化脓性外科感染,可形成脓肿包裹、内有脓汁蓄积的化脓性病变。

(1)疾病诊断要点。

①依据发病原因:各种致病性细菌(葡萄球菌、化脓性链球菌、大肠杆菌、绿脓杆菌等)感染,及氯化钙、高渗盐水、水合氯醛、松节油等渗漏到皮下,均可导致脓肿的发生。

②依据典型临床症状。

表在性脓肿:多发生在皮下或距离体表较近的部位,表现局部皮温升高、疼痛、肿胀,与周围界线清楚,成脓后肿胀中心部位有波动,最后破溃流出脓汁。

深在性脓肿:多发于深筋膜下(如颈深筋膜下脓肿),按压触诊有痛感,针刺后有脓汁流出,多数向邻近组织发展形成新的脓肿。羊有食欲减退、反刍减少等轻微的全身症状。

(2)治疗方法。

治疗时,疾病初期宜用0.5%盐酸普鲁卡因50～80 mL、青霉素80万～160万IU进行封闭注射。若不见效,可涂擦刺激剂(20%鱼石脂酒精、10%～30%鱼石脂软膏、5%碘酊等),促进脓肿形成。脓肿形成后,可进行脓肿切开术。切开时,先进行剪毛、消毒,用穿刺针确定脓肿的范围、深度,再行切开,尽可能排出脓汁,然后用消毒液(0.01%呋喃西林液,0.1%新洁尔灭液,0.1%高锰酸钾液)冲洗脓腔,深部脓肿应作引流处理。脓肿的消毒冲洗应每天进行1～2次,冲洗后可在脓腔内灌注消炎、促再生药物(魏氏流膏:松馏油5 g、碘仿3 g、蓖麻油100 mL)。

### 2.蜂窝织炎

蜂窝织炎是发生在皮下、筋膜下、肌肉间疏松结缔组织内的一种急性弥漫性化脓性炎症,与脓肿不同。

(1)疾病诊断要点。

①依据发病原因:化脓性细菌经皮肤或黏膜小创口进入体内,或局部化脓性炎症继发等,均可导致本病。

②依据典型临床症状。

浅在性蜂窝织炎:发生在皮肤或黏膜下,局部温热,疼痛剧烈,皮肤紧张,大范围肿胀。伴发体温升高、食欲下降。肢体部的蜂窝织炎,可引起全肢肿胀,后形成脓肿,并可转变成弥漫性蜂窝织炎。

深在性蜂窝织炎:多发生在筋膜下,肿胀不明显,局部温热、疼痛,可迅速扩散、蔓延到周围组织。体温升高,反刍减少或停止,饮食欲锐减,白细胞数升高。若为腐败性细菌所致,可引起败血症,甚至死亡。

(2)治疗方法。

发病后1 d内,可用0.5%普鲁卡因青霉素进行病灶封闭,并用食醋调复方醋酸铅散(明矾50 g、醋酸铅100 g、薄荷脑10 g、樟脑20 g、白陶土820 g)成糊状涂于患部。若处理后症状不能减轻,可进行手术切开。选择肿胀明显部或接近化脓部位,切开皮肤黏膜或筋膜,再向切口内填入酒精纱布或10%氯化钠纱布条,充分引流。同时,用抗生素、磺胺类药物进行肌内或静脉注射。

### 3. 流产

流产是母羊妊娠中断,或胎儿不足月即排出子宫而死亡的现象。

(1)疾病诊断要点。

①依据发病原因:母羊在运输过程中受到挤压、养殖中受到惊吓和摔跌、饲喂了冰冻发霉草料、维生素和微量元素等的缺乏,可导致流产;布鲁氏菌、弯曲杆菌、毛滴虫感染,或发生胎盘坏死、胎膜炎、羊水增多症、肺炎、肾炎及各种中毒,均可继发流产。

②依据典型临床症状:母羊表现腹痛起卧,努责咩叫,阴户流出羊水,然后排出胎儿,最后表现安静。外伤所致者,其临床表现或不明显,但体内胎儿发生自行溶解,形成的胎骨残留在子宫中。

(2)防治方法。

有流产先兆的母羊,可用黄体酮注射液15 mg,一次肌内注射。也可用当归6 g、熟地6 g、川芎4 g、黄芩3 g、阿胶12 g、艾叶9 g、菟丝子6 g,煎水或研末,分成2次内服,1次/d,连服2剂。若胎儿死亡,则先用己烯雌酚或苯甲酸雌二醇2~3 g,一次肌内注射,待子宫开张后,从产道拉出胎儿。死胎滞留过久时,应立即进行手术取出。

预防本病,应加强饲养管理,做好布鲁氏菌病的检疫及其他重点疫病的免疫接种,妊娠期间做好母羊的保健,特别避免摔倒、惊恐等。

### 4. 羊妊娠毒血症

羊妊娠毒血症是妊娠末期母羊由于糖类和脂肪酸代谢障碍而发生的一种以低血糖、酮血症、酮尿症、虚弱和失明为主要特征的亚急性代谢病。常发生于绵羊和山羊的妊娠末期,怀多羔母羊多见。

(1)疾病诊断要点。

①依据发病原因:母羊怀双羔、三羔或胎儿过大、饥饿、运输、环境气温过高或过低,饲喂低蛋白质、低脂肪、碳水化合物不足的草料,均可引起发生。

②依据典型症状:病初,表现不合群,视力减退,角膜反射消失,意识扰乱。随后,黏膜黄染,食欲减退或消失,前胃机能减退,呼出气有丙酮味;行动拘谨或不愿走动,行走时步态不稳;无目

的地走动,或将头紧靠在某一物体上,或作转圈运动。后期,视力消失,肌震颤或痉挛,头向后仰或弯向一侧。多在1~3 d内死亡;死前昏迷,全身痉挛,四肢作不随意运动。

典型病理变化为肝、肾肿大,脂肪变性、颗粒变性、坏死,肾上腺肿大,皮质变脆,呈土黄色。血液检查,表现低血糖和高血酮,血液总蛋白减少,血浆游离脂肪酸增多,尿丙酮呈强阳性反应,淋巴细胞及嗜酸性粒细胞减少。

(2)治疗方法。

可用10%葡萄糖液150~200 mL、维生素C 0.5 g,一次静注;维生素$B_1$注射液30~50 mL,一次肌内注射。氢化泼尼松75 mg或地塞米松25 mg,一次肌内注射,同时,乙二醇、葡萄糖内服,钙镁磷制剂注射。酸中毒时,用5%碳酸氢钠溶液30~50 mL,一次静注;肌醇、维生素C同时肌注。若母羊厌食严重,可用氟胺烟酸葡胺以促进摄食。如果疗效不显著,建议施行剖宫产或人工引产。

(3)预防措施。

母羊妊娠后半期,应提供营养充足的优良饲料,供给足够的糖类、蛋白质、矿物质和维生素。临产前的母羊,应适当补饲胡萝卜、甜菜、芜菁与青贮等多汁饲料。完全舍饲母羊,每日应驱赶运动2次,0.5 h/次;放牧母羊,在草料不足季节应适量补饲青干草及精料。妊娠母羊普遍补饲胡萝卜、豆饼、麸皮,有条件的饲喂小米汤、糖浆,或饲料中加入烟酸及离子载体,可制止发病或降低畜群的发病率。

**5. 难产**

难产是分娩过程中胎儿排出发生障碍,母羊不能在正常的时间内将胎儿由产道排出体外的现象。主要发生于杂交改良的羊群中。

(1)疾病诊断要点。

①依据发病原因:母羊妊娠时,胎儿过大、胎位不正、头颈姿势异常、阵缩无力、子宫颈或骨盆狭窄等,均可引起难产。

②依据典型症状:母羊极度不安、卧地,强烈努责,阵缩超过4 h,未见羊绒毛膜露出阴户外或破裂,母羊阵缩、努责减弱或停止,胎儿排出困难或不能排出。

(2)处置方法。

主要施行助产术。助产的前期处理可参见第二章。若胎位、胎势、胎向正常,母羊阵缩及努责微弱时,先用催产素或垂体后叶激素5~15 IU,配合用雌二醇10 mg或己烯雌酚15 mg,一次肌内注射,待胎儿露头、露腿后顺势将其拉出。若胎位、胎势、胎向异常,可将胎儿向产道内推送,矫正后,将胎儿拉出产道。若以上方法不能解决胎儿排出问题,则应及早施行剖宫产术。

**6. 胎衣不下**

胎衣不下是指孕羊产后4~6 h,胎衣停留在子宫内仍不能完全排出的现象。

(1)疾病诊断要点。

①依据发病原因:母羊妊娠期间缺乏运动,饲料中钙、磷、维生素缺乏,胎儿数量过多、流产、早产、难产、子宫扭转、子宫炎等,均可引起本病。

②依据典型症状:母羊产后,表现拱背和努责、卧地不起,食欲减退或废绝,三大指标均明显增高。胎衣不能完全排出,排出部分为土黄色。胎衣排出障碍超过1 d以上者,阴道流出污红色恶臭液体,其中夹杂胎衣碎片等杂物。部分病例排出的部分胎衣悬垂于阴户外。

(2)治疗方法。

轻度疾病,可向子宫内灌注高渗盐水或土霉素、四环素1~2 g,防止胎衣腐败,待其自然排出。中、重度病例,可用催产素或垂体后叶激素5~10 IU,一次肌内注射,或麦角新碱0.5~1.0 mL,一次肌内注射,必要时可间隔2 h重复注射1次;或采用手术剥离法,术者二手伸入子宫,用食指和中指夹住胎盘周围的绒毛,拇指将母子胎盘结合处的周边拨开,剥离一半后,手呈螺旋前进,依次剥离胎衣。剥离术后,应在子宫内放置抗菌药物。

也可配合中草药疗法,可用当归15 g、白术12 g、益母草15 g、桃仁8 g、红花8 g、川芎8 g、陈皮8 g,煎水或为末内服。

**7.羔羊假死**

羔羊假死又称为羔羊窒息,是羔羊产出时呼吸极弱或停止但仍有心脏跳动的现象。

(1)疾病诊断要点。

①依据发病原因:初生羔羊受寒受冻,或生产时胎儿脐带受到压迫、在产道内停留时间过长,羔羊呼吸道吸入羊水等,均可引起发病。

②依据典型症状:羔羊横卧不动、闭眼、舌外垂、唇色发紫,呼吸微弱或完全停止,口腔或鼻腔积有黏液或羊水,听诊肺部出现湿啰音,体温下降,严重时全身松软,反射消失,心脏跳动微弱。

(2)防治方法。

若病羔尚未完全窒息,存有微弱呼吸,应立即倒提后腿,用手在温水中浸泡少许,轻拍羔羊胸腹部,刺激呼吸反射,同时将口、鼻中的黏液除去,并拉动羔羊的舌头几次,促进呼吸恢复。若效果不明显,宜用尼可刹米0.5 mL一次肌内注射,或10%氯化钙溶液2~3 mL一次脐动脉内注射,并有节律地按压胸部,促进呼吸。

预防本病,产羔季节应组织接产人员夜班值守,分娩时若胎儿在产道内停留时间过长,应及时进行助产,将胎儿拉出;如果分娩母羊发病,则应迅速实行剖宫产,避免延误时间而造成窒息。

**8.子宫脱出**

子宫脱出是指子宫部分或全部脱出于阴户之外的现象。常发于母羊分娩过程中或产后数小时内。

(1)疾病诊断要点。

①依据发病原因:母羊妊娠时运动不足、营养不良,分娩时受到强烈刺激,助产时胎儿拉出用力过猛等,均可引起疾病的发生。

②依据典型症状:子宫部分脱出时,可见在阴道内有一球状物,或部分露出阴门之外;完全脱出时,子宫、阴道一起暴露于阴门之外。母羊拱腰、不安,排尿困难。可继发腹膜炎、败血症等。

(2)防治方法。

整复治疗:先对病羊进行温水灌肠,排出积粪;再用0.1%高锰酸钾液反复清洗脱出的子宫,同时去除淤血、坏死组织;然后从基部或顶端开始将子宫送回腹腔。完成整复后,应在子宫内放置土霉素、四环素或其他抗生素2 g,最后在阴门处皮肤作固定缝合或安装阴门固定器。

子宫脱出时间过长、无法送回或者有严重的损伤及坏死时,可施行子宫切除术。切除脱出子宫时,病羊站立保定,局部浸润麻醉或后海穴麻醉,常规消毒,用布绷带裹尾并系于一侧。在子宫角基部作一个纵行切口,检查其中有无肠管及膀胱,如有则先将它们推回。对两侧子宫带上的动脉进行结扎,再于结扎之下横断子宫阔带,断端先作全层连续缝合,再行内翻缝合,最后将缝合好的断端送回阴道内。术后,须进行常规抗感染、收敛消毒,必要时进行强心补液处理。

预防本病,要加强孕羊的饲养管理,提供营养丰富、易消化的草料,避免使母羊腹压升高的疾病发生。

**9.子宫内膜炎**

子宫内膜炎是子宫内膜的急性炎症。母羊发生本病后,常引起不孕、配种困难。

(1)疾病诊断要点。

①依据发病原因:母羊分娩、助产、阴道脱出、子宫脱出、胎衣不下、胎儿腹中死亡等,可引起子宫内膜发生细菌感染而发病。

②依据典型症状。

急性子宫内膜炎:多发于产后母羊,表现体温升高,食欲、反刍废绝,阴户流出较多淡红或褐色、黏稠、腥臭的分泌物。可发展为子宫坏死、阴道炎、败血症,或转为慢性子宫内膜炎。

慢性子宫内膜炎:母羊不发情或发情延迟,不易受孕。轻微的拱背、努责,体温轻度升高。经常从阴门流出少量脓性黏稠液体,直肠内可触摸到粗大的子宫角或子宫体,甚至出现波动感。部分病例仅表现屡配不孕。

(2)防治方法。

病羊可进行子宫冲洗。先将胎衣等子宫内容物排净,再用0.1%高锰酸钾液或0.1%利凡诺尔液等防腐消毒液反复冲洗,1~2次/d。然后,再在子宫内放置四环素、土霉素等2 g。子宫颈关闭时,可先注射雌二醇15 mg,待子宫颈口打开后再进行冲洗。全身治疗时,可用10%葡萄糖液200 mL、复方氯化钠液200 mL、5%碳酸氢钠液50 mL,一次静注;氨苄西林1 g、庆大霉素40万

IU,一次肌内注射,2次/d。也可选用中药处方益母草30 g、夏枯草30 g、蒲公英30 g、黄柏15 g、延胡索10 g、甘草10 g,煎水或为末内服。

预防本病,应做好母羊分娩、助产时的彻底消毒,保证配种公羊的卫生。

**10. 乳房炎**

乳房炎是母羊乳腺、乳池和乳头等局部的炎症,主要发生于母羊泌乳期。本病的临床诊断要点、防治方法与母牛乳房炎基本一致,请参见第二章第二节。

### 三、营养代谢病与中毒病

**1. 生产瘫痪**

生产瘫痪是母羊分娩前后突然发生的一种急性钙缺乏性疾病。多发于奶山羊。

(1)疾病诊断要点。

①依据发病原因:母羊甲状腺机能减退、怀孕末期饲喂高钙日粮、饲料中蛋白质含量过高、镁缺乏等,均可引起本病。

②依据典型症状:食欲减退或废绝,反刍停止,泌乳量降低,不愿走动,后肢交替负重,后躯摇摆,或站立不稳,肌肉震颤。母羊多伏卧,头向后弯到胸部一侧。奶山羊多发生在产羔后1~3 d内,泌乳早期的奶山羊最易感。严重时,表现昏迷。

(2)防治方法。

可用10%葡萄糖酸钙液50~100 mL,一次静注。同时给以轻泻剂,促进积粪排出,并改善消化功能。钙剂治疗疗效不明显或无效时,可用氢化可的松25 mg、糖盐水2 000 mL,混合一次静脉注射,2次/d,用药1~2 d。血磷、血镁降低病例,还应同时用40%葡萄糖溶液、1.5%磷酸氢二钠溶液各200 mL,25%硫酸镁溶液50~100 mL,一次静脉注射。

预防本病时,产前2周内应调整日粮钙磷比例至1∶1,并增加维生素D的供应,适当增加运动和光照;产后可给母羊注射钙剂,或饲料中添加镁盐、磷制剂等。

**2. 白肌病**

白肌病是伴有骨骼肌和心肌组织变性,并发生运动障碍和急性心肌坏死的一种微量元素缺乏症。其主要病因是饲料中硒的缺乏,多发生于羔羊。

(1)疾病诊断要点。

①依据发病原因:成年羊饲料中硒、维生素E缺乏或不足,羔羊吮饮维生素E不足的乳汁过久等易引起疾病;饲料中汞、铅、镉等拮抗元素含量过高,可诱发疾病。

②依据典型症状:羔羊发育停滞、营养不良、贫血;拱背、四肢无力,心律不齐,体温稍低,腹泻。可出现结膜炎,角膜混浊,失明。严重病例站立困难、卧地不愿起立,或强直痉挛、麻痹,最后昏迷、死亡。放牧羊群可在放牧时出现突然死亡,呈现地方性流行发生。

病理变化主要为骨骼肌苍白,间有灰白或黄色斑纹或条纹状坏死;心肌出血,呈现红紫色,表现"桑葚心"。

(2)防治方法。

可用0.1%亚硒酸钠溶液,成年羊5 mL,羔羊2~3 mL,一次深部肌内注射,1次/月,连用2次;可同时用维生素E,成年羊0.2~0.8 g,羔羊0.1~0.2 g,一次肌内注射。也可按0.1~0.2 mg/kg饲料浓度在饲料中添加亚硒酸钠(以硒计算),饲喂病羊直至康复。

预防本病,要加强母畜饲养管理,供给豆科牧草,母羊产羔前应补硒,饲料中添加含硒物质可起较好效果。

### 3.佝偻病

佝偻病是羔羊在生长发育阶段,因维生素D不足,钙、磷代谢障碍导致骨骼变形的疾病。多发生在冬末春初。幼龄羊症状典型。本病的诊断要点、临床防治方法与牛佝偻病基本一致,详细内容见第二章。

### 4.骨软病

骨软病是成年羊软骨内矿化作用完成后,发生的骨盐吸收大于骨盐沉积,骨骼中钙、磷重新动员入血,进而出现的骨质疏松、未钙化的骨基质形成的一种疾病。绵羊以纤维性骨营养不良为特征。主要发生于妊娠后期、泌乳期的母羊。

(1)疾病诊断要点。

①依据发病原因:母羊饲料中钙与磷含量的比值小于1或大于7,同时维生素D缺乏,可引起疾病;妊娠后期或产羔太多,也可导致发病。

②依据典型症状:早期表现异嗜、前胃弛缓;中后期跛行、关节疼痛,脊柱上凸或腰荐下凹,腰椎横突有弹性或骨折,肋骨吸收。病羊血钙浓度升高,血磷浓度下降。

(2)防治方法。

早期在饲料中补充骨粉20~30 g/d,连用7 d,可达到较好效果。症状显现后,可用20%磷酸二氢钠液30~50 mL,一次静脉注射;或3%次磷酸钙液100 mL,一次静脉注射,1次/d,连用3~5 d;同时补充骨粉。若再用维生素D 40~60 IU肌内注射,1次/周,连用2~3次,效果更好。

预防本病,要坚持饲喂标准,应特别注意钙磷比例,同时补充维生素D。圈养羊还应提供充足的青绿饲料、优质干草,增加日光浴时间。

### 5.硫缺乏症

硫缺乏症是羊因硫摄入不足而出现的以被毛生长不良、脱落、异嗜为特征的一种营养代谢性疾病。成年绵羊、山羊主要表现地方性"食毛症"。

(1)疾病诊断要点。

①依据发病原因:羊饲料中无机硫、蛋氨酸、胱氨酸等含硫物质不足或缺乏,牧草中氟含量过高、铜含量不足等,均可造成疾病的发生。

②依据典型症状:病羊啃食自身或其他羊的被毛,羊群被毛稀疏或大片脱毛,臀部区域最明显;病羊消瘦,食欲差,消化不良;发生消化道毛球梗阻时,出现腹胀、腹痛,甚至死亡。也有的啃食毛织品等。

(2)防治方法。

成年病羊可每日用硫酸亚铁、硫酸钙等0.75～1.25 g/kg体重添加到饲料中进行饲喂,连续饲喂10～15 d;或用硫酸铝143 kg、生石膏27.5 kg、硫酸铜5 kg、硫酸亚铁1 kg、玉米60 kg、黄豆65 kg、草粉950 kg、水45 kg,制成药物颗粒饲料,放牧羊20～30 g/d,圈养羊酌情减量使用。

预防羊硫缺乏时,硫缺乏地区每年1—4月期间,可用上述药物颗粒饲料给羊进行补饲;放牧养殖的应在秋冬季节之间进行轮牧,圈养式养殖的(尤其是绵羊)要在被毛生长期监测体内硫的状况,及时补充各类含硫物质。

6.氢氰酸中毒

氢氰酸中毒是羊采食了富有氰苷配糖体的青饲料,在胃内经酶水解和胃液中盐酸的作用,产生游离的氢氰酸而引起的一种中毒病。

(1)疾病诊断要点。

①依据发病原因:羊采食过量的胡麻苗、高粱苗、玉米苗、马铃薯苗,或饲喂机榨胡麻饼等,可引起本病的发生。中药杏仁、桃仁、枇杷仁等用量过大亦可致病。

②依据典型症状:发病迅速,采食含有氰苷的饲料后15～20 min出现症状。表现腹痛不安,瘤胃臌气,呼吸加快,可视黏膜鲜红,口流白沫;呈现兴奋或沉郁,极度衰弱,行走不稳或倒地;严重时,体温下降,后肢麻痹,肌肉痉挛,瞳孔散大,反射减少或消失,最终昏迷、死亡。

(2)防治方法。

发病后,应立即用5%亚硝酸钠液4 mL,一次静脉注射,再用1%硫代硫酸钠溶液10～20 mL,一次静脉注射。症状消失后,应立即停止用药,以免发生药物中毒。

预防本病,应禁止在含有氰苷作物的地方放牧,使用含有氰苷的饲料喂羊时,宜先放于流水中浸泡24 h或漂洗加工后再使用。

7.棉籽饼中毒

棉籽饼中毒是羊长期或大量摄入含游离棉酚的棉籽饼粕后,引起以出血性胃肠炎、全身水肿、血红蛋白尿和实质性器官变性为特征的中毒性疾病。幼年羊较易表现出症状。

(1)疾病诊断要点。

①依据发病原因:羊大量采食未经脱酚处理或加工不当的棉籽饼及棉叶,或在饲料中添加棉籽饼粕过多,均会引起发病。

②依据典型症状:轻症表现食欲减退、低头拱腰,消化不良或轻度的胃肠炎,粪便干硬。重症体温升高到41 ℃以上,喜卧阴凉处,食欲废绝,瘤胃蠕动减弱,后肢无力,行走不稳。羞明流泪,甚至失明。粪干少,外被黑色的血液,时见血尿。发病2～3 d后死亡。

(2)防治方法。

发病后,立即停喂含有棉籽饼粕的饲料,并绝食1～2 d,内服0.1%～0.5%高锰酸钾溶液或3%碳酸氢钠溶液,早期投服盐类泻剂。有出血性胃肠炎时,可用鞣酸蛋白5 g、次硝酸铋10 g、氢氧化铝凝胶10~20 mL,一次灌服,同时用仙鹤草素、安络血等止血剂注射。前胃弛缓时,可用新斯的明3~5 mL皮下注射,并酌情采取输液、强心及补糖和维生素等措施。

预防时,棉叶喂羊应先晒干压碎、发酵,用清水洗净后再进行饲喂。使用棉籽饼时,必须经煮沸2 h以上才能饲喂。精料中添加棉籽饼不能超过20%的比例,饲喂2~3周后,应停喂1~2周再饲喂,同时应添加少量食盐和硫酸亚铁,以减少毒性。羔羊、哺乳母羊及妊娠羊不宜饲喂棉籽饼。

**8.疯草中毒**

疯草中毒是羊采食棘豆属、黄芪属的一些有毒植物后,出现的以精神沉郁、反应迟钝、头部水平震颤、步态蹒跚、后肢麻痹为特征的慢性中毒病。山羊、绵羊均较易发病。

(1)疾病诊断要点。

①依据发病原因:羊群放牧密度过大,或干旱少雨年份、外地引进羊只,迫使羊采食大量疯草,可引起疾病。疯草类植物广泛分布在我国西部牧区草场、山地,有毒类疯草约45种,危害严重的牧区疯草覆盖度已超过60%。

②依据典型症状:轻症精神沉郁,拱背呆立,行走时后肢不灵,步态蹒跚,易摔倒。重症卧地不起,头部水平震颤或摇动,提拉双耳出现摇头、倒地。妊娠羊易流产、胎儿畸形。

(2)防治方法。

无特效疗法。轻度中毒,应立即转移放牧场地或停喂含疯草的饲草,适当补充精料,供给充足饮用水,一般可自行康复。重度中毒,宜及时淘汰。

预防本病,放牧式养殖的需对牧草地、草场进行疯草调查,并开展疯草防除(如用"棘豆清"杀除毒草);疯草中粗蛋白含量高达11%~20%,利用时可与其他饲料搭配使用,但需注意间歇性使用,或在饲喂前用清水浸泡2~3 d再晒干使用,也可减少疾病的发生。

**9.闹羊花中毒**

闹羊花中毒是羊采食了杜鹃花属植物羊踯躅植株、花、果实后引起的一种中毒病。山羊摄入1 g/kg体重的量即可引起中毒。

(1)疾病诊断要点。

①依据发病原因:冬季或早春,青绿饲料缺乏,在放牧或羊场收采青饲料时,羊只饥饿觅食到或草料中夹杂有杜鹃花属植物羊踯躅植株、花、果实,可引起疾病。

②依据典型症状:采食后4~5 h发病。口流白沫、呕吐,四肢叉开,步态不稳。重症四肢麻痹,腹痛、腹泻,消化障碍,轻度瘤胃臌气。后期心律不齐,血压下降,呼吸困难,倒地不起,体温下降,死亡。

(2)防治方法。

本病无特效疗法。可进行瘤胃切口取出毒草和内容物,用阿托品1 mg/kg体重、10%樟脑磺酸钠3~5 mL,分别一次皮下注射,2次/d。对脱水、心衰等进行对症处理。

放牧时,应禁止动物到羊踯躅等杜鹃花属植物生长较多的草原、山地等处觅食。青绿饲料缺乏季节,在使用收购的青绿草料时,每天给羊灌服活性炭2～3 g/头,可大大降低疾病的发生率。

**10. 有机磷中毒**

有机磷中毒是由于羊接触、吸入或采食某种有机磷制剂致机体胆碱能神经过度兴奋的中毒病。我国有机磷农药种类很多,农业及牧业上均常常使用,羊误食误饮该类毒物沾染的草料、饮用水后,很易发生中毒。羊有机磷中毒的诊断要点、防治方法与牛有机磷中毒基本一致,详见第二章。

**11. 尿素中毒**

尿素中毒是羊采食混有尿素的草料后,胃肠道中释放大量的氨所致的高氨血症。羊发生多为急性中毒,死亡率很高。

(1)疾病诊断要点。

①依据发病原因:用尿素作为羊的蛋白质补充饲料时用量过大,青贮制作时添加尿素量过大或混合不均,或突然大幅度增加尿素的添喂剂量,均可引起疾病的发生。

②依据典型症状:早中期表现精神沉郁、不安、呻吟、反刍停止、瘤胃臌气、步态不稳,或强直痉挛、流涎、大汗。后期倒地不起、四肢划动,窒息死亡。血氨升高,红细胞比容增高,高血钾。

(2)防治方法。

本病无特效疗法。可立即停喂尿素,用食醋50～100 mL或5%醋酸300～500 mL加水适量,一次内服。抽搐时用苯巴比妥,呼吸困难时用氨茶碱进行对症治疗。

羊在补饲尿素时,初次喂量应为正常用量的10%,以后逐渐增加,并且尿素的添喂量不得超过日粮的1%。添喂尿素时,勿溶于水后给予,添加到精料中饲喂后也不能给予大量饮用水,以免引起中毒。添喂尿素时,也不能过多使用豆类、南瓜等含尿素酶的饲料。

# 第三节　羊场常见传染病防治要点

## 一、病毒性疾病

**1. 口蹄疫**

口蹄疫是由口蹄疫病毒引起的猪、牛、羊等偶蹄动物的一种高度接触性传染病,以口腔黏膜、鼻、蹄和乳头等处皮肤形成水疱和烂斑为主要特征。该病被WOAH列为必须通报的动物疫病之一,在我国被列为一类动物疫病,我国采取了强制全覆盖免疫策略,较好地控制了疾病的流行,但由于国际贸易交流、邻国疫情起伏,我国羊群受到的威胁也很大。

本病的诊断要点、防治措施与牛口蹄疫疾病一致,详见第二章。

**2. 小反刍兽疫**

小反刍兽疫是由小反刍兽疫病毒引起小反刍兽的一种急性病毒性传染病。被WOAH列为必须报告的疫病,在我国为一类动物疫病。小反刍兽疫病毒为副黏病毒科、麻疹病毒属成员,只有1个血清型,为单股负链RNA病毒,感染羊肾细胞、睾丸细胞后,可出现"钟表面"样外观的合胞体病变。对热、紫外线、强酸、强碱等非常敏感,与牛瘟病毒有交叉免疫作用。

(1)疾病诊断要点。

①依据典型临床症状。

最急性型:常见于山羊。体温升高到40～41 ℃,拒食,流清鼻涕。齿龈出血,口腔黏膜溃疡,便秘或腹泻,急性死亡。病程5～6 d。

急性型:体温升高到41 ℃以上,稽留热型。食欲大减,鼻端干燥,有黏液脓性眼粪。口黏膜及齿龈充血、出血、坏死,严重时上颚、颊部、乳头、舌等也出现坏死病灶。后期水样腹泻,粪便带血,消瘦、脱水,并有咳嗽、肺部啰音及呼吸困难。孕羊可发生流产。病程8～10 d。

亚急性或慢性型:口腔、鼻孔周围及下颌部出现结节、脓疱。

②依据病理剖检变化:病死羊皱胃有规则、具轮廓的红色糜烂灶,直肠、结肠结合处有线状出血或斑马样条纹(为特征性病变)。淋巴结肿大、脾坏死。鼻甲骨、喉、气管等有出血斑。

③依据流行病学特点:各类羊为主要发病动物,山羊病情严重。患病动物及隐性感染动物为传染源,可通过直接接触、呼吸道飞沫传播。全年均可发病,多雨季节、干燥寒冷季节发病较多。严重暴发时,发病率、死亡率均可达100%,暴发流行后会有5～6年的缓和期。

④实验室诊断依据:可采集未免羊血液制备血清,用病毒中和试验、ELISA、琼脂免疫扩散试验等检测血清中特异性抗体,若抗体滴度升高4倍以上则有诊断意义;或采集眼、鼻分泌物及内脏器官等组织,采用小反刍兽疫特异性的cDNA探针或RT-PCR方法检测病原,实现病原学诊断。

(2)防控措施。

本病无特效疗法。一旦发现疫情,宜立即上报当地动物防疫监督机构,并封锁养殖场,禁止动物流动。如果确诊,则应执行严格的封锁、扑杀、隔离、检疫、消毒等应急措施,动物尸体应进行无害化处理。羊只在进行交易时,应严格检疫。健康羊可用小反刍兽疫疫苗,1 mL/头,颈部皮下注射1次,免疫后其保护期可达3年。

**3. 羊痘病**

羊痘病是由羊痘病毒感染引起的一种接触性传染性疾病。感染绵羊的病原为山羊病毒属的绵羊痘病毒,对绵羊危害最严重;感染山羊的则为其同属的山羊痘病毒,其危害程度略轻;两种病毒存在共同的抗原部分。痘病毒粒子呈砖形或椭圆形,体积很大,为线状双股DNA病毒,在宿主细胞质内复制后,可形成嗜酸性包涵体。病毒对氯制剂等敏感。

(1)疾病诊断要点。

①依据典型临床症状：发病绵羊体温升高到41～42 ℃，呼吸、脉搏加快，流鼻液。无毛或少毛处皮肤出现痘疹，初期为红斑，发病后1～2 d为突出体表的丘疹，然后形成水疱、脓疱、痂块、疤痕。病羊死于继发感染。非典型病例仅出现体温升高、呼吸道和眼结膜的卡他性炎症，呈现良性经过。严重病例出现黑色痘疹、化脓性痘疹和坏疽，病死率达20%～50%。发病山羊的典型症状与绵羊痘病相似。

②病理剖检变化：呼吸道、消化道、肺和皱胃等的黏膜可出现痘疹，形成糜烂和溃疡，淋巴结急性肿胀、肝脂肪变性。

③流行病学特征：多发于冬末春初，主要经呼吸道传染，损伤的皮肤或黏膜也可感染。值得注意的是体外寄生的昆虫也为重要的传播媒介之一。羔羊比成年羊易感，病死率也高。

④实验室诊断依据：取丘疹组织涂片，莫洛佐夫镀银染色后，镜检胞质内有深褐色球菌样颗粒，即可确诊。也可用吉姆萨或苏木精-伊红染色。用PCR法扩增病原特异性基因也可进行诊断。

(2)防控措施。

健康绵羊可用羊痘鸡胚化弱毒疫苗0.2 mL/头，一次尾部皮内注射，每年接种1次；山羊用羊痘细胞弱毒疫苗0.5 mL/头，一次皮内注射，或1 mL/头一次皮下注射，每年接种1次。发病后，应立即隔离病羊、封锁疫区、进行圈舍消毒，病死羊尸体需深埋，邻近羊群进行疫苗紧急接种。体表病变部位可用0.1%高锰酸钾液清洗，再涂碘甘油或紫药水，并对症处理。

**4. 蓝舌病**

蓝舌病是由蓝舌病病毒引起的、以昆虫为传播媒介的反刍兽的一种非接触性传染病。主要发生于绵羊，是WOAH规定必须报告的疫病，被我国列为二类动物疫病。蓝舌病病毒为环状病毒属成员，属于双股RNA病毒，有24个血清型，各型间无交互免疫力。对含酸、碱、次氯酸钠、吲哚等的消毒剂敏感。

(1)疾病诊断要点。

①依据典型临床症状：体温升高到40.5～41.5 ℃，稽留热。上唇、颜面部肿胀，流涎，唇、齿、颊、舌黏膜糜烂，吞咽困难。口黏膜溃疡、渗血，流脓性鼻涕。蹄冠和蹄叶发炎，出现跛行、卧地不动。病羊消瘦、衰弱，便秘或腹泻，有时下痢带血。多并发肺炎和胃肠炎而死亡。怀孕母羊感染多引起胎儿畸形。早期血液白细胞数量减少。

②依据病理变化：发病绵羊舌发绀呈蓝舌头状。瘤胃黏膜局部暗红，肌肉出血，肌间浆液胶冻样浸润。重者皮肤毛囊周围出血，出现湿疹。心脏和呼吸道、泌尿道黏膜小点状出血。

③依据流行特点：主要暴发于蚊、库蠓、蜱大量活动的夏秋季节，库蠓是主要的传播媒介。病毒血症期公羊的精液可能有感染性，羊虱也能机械传播本病。羊的发病率为30%～40%，一般死亡率为2%～3%，有时可高达90%。

④实验室诊断依据:可采集病羊血液分离血清,用琼脂扩散试验、补体结合试验、ELISA进行血清学诊断,也可用RT-PCR法进行病原诊断。

(2)防治措施。

流行地区可在每年发病季节前一个月,选用蓝舌病二价或多价苗免疫接种,新发病地区可用疫苗进行紧急免疫接种;同时,还应做好杀灭蚊、库蠓、蜱等的工作。养殖场一经发现疫情,应及时上报有关部门。若检出阳性,应进行扑杀、销毁处理。要加强疫情监测,禁止从有本病的国家或地区引进种羊、种精等。

**5.羊口疮**

羊口疮是由传染性脓疱病毒感染羊后出现的一种急性接触性传染病。传染性脓疱病毒又称为羊口疮病毒,为副痘病毒属成员,粒子呈砖形,是双股DNA病毒,毒株存在多型性。对热、苯酚、福尔马林及紫外线敏感。

(1)疾病诊断要点。

①依据典型临床症状:唇、舌、齿龈、软腭及硬腭上先出现散在的小红点,很快形成小结节、水疱、脓疱,然后形成烂斑。流涎,味恶臭。公羊阴鞘和阴茎肿胀,出现脓疱和溃疡。严重病例在肺脏、肝脏等器官上,可能有坏死杆菌感染所引起的病变。部分发病绵羊蹄叉、蹄冠、膝部发生脓疱及溃疡。

②依据流行病学特点:本病可发生于春季、夏季和秋季,以3~6月龄的羔羊发病最多,传染快,常群发。传染源为病羊和其他带毒动物。皮肤和黏膜的擦伤为主要感染途径。本病在羊群中可连续危害多年。

③实验室诊断依据:可采集病羊血液分离血清,用中和试验、琼脂扩散试验、补体结合试验、ELISA等进行血清学诊断,也可用PCR或巢式PCR法进行病原诊断。

(2)防治措施。

治疗时,用0.2%~0.3%高锰酸钾溶液冲洗创面,或用浸有5%硫酸铜溶液的棉球擦掉溃疡面上的污物,再涂以2%龙胆紫溶液、碘甘油或土霉素软膏,每日1~2次。蹄部有症状的病患可用5%福尔马林浸泡蹄部1~2 min,连泡3次。也可用3%龙胆紫溶液或土霉素软膏涂拭患部。

预防本病时,新引进的羊只要做好检疫、隔离观察,发现病羊要及时隔离治疗,被污染的饲草应烧毁,圈舍、用具可用2%氢氧化钠溶液、10%石灰乳或20%热草木灰水消毒,注意保持环境清洁。在流行地区,可对健康羊使用羊口疮弱毒疫苗进行接种。

**6.山羊病毒性关节炎-脑炎**

山羊病毒性关节炎-脑炎是由山羊关节炎-脑炎病毒引起的,以慢性多发性关节炎,伴发间质性肺炎、间质性乳房炎,羔羊发生脑脊髓炎为特征的传染病。山羊关节炎-脑炎病毒为慢病毒属成员,粒子呈球形,属于单股RNA病毒,与梅迪-维斯纳病毒呈现交叉反应。

(1)疾病诊断要点。

①依据典型临床症状。

脑脊髓炎型：多见于2～4月龄羔羊，初期出现跛行，然后共济失调或麻痹，卧地不起，四肢划动。眼球震颤，角弓反张，头颈歪斜或做圆圈运动。偶见吞咽困难、失明。

关节炎型：多见于1岁以上山羊，表现关节肿胀、疼痛、波动感，跛行或跪行。关节软组织水肿、坏死、纤维化或钙化，关节液黄色或粉红色。偶见肩前淋巴结肿大。

②病理剖检变化：小脑与延脑横断面白质部出现棕色变化，肺肿大，灰色，表面有灰白色小点，切面有大叶性或斑块状实变。关节腔充满黄色、粉红色液体，关节滑膜可有结节性增生。

③依据流行特点：病羊和隐性感染羊为本病的传染源，消化道、生殖道为主要的传播途径。成年羊较易感染，母羊垂直感染羔羊后，其死亡率可达100%。羔羊发病多数在每年的3—8月期间。应激因素刺激，可增加临床发病现象。

④实验室诊断依据：可采集病羊血液制备血清，用琼脂扩散试验、ELISA进行血清学诊断。

(2)防治措施。

本病尚无疫苗和有效治疗方法。防控本病要求加强进口检疫，禁止从疫区(疫场)引进种羊。发现感染，应立即采取检疫、扑杀、隔离、消毒等方法进行处置。

## 二、细菌性疾病

### 1. 羊快疫

羊快疫是由腐败梭菌引起的一种羊的急性传染病。主要发生于绵羊，山羊少发。腐败梭菌为革兰氏阳性厌氧杆菌，在动物体内能产生芽孢。一般的消毒药可将其杀死，但形成芽孢后抵抗力较强。

(1)疾病诊断要点。

①依据典型临床症状：突然发病，倒地死亡。病势稍缓者，表现食欲废绝，卧地，不愿走动，运动失调，有的腹部膨胀，腹痛、腹泻、磨牙、抽搐。少数病例体温升高到41 ℃，口流带血泡沫，粪便夹有黏液或血丝。最后昏迷、死亡。

②依据病理剖检变化：腹部膨胀，真胃底部及幽门附近黏膜有大小不等的出血斑块和坏死灶。胸腔、腹腔、心包有大量积液，暴露于空气中易凝固。肝脏肿大呈土黄色，肺脏淤血、水肿，咽部淋巴结肿大、充血、出血。

③依据流行特点：秋冬、初春等气候骤变及阴雨连绵之际发病较多。6～24月龄营养状况较好的绵羊多发。腐败梭菌可以芽孢的形式存在于外界，羊只采食了被腐败梭菌污染的草料和饮用水，经消化道可发生感染。

④实验室诊断依据：可取病死羊肝脏进行触片、染色，发现有两端钝圆、单个及呈短链状的细菌，以及无关节的长丝状体，即可确诊。

(2)防治措施。

急性病例多因未及时治疗而死亡。病势稍缓者,可肌内注射青霉素80万～160万IU(首次剂量加倍),3次/d,连用3～4 d;或用磺胺脒按0.2 g/kg体重剂量(第二天减半),一次口服,连用3～4 d。根据情况,还应进行强心、补液等对症治疗。羊场应及时隔离病羊,病死羊尸体及排泄物应深埋;被污染的圈舍和场地、用具用3%烧碱溶液或20%漂白粉溶液消毒。同群羊应进行紧急预防接种。

本病常发地区,每年应定期(2次/年)注射羊快疫、羊猝狙、羊肠毒血症三联菌苗或羊快疫、羊猝狙、羊肠毒血症、羔羊痢疾、羊黑疫五联菌苗,不论羊只大小,一律皮下或肌内注射5 mL。同时,还应加强饲养管理。

**2. 羊肠毒血症**

羊肠毒血症是由D型产气荚膜梭菌在羊肠道内迅速繁殖,产生大量毒素而引起的一种急性毒血症,为羊的一种急性非接触性传染病,绵羊发生较多,又称"软肾病"。D型产气荚膜梭菌为革兰氏阳性厌氧粗大杆菌,在动物体内可形成芽孢。一般的消毒剂可杀死该菌的繁殖体,3%的甲醛可杀死芽孢。

(1)疾病诊断要点。

①依据典型临床症状:多数突然死亡。食欲废绝、腹胀、腹痛,全身颤抖,头颈向后弯曲,转圈、口鼻流沫,眼球转动,磨牙,排黄褐色或血红色水样粪便,数分钟后至几小时内死亡。病程略长者,步态不稳、卧倒、流涎、角膜反射消失,有的病羊发生腹泻,3～4 h内静静死去。

②依据病理剖检变化:尸体膨胀,胃肠充满气体和液体,真胃内有未消化的饲料,小肠黏膜充血、出血,或整个肠壁呈红色或有溃疡。肾变软如泥,肝肿大、质脆,胆囊充盈肿大2～3倍,全身淋巴结肿大。肺脏出血、水肿,体腔积液,心脏扩张,心内、外膜有出血点。

③依据流行特点:羊饮用或采食了被D型产气荚膜梭菌污染的饮用水、草料,可经消化道感染。2～12月龄的绵羊最易发病,尤以3～12周的幼龄羊和肥胖羊较为严重,多为散发。

(2)防治措施。

发病羊可用羊肠毒血症高免血清30 mL/只,一次肌内注射;用氨苄西林0.5～1.0 g、庆大霉素20万～30万IU,一次肌内注射,2次/d;0.5%高锰酸钾溶液200～250 mL,一次灌服。直至康复。此外,还应根据需要进行对症治疗。

预防本病可参照羊快疫或定期(每年春、秋)注射羊肠毒血症菌苗,同时要加强消毒,注意平时的饲养管理。

**3. 羊猝狙**

羊猝狙是由C型产气荚膜梭菌感染羊后出现的一种以腹膜炎、溃疡性肠炎和急性死亡为特征的急性传染病。产气荚膜梭菌又名魏氏梭菌,呈直杆状,两端钝圆,为革兰氏阳性菌。

(1)疾病诊断要点。

①依据典型临床症状:多为无症状及出现死亡。部分病例表现掉群、卧地、衰弱、痉挛、眼球突出,休克,数小时内死亡。

②依据病理剖检变化:十二指肠、空肠充血、糜烂、溃疡。胸腔、腹腔和心包大量积液,暴露于空气中可形成纤维素絮块。肾肿大,肌间积聚血样液体,有气性裂孔。

③依据流行特点:发生于成年绵羊,以1~2岁绵羊发病较多。常见于低洼、有沼泽的湿地牧场,多发生于冬春季节。呈散发或呈地方性流行,主要经消化道感染。

(2)防治措施。

可参照羊快疫和羊肠毒血症的防治方法进行临床防治。

**4. 羔羊痢疾**

羔羊痢疾是由B型产气荚膜梭菌引起初生羔羊发生的一种急性毒血症。本病可引起羔羊大批量死亡。B型产气荚膜梭菌又称为B型魏氏梭菌,是革兰氏阳性厌氧杆菌,在动物体内可形成荚膜、产生芽孢。一般消毒剂可杀死其繁殖体。

(1)疾病诊断要点。

①依据典型临床症状:病初吃奶减少,腹泻,粪便稀薄、恶臭;后期便血,逐渐虚弱,卧地不起,1~2 d后死亡。部分病例表现四肢瘫软、口流白沫、头后仰、昏迷、体温降低,死亡。

②依据病理剖检变化:尸体严重脱水。皱胃内有未消化的凝乳块,黏膜充血、溃疡。肠系膜淋巴结肿胀,出血。心包积液,肺充血或淤血。

③依据流行特点:主要危害7日龄以内的羔羊,以2~3日龄羊多发。母羊怀孕期营养不良、羔羊体质瘦弱和产后缺乏照料等是其主要诱因。冬季、早春为高发季节。

(2)防治措施。

治疗时,可用土霉素0.1~0.2 g/头,胃蛋白酶50~100 IU/头,一次内服,2次/d,连服2~3 d。0.1%高锰酸钾溶液10~20 mL/头,一次灌服,每日2次。磺胺脒0.5 g、鞣酸蛋白0.2 g、次硝酸铋0.2 g、碳酸氢钠0.2 g,或加呋喃唑酮0.1~0.2 g,混合后加水一次灌服,每日3次。还应依据需要采取对症治疗。

预防本病,母羊每年秋季用羊快疫、羊猝狙、羊肠毒血症、羔羊痢疾、羊黑疫五联菌苗免疫接种1次,产前2~3周加强免疫1次。羔羊出生后2 h内,灌服土霉素0.1~0.2 g/头,以后每天1次,连服3 d,可有一定的预防效果。

**5. 羊黑疫**

羊黑疫又称传染性坏死性肝炎,是由B型诺维氏梭菌引起的以肝脏实质的坏死病灶、高度致死性毒血症为特征的一种急性高致死性传染病。B型诺维氏梭菌是梭状芽孢杆菌属成员,为革兰氏阳性厌氧菌,能形成芽孢。

(1)疾病诊断要点。

①依据典型临床症状:病程急促,绝大多数未见症状即突然死亡。少数病例表现食欲废绝、呼吸困难、反刍停止,体温在41.5 ℃左右,呈昏睡俯卧,并保持这种状态至死亡。

②依据病理剖检变化:尸体皮肤呈暗黑色。胸腹腔、心包大量积液,真胃幽门部和小肠充血、出血。肝脏充血、肿胀,表面有灰黄色不呈圆形的多个坏死灶,坏死灶周围有鲜红色的充血带,切面呈半圆形。

③依据流行特点:主要发生于春夏季。土壤中的诺维氏梭菌污染草料后被羊采食可引起发病。可感染1岁以上的绵羊和山羊,2～4岁的羊发病最多。本病的发生与肝片吸虫的感染密切相关。

(2)防治措施。

发病羊应先移至干燥地区,用诺维氏梭菌抗血清10～15 mL/只,一次肌内或皮下注射,青霉素80万～160万IU或氨苄西林1～2 g,一次肌内注射,2次/d,连续3 d。群内其他羊,可用诺维氏梭菌抗血清5～10 mL/只,一次肌内注射,必要时可重复用药1次。

要预防本病,流行地区应搞好肝片吸虫的防治工作,每年春秋两季定期注射羊快疫、羊肠毒血症、羊猝狙、羔羊痢疾和羊黑疫五联菌苗,并加强羊群的饲养管理。

**6. 接触性传染性腐蹄病**

接触性传染性腐蹄病是结状梭菌和坏死厌氧丝状杆菌感染而引起的蹄部急性或慢性表皮炎症。主要发生于绵羊。

(1)疾病诊断要点。

①依据发病原因:结状梭菌和坏死厌氧丝状杆菌均为无芽孢、无荚膜、不运动的革兰氏阴性厌氧菌,普遍存在于粪土、消化道、动物皮肤表皮中,当羊只体表皮肤破损时可感染致病。

②依据典型临床症状:表现一肢或多肢的跛行,甚至跪行、躺卧;病蹄趾间皮肤潮湿、充血、表面坏死,后期可见蹄底、蹄壁、蹄球腐烂,有恶臭味。严重病例出现食欲废绝、消瘦。病程可达3个月以上。

(2)防治方法。

防治时,先要隔离病羊(羊群),对病蹄进行修削,暴露病灶,然后用10%的福尔马林或20%硫酸铜液进行蹄浴,也可在蹄部敷用土霉素软膏,并肌注广谱抗生素。上述处理需每2～3 d一次,直至康复为止。

**7. 羊链球菌病**

羊链球菌病是由马链球菌兽疫亚种引起的一种急性热性传染病,因病羊的咽喉大多肿胀,故俗称嗓喉病,也称为羊败血性链球菌病。马链球菌兽疫亚种为圆形或卵圆形,呈链状排列,为革兰氏阳性菌,对2%石炭酸、1%来苏儿敏感。

(1)疾病诊断要点。

①依据典型临床症状:最急性者24 h内死亡,症状不明显。急性及亚急性型体温升至41 ℃,

呼吸困难,口流涎液,鼻流浆性、脓性分泌物,眼部有脓性分泌物;腹泻,粪便带有黏液或血液。咽喉及下颌淋巴结肿大。孕羊可发生流产。病死前常有磨牙、呻吟及抽搐等神经症状。急性者多因窒息死亡。

②依据病理剖检变化:各内脏器官广泛性出血,淋巴结肿大、出血。胸、腹腔及心包积液。各器官浆膜面附着有黏稠的纤维素性渗出物。

③依据流行特点:绵羊多发,山羊也易发生。可通过呼吸道、消化道和损伤的皮肤传染。冬、春季节多见。

④实验室诊断依据:可取羊鼻咽内容物、肝肾组织、心血,制成涂片或触片,革兰氏染色后镜检,有链球菌形态细菌则可确诊;或采用细菌的分离培养、动物接种等方法进行确诊。

(2)防治措施。

发病羊可用头孢噻呋钠5 mg/kg体重,一次肌内注射,2~3次/d;或头孢喹肟3 mg/kg体重,一次肌内注射,2~3次/d。也可配合用庆大霉素4 mg/kg体重,一次肌内注射,2~3次/d。出现发热、呼吸困难、腹泻者可采取对症治疗措施。

为预防本病,健康羊每年定期用羊链球菌氢氧化铝灭活疫苗进行预防接种,接种剂量为3 mL/只,3月龄以下羔羊3周后重复接种1次。此外,还应加强饲养管理,秋季要抓膘、保膘,冬季应做好防寒保暖工作。

**8. 羊李斯特菌病**

羊李斯特菌病,又称为转圈病,是由李斯特菌感染羊后出现的以脑膜脑炎、败血症、母羊流产为特征的一种传染病。李斯特菌为两端钝圆的革兰氏阳性小杆菌,已知有7个血清型和16个血清变种。一般的消毒剂可以将其杀死。

(1)疾病诊断要点。

①依据典型临床症状:体温升高到40~41.6 ℃。病羊眼球突出,视力障碍或失明,颈部、后头部及咬肌痉挛,头颈偏向一侧,以头顶障碍物,或转圈倒地,角弓反张。妊娠母羊发生流产,羔羊呈急性败血症症状而死亡。

②依据病理剖检变化:脑及脑膜充血水肿,脑脊液增多,稍浑浊。

③依据流行特点:绵羊最易发病。病羊及带菌羊为主要传染源,可通过消化道、呼吸道及损伤的皮肤传染。多发于冬季和早春,以散发为主。

(2)防治措施。

治疗时,疾病早期可用20%磺胺嘧啶钠5~10 mL、氨苄西林1万~1.5万 IU/kg体重、庆大霉素1万~1.5万 IU/kg体重,一次肌内注射,2次/d。此外,还要对发热、神经症进行对症治疗。发病地区或羊场应将病羊隔离,病羊尸体要深埋,并用5%来苏儿对污染场地进行消毒。平时要注意清洁卫生和饲养管理。

### 三、其他传染病

**1. 衣原体性关节炎**

衣原体性关节炎是由衣原体引起的急性接触性关节、结膜的炎性疾病,主要发生于1～8日龄的羔羊。

(1)疾病诊断要点。

①依据发病原因:衣原体是本病的主要病原。羔羊营养不良、机体抵抗力降低,是本病发生的诱因。病羊及带病原羊可经眼泪、鼻液、粪、尿向外排出衣原体,健康羊通过直接接触或消化道感染后,可引起发病。

②依据典型临床症状:病羊体温升高到41～42 ℃,食欲废绝,运动强拘或跛行,四肢关节肿大、疼痛,结膜明显发炎。羔羊的发病率可达30%～80%。

(2)防治方法。

治疗时,可选用土霉素、四环素或多西环素,按10 mg/kg体重,肌内或静脉注射。也可用磺胺嘧啶钠或复方新诺明口服。预防本病,要加强对羊群和圈舍的消毒,发病羊需及时进行隔离治疗。

**2. 羊传染性胸膜肺炎**

羊传染性胸膜肺炎是由支原体感染羊后,出现的以高热、咳嗽、胸膜浆液性和纤维素性炎症为特征的高度接触性传染病。发病羊死亡率高,给生产带来的损失严重。本病病原有山羊支原体肺炎亚种、山羊支原体山羊亚种、丝状支原体丝状亚种、丝状支原体山羊亚种、绵羊肺炎支原体等,均为细小、多型性兼性厌氧微生物,革兰氏染色阴性,紫外线、高温、一般的消毒剂均可将其杀死。

(1)疾病诊断要点。

①依据典型临床症状。

最急性型:体温升高达41～42 ℃,食欲废绝,呼吸急促,咳嗽,流带血鼻液,肺泡音减弱或消失,捻发音。病羊卧地不起,呻吟,窒息死亡。

急性型:体温升高达40～41 ℃,稽留热型,咳嗽,流浆液性鼻液或砖红色鼻液,呼吸困难,出现喘线。支气管呼吸音增强,表现胸肺摩擦音。妊娠母羊大量流产。部分病例表现胃肠臌胀,腹泻。多数死亡。

慢性型:体温40 ℃左右、咳嗽、腹泻、逐渐消瘦、被毛粗乱。

②依据病理剖检变化:胸腔积有淡黄色液体。纤维素性肺炎,肺间质变宽,肺病变局部凸出,切面大理石样变。胸膜纤维素附着,心包积液,肝、脾、胆囊肿大,肾肿大、小点状出血。

③依据流行特点:3岁以下的羊较易发病。病羊与带病原羊是主要的传染源,通过飞沫经呼吸道传染,也可哺乳传播。呈地方流行,多发于冬季、早春。

④实验室诊断依据:可取病变的肺组织、胸腔积液、膈淋巴结等,用支原体琼脂固体培养基分离培养,表现出"煎蛋样"菌落,或采用PCR法扩增特异性基因片段等进行诊断。

(2)防治措施。

羊群发病后,应先采取隔离措施,并每天进行圈舍消毒2次。病羊可用氟苯尼考20 mg/kg体重,一次肌内注射,1~2次/d,连用3~5 d;或多西环素5 mg/kg体重、泰乐菌素15 mg/kg体重,分别一次肌内注射,1次/d,连用3 d。此外,还应针对发热、咳嗽等典型症状对症治疗。

羊场应于每年定期接种羊传染性胸膜肺炎疫苗,6月龄以上羊5 mL,3~6月龄羊3 mL,一次肌内注射。疫病发生后,受到威胁的羊群可加强免疫一次。要坚持自繁自养,不从有病的地区(羊场)引种、购羊;要加强饲养管理,冬季、早春应注意补饲,育肥场应注意饲养密度、圈舍通风换气等事宜。

除以上记载的羊传染病外,羊还很易发生大肠杆菌病、沙门氏菌病、巴氏杆菌病、炭疽病、布鲁氏菌病、结核病等,相关内容与牛相应疾病内容基本一致,详见第二章。

## 第四节 羊场常见寄生虫病防治要点

**1. 日本血吸虫病**

日本血吸虫病是日本血吸虫寄生于羊门静脉、肠系膜静脉和盆腔静脉内,引起的一种以贫血、消瘦为特征的寄生虫病。日本血吸虫成虫为雌雄异体的长圆柱形,雄虫短粗;虫卵呈卵圆形,淡黄色,卵无盖。虫卵在水中孵化后,到钉螺体内繁殖并形成具有感染力的尾蚴到水中,羊接触水中尾蚴可发生感染。

(1)疾病诊断要点。

①依据典型临床症状:病羊体温升高到40 ℃以上,出现贫血、消瘦、腹泻。严重病例虚脱、死亡。慢性经过,腹泻反复发生,粪便夹血,消瘦、脱毛,母羊不孕、流产,羔羊生长阻滞。

②依据病理剖检变化:腹水,肠系膜、胃肠壁胶冻样浸润,肠黏膜点状出血、坏死、溃疡,肠系膜静脉可见血吸虫成虫,肝硬化;肝、肠道有灰白色的虫卵结节。

③依据流行特征:仅流行于长江流域及以南地区,放牧羊易发生,可经母羊垂直传播给羔羊,山羊死亡率高。

④实验室诊断依据:可取病羊粪便用水洗沉淀法,镜检观察虫卵有无,或刮取直肠黏膜做压片,镜检虫卵情况进行判断。

(2)防治措施。

发病羊可用吡喹酮30~50 mg/kg体重,一次口服;或六氯对二甲苯(血防846)200~300 mg/kg体重,一次灌服。预防时,要做好定期驱虫,南方放牧羊群至少2~3个月驱虫一次;要广泛开展钉螺、螺蛳的消灭工作,阻断血吸虫的发育途径;要注意饮水卫生和安全放牧,不断提高养殖场人员的防控意识。

**2. 羊莫尼茨绦虫病**

羊莫尼茨绦虫病是由扩展莫尼茨绦虫、贝氏莫尼茨绦虫寄生于羊肠壁后发生的以腹泻为特征的寄生虫病。莫尼茨绦虫链体最长可达6 m，呈带状，虫卵在外环境地螨体内孵育成感染性幼虫，再通过消化道感染羊。

(1)疾病诊断要点。

①依据典型临床症状：羔羊表现下痢。严重病例腹痛，粪便夹白色孕卵节片，消瘦、贫血。后期站立不起、抽搐、角弓反张、空口咀嚼、死亡。

②依据病理剖检变化：小肠内有充塞肠道的乳白色带状虫体，虫体长1～5 m，头节上有4个吸盘。

③依据流行特点：发生于南方放牧羊只中，羔羊易感，成年羊多为带虫者。

④实验室诊断依据：取粪便中白色孕卵节片，压碎后镜检，若有大量虫卵即可作出诊断。

(2)防治措施。

病羊可用氯硝柳胺(灭绦灵)70 mg/kg体重，一次内服；或硫双二氯酚100 mg/kg体重，一次口服；或吡喹酮20 mg/kg体重，一次灌服；也可用丙硫苯咪唑10～20 mg/kg体重，一次口服。饲养过程中，要注意饲草卫生，不得到潮湿、地螨大量滋生的地区放牧；羊粪要集中堆放、发酵处置，要制定和落实定期驱虫制度。

**3. 羊脑包虫病**

羊脑包虫病又称为多头蚴病，是多头蚴寄生在羊脑、脊髓等后引起的重剧性寄生虫病。本病严重危害羊的健康，发病后死亡率较高。多头蚴为豌豆或鸡蛋大小的囊泡状，囊内充满液体。犬、狼、狐等为多头蚴的终末宿主，羊只采食了被犬排出的多头蚴孕节片(含虫卵)污染的草料、饮用水后发病。

(1)疾病诊断要点。

①依据典型临床症状：常引起脑膜脑炎，表现流涎、磨牙、垂头呆立，做圆圈运动或头抵圈栏、仰头后退，易跌倒，采食减少。虫体寄生脑局部者，对侧眼视力障碍，局部皮肤隆起，颅骨软化，压迫疼痛。羔羊感染后，临床三大指标均升高。

②依据流行病学特点：常见于绵羊，2岁以下幼龄绵羊多发，山羊也有发生。犬、狼、狐等活动频繁地区发病率高。

(2)防治措施。

寄生于前脑表面的多头蚴虫体，可施行圆锯手术摘除，并做好术后护理；但寄生于脑后部、深部的虫体，则难以治疗。早期病例可用吡喹酮注射液按100 mg/kg体重，一次皮下注射。

为预防本病，健康羊可用羊多头蚴疫苗(俄罗斯已研制成功)进行预防接种。要加强对家犬的管理，做好定期性预防驱虫，驱虫后的粪便应进行堆积发酵。

**4. 羊棘球蚴病**

羊棘球蚴病又称包虫病,是由棘球绦虫中绦期的棘球蚴感染牛、羊和人等多种哺乳动物的脏器组织引起的一种严重的人畜共患寄生虫病。

(1)疾病诊断要点。

①依据典型症状:严重感染时,表现消瘦、脱毛、咳嗽、卧地不起。若囊泡破裂,可产生严重的变态反应,羊只会突然死亡。虫体寄生的肝脏和肺脏等有数量不等的棘球蚴包囊。

②依据流行特点:犬是终末宿主和主要传染源。羊摄入受到虫卵污染的草、饲料和饮用水而感染,以绵羊感染率最高。我国23个省、自治区、直辖市有感染报道,以西北、内蒙古和四川等地流行严重,其中新疆地区最为严重。

(2)防治措施。

发病羊可用阿苯达唑90 mg/kg体重,一次内服,连用2次,或吡喹酮25～30 mg/kg体重,一次内服,1次/d,连用5 d。预防本病,要禁止用棘球蚴病畜的脏器喂犬,犬只定期进行驱虫,妥善处理好驱虫后粪便。健康羊群可定期接种羊棘球蚴基因工程亚单位疫苗。

**5. 羊消化道线虫病**

羊消化道线虫病是由不同种类和数量的线虫寄生于羊的消化道内而引起的一类寄生虫病。羊消化道内常见的寄生虫有捻转血矛线虫、仰口线虫(钩虫)、食道口线虫(结节虫)、毛首线虫等。

(1)疾病诊断要点。

①依据典型临床症状:消化功能紊乱,腹泻,消瘦。眼结膜苍白、贫血。部分病例下颌间歇水肿。粪便中有相应的寄生虫虫体。

②实验室诊断依据:采用饱和食盐水漂浮法检测虫卵,有呈卵圆形、淡褐色的虫卵,可帮助诊断。

(2)防治措施。

发病羊可用左旋咪唑7.5 mg/kg体重,一次口服或肌内注射;或丙硫苯咪唑7.5 mg/kg体重,一次口服;或阿维菌素0.2 mg/kg体重,一次皮下注射。羊群应每年至少驱虫2次,粪便应收集发酵处理;平时需注意饮水卫生,牧区要采取轮牧方式。

除了以上记载的寄生虫病外,羊也发生肝片吸虫病、球虫病、螨病等,相关内容与牛相应疾病基本一致,详见第二章。

## ⭐ 实习评价

**(一)评价指标**

(1)能理解羊场巡栏检视的意义,熟练掌握羊场兽医巡栏检视的方法和内容,明确巡栏的注意事项。

(2)能了解羊场常见的普通病发生状况,熟练掌握羊场常发普通病的临床诊治方法,具备羊场普通病防治的兽医基本技能。

(3)了解羊场羊营养代谢病及中毒病的发生规律,掌握羊场常见营养代谢病与中毒病的临床诊治及预防方法。

(4)了解动物传染病的相关防治法律法规,熟练掌握羊场常见传染病的诊断、防治(控)方法与措施,初步具备处理羊场羊传染病的能力。

(5)了解羊场常见寄生虫病的发生规律,掌握主要寄生虫病的临床诊治及预防方法。

(6)在进入羊场后,能与场内兽医组领导、指导老师积极沟通,按羊场临床兽医岗位实习实训内容开展全部或大部分实习工作,坚持撰写实习日志且实习日志完整、真实,顺利完成实习。

**(二)评价依据**

(1)实习表现:学生在羊场临床兽医岗位开展实习实训期间,须遵纪守法,遵守实习单位及学校的各项规章制度,积极参加实习实训,完成本岗位全部或大部分工作,表现优良。

(2)实习日志:实习期间,学生应每天对实习内容、实习效果、实习感受或收获等进行真实记录,对实习中的精彩场景、典型案例拍照并编写进实习日志。

(3)能力提升鉴定材料:在学生结束实习实训前,羊场人事部门或场办公室应组织本场管理、技术等部门专家形成学生实习能力鉴定小组,对学生本岗位主要实习内容进行现场考核,真实评价其能力提升情况,给出鉴定意见,形成能力提升材料。

**(三)评价办法**

(1)自评:学生完成实习实训后,应写出符合要求的实习总结材料,实事求是地评价自己在思想意识、工作能力等方面的提升情况,本岗位实习内容完成的情况。可占总评价分的10%。

(2)小组测评:学生实习小组可按照参评人的实际实习时间、参加实习工作内容、工作中表现,以及参评提供材料的情况给予公正的评价。可占总评价分的20%。

(3)实习单位测评:实习单位可依据学生在实习工作中具体表现、能力提升情况,结合本单位指导老师给出的实习意见,给予学生实习效果的评价。可占总评价分的30%。

(4)学校测评:实习期间,学生应定期向校内指导教师汇报实习情况,教师应定期对学生实习进行巡查和指导。可按学生提交的实习总结材料、实习单位鉴定意见、实习期间的各种汇报和表现,结合学生自评、小组测评、实习单位测评情况,给出综合评价。可占总评价分的40%。

# 第五章

# 现代规模化繁育猪场兽医岗位实习与实训

### 问题导入

大学生实习是高校人才培养的重要实践教学环节之一。目前,养猪业呈现专业化、标准化、规模化发展的特点,培养勇于创新、具有卓越实践能力的动物医学专业大学生,使其更好地适应于现代养猪业的需求,是高等院校的基本职责。针对全日制动物医学专业在校大学生未曾有猪场学习实习的经历,对猪场工作要求及繁育猪场兽医岗位的工作内容不清楚,到繁育猪场实习不知如何进行准备、如何开展实习工作等情况,我们通过访问国内现代规模化繁育猪场兽医工作者,邀请业内专家,共同编写出了繁育猪场兽医岗位实习实训内容,以供参考。

### 实习目的

1. 掌握规模化饲养场繁育猪群重点疫病的免疫方法和程序、出入场检疫的方法和内容、猪场消毒方法。
2. 掌握重点疫病免疫效果监测、猪场杀虫与灭鼠的方法。
3. 了解猪场兽医卫生防疫知识,体验兽医卫生防疫制度的执行和监督。
4. 了解和熟悉繁育猪场兽医岗位实习工作内容,初步培养学生在繁育猪场从事兽医工作的能力。

## 实习流程

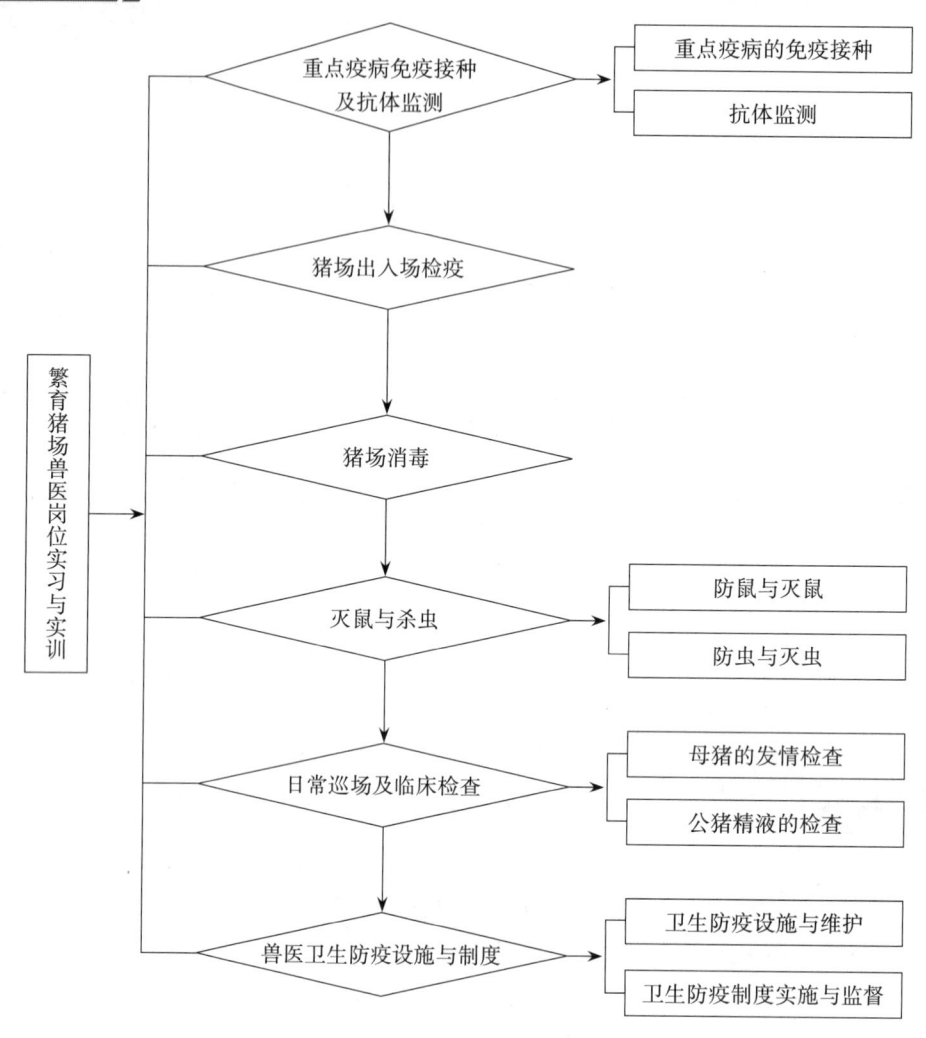

```
                                    ┌─ 重点疫病的免疫接种
               重点疫病免疫接种 ─────┤
               及抗体监测            └─ 抗体监测
                      ↓
               猪场出入场检疫
                      ↓
繁                  猪场消毒
育                    ↓
猪                                  ┌─ 防鼠与灭鼠
场            灭鼠与杀虫 ───────────┤
兽                                  └─ 防虫与灭虫
医                    ↓
岗                                  ┌─ 母猪的发情检查
位          日常巡场及临床检查 ─────┤
实                                  └─ 公猪精液的检查
习                    ↓
与                                  ┌─ 卫生防疫设施与维护
实        兽医卫生防疫设施与制度 ───┤
训                                  └─ 卫生防疫制度实施与监督
```

# 第一节 繁育猪场重点疫病的免疫接种及抗体监测

## 一、重点疫病免疫接种

### (一) 免疫接种疫苗及程序

规模化猪场繁育猪保健与疫病防治是养猪生产的关键之一，特别是传染病、寄生虫病的发生和发展与猪的健康水平有很大的关系。免疫接种是预防猪某些主要传染病最重要的手段之一，通过接种病毒、细菌及其抗原成分使机体产生特异性抗体，可使易感猪变成非易感猪，进而最大限度地保障其健康。我国地域辽阔，猪场多而分布广，各地区、各猪场重点疫病流行、发生的特点有很大差异，因此免疫接种需注意以下几个问题：①根据实际情况选择并确定接种疫苗种类；②接种前仔细检查猪群的健康状况，对健康状况差或处于怀孕期的母猪进行暂时接种排除；③同一时间需接种两种以上疫苗时，要考虑疫苗之间的相互影响；④要制定符合本猪场实际需要的免疫程序；⑤注射部位应严格消毒。

生产母猪免疫参考程序见表5-1。

表5-1 生产母猪免疫参考程序

| 接种时间 | 疫苗名称 | 剂量 | 免疫方法 | 备注 |
| --- | --- | --- | --- | --- |
| 产前45 d | 口蹄疫二联或三联苗 | 3 mL | 肌内注射 | 配合应用合成肽或"206"佐剂效果更佳 |
| 产前40 d | 大肠杆菌多价苗 | 1头份 | 肌内注射 | 视生产环境而定 |
| 产前35 d | 链球菌疫苗 | 2头份 | 肌内注射 | |
| | 猪伪狂犬基因缺失苗 | 2~3 mL | 肌内注射 | |
| 产前21 d | 猪胃流二联苗 | 4 mL | 后海穴注射或肌内注射 | 视疫病流行情况而定 |
| 产前15 d | 大肠杆菌多价苗 | 1头份 | 肌内注射 | |
| 产后10 d | 猪瘟细胞苗或组织苗 | 4头份 | 肌内注射 | |
| 产后15 d | 细小病毒疫苗 | 2 mL | 肌内注射 | |
| | 高效五号苗 | 3 mL | 肌内注射 | |
| 产后20 d | 猪链球菌病二价灭活苗 | 2头份 | 肌内注射 | |
| | 猪丹毒-猪肺疫二联活疫苗 | 2头份 | 肌内注射 | |

续表

| 接种时间 | 疫苗名称 | 剂量 | 免疫方法 | 备注 |
|---|---|---|---|---|
| 产后25 d | 猪繁殖与呼吸综合征灭活苗 | 2 mL | 肌内注射 | |
| 产后30 d | 猪伪狂犬基因缺失苗 | 2～3 mL | 肌内注射 | |
| | 猪传染性胸膜肺炎灭活苗 | 2 mL | 皮下注射 | |
| 3,9月中旬 | 猪丹毒-猪肺疫二联活疫苗 | 2头份 | 肌内注射 | 空怀期使用 |
| 4月上旬 | 乙型脑炎活疫苗 | 1.5头份 | 肌内注射 | 5月上旬加强一次 |

种公猪免疫参考程序见表5-2。

表5-2 种公猪免疫参考程序

| 接种时间 | 疫苗名称 | 剂量 | 免疫方法 | 备注 |
|---|---|---|---|---|
| 3,9月上旬 | 猪丹毒-猪肺疫二联活疫苗 | 2头份 | 肌内注射 | 注意两次免疫间隔时间为1周 |
| | 猪链球菌病二价灭活苗 | 2头份 | 肌内注射 | |
| 每年普防3次 | 猪伪狂犬基因缺失苗 | 2～3 mL | 肌内注射 | 间隔4个月免疫1次 |
| 3,9月中旬 | 猪瘟细胞苗或组织苗 | 4头份或1头份 | 肌内注射 | |
| | 猪传染性胸膜肺炎灭活苗 | 2 mL | 皮下注射 | |
| | 猪繁殖与呼吸综合征灭活苗 | 2 mL | 肌内注射 | |
| | 猪传染性萎缩性鼻炎二联灭活苗 | 2 mL | 皮下注射 | |
| 每年普防3次 | 高效五号苗 | 3 mL | 肌内注射 | |
| 3月中旬 | 细小病毒疫苗 | 2 mL | 肌内注射 | |
| 4月上旬 | 乙型脑炎活疫苗 | 1.5头份 | 肌内注射 | 5月上旬加强一次 |

**(二)疫苗免疫接种方法**

**1. 皮下注射**

注射部位以皮肤较薄、皮下组织疏松处为宜,猪一般在颈部两侧。如猪丹毒、猪巴氏杆菌病二联灭活疫苗皮下注射一般选用9～16号针头,注射时对注射部位消毒(用70%酒精或2%碘酊涂抹消毒,规范操作为先用2%碘酊涂抹注射部位皮肤1次,再用70%酒精涂抹注射部位皮肤1次)。一般用左手拇指和食指捏起注射部位皮肤,使皮肤与针刺角度呈45°角,右手持注射器,或用右手拇指、食指和中指单独捏住针头座,将针头迅速刺入捏起的皮肤皱褶内,使针尖刺入皮肤皱褶内1.5～2.0 cm深,然后松开左手,连接针头和针管,将药液徐徐注入皮下。注射完毕后,拔出注射器及针头,再用酒精棉球消毒1次。

**2. 肌内注射**

肌内注射的部位一般选择在肌肉层较厚的颈部。如在耳根后肌内注射猪口蹄疫灭活疫苗，使用9~16号针头，注射时，对注射部位剪毛消毒（消毒方法同上），取下注射器的针头，以右手拇指、食指和中指捏住针头座，对准消毒好的注射部位，将针头用力刺入肌肉内，然后连接吸好药液的针管，徐徐注入药液。注射完毕后，拔出针头，针眼以酒精棉球消毒。也可用右手手握连接针头的注射器，以针头对准消毒后注射部位快速刺入至针头的2/3，再以左手固定针筒，右手缓慢推注药液。注射完毕后立即拔针、消毒。

**3. 后海穴注射**

后海穴即尾根与肛门中间凹陷的小窝部位。注射疫苗的进针深度按猪龄大小不同为0.5~4 cm不等；3日龄仔猪为0.5 cm，随猪龄增大则进针深度增大，成猪为4 cm，进针时保持与直肠平行或稍偏上。如注射猪传染性胃肠炎、猪流行性腹泻二联灭活疫苗时常选择后海穴。

**4. 口服法**

仔猪副伤寒活疫苗、猪巴氏杆菌活疫苗等，按疫苗免疫方法及用量可进行口服。

**（三）疫苗免疫接种注意事项**

**1. 猪场疫苗选择**

猪场应安排专职人员采购、运输及保管疫苗，在疫苗购回后，应及时咨询相关技术人员，再选择冷冻或冷藏保存疫苗。

**2. 注意猪群健康**

疫苗免疫接种前，应详细了解被接种猪只的健康状况。凡瘦弱，有慢性病，正在发病、发烧，精神不佳或存在其他临床症状的猪只不宜接种。

**3. 保证疫苗质量**

疫苗使用前要逐瓶检查，装药玻瓶应无破损，瓶塞要密封，瓶签上有关药品名称、批号、有效日期、容量、检验号码及使用方法的记载必须清楚，药品的色泽及物理性状必须与说明书相符。

**4. 接种疫苗所用的注射器应大小适宜**

小剂量注射时，不宜使用大量程注射器，以保证剂量的准确，即10 kg体重以下的猪用1.2~1.8 cm长的9号针头；10~30 kg体重的猪用1.8~2.5 cm长的12号针头；30~100 kg体重的猪用2.5~3.0 cm长的16号针头；100 kg体重以上的猪用3.8~4.4 cm长的16号针头。金属注射器、针头、滴管等在接种前后，均要煮沸消毒。不论给多少猪只接种，都应该做到每注射1头猪更换1个针头。

**5. 科学接种两种及以上的不同疫苗**

同时接种两种及以上的不同疫苗时，注射器及针头不得交互使用，且应接种在不同部位。如果几种疫苗的副反应较小，如气喘病疫苗、萎缩性鼻炎疫苗、伪狂犬病疫苗等可同时接种，无需间隔使用。但应注意：由于佐剂、成分和含量等不同，不可将几种疫苗混合后再用，只能分点注射，以免影响疫苗的免疫力。若几种疫苗中有一种或两种免疫副反应强烈、易导致过敏，应禁止同时使用。如猪副伤寒弱毒菌苗和猪传染性胸膜肺炎灭活菌苗不应与其他疫苗同时接种,其间应间隔数天或1周。鉴于蓝耳病疫苗与猪瘟苗存在相互干扰的现象,两种疫苗接种时应间隔2周以上。

**6. 规范接种**

在进行疫苗免疫接种时,疫苗从冰箱内取出后,应恢复至室温再进行免疫接种(特别是灭活疫苗)。使用前要充分振荡摇匀。冻干苗需按每瓶分装量用瓶签规定的稀释液充分溶解后使用。免疫接种过程中活毒疫(菌)苗,应严防活疫(菌)苗外溢。凡污染之处,均要消毒。用过的空瓶要高压消毒后再处理。经口免疫(饮水或喂食),一般要停饮或停喂半天。按规定稀释的疫(菌)苗,应迅速饮喂。为使每头猪均做到有效免疫,可分2次饮服,第一天饮一半剂量,第二天再饮一半剂量。气温骤变等应激因素发生时,应避免进行免疫接种。在高温或高寒天气注射疫苗时,应选择合适时间注射,并提前2～3 d在饲料或饮用水中添加抗应激药物(如氨基维他、复方多糖"莱必达"等),可有效缓解猪只的应激反应。

**7. 接种后的反应和处理**

部分疫苗在制备过程中需要添加必不可少的某些物质(如:营养素、动物血清、组织、异源蛋白等)或使用佐剂等,免疫后容易引起过敏反应,故在注射后应仔细观察一段时间,若发现严重过敏反应,应立即使用适当药物进行脱敏,必要时须进行治疗,以免引起不必要的损失。

**8. 紧急免疫接种**

紧急免疫接种时应注意接种顺序,必须对全群猪进行细致的检查,将临床健康猪与病猪分开接种,或者先接种临床健康猪,再接种病猪。要做好注射器和拟注射部位皮肤的消毒,且注射时每注射一头猪必须更换一个注射针头。也可将数十个注射针头浸泡在刺激性较小的消毒液(如0.2%的新洁尔灭)中,轮换使用。

**9. 免疫接种标记和档案建立**

免疫接种后,兽医人员应对接种繁育猪群做好个体标记、免疫接种记录,包含疫苗种类、生产厂家及批号、接种日期等。繁育猪场兽医室还应建立完善详细的免疫接种档案,明确记载每一次疫苗接种的疫苗种类、生产厂家及批号、接种日期、接种后的反应等。

猪免疫记录表如表5-3所示。

表5-3 猪免疫记录表

| 免疫日期 | 猪舍编号 | 日龄 | 数量 | 免疫证号 | 疫苗 ||||  免疫方法 | 剂量 | 操作人 |
| --- | --- | --- | --- | --- | --- | --- | --- | --- | --- | --- | --- |
|  |  |  |  |  | 名称 | 厂家 | 批号 | 购入单位 |  |  |  |
|  |  |  |  |  |  |  |  |  |  |  |  |
|  |  |  |  |  |  |  |  |  |  |  |  |
|  |  |  |  |  |  |  |  |  |  |  |  |

## 二、疫苗免疫抗体监测

机体接种疫苗后,产生特异性抗体并且维持一段时间,抗体水平的高低可以衡量猪抵抗疫病风险的能力,确定加强免疫的时间。因此,有计划地开展抗体水平监测,可以及时了解疫苗的免疫效果,从而确定免疫是否成功,确认再次接种疫苗的时间;通过对猪群抗体水平整齐程度的监测,了解猪群的免疫状态,关注猪群免疫水平的动态学变化,评估疫病的净化效果,分析疾病发生的动态,还可以为某些疫病早期诊断、免疫程序制订与修改提供参考。免疫抗体监测常用的方法主要有琼脂扩散试验、血凝与血凝抑制试验、正相间接血凝试验、酶联免疫吸附试验等。

### (一)猪场样品采集要求

血清的采集、保存与运输:选用真空管、无菌注射器等采血器械。采血量须满足检测要求,一般采血量2~3 mL。猪从前腔静脉或耳静脉采血。采集的样品需要进行标记,室温静置自然析出血清或经离心分离血清,按需要分装密封。血清样品尽快送检。一般可在4 ℃左右保存(不能超过3 d),需较长时间才能送检的血清样品,应−20 ℃及以下冷冻保存。不得反复冻融,否则蛋白降解,抗体效价下降。所检血清样品要求新鲜,不能有溶血、污染、腐败等情况。

全血的采集、保存与运输:全血样品一般为抗凝血。抗凝剂可选肝素或EDTA。枸橼酸钠对病毒有轻微毒性,一般不宜采用。采血前,在真空采血管或其他容器内每10 mL血液加入0.1%肝素1 mL或EDTA 20 mg。采集的血液立即与抗凝剂充分混合,防止凝血。采集的血液经密封后贴上标签,以冷藏状态立即送实验室。必要时,可在血液中每毫升加入青霉素和链霉素各500~1 000 IU,以抑制血源性或采血过程中污染的细菌。

分泌物棉拭子的采集、保存与运输:将消毒棉拭子插入动物气管、肛门等,采集气管、直肠黏液或粪便,立即放入灭菌的试管或瓶中密封,或在试管内加入少量含抗生素的pH=7.0~7.4的PBS液再密封,并贴上标签。气管棉拭子悬液中,每毫升应含青霉素2 000 IU、链霉素2 mg。泄殖腔棉拭子悬液的抗生素浓度应提高5倍,加入抗生素后pH应调至7.0~7.4。样品应尽快处理,没有条件的可在4 ℃存放几天,也可于低温条件下保存(−70 ℃贮存最好)。也可保存在50%甘油生理盐水或50%甘油磷酸盐缓冲液中,24 h内冷藏送往检测实验室。

进行细菌检验的组织样品,应新鲜并以无菌技术采集。采集的所有组织应分别放入灭菌的容器内或无菌的塑料袋内,贴上标签,立即冷藏送实验室(不能冷冻保存,否则细菌会死亡)。

采样单要求填写认真、详细、完整、真实。采样单如实记录场名、联系人、样品编号、畜群健康状况、免疫情况等内容,便于试验结果的分析判断。

采样诊断时,在生物安全环境下采集1~3头病死动物或有典型病变动物的器官组织、血清。进行免疫效果监测时,根据畜群大小、周边疫情流行情况评价估算感染率和采样数量,一般每群血清样品应采集20~30份。在进行抗体免疫监测时具体抽样比例可参见表5-4,不同猪群随机抽样,每一猪群抽样总数不超过300头。

表5-4　规模化猪场抗体监测抽样比例

| 猪场规模/头 | 抽样比例 |
| --- | --- |
| 50 | 100% |
| 100 | 50% |
| 1 000 | 20%～30% |
| 5 000 | 4%～6% |
| 10 000 | 2%～3% |

### (二)抗体效价测定(猪瘟抗体阻断ELISA,以IDEXX公司试剂盒为例)

**1.原理**

猪瘟病毒抗体ELISA检测试剂盒是用来检测猪血清或血浆中猪瘟病毒抗体的检测试剂盒。该试剂盒是用猪瘟病毒抗原包被的微量反应板,利用阻断ELISA原理来检测猪血清或血浆中猪瘟病毒抗体水平。如果被检样品中存在猪瘟病毒抗体,它们就会阻断辣根过氧化物酶标记的抗猪瘟病毒的单克隆抗体与猪瘟病毒抗原的结合。单克隆抗体与猪瘟病毒抗原的结合情况可以通过辣根过氧化物酶与底物的显色程度进行判定,即用酶标仪测定该反应体系的吸光度。当被检样品中含有猪瘟病毒抗体(阳性结果)时,显色就会变浅,当被检样品中不含有猪瘟病毒抗体(阴性结果)时,显色就会变深。样本的阻断率可以通过样本吸光度与阴性对照吸光度的比值来确定。一个ELISA反应板可以检测92份样品(另加2个对照,每个双孔),或46个未知样品,每个样品加双孔。双孔检测法有利于提高检测结果的准确性。

**2.适用范围及结果判定**

用于检测猪瘟病毒免疫抗体。被检样本的阻断率大于或等于40%,该样本就可以被判为阳性(有猪瘟病毒抗体存在)。被检样本的阻断率小于或等于30%,该样本就可以被判为阴性(无猪瘟病毒抗体存在),被检样品的阻断率在30%～40%之间,应在数日后再对该动物进行重测。

### (三)几种主要疫病的监测

为减少和避免重大疫病的发生和流行,繁育猪场应对危害较大的几种疫病进行定期或随机监测。有条件的大型猪场可自建符合要求的实验室进行检测;无条件的猪场可将可疑病料(包括分泌物、排泄物)或猪血液、血清及时送至有条件的兽医诊断部门或第三方检测机构,常见检测项目及方法见表5-5。

表5-5 猪病常用检测项目及方法

| 检测项目 | 检测方法 | 样品要求 | 备注 |
| --- | --- | --- | --- |
| 非洲猪瘟 | 荧光定量PCR | 咽、鼻拭子,血液 | 检测病毒 |
| 猪瘟 | 荧光定量PCR<br>ELISA<br>ELISA（进口）<br>正向间接血凝 | 扁桃体、淋巴结、肝脏<br>血清<br>血清<br>血清 | 检测病毒<br>检测病毒<br>检测抗体<br>检测抗体 |
| 口蹄疫 | ELISA<br>荧光定量PCR<br>正向间接血凝 | 血清<br>水疱液、水疱皮<br>血清 | 检测病毒<br>检测病毒<br>检测抗体 |
| 圆环病毒2型 | ELISA<br>荧光定量PCR | 血清<br>脾、淋巴结、血清 | 检测抗体<br>检测病毒 |
| 蓝耳病 | ELISA<br>荧光定量PCR | 血清<br>脾、淋巴结、血清 | 检测抗体<br>检测病毒 |
| 猪伪狂犬病 | ELISA<br>ELISA<br>荧光定量PCR | 血清<br>血清<br>血清、淋巴结、扁桃体、肝脏、流产死胎、肺 | 检测病毒<br>检测抗体<br>检测病毒 |
| 猪传染性胸膜肺炎 | 间接血凝<br>ELISA | 血清<br>血清 | 检测抗体<br>检测抗体 |
| 乙型脑炎 | 荧光定量PCR | 脑、淋巴结、扁桃体、肝脏、流产死胎 | 检测病毒 |
| 猪细小病毒病 | 荧光定量PCR | 肝脏、肠系膜淋巴结、扁桃体 | 检测病毒 |

## 第二节 繁育种猪及其产品出入场检疫

为了防止动物疫病传播,促进养殖业的发展,维护公共卫生安全,繁育猪场引种及其产品离开生产地前,应按我国《动物防疫法》《动物检疫管理办法》的相关规定申报和进行检疫。引种和出场必须做好检疫工作。

### 一、出场检疫工作

**1. 检疫申报**

猪及其产品(种精、胚胎)等在离开生产猪场时,兽医人员应提前向当地动物卫生监督机构进行检疫申报,可采用申报点填报、传真、电话等方式申报,均需填写、提交动物检疫申报单。跨省(自治区、直辖市)调运种猪、精液、胚胎等,还应提交输入地省级动物卫生监督机构审批的"跨省引进种用动物检疫审批表"。

**2. 检疫协助**

动物卫生监督机构接到检疫申报后,应于规定时间内做出受理或不予受理决定,并通知到场。受理的,会给出检疫申报受理单,并派出官方兽医到场或到指定检疫地点实施检疫。兽医应协助官方兽医的检疫工作,包括提交"动物防疫条件合格证",养殖档案,猪场日常诊疗、消毒、免疫、无害化处理记录,精液和胚胎的采集、存储、销售等记录,协助查验。若官方兽医需要抽取猪只血液、精液、胚胎样品送省级动物卫生监督机构指定的实验室进行检测,兽医人员应给予必要的协助或自主完成采样。

出场猪只及产品检疫合格的,应及时到动物卫生监督机构领取动物检疫合格证,便于场部安排后期工作。经检疫不合格的,应按照官方兽医出具的"检疫处理通知单"要求,遵照农业农村部规定的技术规范进行处理。

### 二、入场检疫工作

繁育猪场为了自身发展和生存,常会自国内外购入或引进种猪、种精或胚胎。凡新购入的种猪、种精或胚胎均应进行切实检疫,符合要求后方可进入猪场,以防止外来疫病对猪群的危害。

**1. 证明资料查验**

购入的猪只及其产品到达猪场隔离舍后,不可马上卸车。兽医人员需安排人员对车辆进行消毒,仔细查验购入动物的产地检疫合格证是否符合要求;猪只品种、数量、产地是否与证单相符;运输过程经过疫区的,要询问经过疫区后是否消毒、是否逗留;查验免疫档案,确认猪只是否进行了国家规定的强制免疫疾病免疫、是否在有效保护期;确认购入动物是否来自疫区,调运的种精、胚胎是否符合种用动物健康标准等等。

**2. 临床检查检疫**

购入动物到达隔离场后,官方兽医和猪场兽医查验各种证明资料,合格后方可卸车、进入隔离场进行饲养观察。临床检查检疫可安排在动物到场后 3~7 d 内进行。检查主要包括群体检查和个体检查两个方面。群体检查时,主要运用视诊方法观察猪群精神状况、外貌、呼吸状态、运动状况、饮食欲、反刍及排泄物状态等。个体检查时,常应用视诊、触诊、听诊等方法,检查猪只精神状况、体温、呼吸、皮肤、被毛、可视黏膜、胸腹内脏器官、体表淋巴结、排泄情况及排泄物性状等。

## 第三节 繁育猪场消毒

猪场消毒是用物理、化学及生物学方法杀灭或清除饲养环境、饮用水中各种病原微生物的过程。为切断传染病的传播途径,预防和控制疫病流行,降低疫病发生造成的经济损失,保障人畜健康,猪场应切实开展消毒工作。一般来说,猪场消毒对于有效防控呼吸系统、消化系统及表皮的各类传染病有重要意义。猪场消毒是兽医卫生工作的一项重要内容,也是综合性疫病防控的重要措施之一。

### 一、常用消毒设备及用途

高压清洗机可用于猪床、粪沟、墙壁等位置的污物清洗,其清洗效果好、效率高。喷雾火焰消毒器既可用于火焰消毒,也可用于喷雾消毒,适用于墙角、墙缝、深坑等处的彻底消毒。高压蒸汽灭菌锅主要用于兽医诊疗室注射、手术等器械消毒。灭菌消毒紫外灯可杀灭各种微生物(包括病毒和立克次氏体),多安置在人员消毒室,在不低于 1 W/m³ 的配置下,可对进入养殖场的人员进行有效消毒。喷雾器,如背负式手动喷雾器是猪场对地面、圈舍、其他养殖设施等进行消毒常使用的化学消毒设备,其价格便宜、结构简单、保养方便、喷洒效率较高;大型猪场为提高工作效率,还常常选用高压机动喷雾消毒器。消毒液机是以食盐和水为原料通过电化学方法产生次氯酸、二氧化氯复合消毒剂的专业设备,对各种病原体均有杀灭作用,适用于猪场各类设施、人员的防护消毒及疫情污染时的大面积消毒。此外,还有用于日常机械清扫、冲洗的铁扫帚、粪铲、粪车,养殖人员专用的猪舍工作服、胶靴、胶手套及专用洗衣机等。超声雾化消毒机(壁挂式)采用感应控制系统,可感应距离为 5 m,能区分进出方向,可实现单向消毒自动化控制,消毒时间可自行设定;可雾化出1~5 μm的雾颗粒并迅速弥散至整个空间,雾量大,消毒舒适;主要用于办公区至生产区、生产区之间的人员通道、关卡的消毒。

## 二、繁育猪场消毒方法

**1. 日常进入人员、车辆和设备用具的消毒**

(1)非饲养人员的消毒。

出入猪场人员(场长、经理、办公室的行政管理人员、来宾等)的衣服、鞋子可被细菌或病毒等病原微生物污染,成为传播疫病的媒介。猪场要有针对性地建立防范对策和消毒措施,防控进场人员(特别是外来人员)传播疫病。为了便于实施消毒,切断传播途径,需在猪场大门的一侧和生产区设更衣室、消毒室和淋浴室,供外来人员和管理人员更衣、消毒。要限制与生产无关的人员进入生产区。在猪场入口处,设专职消毒人员、喷雾消毒器、紫外线杀菌灯、脚踏消毒槽(池),对出入的人员实施衣服喷雾、紫外线照射消毒和脚踏消毒。

(2)工作人员的消毒。

猪场工作人员是将病原带入猪场或形成场内感染的一个重要因素,因此进入生产区时,要更换工作服(衣、裤、靴、帽等),必要时进行淋浴消毒,并在工作前后洗手消毒(即用肥皂洗净手后,浸于1∶1 000的新洁尔灭溶液内5~10 min,清水冲洗后抹干),然后通过脚踏消毒池进入生产区。同时生产人员的一切可染疫的物品不准带入场内,凡进入生产区的物品必须进行消毒处理。工作服、鞋帽应于每天下班后挂在更衣室内,用足够强度的紫外线灯照射消毒。

(3)负责免疫工作的技术人员的消毒。

除做好上述消毒工作外,每免疫完一栋猪舍,应用消毒药水洗手,工作服应用消毒药水泡洗10 min后在阳光下暴晒消毒。

(4)出入车辆的消毒。

猪场门口消毒池的大小一般为长5~7 m,宽3 m,深0.5~0.7 m。同时为了便于消毒,大、中型养猪场可在大门口设置与门同等宽的自动化喷雾消毒装置。小型猪场设喷雾消毒器,对出入车辆的车身和底盘进行喷雾消毒。消毒槽(池)内铺草垫浸以消毒液,供车辆通过时进行轮胎消毒。消毒槽(池)的消毒剂,最好选用耐有机物、耐日光、不易挥发、杀菌谱广、杀菌力强的消毒剂,并按时更换,以保持消毒效果。车辆消毒一般可使用优氯净、过氧乙酸、苛性钠、抗毒威及农福等。

(5)出入场设备用具的消毒。

装运产品容器、猪笼、猪箱等以及其他用具,都可成为传播疫病的媒介。因此,对由场外运入的容器与其他用具,必须做好消毒工作。为防疫需要,应在猪场入口附近(和猪舍有一定距离),设置容器消毒室,对由场外运入的容器及其他用具等,进行严格消毒。消毒时注意勿使消毒废水流向猪舍,应设置排水沟,并作相应处理。

**2. 猪舍及产房消毒**

猪舍是猪生活活动的场所，由于环境和猪本身的影响，猪舍内容易存在和滋生微生物。在猪淘汰、转圈后或入舍前，对猪舍进行彻底清洁消毒，为进舍猪群创造一个洁净卫生的条件，是减少猪疫病发生，维护猪健康和提高猪生产能力的前提。

(1) 猪舍消毒工作原则。

猪舍消毒工作目的是尽可能地减少病原微生物的种类及数量。消毒工作应遵循一定的原则：①所选用的消毒剂应与清洁剂相溶。如果所用清洁剂含有阳离子表面活性剂，则消毒剂中应无阴离子物质（酚类及其衍生物如甲酚不能与非离子表面活性剂和阳离子物质如季铵盐相溶）。②大多数消毒工作应在非常清洁的表面上进行，因为残留的有机物有可能使消毒剂效果降低甚至失效。③在固定地点进行设备清洁和消毒更有利于卫生管理。④用高压冲洗器进行消毒时，所选压力应低一些。⑤经化学药液消毒后再熏蒸消毒，能获得最佳的消毒效果。

(2) 猪舍清洁。

应用合理的清理程序能有效地清洁猪舍及相关环境。好的清洁工作应能清除场内70%以上的致病微生物，这将有助于消毒剂更好地杀灭余下的病原微生物。猪舍清理可按照以下程序进行：首先移走猪，并清除地面和裂缝中的垫料，将杀虫剂直接喷洒于舍内各处。彻底清理更衣室、卫生隔离栅栏和其他与猪舍相关场所；彻底清理饲料输送装置、料槽、饲料贮器、运输器以及称重设备。检查所有清洁过的房屋和设备，注意是否有污物残留，有残留的设备再次清洗和消毒。清洗工作服和靴子。

(3) 猪舍饮水系统的清洁与消毒。

对于封闭的乳头饮水系统而言，可通过松开部分的连接点来确认其内部的污物。污物可粗略地分为有机物（如细菌、藻类或霉菌）和无机物（如盐类或钙化物）。可用碱性化合物或过氧化氢去除前者，用酸性化合物去除后者，但这些化合物都具有腐蚀性。封闭的乳头或杯形饮水系统先高压冲洗，再将清洁液灌满整个系统，并通过每个连接点的化学药液气味或测定其pH值来确认是否被充满。浸泡24 h以上，充分发挥化学药液的作用后，排空系统，并用清水彻底冲洗。

开放的圆形和杯形饮水系统用清洁液浸泡2～6 h，将钙化物溶解后再冲洗干净，如果钙质过多，则必须刷洗。将管道灌满消毒药，浸泡一定时间后，冲洗干净并检查是否残留有消毒药；开放的部分则可在浸泡消毒液后冲洗干净。

(4) 猪舍的消毒步骤。

对猪舍按以上清洁程序进行清洁后，用冲洗用高压水枪冲洗猪舍的墙壁、地面、屋顶和不能移出的设备用具，不留一点污垢，有些设备不能冲洗可以使用抹布擦净上面的污垢。消毒药喷洒猪舍并冲洗干燥后，用5%～8%的氢氧化钠溶液喷洒地面、墙壁、屋顶、笼具、饲槽等2～3次，用清水洗刷饲槽和饮水器。其他不能用水冲洗和用氢氧化钠消毒的设备可以用其他消毒液涂擦。猪舍内移出的设备用具放到指定地点，先清洗，再消毒。能够放入消毒池内浸泡的，最好放在3%～5%的氢氧化钠溶液或3%～5%的福尔马林溶液中浸泡3～5 h；不能放入池内的，可以使用3%～5%的氢氧化钠溶液彻底全面喷洒。消毒2～3 h后，用清水清洗，放在阳光下曝晒备用。熏蒸消毒时，能够密闭的猪舍，特别是仔猪舍，将移出的设备和需要的设备用具移入舍内，密闭熏蒸后待用。熏蒸常用的药物种类、用量与作用时间，随甲醛气体产生的方法与病原微生物的种类不同而有差异。在室温为18～20 ℃，相对湿度为70%～90%时，处理剂量见表5-6。

表5-6　甲醛熏蒸消毒处理剂量及作用时间

| 产生甲醛蒸气方法 | 微生物类型 | 使用药物与剂量 | 作用时间/h |
| --- | --- | --- | --- |
| 福尔马林加热法 | 细菌繁殖体<br>细菌芽孢 | 福尔马林12.5～25 mL/m$^3$<br>福尔马林25～50 mL/m$^3$ | 12～24 |
| 福尔马林高锰酸钾法 | 细菌繁殖体 | 福尔马林42 mL/m$^3$，<br>高锰酸钾21 g/m$^3$ | 12～24 |
| 福尔马林漂白粉法 | 细菌繁殖体 | 福尔马林20 mL/m$^3$，<br>漂白粉20 g/m$^3$ | 12～24 |
| 多聚甲醛加热法 | 细菌芽孢 | 多聚甲醛10～20 g/m$^3$ | 12～24 |
| 醛氯消毒合剂 | 细菌繁殖体 | 3 g/m$^3$ | 1 |
| 微囊醛氯消毒合剂 | 细菌繁殖体 | 3 g/m$^3$ | 1 |

（5）空舍清洗消毒的基本程序。

猪舍空舍清洗消毒的基本程序见表5-7。

表5-7　猪舍空舍清洗消毒的基本程序

| 步骤 | 操作方法 | 清洗用品或消毒药及浓度 | 消毒要领 | 消毒目的 | 作用时间 |
| --- | --- | --- | --- | --- | --- |
| 第一步 | 干洗 | 可稍微喷洒一点低浓度的消毒药或水 | 清除剩料，移出器具，彻底除粪和清扫 | 除尘，除去大部分病原体 | |
| 第二步 | 预洗浸湿 | 低压水 | 每隔1 h喷一次水 | | 6 h以上 |
| 第三步 | 主清洗 | 高压水 | 清洗猪舍、用具；用水量应大于18 L/m$^2$，最好加入少量洗衣粉等去污剂；使用高压水枪时，压力不小于80 kg/cm$^2$；水温50 ℃以上 | 冲洗掉大部分有机物；除去部分病原体 | |

续表

| 步骤 | 操作方法 | 清洗用品或消毒药及浓度 | 消毒要领 | 消毒目的 | 作用时间 |
|---|---|---|---|---|---|
| 第四步 | 干燥后打泡沫 | 强碱性凝胶或1%~2%氢氧化钠 | 喷洒 | 除去部分病原体 | 15 min |
| 第五步 | 第二次清洗 | 高压水 | | | |
| 第六步 | 漂净 | 低压水 | 移进清洗干净的用具,整理维修机械设备 | | |
| 第七步 | 消毒 | 广谱消毒剂 | 用高压喷雾器,压力不得低于50 kg/cm²;按先顶棚、后墙壁,再地面的顺序喷洒 | 进一步除去部分病原体 | 最少10 min |
| 第八步 | 干燥后甲醛熏蒸消毒 | 按表5-6所列浓度 | 关闭门窗、封闭粪沟后用氧化法或加热法熏蒸 | 进一步除去部分病原体 | |
| 第九步 | 消毒 | 广谱消毒剂 | 隔1 d喷雾 | | 最少10 min |

（6）产房消毒。

猪产房地面和设施的清洗和消毒同"空舍清洗消毒的基本程序"。在最后一次消毒后通风3~6 h可以进待产母猪。母猪进入产房前应全身洗刷干净,再采用"带猪消毒"法将其全身消毒后进入产房,母猪分娩前用消毒药（如百胜-30等）擦拭乳房和阴部。分娩完毕,再用强效碘抹拭乳房、阴部和后躯,并及时清理胎衣和产房。

**3.饮用水消毒**

水是生命体赖以生存的关键物质。水在猪体内一系列生理过程中发挥着重要作用,其功能包括:①溶剂作用,机体的所有代谢过程均在水中进行,而且要求水的含量适中;②参与多种代谢反应;③营养物质的消化、吸收和运输;④代谢产物的排泄;⑤通过肺进行蒸发散热,调节体温。不同猪群每天的饮水量和需水量见表5-8。水中的微生物主要来自土壤、空气、动物排泄物、生活污物等。微生物在水中的分布及含量很不均匀,它受水的类型、有机物的含量及环境条件等因素的影响,且常常因水的自净作用而难以长期生存。但也有一些病原微生物可在水中生存相当长时间（见表5-9）,并可通过水进行传播,引起疫病。为了杜绝经水传播的疾病发生和流行,保证猪只健康,水源水必须经过消毒处理后才能饮用。

表5-8  不同猪群每天饮水量与需水量

| 猪的种类 | 饮水量/(L/头) | 总需水量/(L/头) |
|---|---|---|
| 空怀母猪 | 12 | 25 |
| 妊娠母猪 | 12 | 25 |
| 哺乳母猪 | 20 | 60 |
| 断奶母猪 | 2 | 5 |
| 育肥猪 | 6 | 15 |
| 后备猪 | 6 | 15 |
| 种公猪 | 10 | 25 |

表5-9  病原微生物在各种水中生存的时间

单位:d

| 病原微生物 | 灭菌的水 | 被污染的水 | 自来水 | 河水 | 井水 |
|---|---|---|---|---|---|
| 大肠杆菌 | 8～365 |  | 2～262 | 21～183 |  |
| 伤寒沙门菌 | 6～365 | 2～42 | 2～93 | 4～183 | 1.5～107 |
| 志贺杆菌 | 2～72 | 2～4 | 15～27 | 12～92 |  |
| 霍乱弧菌 | 3～392 | 0.5～213 | 4～28 | 0.5～92 | 1～92 |
| 钩端螺旋体 | 16 |  |  | ≤150 | 7～75 |
| 土拉杆菌 | 3～15 | 2～77 | ≤92 | 7～31 | 12～60 |
| 布鲁氏菌 | 6～168 |  | 5～85 |  | 4～45 |
| 坏死杆菌 |  |  |  | 4～183 |  |
| 结核杆菌 |  |  |  | 150 |  |
| 口蹄疫病毒 |  | 103 |  |  |  |

实施饮用水消毒,可以大大减少水中细菌与病毒的数量,有的消毒药还能杀死寄生虫虫卵,从而减少病毒、细菌及寄生虫等引起的传染性疾病的发生。尤其是没有条件进行带猪喷雾消毒的养猪场,以及在寒冷的冬季因保温条件不好而不能进行带猪喷雾消毒时,更有必要进行饮用水消毒,采用饮用水消毒可以节省劳力。如采用流水槽给水,在夏季每2 d必须清扫1次,而实施饮用水消毒后则每周清扫1次即可。饮用水消毒可以防止给水器或水管形成菌垢(细菌的结块),或长苔而阻塞,对抗生素药物治疗无效的病毒病也有一定防控作用。经消毒后的水质应达到《生活饮用水卫生标准》(GB 5749—2022)要求。

(1)饮用水的消毒方法。

饮用水消毒方法分为两类:物理法和化学法。物理消毒法有煮沸消毒法、紫外线消毒法、超声波消毒法、磁场消毒法、电子消毒法等。化学消毒法是指使用化学消毒剂对饮用水进行消毒,是猪场饮用水消毒的常用方法,主要有氯消毒法、碘消毒法、溴消毒法、臭氧消毒法等。

(2)饮用水消毒常用的化学消毒剂。

做好饮用水消毒,最重要的是要选择有效且安全的消毒药。适合饮用水消毒的消毒药必须具备以下几个条件。①对病原微生物具有强大的杀灭作用。②长期使用对猪体无毒性、无副作用。③经试验测定无残留。④对人体无不良影响(如致畸性、致癌性等)。⑤经有关部门检验得到饮用水消毒的使用许可。用于猪饮用水消毒的化学药品主要有氯剂(如漂白粉、次氯酸钠、氯胺T)、碘剂(如碘化钾、氢多碘化四乙氨酸)、溴剂(如氯化溴、溴代三聚异氰酸)及阳离子与两性离子表面活性剂(如百毒杀、新洁尔灭)等。

在猪场常用于饮用水消毒的氯制剂有漂白粉、二氯异氰尿酸钠、漂白粉精、氯胺T等,其中前两者使用较多。如漂白粉用于饮用水消毒,每升饮用水加5～10 mg搅拌溶解。二氧化氯(俗称氯酸酐、亚氯酸酐)是目前饮用水最为理想的消毒剂,是一种很强的氧化剂,杀菌谱广,消毒效果不受水质、酸碱度、温度的影响,但是二氧化氯制剂价格较高,大量用于饮用水消毒会增加消毒成本。

(3)饮用水消毒的操作方法。

为了做好饮用水的消毒,首先必须选择合适的水源。在有条件的地方尽可能地使用地下水。在采用地表水时,取水口应在猪场、工业区和居民区的污水排放口上游,并与之保持较远的距离;取水口应建立在靠近湖泊或河流中心的地方,如果只能在近岸处取水,则应修建能对水进行过滤的滤井;在修建供水系统时应考虑到对饮用水的消毒方式,最好修建水塔或蓄水池。

一次投入法:在蓄水池或水塔内放满水,根据其容积和消毒剂稀释要求,计算出需要的化学消毒剂剂量,投入蓄水池或水塔内拌匀,让猪饮用。一次投入法需要在每次用完蓄水池或水塔中的水后再加水,加水后再添加消毒剂,需要频繁在蓄水池或水塔中加水加药,十分麻烦。适用于需水量不大的小规模猪场和有较大的蓄水池或水塔的猪场。

持续消毒法:猪场多采用持续供水,一次性向池中加入消毒剂,仅可维持较短的时间,频繁加药比较麻烦,为此可在贮水池中应用持续氯消毒法,一次投药后可保持7～15 d对水的有效消毒。方法是将消毒剂用塑料袋或塑料桶等容器装好,装入的量为用于消毒1 d饮用水的消毒剂的20倍或30倍量,将其拌成糊状,视用水量的大小在塑料袋(桶)上打0.2～0.4 mm的小孔若干个,将塑料袋(桶)悬挂在供水系统的入水口内,在水流的作用下消毒剂缓慢地从袋(桶)中释出。由于此种方法控制水中消毒剂浓度完全靠塑料袋(桶)上孔的直径大小和数目多少,因此一般应在第1次使用时进行试验,确保在7～15 d内袋(桶)中的消毒剂完全被释放。有可能时须测定水中的余氯量,必要时也可测定消毒后水中细菌总数来确定消毒效果。不同水源水消毒时大致加氯量见表5-10。

表5-10　不同水源水消毒时大致加氯量(漂白粉按含有效氯25%计算)

| 水源种类 | 加氯量/(mg/L) | 1 m³水中加入漂白粉的量/g |
| --- | --- | --- |
| 深井水 | 0.5～1.0 | 2～4 |
| 浅井水 | 1.0～2.0 | 4～8 |
| 土坑水 | 3.4～4.0 | 12～16 |
| 泉水 | 1.0～2.0 | 4～8 |
| 湖、河水(清洁透明) | 1.5～2.0 | 6～8 |
| 湖、河水(浑浊) | 2.0～3.0 | 8～12 |
| 塘水(环境较洁) | 2.0～3.0 | 8～12 |
| 塘水(环境不洁) | 3.0～4.5 | 12～18 |

(4)饮用水消毒的注意事项。

选用安全有效的消毒剂:饮用水消毒的目的虽然不是为了给猪饮消毒液,但归根结底消毒液会被猪摄入体内,而且是持续饮用。因此,对所使用的消毒剂,要认真地选择,以避免给猪带来危害。

正确掌握浓度:进行饮用水消毒时,要选择适宜的浓度,并不是浓度越高越好。既要注意浓度,又要考虑副作用的危害。

检查饮水量:饮用水中的药量过多,会给饮用水带来异味,引起猪的饮水量减少。应经常检查饮用水的流量和猪的饮水量,如果饮水不足,特别是夏季,将会引起生产性能的下降。

饮用水中只能放1种消毒剂,不能多种消毒剂同时混合使用;不能长期使用1种消毒剂,应几种消毒剂交替使用;某些消毒剂要现用现配,不能久置,如高锰酸钾等。

避免破坏免疫作用:在饮用水中投放疫苗或气雾免疫前后各2 d(即5 d内),必须停止饮用水消毒。同时,要把饮水用具洗净,避免消毒剂破坏疫苗的免疫作用。

**4.猪体消毒**

在猪的饲养过程中,猪舍内和猪体表存在大量的病原微生物,病原微生物不断滋生繁殖,达到一定数量,引起猪发生传染病。猪体消毒是对饲养舍内一切物品及猪体、空间用一定浓度的消毒液进行喷洒或熏蒸消毒,以清除猪舍内的多种病原微生物,阻止其在舍内积累。猪体消毒可以彻底全面地杀灭环境中的病原微生物,并能杀灭猪体表的病原微生物,还能够有效地减少猪舍空气中的尘埃和尘埃上携带的微生物,使舍内空气湿润且干净,最终可避免病原微生物在舍内积累而导致传染病的发生,确保猪群和人的健康。

(1)常用的猪体消毒药:带猪消毒药物种类较多,可选用如下消毒药。

百毒杀:为广谱、速效、长效消毒剂,能杀死细菌、霉菌、病毒、芽孢和球虫等,效力可维持10～14 d。0.015%百毒杀用于日常预防性带猪消毒,0.025%百毒杀用于发病季节的带猪消毒。

强力消毒灵：是一种强力、速效、广谱，对人畜无害、无刺激性和腐蚀性的消毒剂。易于储运、使用方便、成本低廉、不使衣物着色是其最突出的优点。它对细菌、病毒、霉菌均有强大的杀灭作用。按比例配制的消毒液，不仅用于带猪消毒，还可进行浸泡、熏蒸消毒。带猪消毒浓度为0.5%～1%。

过氧乙酸：广谱杀菌剂，消毒效果好，能杀死细菌、病毒、芽孢和真菌。0.3%～0.5%溶液可用于带猪消毒，还可用于水果蔬菜和食品表面消毒。本品稀释后不能久贮，应现配现用，以免失效。

新洁尔灭：有较强的除污和消毒作用，可在几分钟内杀死多数细菌。0.1%新洁尔灭溶液用于带猪消毒，使用时应避免与阳离子活性剂（如肥皂等）混合，否则会降低效果。

另外还有爱迪伏、抗毒威等。

(2)猪体消毒方法。

喷雾法或喷洒法：消毒器械一般选用高压动力喷雾器或背负式手摇喷雾器，将喷头高举空中，喷嘴向上以画圆方式先内后外逐步喷洒，使药液如雾一样缓慢下落。要喷到墙壁、屋顶、地面，以均匀湿润和猪体表稍湿为宜，不得直喷猪体。喷出的雾粒直径应控制在80～120 μm之间，不要小于50 μm。雾粒过大易造成喷雾不均匀和猪舍太潮湿，且在空中下降速度太快，与空气中的病原微生物、尘埃接触不充分，起不到消毒的作用；雾粒太小则易被猪吸入肺泡，引起肺水肿等肺部不适症状，甚至引发呼吸道疾病。同时必须与通风换气措施相配合。喷雾量应根据猪舍的构造、地面状况、气象条件适当调整，一般按50～80 mL/m³计算。

熏蒸法：对化学药物进行加热使其产生气体，达到消毒的目的。常用的药物有食醋或过氧乙酸。每立方米空间使用5～10 mL的食醋，加1～2倍的水稀释后加热蒸发；也可用30%～40%的过氧乙酸，每立方米1～3 g，稀释成3%～5%溶液，加热熏蒸，室内相对湿度要在60%～80%。若达不到此数值，可采用喷热水的办法增加湿度，密闭门窗，熏蒸1～2 h，打开门窗通风。

**5.污水与粪便的消毒**

(1)污水的消毒。

被病原体污染的污水，可用沉淀法、过滤法、化学药品处理法等进行消毒。比较实用的是化学药品处理法。方法是先将污水处理池的出水管用闸门关闭，将污水引入污水池后，加入化学药品（如漂白粉或生石灰）进行消毒。消毒药的用量视污水量而定（一般1 L污水用2～5 g漂白粉）。消毒后，将闸门打开，使污水流出。

(2)粪便的消毒。

猪粪便中含有一些病原微生物和寄生虫虫卵，尤其是患有传染病的猪，其粪便中的病原微生物数量更多。如果不进行消毒处理，容易造成污染和传播疾病。因此，猪粪便应该进行严格的消毒处理。

掩埋法：将污染的粪便与漂白粉或新鲜的生石灰混合，然后深埋于地下，埋的深度应超过2 m。此种方法简便易行，较为实用。其缺点是可能造成病原微生物经地下水散布以及损失肥料。

生物热消毒法:这是一种最常用的粪便消毒法,应用这种方法,能使非芽孢病原微生物污染的粪便变为无害,且不丧失肥料的应用价值。粪便的生物热消毒方法通常有两种,一种是发酵池法,另一种是堆粪法。

发酵池法:适用于大规模饲养猪的农场,多用于猪粪的发酵。需要在距农场200~250 m以外无居民、河流、水井的地方挖2个及以上的发酵池(池的数量和大小取决于每天运出的粪便数量)。池可筑成方形或圆形,池边缘与池底用砖砌后再抹以水泥,使其不透水。如果土质干枯,地下水位低,可以不用砖和水泥。使用时先在池底倒一层干粪,然后将每天清除出的粪便垫草等倒入池内,直到快满时,在粪便表面铺一层干粪或杂草,上面盖层泥土封好。如条件许可,可用木板盖上,以利于发酵和保持卫生。粪便经上述方法处理后,经过1~3个月即可掏出作为肥料。在此期间,每天所积的粪便可倒入另外的发酵池,如此轮换使用。

堆粪法:此法适用于干固粪便的处理。在距养殖场100~200 m或以外的地方设置堆粪场。堆粪方法为在地面挖浅沟,深约20 cm,宽1.5~2 m,长度不限,随粪便多少确定。先将非传染性的粪便或垫草等堆至厚25 cm,其上堆放欲消毒的粪便、垫草等,高达1.5~2 m,然后在粪堆外再铺上厚10 cm的非传染性的粪便或垫草,并覆盖厚10 cm的沙子或土,如此堆放3周至3个月,即可用以肥田。当粪便较稀时,应加些杂草,太干时倒入稀粪或加水,使其不稀不干,以促进迅速发酵。

**6. 猪尸体的消毒与处理**

猪的尸体含有较多的病原微生物,也容易分解腐败,散发恶臭,污染环境。特别是发生传染病的病死猪的尸体,处理不善,其病原微生物会污染大气、水源和土壤,造成疾病的传播与蔓延。因此,必须及时地对病死猪尸体进行无害化处理,坚决不能因图私利而出售。

高温处理法:此法是将猪尸体放入特制的高温锅(温度达150 ℃)内或有盖的大铁锅内熬煮,达到彻底消毒的目的。此法可保留一部分有价值的产品,但要注意熬煮的温度和时间,必须达到消毒的要求。

发酵法:将尸体抛入尸坑内,利用生物热的方法进行发酵,从而起到消毒灭菌的作用。尸坑一般为井式,深达9~10 m,直径2~3 m,坑口有一个木盖,坑口高出地面30 cm左右。将尸体投入坑内,堆到距坑口1.5 m处,盖封木盖,经3~5个月发酵处理后,尸体即可完全腐败分解。

总之,在处理畜尸时,不论采用哪种方法,都必须将病畜的排泄物及各种废弃物等一并进行处理,以免造成环境污染,同时做好消毒及无害化处理记录,参见表5-11、表5-12。

表5-11 猪场消毒记录表

| 日期 | 消毒场所 | 消毒剂名称 | 浓度 | 消毒方法(程序) | 消毒人员签字 |
| --- | --- | --- | --- | --- | --- |
|  |  |  |  |  |  |
|  |  |  |  |  |  |

表 5-12　猪场无害化处理记录表

| 日期 | 处理对象 | 处理原因 | 处理方法 | 处理人签字 |
|---|---|---|---|---|
|  |  |  |  |  |
|  |  |  |  |  |

## 第四节　防鼠与灭鼠

鼠是许多疾病病原的储存宿主,通过排泄物污染、机械携带及直接咬伤畜禽的方式,可传播鼠疫、钩端螺旋体病、脑炎、流行性出血热、鼠咬热等疾病。为保障人类健康和养猪业的正常发展,必须做好防鼠灭鼠工作。

### 一、防鼠

**1.防止鼠类进入建筑物**

鼠类多从墙基、天棚、瓦顶等处窜入室内,在设计施工时注意:墙基最好用水泥制成,碎石和砖砌的墙基,应用灰浆抹缝。墙面应平直光滑,防止鼠沿粗糙墙面攀登。砌缝不严的空心墙体,易使鼠隐匿营巢,要填补抹平。为防止鼠类爬上屋顶,可将墙角处做成圆弧形。墙体上部与天棚衔接处应砌实,不留空隙。瓦顶房屋应缩小瓦缝和瓦、椽间的空隙并填实。用砖、石铺设的地面,应衔接紧密并用水泥灰浆填缝。各种管道周围要用水泥填平。通气孔、地脚窗、排水沟(粪尿沟)出口均应安装孔径小于 1 cm 的铁丝网,以防鼠窜入。堵塞鼠的通道,猪舍外的老鼠往往会通过上下水道和通风口的管道空隙进入猪舍,因此,对这些管道的空隙要及时堵塞,防止鼠的进入。畜禽舍和饲料仓库应是砖、水泥结构,设立防鼠沟、防鼠墙,门窗关闭严密,使老鼠无法打洞或进入。

**2.清理环境**

鼠类喜欢黑暗和杂乱的场所。因此,猪舍和加工厂等地的物品要放置整齐、通畅、明亮,使害鼠不易藏身。猪舍周围的垃圾要及时清除,不能堆放杂物,在任何场所发现鼠洞都要立即堵塞。

**3.断绝食物来源**

大量饲料应放置在离地面 15 cm 的台或架上,少量饲料应放在水泥结构的饲料箱或大缸中,并且要加金属盖,散落在地面的饲料要立即清扫干净,使老鼠无法接触到饲料。

**4. 改造厕所和粪池**

有些鼠类可吞食粪便,有粪便的场所极易吸引鼠,因此,应将厕所和粪池改造成使鼠无法接近粪便的结构,同时也使鼠失去藏身躲避的地方。

## 二、灭鼠

**1. 器械灭鼠**

器械灭鼠方法简单易行,效果可靠,对人、畜无害。灭鼠器械种类繁多,主要类型有夹、关、压、卡、翻、扣、淹、粘等。近年来还研究和应用电灭鼠和超声波灭鼠等方法,简便易行,效果好,费用低,安全。

**2. 熏蒸灭鼠**

某些药物在常温下易汽化为有毒气体或通过化学反应产生有毒气体,这类药剂通称为熏蒸剂。利用熏蒸剂,使鼠吸入有毒气体而中毒致死的灭鼠方法称熏蒸灭鼠。目前使用的熏蒸剂有两类:一类是化学熏蒸剂,如磷化铝等;另一类是灭鼠烟剂。

**3. 毒饵灭鼠(化学灭鼠)**

将化学药物加入饵料或水中,使鼠致死的方法称为毒饵灭鼠。毒饵灭鼠效率高、使用方便、成本低、见效快,缺点是能引起人、畜中毒,有些鼠对药剂有选择性、拒食性和耐药性。所以,使用时须选好药剂和注意使用方法,以保证安全有效。

猪场的鼠类以饲料库、猪舍最多,是灭鼠的重点场所。机械化畜禽场实行笼养或栏养,投放毒饵时只要防止毒饵混入饲料中即可。在采用全进全出制的生产程序时,可结合舍内消毒一并进行。鼠尸应及时清理,以防被畜误食而发生中毒。选用鼠长期吃惯的食物作饵料,突然投放,饵料充足,分布广泛,以保证灭鼠的效果。常用的灭鼠化学药物及特性见表5-13。

表5-13 常用的灭鼠化学药物及特性

| 分类 | 商品名 | 常用配剂方法及浓度 | 安全性 |
| --- | --- | --- | --- |
| 慢性灭鼠剂 | 特杀鼠2号(复方灭鼠剂) | 浓度0.05%~1%,浸渍法、混合法配制毒饵,也可配制毒水使用 | 安全,有特效解毒剂 |
| | 特杀鼠3号 | 浓度0.005%~0.01%,浸渍法、混合法配制毒饵 | 安全,有特效解毒剂 |
| | 敌鼠(二苯杀鼠酮、双苯杀鼠酮) | 浓度0.05%~0.3%,黏附法配制毒饵 | 安全,对猫、狗有一定危险,有特效解毒剂 |
| | 敌鼠钠盐 | 浓度0.05%~0.3%,配制毒水使用 | 安全,对猫、狗有一定危险,有特效解毒剂 |
| | 杀鼠灵(灭鼠灵) | 浓度0.025%~0.05%,黏附法、混合法配制毒饵 | 猫、狗和猪敏感,有特效解毒剂 |

续表

| 分类 | 商品名 | 常用配剂方法及浓度 | 安全性 |
|---|---|---|---|
| 慢性灭鼠剂 | 杀鼠迷(香豆素、立克命) | 浓度0.037 5%～0.075%,黏附法、混合法和浸渍法配制毒饵 | 安全,有特效解毒剂 |
| | 氯敌鼠(氯鼠酮) | 浓度0.005%～0.025%,黏附法、混合法和浸渍法配制毒饵 | 安全,狗较敏感,有特效解毒剂 |
| | 大隆(沙鼠隆) | 浓度0.001%～0.005%,浸泡法配制毒饵 | 不太安全,有特效解毒剂 |
| | 溴敌隆(乐万通) | 浓度0.005%～0.01%,黏附法、混合法配制毒饵 | 注意兔、猪、狗、猫和家禽等的安全,有特效解毒剂 |
| 急性灭鼠剂 | 磷化锌(耗鼠尽) | 浓度0.5%～1%,若用带壳的粮谷作饵料配制,可增至2% | 高毒,无特效解毒药 |
| | 毒鼠磷 | 浓度0.1%～1%,黏附法和混合法制饵,防治小家鼠和褐家鼠浓度为0.2% | 高毒,猪、肉食动物耐药,对人毒性小 |
| | 灭鼠灵(鼠特灵) | 浓度0.5%～1%,黏附法和混合法制饵 | 比较安全 |
| | 溴甲灵 | 浓度0.015%～1.5%,黏附法和混合法制饵 | 剧毒,无特效解毒药 |
| 熏杀药 | 磷化铝 | 室内(密闭3～7 d);用量为6～12 g/m³,直接投放鼠洞0.5～2片,每片3.3 g | 高毒,无特效解毒药 |
| 生物毒素 | C型肉毒梭菌毒素 | 配制成水剂毒素毒饵或冻干毒素毒饵 | 安全性好 |

**4.灭鼠的注意事项**

要摸清鼠情,选择适宜的灭鼠时机和方法,做到高效、省力。一般情况下,4—5月份是各种鼠类觅食、交配期,也是灭鼠的最佳时期。

灭鼠药物较多,但符合理想要求的较少,要根据不同方法选择安全的、高效的、允许使用的灭鼠药物。已禁止使用的灭鼠剂(氟乙酰胺、氟乙酸钠、毒鼠强、毒鼠硅、伏鼠醇等)、已停产或停用的灭鼠剂(安妥、砒霜或白霜、灭鼠优、灭鼠安)、不再登记作为农药使用的灭鼠剂(士的宁、鼠立死等)等,应严禁使用。

注意人畜安全,严格管控毒物,防止事故发生。

# 第五节 防虫与灭虫

## 一、害虫的危害

猪场常见害虫有蚊、苍蝇、蟑螂、白蛉、蠓、蚋、虱、蚤等。常通过直接叮咬传播疾病,如蚊可传播痢疾、乙型脑炎、丝虫病、鲁革热、黄热病、马脑炎等,蝇可传播痢疾、伤寒、霍乱、脑脊髓炎、炭疽等,蟑螂可以传播肠道传染病、肝炎、念珠棘虫病等。昆虫叮咬直接造成的局部损伤、奇痒、皮炎、过敏,影响畜禽休息,降低机体免疫功能。

这些害虫可通过携带的病原微生物污染环境、器械、设备,特别是对饮用水、饲料造成污染,间接传播疫病。因此,杀灭害虫有利于保持猪场环境卫生,减少疫病传播,维护人畜健康;同时,也有利于提高消毒效果,因为有了这些昆虫的大量存在和滋生,就不可能进行彻底的消毒。

### 二、防虫灭虫的原则

(1)充分重视,全面发动。有组织、有计划、有步骤地开展工作。

(2)综合防治,突出重点。从昆虫与环境的整体观念出发,标本兼治,选出高效、可行的主导措施,定能事半功倍。

(3)掌握规律,突出防控。把昆虫消灭在早春繁殖前阶段。消除局部滋生场所,注意越冬阶段的消灭。

(4)合理用药,防止抗性。这不仅要求选择敏感性高的杀虫剂,适当配伍,交替使用,改变生物剂型和使用方法,还要注意药物防治与环境防治、生物防治、机械防治等相结合。

### 三、防虫灭虫的方法

(1)搞好猪场环境卫生,保持环境清洁、干燥,是减少或杀灭蚊、蝇、蠓等昆虫的基本措施。如蚊虫需在水中产卵孵化和发育,蝇蛆也需在潮湿的环境及粪便等废弃物中生长。因此,应填平无用的污水池、土坑、水沟和洼地;保持排水系统畅通,对阴沟、沟渠等定期疏通,勿使污水储积;对贮水池等容器加盖,以防昆虫如蚊蝇等飞入产卵。对不能清除或加盖的防火贮水器,在蚊蝇滋生季节,应定期换水。对于永久性水体(如鱼塘、池塘),蚊虫多滋生在水浅而有植被的边缘区域,修整边岸,加大坡度和填充浅湾,能有效地防止蚊虫滋生。猪舍内的粪便应定时清除,并及时处理,贮粪池应加盖并保持四周环境的清洁。

(2)利用机械方法以及光、声、电等物理方法,捕杀、诱杀或驱逐蚊蝇。我国生产的多种紫外线光或其他光诱器,特别是四周装有电栅,通有将220 V变为5 500 V的10 mA电流的蚊蝇光诱器,效果良好。此外,还有可以发出声波或超声波将蚊蝇驱逐的电子驱蚊器等,都具有防除效果。

(3)利用天敌杀灭害虫,如池塘养鱼即可达到鱼类治蚊的目的。此外,应用细菌制剂内毒素杀灭吸血蚊的幼虫,效果良好。

(4)使用天然或合成的毒物,以不同的剂型(粉剂、乳剂、油剂、水悬剂、颗粒剂、缓释剂等),通过不同途径(胃毒、触杀、熏杀、内吸等),可以毒杀或驱逐昆虫。此方法称为化学杀虫法,具有使用方便、见效快等优点,是当前杀灭蚊蝇等害虫的较好方法。常用杀虫剂的性能及使用方法见表5-14。

表5-14 常用杀虫剂的性能及使用方法

| 名称 | 性状 | 防治对象 | 使用方法及特性 |
| --- | --- | --- | --- |
| 敌百虫 | 白色块状固体或粉末,有芳香味 | 蚊(幼)、蝇、蚤、蟑螂及家畜体表寄生虫 | 25%粉剂撒布,1%溶液喷雾,0.1%溶液畜体涂抹,0.02 g/kg体重口服驱除畜体内寄生虫。低毒、易分解、污染小 |
| 敌敌畏 | 黄色、油状液体,微芳香 | 蚊(幼)、蝇、蚤、蟑螂、螨、蜱 | 喷雾、表面喷洒(0.1%～0.5%)、熏蒸(10%)。易被皮肤吸收而中毒,对人、畜有较大毒害作用,畜舍内使用时应注意安全 |
| 马拉硫磷 | 棕色、油状液体,强烈臭味 | 蚊(幼)、蝇、蚤、蟑螂、螨 | 0.2%～0.5%乳油喷雾,灭蚊、蚤;3%粉剂喷洒灭螨、蜱。其杀虫作用强而快,具有胃毒、触毒作用,也可用于熏杀,杀虫范围广。对人畜毒害作用小,适于猪舍内使用。是世界卫生组织推荐的室内滞留喷洒杀虫剂 |
| 二溴磷 | 黄色、油状液体,微辛辣 | 蚊(幼)、蝇、蚤、蟑螂、螨、蜱 | 0.05%～0.1%浓度用于杀灭室内外蚊、蝇、臭虫等,野外使用时采用5%浓度。毒性较强 |
| 倍硫磷 | 棕色、油状液体,蒜臭味 | 蚊(幼)、蝇、蚤、臭虫、螨、蜱 | 0.1%的乳油喷洒,2%的粉剂、颗粒剂喷洒、撒布。毒性中等,比较安全 |
| 杀螟松 | 红棕色、油状液体,蒜臭味 | 蚊(幼)、蝇、蚤、臭虫、螨、蜱 | 40%的湿性粉剂灭蚊蝇及臭虫;2 mg/L灭蚊。低毒、无残留 |
| 地亚农 | 棕色、油状液体,酯味 | 蚊(幼)、蝇、蚤、臭虫、蟑螂及体表害虫 | 滞留喷洒浓度为0.5%,喷浇浓度为0.05%,2%粉剂撒布。中等毒性,水中易分解 |
| 皮蝇磷 | 白色结晶粉末,微臭 | 体表害虫 | 0.25%喷涂皮肤,1%～2%乳剂灭臭虫。低毒,但对农作物有害 |
| 辛硫磷 | 红棕色、油状液体,微臭 | 蚊(幼)、蝇、蚤、臭虫、螨、蜱 | 2 g/m²室内喷洒灭蚊蝇;50%乳油剂灭成蚊或水体内幼蚊。低毒,日光下短效 |
| 双硫磷 | 棕色、黏稠液体 | 幼蚊 | 5%乳油剂喷洒,0.5～1 mL/L撒布,1 mg/L颗粒剂撒布。低毒,稳定 |
| 杀虫畏 | 白色固体,有臭味 | 蝇、蜱、蚊、虻、蚋 | 20%乳剂喷洒或涂布家畜体表,50%粉剂喷洒体表,用于灭家蝇及家畜体表寄生虫。微毒 |
| 毒死蜱 | 白色结晶粉末 | 蚊(幼)、蝇、螨、蟑螂及仓储害虫 | 按2 g/m²喷洒物体表面。中等毒性 |
| 害虫敌 | 淡黄色、油状液体 | 蚊(幼)、蝇、蚤、蟑螂、螨、蜱 | 2.5%稀释液喷洒,2%粉剂按1～2 g/m²撒布,2%喷雾使用,用于灭蚊、蝇等。低毒 |
| 西维因 | 灰褐色粉末 | 蚊(幼)、蝇、臭虫、蜱 | 25%的可湿性粉剂和5%粉剂撒布或喷洒。低毒 |

续表

| 名称 | 性状 | 防治对象 | 使用方法及特性 |
|---|---|---|---|
| 速灭威 | 灰黄色粉末 | 蚊、蝇 | 25%的可湿性粉剂和30%乳油喷雾灭蚊。中等毒性 |
| 双乙威 | 白色结晶,芳香味 | 蚊、蝇 | 50%的可湿性粉剂喷雾,按2 g/m² 喷洒灭成蚊。中等毒性 |
| 残杀威 | 白色结晶粉末,酯味 | 蚊(幼)、蝇、蟑螂 | 2 g/m²用于灭蚊、蝇,10%粉剂局部喷洒灭蟑螂。中等毒性 |
| 丙烯菊酯 | 淡黄色、油状液体 | 多种昆虫 | 0.5%粉剂、含0.6%丙烯菊酯的蚊香,与其他杀虫剂配伍使用。低毒 |
| 胺菊酯 | 白色结晶 | 蚊(幼)、蝇、蟑螂、臭虫 | 0.30%~0.32%气雾剂,须与其他杀虫剂配伍使用。微毒 |

### 四、防虫灭虫的注意事项

减少污染：利用生物或生物的代谢产物防治害虫,对人畜安全,不污染环境,有较长的持续杀灭作用。如保护好益鸟、益虫等,充分发挥天敌杀虫作用。

杀虫剂的选择：不同杀虫剂有不同的杀虫谱,要有目的地选择。要选择高效、长效、速杀、广谱、低毒无害、低残留和廉价的杀虫剂。

## 第六节 繁育猪场兽医日常巡场及临床检查

繁育猪场兽医日常巡场,可参考第二章第一节。通常以一般检查的方法（主要是视诊观察及触诊、听诊、测温等）,按一定顺序依次对猪群个体和群体进行精神状态、营养程度、饮食欲等的检查。在饲喂中和饲喂后应进行猪采食、咀嚼等观察,注意是否有剩料,排粪、排尿及粪便状态是否有异常,呼吸情况及是否有咳嗽、鼻液等,猪鼻盘的湿润度及颜色,皮肤是否有出血点、疹块、疱疹等。同时做好母猪的发情检查和公猪精液的检查。

### 一、母猪的发情检查

后备母猪应检查导致繁殖障碍的疾病的疫苗接种情况,如细小病毒苗、蓝耳病苗、伪狂犬苗、乙型脑炎疫苗等。初情期母猪,每天上午和下午,各用公猪诱情和人工查情一次。查情时,先以肉眼观察,外阴发红、肿胀的再做进一步检查；手触外阴,查看黏液情况,结合静立反射等综合判断;将查情信息及时记录在发情跟踪记录本和母猪档案卡上。发情后备母猪,用公猪加强对非发情区猪群诱情力度;在7月龄(195日龄)还没有发情的后备母猪,可注射 PG600[孕马血清促性腺激素(PMSG)和人绒毛膜促性腺激素(hCG)]一次,达220日龄一直未发情的后备母猪,应一律淘汰。

待配区母猪的发情检查,先按公猪的查情线路,赶猪人员利用赶猪板控制公猪的移动,使母猪可以通过与公猪口鼻的接触而获得性刺激,再检查母猪外阴大小、颜色及阴户内是否有黏液。母猪发情时,阴户肿大,初期呈樱桃红色,随后出现深红,外阴发烫,最后颜色逐渐变淡;阴户内黏液也会渐渐增多,变得黏稠。用五步查情法(双拳用力按压两侧腹部,双手提拉母猪膝前褶皱,拳头按压母猪阴户下2~3 cm,双手按压母猪后背,坐于母猪背部),观察是否出现静立反射(静立反射时,母猪静立不动、背微拱、头常直向前、耳朵竖起,眼睛看起来心不在焉,轻拍它的耳朵也没有反应,如果人骑在母猪背上,它也不会走开)也可判断发情。然后做好标记,确定发情。

### 二、公猪精液的检查

主要从精液的气味、浓度、活力等方面进行。正常公猪精液有微腥膻味。如果精液有恶臭味,一般是精液混有包皮液、尿液或脓液,不予留用。正常公猪精液为乳白色或灰白色。异常精液有血精(呈红色)、脓精(呈绿色),应丢弃。公猪每次采集精液量一般为100~500 mL,可用称量法测定其重量及体积(通常将2 000 mL带刻度塑料杯放在电子秤上去皮置零,将新鲜精液放入塑料杯中,记录下精液重量。通常1克精液约为1 mL,根据公猪精液重量得到精液体积),也可采用红细胞计数法和精子密度仪测定精液浓度。正常公猪精液浓度为2亿~4亿个/mL。精液活力与受配母猪的受胎率、产崽数有密切关系,每次采精和稀释精液后均需要进行精液活力检测。精液活力是指精液中做直线运动的精子数占总精子数的比例。若在显微镜视野中有90%的精子做快速直线运动,看不见尾巴摆动且无粘连,则精液活力为0.9;有80%精子做直线运动,看不见尾巴摆动且有少许粘连,则精液活力为0.8;有70%精子做直线运动,能看见尾巴摆动且有粘连,则精液活力为0.7。新鲜精液活力高于0.7为正常,精液活力低于0.7时,应丢弃不用。要做好每一头公猪的精液检测记录,填写好精液质量检测记录表(记录公猪耳号,采精日期,品种,精液颜色、气味、活力、体积,原精使用量、稀释后活力)。

## 第七节 繁育猪场兽医卫生防疫设施与制度

现代规模化猪场已建立了较为完善的兽医卫生防疫制度,有配套完整的兽医卫生防疫设施设备,作为驻场兽医人员不仅要熟悉所有兽医卫生设施设备的规范使用,还要定期检查这些设施设备的实际使用效果、运行情况,定期维护。兽医人员是卫生防疫制度的制定者,也是直接实施者之一,应按照国家标准化猪场兽医卫生防疫制度要求,依据自身猪场的实际情况,完善卫生防疫制度,并自觉贯彻于日常工作中。

### 一、兽医卫生防疫设施与维护

猪场常见的兽医卫生防疫设施主要有消毒池、人员消毒通道、通道消毒超声雾化机、紫外消毒间、喷淋消毒间及其他消毒器械(见猪场消毒部分)。以上消毒设施设备应规范使用,勿因操作不当人为损坏。兽医工作人员应定期检查猪场常用卫生防疫设施设备的情况。一般每月检查1～2次猪场消毒池,注意是否漏液、渗液,消毒池排泄口和管道是否堵塞等,车辆通过的池两端边缘损坏的要及时修补。每隔3个月需检查1次消毒雾化机、高压冲洗机、高压灭菌器、喷雾火焰消毒器、手动喷雾器及兽医器械消毒锅等,对出现故障不能使用或使用效果不佳的要及时维修,对完全不能使用的要及时淘汰更换,消毒服、帽、胶靴等每次使用后要及时清洗、消毒,然后放置到更衣间,不得带出。

### 二、兽医卫生防疫制度实施与监督

猪场兽医卫生防疫制度主要包括猪场消毒制度、疾病控制与扑杀、免疫和检疫、病死猪及其产品的处理、废弃物处置五个方面的内容,除疾病控制与扑杀内容外,其他四个方面相关内容在前面已有详细介绍。猪场猪群疾病控制与扑杀制度,要求在猪场发生疫病或疑似重大疫病时,驻场兽医要及时作出临床诊断,并尽快向当地畜牧兽医管理部门报告疫情。确诊为非洲猪瘟、口蹄疫时,应配合相应部门对猪群实施严格隔离、扑杀。全场彻底清洗、消毒,病死、淘汰猪尸体按相关规范进行无害化处理,消毒按《畜禽产品消毒规范》(GB/T 16569—1996)进行。

猪场兽医卫生防疫制度应按上述要求进行分类制定,并备案、上墙,平时至少每个季度学习1次,遇有紧急疫情或重大传染病威胁时,应立即组织全体人员学习。猪场兽医工作人员应自觉履行兽医职责,贯彻执行兽医卫生防疫制度,特别注意消毒、疫苗免疫、重点疫病检疫、重大疫病控制及病害猪尸体的无害化处理的规范执行,要牢固树立防重于治、积极防疫的观念。猪场兽医组要设立流动监督岗,监督兽医、养殖、保卫等人员执行、落实卫生防疫制度,发现问题及时整改,达到拒疫病于猪场之外、猪群健康无疫的目的。

### 注意事项

(1)熟悉环境、服从安排:学生进入规模化猪场实习,是进入了一个新的环境,猪场作为生产企业具有很强的生产经营属性,因此,学生入场后应在指导老师的带领下首先对猪场环境进行熟悉,并学习掌握猪场的各项管理规定,听从猪场领导的安排,切莫盲目、自主行事,以免犯错或给猪场带来经济损失。

(2)沟通交流、扎实推进:在繁育猪场实习时,应首先熟悉实习岗位的工作内容,拟定好实习计划,与猪场领导、指导老师进行充分沟通,力争按本岗位实习流程开展实习实训,若受其他客观原因(如工作的季节性、重大疫情及自然灾害发生等)影响,可与相关人员进行协商调整实习流程甚至实习内容。

(3)虚心请教、踏实肯干:在猪场实习过程中,不仅要熟练掌握本实习岗位的工作内容、工作方法,还要虚心向指导老师、猪场其他经验丰富的老师请教,努力将学校所学与猪场实习工作紧密结合,边实习边提高。繁育猪场兽医岗位工作内容多,有粗有细,每天实习工作时间长,要做到不怕脏不怕累,通过实习提高自己从事本岗位工作的能力。

(4)规范操作、保证安全:进行疫苗免疫接种时,要求操作规范、避免猪群恐慌,防止母猪对人造成伤害;使用各类消毒器械、涉及细菌培养、开展杀虫灭鼠及处理病害猪只尸体时,应参考相关要求,按步骤操作,避免事故发生。

(5)加强修养、提升能力:在猪场实习期间,学生工作、生活均在猪场,应尽快做好自我调节,适应猪场的工作、生活节奏。要多看、多学、多思,遇事要和场领导、指导老师及时沟通、交流。要学会在工作中与同事合作,培养团队精神。要学会与人和谐相处,正确处理个人与集体、同事间的关系,积极参加猪场举办的各种活动,不断提高综合能力,为将来工作打下坚实的基础。

## ⭐ 实习评价

**(一)评价指标**

(1)掌握繁育猪场重点疫病免疫接种的程序和方法、免疫档案的建立方法、免疫猪群抗体检测方法。

(2)掌握猪场主要疾病血清学检测的方法,了解猪只及其产品出入场检疫的程序与内容。

(3)掌握猪场消毒的方法,正确使用各种消毒设施设备。

(4)掌握猪场蚊蝇、老鼠的驱杀方法,可开展灭鼠效果的评价。

(5)初步了解猪场生物安全措施体系的构成,具备猪场兽医卫生防疫制度实施和监督的能力。

(6)通过积极主动沟通交流,坚持撰写实习日志并做到实习日志完整、真实,顺利完成实习。

**(二)评价依据**

(1)实习表现:学生在猪场本岗位实习期间,应遵纪守法,遵守单位的各项管理规定和学校的校纪校规,按照实习内容积极参加并完成大部分工作,表现优良。

(2)实习日志:实习期间,学生应每天对实习内容、实习效果、实习感受或收获等进行真实记录,对实习中的精彩场景、典型案例拍照并编写进实习日志。

(3)能力提升鉴定材料:猪场在学生结束实习前,可组织猪场管理、技术等部门专家形成学生实习能力鉴定专家小组,对实习学生本岗位主要实习内容进行现场考核,真实评价其能力提升情况,给出鉴定意见。

(三)评价办法

(1)自评:学生完成实习实训后,应写出符合要求的实习总结材料,实事求是地评价自己在思想意识、工作能力等方面的提升情况,本岗位实习内容完成的情况。可占总评价分的10%。

(2)小组测评:学生实习小组可按照参评人的实际实习时间、参加实习工作内容、工作中表现,以及参评提供材料的情况给予公正的评价。可占总评价分的20%。

(3)实习单位测评:实习单位可依据学生在实习工作中具体表现、能力提升情况,结合本单位指导老师给出的实习意见,给予学生实习效果的评价。可占总评价分的30%。

(4)学校测评:实习期间,学生应定期向校内指导教师汇报实习情况,教师应定期对学生实习进行巡查和指导。可按学生提交的实习总结材料、实习单位鉴定意见、实习期间的各种汇报和表现,结合学生自评、小组测评、实习单位测评情况,给出综合评价。可占总评价分的40%。

# 第六章

# 现代规模化育肥猪场兽医岗位实习与实训

## 问题导入

胡同学为国内某大学动物医学专业三年级的学生,其家乡为优良地方猪种"荣昌猪"的优势产区。胡同学从小就对猪很熟悉,也了解猪病对生猪养殖的危害,所以高考时报考了国内某著名大学的动物医学专业。目前,按照学校要求,胡同学需完成至少4周的专业教学生产实习和8周以上的毕业生产实习,方可取得相应学分。经多方努力,胡同学联系到了国内某著名猪生产企业的一个猪场进行实习,实习岗位为育肥猪兽医岗位。胡同学为全日制动物医学专业在校大学生,过去的学习中未曾有到猪场访问、学习的经历,对猪场工作要求及育肥猪场兽医岗位的工作内容不清楚,需要通过相关资料、书籍学习和了解现代规模化育肥猪场兽医的工作方法和内容。

## 实习目的

1. 掌握猪场育肥猪群重点疫病的免疫方法和程序、疫病检疫的方法和内容、猪场消毒方法。
2. 学习猪场常见疾病的临床诊断、防治方法。
3. 了解猪场兽医卫生防疫知识,体验兽医卫生防疫制度的执行和监督。
4. 了解和熟悉育肥猪场兽医岗位实习工作内容,初步培养学生在育肥猪场从事兽医工作的能力。

## 实习流程

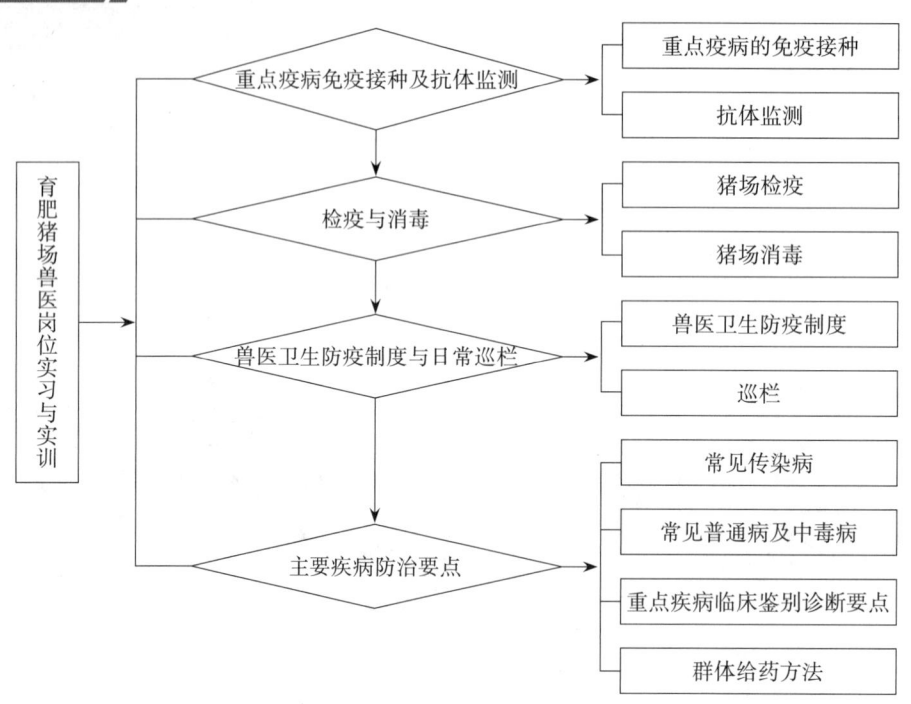

```
育肥猪场兽医岗位实习与实训
├── 重点疫病免疫接种及抗体监测
│   ├── 重点疫病的免疫接种
│   └── 抗体监测
├── 检疫与消毒
│   ├── 猪场检疫
│   └── 猪场消毒
├── 兽医卫生防疫制度与日常巡栏
│   ├── 兽医卫生防疫制度
│   └── 巡栏
└── 主要疾病防治要点
    ├── 常见传染病
    ├── 常见普通病及中毒病
    ├── 重点疾病临床鉴别诊断要点
    └── 群体给药方法
```

# 第一节 育肥猪场重点疫病的免疫接种及抗体监测

免疫程序是根据猪群的免疫状态和传染病的流行季节,结合当地疫情而制定的预防接种计划。猪场必须有适合自己的免疫程序,它包括接种的疫(菌)苗种类,接种时间、次数及间隔等内容。免疫程序应当根据疫病种类、疫病在本地区及附近地区的发生与流行情况、抗体水平、生产需要、饲养管理方式、疫苗种类与性质、免疫途径以及猪只的用途(种用、肉用)和年龄等方面的因素来制定。

## 一、重点疫病的免疫接种

### (一)免疫接种疫苗及程序

育肥猪场参考免疫程序见表6-1、表6-2。

表6-1 育肥猪场断奶后猪参考免疫程序(自繁自养场)

| 接种时间 | 疫苗名称 | 剂量 | 免疫方法 | 备注 |
| --- | --- | --- | --- | --- |
| 40日龄 | 猪链球菌病二价灭活苗 | 2头份 | 肌内注射 | |
| | 猪传染性胸膜肺炎灭活苗 | 2 mL | 肌内注射 | 受威胁场使用 |
| 45日龄 | 高效五号苗 | 2 mL | 肌内注射 | |
| 50日龄 | 猪丹毒-猪肺疫二联活疫苗 | 1~2头份 | 肌内注射 | |
| 60日龄 | 猪瘟细胞苗或组织苗 | 4头份或1头份 | 肌内注射 | |
| 70日龄 | 高效五号苗 | 3 mL | 肌内注射 | |
| 出栏前1个月 | 高效五号苗 | 3 mL | 肌内注射 | |
| 每年9月底 | 猪传染性胃肠炎-猪流行性腹泻二联灭活苗 | 1~2 mL | 后海穴注射 | |

表6-2 育肥猪参考免疫程序(外购仔猪场)

| 接种时间 | 疫苗名称 | 剂量 | 免疫方法 |
| --- | --- | --- | --- |
| 第70天 | 猪瘟活疫苗 | 4头份 | 肌内注射 |
| 第90,180天 | 高效五号苗 | 2 mL | 肌内注射 |
| 每年9月底 | 猪传染性胃肠炎-猪流行性腹泻二联灭活苗 | 1~2 mL | 后海穴注射 |

### (二)疫苗免疫注意事项

依据育肥猪场生猪疫苗接种种类,除了猪传染性胃肠炎-猪流行性腹泻二联灭活苗外,其他疫苗均采取肌内注射方式,具体注射操作可参考第五章中相应叙述。猪传染性胃肠炎-猪流行性腹泻二联灭活苗接种时,进针的深度随猪体重增大而增加,断奶仔猪进针深度约0.5 cm,6月龄猪可为4 cm,同时,进针时应使针头与直肠保持平行。

疫苗免疫时,首先要保证疫苗的质量要好、未超过有效使用期、保存方法正确等,被接种的猪应尽量保证健康,注射针的选用应长短、粗细合适,注意消毒,严格执行一猪一针头。若需同时注射两种以上疫苗,勿将注射器及针头交互使用,也不得将疫苗均注射在同一部位。外环境气温巨变、饲料更换等应激因素,可影响疫苗接种效果,应适当推迟免疫或先进行抗应激处理后再进行接种,避免应激因素对免疫接种带来的负面影响。育肥猪场场内或邻近猪场发生重大疫病时,除去国家规定的全场扑杀性疫病外,应采取紧急接种方法来控制疫病的发展或流行,紧急接种时应先将病猪(群)隔离、消毒,再按先健康猪群后发病猪群顺序完成接种工作。育肥猪场猪只免疫接种的注意事项与繁育猪场十分类似,详细内容可参见第五章相应叙述。

### 二、疫苗免疫抗体监测

有条件的育肥猪场可在猪群的一个生产期内(4~6个月)开展1~2次重点疫病(如蓝耳病、猪瘟、口蹄疫等)的抗体监测工作。猪群抽样数量可按预期抗体合格率90%、95%置信水平、可接受误差10%进行确定,如200头以内的猪群可按20~30头进行随机抽样采样。检测疫苗抗体时,一般需采集猪只全血制备血清,具体操作见第五章。

育肥猪场针对主要免疫的疫苗应选择性开展抗体监测,以了解猪群疫苗免疫的水平。可根据猪场的常见疫情、邻近猪场或本地区的疫病流行情况,进行猪瘟、猪蓝耳病、猪口蹄疫等的疫苗免疫抗体监测。面对当前我国猪群中非洲猪瘟疫病流行的重大风险状况,育肥猪场还应开展非洲猪瘟野毒株的抗体或病原监测,防范于未然,保证猪群无疫,保障猪场生产的顺利进行。

## 第二节 育肥猪场的检疫与消毒

### 一、育肥猪场的检疫

为防止场外疫病的传入及场内疫病的扩散,保证育肥猪场生产正常进行,猪场在外购仔猪、育肥猪上市销售前,均需按国家《动物防疫法》《动物检疫管理办法》的相关规定申报检疫,具体申报过程和方法见第五章。

外购仔猪前,育肥猪场兽医应提前向购买地动物卫生监督机构提出检疫申请,涉及跨地区运输的,还需提交"跨省引进动物检疫审批表"。购入仔猪到达后,官方兽医和猪场兽医应对"检疫处理通知单"、耳标的完整性等认真查验,查验合格后,运输车辆先进行严格消毒,通过猪场专用的转猪隔离通道将购入仔猪放入隔离场进行饲养观察。隔离场饲养期间,猪场兽医应及时开展临床检疫,检疫的方法和内容请参考第五章。

生猪在育肥期间,兽医人员应按要求做好重点疫病的疫苗免疫接种和常见病的防治,搞好猪群的保健。同时,认真做好疫苗接种、保健用药记录,以备生猪销售时申报检疫相关文件使用。生猪上市离场前,兽医人员应向当地动物卫生监督机构提出检疫申请,涉及产地外销的生猪还需进行运输申请的申报。开展产地检疫时,猪场兽医人员应及时官方兽医提供国家强制免疫疫病的有效免疫证明、药残留检验证明等材料,或协助官方兽医开展猪群取样、临床检疫、免疫标识查验等工作。

## 二、育肥猪场消毒

育肥猪场猪只饲养密度相对较高,猪的活动较频繁,圈舍地面、槽栏等易脏、易污染,开展猪场的消毒工作可有效防控呼吸系统、消化系统及被皮等的各类传染病,是猪场综合性疫病防控的重要措施之一。

猪场消毒时,常用的消毒设备有高压清洗机、喷雾火焰消毒器、灭菌消毒紫外灯、高压蒸汽灭菌锅、高压机动喷雾消毒器、超声雾化消毒机、消毒液机,及其他日常清扫设备、人员工作服装洗涤和消杀设备等。现代规模化猪场圈舍消毒多使用高压机动喷雾消毒器,人员着装多统一收集、集中清洗消毒后使用。猪场大门、生产区一般设有消毒室、更衣室、消毒通道,生产区还设有淋浴室,出入猪场均需进行严格消毒,同时,生产区工作人员不允许携带任何可能染疫的物品入场。出入猪场的车辆、用具等均应进行彻底消毒,使用后的消毒废液应经专门的排水沟流至暂存池,经处理后排放。猪舍消毒前,首先应进行圈舍的清扫,特别注意圈舍缝隙、栅栏、料槽、饲料运输管道及自动饮水系统等的清洁,带猪消毒可每周进行1~2次,一般春夏季节消毒次数略多,冬季稍少。由于猪场使用的饮用水多来自附近地下水,春夏季节常有各种细菌、藻类的滋生,还应对饮用水进行消毒。由于猪体表及体内也会有较多病原微生物的滋生,对猪体表进行消毒很有必要,春夏及气温高于25 ℃时,可每周进行2~3次的体表喷洒消毒,炎热夏季还可每天在水中加入消毒剂实行体表喷洒消毒1次。猪场产生的污水应引入污水池,然后加入漂白粉或生石灰消毒,经处理后排放或供种植业使用;产生的粪便可进行堆粪法发酵处理,再资源化利用。育肥猪场生猪养殖多,难免出现死亡现象,对于死亡猪的尸体可投入堆尸坑进行生物发酵或放入动物专业无害化处理设备进行处理,杜绝随意丢弃、私自出售等违法现象。

猪场消毒时,可根据消毒对象选用安全、高效的消毒药物。猪场大门处消毒池一般选用苛性钠(烧碱),车辆、用具消毒可选优氯净、过氧乙酸、苛性钠、抗毒威及农福等。圈舍带猪消毒时常选用过氧乙酸、百胜-30、抗毒威、百毒杀等,猪场圈舍处于空栏期,可用苛性钠、复合酚等进行消杀,或用福尔马林进行熏蒸消毒。饮用水消毒时,可选用氯剂(如漂白粉、次氯酸钠、氯胺T)、碘剂(如碘化钾、氢多碘化四乙氨酸)、溴剂(如氯化溴、溴代三聚异氰酸)、阳离子与两性离子表面活性剂(如百毒杀、新洁尔灭)等。猪体消毒,应避免消毒剂对其体表、呼吸及消化器官造成伤害,宜选择刺激性、副作用均很低的消毒剂,如百毒杀、过氧乙酸、新洁尔灭、爱迪伏、抗毒威等。此外,管理规范的猪场还要求做好各种消毒的记录,以备场内、集团公司上层或官方兽医的查验。

## 第三节 育肥猪场兽医卫生防疫制度与日常巡栏

依据国家标准化猪场建设的要求,现代规模化育肥猪场应建立符合相应规定的兽医卫生防疫制度,并能在日常工作中贯彻和落实。育肥猪场兽医卫生防疫制度一般包括消毒制度、疾病控制与扑杀、免疫与检疫、病死猪及其产品无害化处理、废弃物处置五个方面的内容。对于口蹄疫、非洲猪瘟等重大疫病,尤其是一些被国家农业农村部定为新发重大疫病的,猪场兽医卫生防疫制度内容要及时更新,同时还应在工作中坚决执行封锁隔离、扑杀、彻底消毒、病害尸及产品无害化处理等。此外,猪场兽医卫生防疫制度还应分类制作、上报备案、上墙展示,并安排专门时间学习(至少每个季度1次),有条件的猪场可将其作为兽医及养殖人员业务学习、考核的重要内容。猪场兽医组还可设立流动监督岗,监督兽医、养殖人员及保卫人员执行、落实兽医卫生防疫制度。

巡栏是育肥猪场兽医人员的日常工作内容之一,通过巡栏检视可以及时发现患病个体及临床表现,为疾病的临床诊断、开展实验室检测等提供可靠的依据,对猪场各种普通疾病、疫病的早期防治也有重要意义。此外,巡栏所得的各种数据、信息对完善猪场管理报表的录入、培养猪对人的亲近度等也有积极作用。

兽医人员巡栏时,首先应进行整体巡视,对猪场生物安全是否有漏洞、料线运转是否正常、饲料有无霉败、饮用水能否正常供应、猪舍空气质量及通风系统运行情况、猪舍温度、猪群密度等情况进行检视观察,并做详细记录。对重点栏舍或个体巡视时,应主要了解猪只采食、饮水情况,体温变化,粪便、尿液数量和性状,皮肤完整性及有无红点红斑,被毛是否脱落或粗大,呼吸是否均匀,有无咳嗽、喷嚏现象,是否流鼻液、鼻液的颜色与性状变化,眼睛是否发红、有无眼粪和泪斑,有无跛行、四肢有无外伤等。对于刚转入场的断奶仔猪,还应注意仔猪是否发生腹泻及粪便的颜色变化,仔猪群的生长发育情况。对于体重差异较大的仔猪还应调栏饲养,生长阻滞的仔猪(僵猪)应立即取出,采取驱虫、加强营养另行饲养等方式处置。

巡栏时,还应关注猪场兽医工作情况,尤其是兽医卫生防疫制度的落实程度。要关注其他兽医人员,尤其是新进人员的工作态度,应及时与其他人员沟通交流思想和专业技术,对猪场兽医工作中的共性问题进行及时梳理,报请场部开展专门的技术培训,不断提高猪场兽医工作水平。

## 第四节 猪场主要疾病防治要点

### 一、猪场常见传染病

**(一)病毒性传染病**

**1. 猪瘟**

猪瘟是由猪瘟病毒(classical swine fever virus,CSFV)引起猪的急性、高热、高度接触性、烈性传染病。临床上以高热、稽留,小血管变性引起广泛出血,梗塞和坏死为其特征。WOAH将其列为必须报告的疫病,我国定为二类动物疫病。我国是猪瘟较多的国家之一,自20世纪50年代我国研制出C株猪瘟兔化弱毒苗后,疫苗广泛应用,有效控制了猪瘟的流行。但在20世纪80年代,温和毒力毒株及低毒株感染越来越普遍,我国猪瘟的防治工作仍然十分严峻,应引起广大养猪户及兽医工作者的高度重视。

(1)疾病诊断要点。

①依据典型症状:急性猪瘟,表现高热、嗜睡、扎堆、寒战,体温升高至41～42 ℃,稽留热,便秘,后期排黄色稀粪,拒食、口渴喜饮,结膜炎、流黏液性眼泪,腹部、大腿内侧及耳部皮肤有紫色斑点。亚急性型,体温40.5～41.1 ℃,轻微跛行,粪便变软或腹泻,继发肠道菌感染时可突然死亡。慢性型,体温40～40.5 ℃,其他症状不明显。持续感染型,体温多在40 ℃以下,有耳、尾、四肢末端皮肤坏死现象,发育停滞,部分病例关节肿大,带毒母猪配种困难,流产和死胎等发生率增高。

②依据典型剖检变化:死亡猪颈部、腹股沟及内脏的淋巴结肿大、出血和充血、呈暗红色、切面有红白相间的大理石样外观,肾脏色淡、土黄色,有数量不等的针尖状出血点;脾脏边缘有突出表面的黑色梗死灶(具有诊断意义);喉头黏膜、会厌软骨、膀胱黏膜、心外膜、肺及肠浆膜等有出血点。慢性猪瘟盲肠、结肠及回盲瓣处黏膜上形成纽扣状溃疡。

③流行特点：本病病原只感染家猪和野猪，病猪为主要传染源，可通过口、鼻、结膜、生殖道黏膜或擦伤皮肤等感染健康猪，也能通过母猪胎盘屏障而感染胎儿。慢性感染、持续性感染猪是猪群猪瘟长期流行的主要原因。

④实验室诊断依据：可采集病死猪扁桃体、淋巴结、脾、回肠等病料，利用免疫组化、荧光抗体技术、RT-PCR法等，检测猪瘟病原为阳性者，可列为疾病诊断依据；收集发病后2～3周猪血清，采用病毒中和试验或ELISA法检测血清中特异性抗体也可进行诊断。

(2)防治措施。

免疫接种：可选用猪瘟脾淋苗和细胞苗(犊牛睾丸细胞苗)或猪瘟—猪丹毒—猪肺疫三联苗进行免疫接种。种公猪和种母猪每年免疫2次。母猪在产后7～10 d或配种前1个月免疫。仔猪可采取超前(零时)免疫或20～25日龄和60～65日龄2次免疫接种，母源抗体高时，可在30～35日龄首免，70日龄二免。

要加强引种检疫，杜绝传染源的引入。猪场一旦确诊后，应按《动物防疫法》采取相应措施予以处置。

猪瘟的根除净化措施：猪瘟的根除是控制本病的高级阶段，不能使用任何疫苗，发病后采取隔离封锁、扑杀等措施消灭传染源。建立无猪瘟及无猪瘟带毒健康猪群，培育健康后代，经过多次反复的上述措施，猪瘟可得到净化甚至消灭。

**2. 非洲猪瘟**

非洲猪瘟是由非洲猪瘟病毒引起猪的一种急性、热性、高度接触性传染病。临床症状与猪瘟十分相似，以高热、皮肤发绀、淋巴结和内脏器官严重出血为特征。20世纪50年代到80年代，非洲猪瘟由非洲进入了欧洲、加勒比海地区以及巴西等。2007年非洲猪瘟传入格鲁吉亚后快速地向周围传播，从高加索地区(亚美尼亚和阿塞拜疆)进入伊朗，一路西进到了乌克兰和白俄罗斯。2018年我国发生非洲猪瘟疫情。

(1)疾病诊断要点。

①依据典型症状：最急性型，表现突发高热，迅速死亡，无明显临床症状。急性型，出现持续高热，厌食，呼吸困难，耳部、腹胁部皮肤有出血斑和坏死灶，后期腹泻、便血。慢性型，表现波状热、肺炎，皮肤有出血斑，母猪流产。最急性型、急性型死亡率很高，几乎达到100%。

非洲猪瘟的特征性病理变化表现为心、肺等实质器官严重出血；淋巴结出血肿大，呈血瘤样，切面可呈大理石花纹样；脾脏明显充血肿大，质脆，切开后脾髓呈紫黑色。但由于当前本病防疫形势紧张，养殖场又不具有重大疫病病理解剖的专业解剖条件，为避免解剖时病原的扩散，国内各猪场均未开展任何形式的非洲猪瘟病死猪的病理解剖。

②流行特点：病猪、带毒猪为主要传染源，可通过家猪间的直接接触及病猪血液、排泄物和污染的运输与饲喂工具等进行传播，此外，软蜱叮咬也可传播疾病。一年四季均可发生，各年龄、品种猪均易感。

③实验室诊断依据:可无菌采集病毒血液,分离感染巨噬细胞后,加入猪健康红细胞进行体外培养,若形成"玫瑰花环"或"桑葚状"结构,可以确诊;或利用基于重组的非洲猪瘟病毒Morara株P30蛋白建立的ELISA法进行抗体检测、针对本病毒中央区域保守区建立的PCR法进行病原检测,也可实现确诊。

(2)防治措施。

发生非洲猪瘟疫情后,应迅速采取隔离、封锁、扑杀、消毒措施,以彻底扑灭此病。严格控制从发生过本病的国家引进活猪、猪源产品和猪源生物制品,禁止邮寄或由旅客携带未经煮熟的生肉类和腊肉、香肠、火腿、熏肉等动物性产品入境。

**3.猪繁殖与呼吸综合征**

猪繁殖与呼吸综合征是由猪繁殖与呼吸综合征病毒引起猪的一种高度接触性传染病。临床上以怀孕母猪发生流产,产死胎、弱胎、木乃伊胎,以及仔猪呼吸困难、败血症、死亡率高为其特征,严重危害全球养猪业。猪繁殖与呼吸综合征又称蓝耳病、流行性流产呼吸综合征。自2006年夏季开始,由猪繁殖与呼吸综合征病毒变异毒株引起的"高热综合征"在我国暴发,呈现高发病率和高病死率的特点,成为危害我国养猪业的新疫病之一,我国将其称为"高致病性猪蓝耳病""高热病",猪繁殖与呼吸综合征在我国被列为二类动物疫病。

(1)疾病诊断要点。

①依据典型症状:30~90日龄猪最易发病。体温升高至39.5~42 ℃,稽留热;多数猪呼吸困难,有的腹泻或四肢关节肿胀;皮肤发红,后期耳尖、臀部皮肤发紫;出现结膜炎,迅速消瘦,少数死亡或成僵猪。育肥猪感染,初期出现咳嗽、喷嚏;随后眼睑肿胀,出现结膜炎、腹泻和肺炎等。妊娠母猪出现流产,产弱胎、死胎、木乃伊胎,部分早产仔猪四肢末端、尾、乳头、耳尖皮肤发绀。配种前感染的母猪,产崽率降低、延迟发情、屡配不孕或不发情等。种公猪除上述表现外,还有性欲减退、精液品质下降、精量减少。

②依据病理剖检变化:表现弥漫性间质性肺炎,肺水肿、变硬,边缘弥散性出血,肺间质增宽,肺心叶有时一叶变长,俗称"象鼻肺"。淋巴结有不同程度的淤血、出血、肿大,切面湿润多汁;肺门淋巴结出血、呈大理石样外观为本病的特征之一。脾暗紫色,轻度肿胀。肾脏肿大、出血,脑膜充血。

③流行特点:病猪、带毒猪为主要传染源,多经呼吸道感染。各种年龄、品种猪均易感,生产中亚临床感染十分普遍,猪场卫生条件差、气候恶劣、饲养密度大,可加重本病流行。

④实验室诊断依据:目前已建立多种扩增本病毒基因的荧光定量PCR方法,并已广泛应用于临诊检测。间接ELISA、阻断ELISA以及Dot-ELISA主要通过检测病毒抗体进行诊断。

(2)防治措施。

免疫接种:可选用猪繁殖与呼吸综合征灭活苗和弱毒苗进行免疫接种。为了接种安全,母猪和每年的常规免疫选用灭活疫苗,仔猪和保育猪免疫接种用弱毒疫苗,并严格按产品说明书方法使用。感染严重的猪场,仔猪可在25～35日龄用弱毒苗或灭活苗进行免疫,母猪在配种前3周用灭活苗进行免疫。种公猪不能接种。

应加强生物安全体系建设,采取综合防治措施。提倡自繁自养,引种时应严格检测,避免引进带毒猪和发病猪。新引进的猪只要隔离饲养,观察1个月无异常后再混群。加强猪场消毒,要选择有针对性的消毒剂,每周消毒一至两次。发生疫情时应隔离淘汰病猪,流产胎儿、胎衣要深埋处理,并增加消毒次数。猪舍内的生产工具以及车辆等使用后均应进行消毒。

本病尚无有效的治疗措施。对于普通"蓝耳病",常继发细菌感染如猪链球菌、副猪嗜血杆菌感染等,可使用抗生素药物、中药制剂,并添加电解质、矿物质及多种维生素等营养物质进行拌料、饮用水投药,以提高机体的抵抗力,促进机体尽快康复,减少经济损失。

**4.猪圆环病毒病**

猪圆环病毒病又称为猪圆环病毒相关病,是由猪圆环病毒2型引起猪的一种具多种临床表现的传染病,在临床上主要引起仔猪断奶衰竭综合征、猪皮炎与肾病综合征、增生性坏死性间质性肺炎、新生仔猪先天性震颤、怀孕母猪的繁殖障碍等,还可导致猪群严重的免疫抑制,从而继发或并发猪瘟、猪伪狂犬病、蓝耳病、传染性胸膜肺炎、副猪嗜血杆菌病等,给养猪业造成严重的经济损失。

(1)疾病诊断要点。

①依据典型症状:保育猪和生长猪,表现生长缓慢或停滞、贫血、消瘦、早期腹股沟淋巴结肿大,眼睑水肿,有时有腹泻和黄疸。12～14周龄的猪,表现轻度发热,不愿走动,皮肤上有圆形或不规则形的隆起,隆起周围红色或紫色而中央为黑色,隆起先出现在后躯和腹部,再逐渐蔓延到胸部或耳部,可融合成条带状和斑块状。母猪出现不同程度的繁殖障碍,妊娠后期常流产、产死胎和木乃伊胎。

②依据病理剖检变化:淋巴结肿大2～4倍,尤其是腹股沟淋巴结、肺门淋巴结、肠系膜淋巴结和下颌淋巴结。双侧肾肿大、苍白,表面出现白色坏死灶,皮质红色点状出血,髓质无出血,可与猪瘟区别(猪瘟皮质和髓质均有出血),肾盂水肿。脾头部肿大,另一端出现萎缩,有时可见脾或脾脏一端全部出现黑色梗死,应与猪瘟区别(猪瘟为边缘出现梗死)。

③实验室诊断依据:可采病死猪淋巴结、肺、脾、肠道等病料,利用免疫组化、荧光抗体技术或PCR法检测组织中的猪圆环病毒2型抗原,或者采集病猪血样制备血清,用ELISA法检测病毒抗体,检测结果阳性可做出诊断。

(2)防治措施。

免疫预防:目前以灭活苗应用最为普遍,母猪在配种前免疫,仔猪在出生后1～2周进行第一次免疫,20 d后进行第二次免疫,也可只免疫一次,免疫后可减少断奶仔猪多系统衰竭综合征的发生,降低死淘率,提高经济效益。

加强饲养管理:主要是减少各种应激,尽量减少仔猪哺乳阶段的注射次数、定期消毒、严格实施生物安全措施等。加强对种公猪的检测,使用无病毒污染的精液。

控制继发感染:猪圆环病毒2型经常与猪繁殖与呼吸综合征病毒、猪链球菌、副猪嗜血杆菌和肺炎支原体等病原混合感染,要重视这些疾病的预防。

**5. 猪细小病毒病**

猪细小病毒病是由猪细小病毒引起的一种繁殖障碍性传染病,主要危害血清学阴性的母猪,临床上以怀孕母猪的流产,产死胎、弱胎、木乃伊胎为其特征。

(1)疾病诊断要点。

①依据典型临床症状:不同孕期母猪感染,可分别造成死胎、木乃伊胎、流产,产出仔猪瘦弱、难以存活,还可使母猪发情紊乱、屡配不孕,或预产期推迟。

②依据病理剖检变化:可见母猪子宫内膜轻度炎症,胎盘部分钙化,子宫上皮组织和固有层有局灶性或弥散性单核细胞浸润,在大脑、脊髓处有浆细胞和淋巴细胞形成的血管套。胎儿出现木乃伊化、畸形、骨质溶解的腐败黑化。

③流行特点:病猪和带毒猪为主要传染源,通过呼吸道、消化道感染,也可经胎盘垂直传播。多见于初产母猪,可呈地方流行或散发,母猪感染后可持续数年。

④实验室诊断依据:可收集母猪血清或感染的70日龄以上胎儿血清,利用血凝抑制试验检测该病原的抗体,检测结果阳性即可确诊。也可用荧光抗体染色试验进行诊断。

(2)防治措施。

免疫接种:可选用猪细小病毒灭活苗或弱毒苗进行免疫接种。初胎母猪在配种前2个月用灭活疫苗免疫一次(必要时可在1个月后加强免疫),可获得可靠的保护。

加强饲养管理和消毒,坚持自繁自养。如需引种,应从无本病发生的猪场引进,隔离饲养半个月后,经两次血清学检测,符合要求方可混群饲养。

**6. 猪伪狂犬病**

伪狂犬病是由伪狂犬病病毒引起家畜、野生动物、宠物等多种动物的一种急性接触性传染病。猪是本病毒的自然宿主,感染后,妊娠母猪出现繁殖障碍,初生仔猪出现神经症状,仔猪及保育猪出现败血症,育肥猪出现轻微的呼吸道症状,生长发育不良等,公猪精液质量下降。近几年来本病发病有增多的趋势,给养猪业造成了严重的经济损失。

(1)疾病诊断要点。

①依据典型症状。

哺乳仔猪发病,体温升高达40 ℃以上,咳嗽、不吃奶、呕吐、呼吸困难,继而出现转圈运动,死前四肢呈划水状或倒地抽搐,衰竭而死亡,死亡率可高达100%。2月龄以上猪发病,症状轻微或隐性感染,有的出现一过性发热。可伴发呼吸道症状、神经症状。

妊娠母猪发病,出现咳嗽、体温升高,流产,产死胎、木乃伊胎;后备母猪和空怀母猪发病,不发情,配种率很低。公猪发病,睾丸肿胀、萎缩、坏死,丧失种用能力。

②依据病理剖检变化：扁桃体、肺、肝和脾均有散在灰白色坏死点，有重要诊断学意义。有神经症状者，脑膜充血、出血和水肿，脑脊液增多。肺水肿、出血，胃底部黏膜出血，肾脏有针尖大小的出血点。流产母猪有子宫内膜炎、子宫壁增厚和水肿。流产胎儿的脑部及臀部皮肤有出血点，肾脏和心肌有出血点。

③实验室诊断依据：可收集病猪血清，利用血清中和试验、ELISA等检测病原抗体；或采集病猪病料组织，用PCR法进行病原检测。

(2)防治措施。

免疫接种：规模化猪场，种猪在配种前1个月或半个月用猪伪狂犬病弱毒苗、灭活苗免疫一次，产前一个月再用灭活苗免疫一次。仔猪用猪伪狂犬病基因缺失苗，5～8日龄滴鼻、35～40日龄再注射免疫。

消灭传染源、加强检疫：鼠类可携带本病病毒，猪场应勤开展灭鼠工作；隐性感染猪和耐过猪是主要传染源，应立即对其进行淘汰、扑杀和无害化处理。猪场引进猪时，应严格检疫，杜绝引入野毒感染的猪群。

本病尚无有效药物治疗，发病后，对疫区疫点未发病动物，应立即进行紧急预防接种，可降低死亡率。对发病的动物，可用抗菌类药物防止继发感染，另外采取一些对症治疗措施，如出现腹泻时，可用口服补液盐，减少电解质损失而造成的猪只死亡，出现神经症状时可用镇静药物等。

净化措施：利用基因缺失疫苗进行免疫，采用配套的鉴别诊断方法对猪群进行野毒感染抗体检测，淘汰野毒感染猪，培养和建立无野毒感染后备种猪群，在种猪群中逐步净化，逐渐建立无伪狂犬病猪群，达到净化的目的。

**7. 猪传染性胃肠炎**

猪传染性胃肠炎是由猪传染性胃肠炎病毒引起猪的一种高度接触性肠道传染病，临床上以呕吐、严重腹泻和迅速脱水为其特征。本病俗称"冬痢"，各年龄猪均可发病，10日龄以内仔猪发病，病死率可达100%，5周龄以上猪死亡率低，但生产性能下降，饲料报酬降低。

(1)疾病诊断要点。

①依据典型症状：仔猪突然发病，先呕吐，继而水样腹泻，粪便为黄色、绿色或白色等，常含有未消化的乳凝块。病猪脱水明显，10日龄以内的仔猪多在出现症状后2～7 d内死亡。母猪感染，粪便变软，中等程度发热。

②依据病理剖检变化：尸体外观脱水明显，胃内充满凝乳块，胃底黏膜充血、出血。肠内充满水样粪便，肠壁变薄呈半透明状，肠系膜充血，肠系膜淋巴结肿胀。

③流行特点：不同年龄均可感染，10日龄以内的仔猪最为敏感，发病率和病死率有时高达100%。本病多发生于冬季和春季等寒冷季节。新疫区可呈急性暴发，传播迅速，老疫区发病率低。

④实验室诊断依据：可收取病猪空肠和回肠组织或刮削物,利用直接荧光抗体技术检测,或用RT-PCR法检测本病病原,检测阳性可做出诊断。

(2)防治措施。

免疫接种：可用猪传染性胃肠炎-猪流行性腹泻二联灭活苗,妊娠母猪免疫接种后14 d可产生免疫力,免疫期4个月,仔猪被动免疫的免疫期维持到断奶后7 d；也可采用弱毒疫苗通过黏膜免疫接种。少数猪场还采用强毒或病猪的粪便进行母猪人工感染,使仔猪获得被动免疫,有一定效果,但易扩散强毒,加重圈舍的病毒污染,增加发病的风险。

加强饲养管理,对症治疗：要加强仔猪的饲养管理,特别应注意仔猪的保温,确保哺乳猪舍的温度达到要求。发病后,应迅速隔离病猪,给病猪补充口服补液盐,避免脱水和酸中毒,并使用广谱抗生素,防止继发感染；发病猪舍和用具还需经常消毒。

**8.猪流行性腹泻**

猪流行性腹泻是由猪流行性腹泻病毒引起猪的一种急性高度接触性肠道传染病。临床上以呕吐、腹泻、食欲下降、迅速脱水为其特征。近年来,猪流行性腹泻几乎在规模化猪场年年流行,造成巨大的经济损失。

(1)疾病诊断要点。

①依据典型症状：发病猪表现水样腹泻,采食或吃奶后多出现呕吐。1周龄内仔猪腹泻后3~4 d,呈现严重脱水而死亡,死亡率可达50%以上。病仔猪体温正常或稍高,精神沉郁,食欲减退或废绝。断奶猪、母猪表现厌食和持续性腹泻,约1周后逐渐恢复正常。育肥猪感染后发生腹泻,1周后可康复。

②依据病理剖检变化：小肠扩张,肠内充满黄色液体,肠系膜充血,肠系膜淋巴结水肿,小肠绒毛缩短。

③流行特点：各年龄猪均易感,哺乳仔猪、架子猪或育肥猪的发病率较高,尤以哺乳仔猪受害最为严重。本病多发生在寒冷季节,在我国每年12月至次年3月为本病高峰期。但有的猪场出现常年流行,并与猪传染性胃肠炎、猪圆环病毒病等混合感染。

④实验室诊断依据：可收集急性期或急性死亡猪的小肠、盲肠、粪便等病料,利用直接荧光技术或免疫组化法检测病料组织,或用ELISA法、RT-PCR法检测组织、粪便,检测阳性即可做出诊断。

(2)防治措施。

免疫接种：预防接种是控制猪流行性腹泻的主要手段。目前有弱毒活疫苗或灭活疫苗可供选择,也可选用猪传染性胃肠炎-猪流行性腹泻二联灭活苗和弱毒苗。一般在产前2个月和1个月进行免疫接种,也可在10—11月份进行二次普免。在本病流行地区,可尝试用病猪粪便或小肠内容物饲喂临产前2周的怀孕母猪,使胎儿出生后通过初乳获母源抗体保护,可缩短本病在猪场中的流行期,但具有扩散强毒的风险。

本病目前尚无特效药物和疗法,发现仔猪出现呕吐腹泻后,立即隔离病猪,同时加强圈舍环境消毒,仔猪的保温措施非常关键,搞好饲养管理,减少人员流动,避免易感猪群受到感染。如有条件,猪场最好采用全进全出饲养方式。

### (二)细菌性疾病及其他传染病

**1. 猪支原体肺炎**

猪支原体肺炎是由猪肺炎支原体引起猪的一种慢性、接触性、消耗性呼吸道传染病,俗称"猪气喘病"。临床上以体温及食欲变化不大、气喘、咳嗽、腹式呼吸、生长发育迟缓、饲料报酬降低为其特征。本病是规模化猪场较为常见的呼吸道疾病之一,特别是以本地品种为主的猪场较为严重。

(1)疾病诊断要点。

①依据典型症状:初期表现为干咳、气喘。多数病猪体温正常或略有发热。仔猪感染后,出现消瘦、生长缓慢;中猪表现肺炎症状;成年猪以隐性感染、亚临床感染为主,受寒冷刺激时出现咳嗽。

②依据剖检变化:双侧肺的心叶、尖叶、间叶、膈叶出现实变外观,颜色灰红,半透明,像鲜嫩的肌肉样,俗称"虾肉样"病变,病变部与正常部位界线明显。肺门和纵隔淋巴结肿大、质硬、灰白色,有时边缘轻度充血,切面外翻湿润。

③流行特点:本病一年四季均可发生,寒冷、多雨、潮湿或气候骤变时多见。饲料品质低劣、猪群拥挤、圈舍通风不良等易诱发本病。病猪与带病原猪为主要传染源,可通过直接接触、飞沫经呼吸道等感染。

④实验室诊断依据:病猪进行X线检查,肺内侧区及心膈角区呈现不规则的云雾状阴影,可以确诊。也可收集病猪血清利用ELISA法检测病原抗体,或采集组织病料用PCR法检测病原,检测阳性可确诊。

(2)防治措施。

免疫接种:可选用猪支原体肺炎弱毒疫苗或灭活疫苗,以15日龄首免、35日龄二免的方法进行,也可只免疫一次。

应尽量实行自繁自养,尽量减少引种的次数,降低引进带菌猪的风险。引种时,种猪需进行隔离。遵守全进全出原则,减少仔猪寄养和不同阶段猪的混养。实施早期隔离断奶或加药早期断奶,减少病原从母猪传到仔猪的机会。使用人工授精,减少公猪与母猪接触而发生感染的机会。

加强消毒、改善饲养条件:应选择广谱、高效的消毒剂,加强圈舍消毒。改善饲养条件,避免圈舍日夜温差较大、饲养密度高、通风不良等。

药物治疗:发病猪可选用替米考星、泰妙菌素、克林霉素、壮观霉素以及喹诺酮等药物及时治疗,对咳嗽严重病例可进行对症治疗。

利用药物控制和早期断奶技术,建立新猪群,同时对猪群进行检疫监测,不断淘汰感染阳性猪，检查屠宰肥猪的肺脏病变，并使用哨兵猪作为指示，可以逐步建立无支原体肺炎猪群。

**2. 猪丹毒**

猪丹毒俗称"打火印"或"红热病"，是由猪丹毒丝菌引起猪的一种急性、热性、败血性传染病。临床上以败血症、皮肤疹块、慢性疣状心内膜炎、皮肤坏死及多发性非化脓性关节炎为其特征。本病呈世界性分布，近年来，集约化养猪场有发病增多的趋势。

(1)疾病诊断要点。

①依据典型症状。

急性败血症型：最为常见，以突然发生、急性经过和高死亡率为特征。病猪体温可达42 ℃甚至42 ℃以上、高热不退，厌食并伴呕吐，结膜充血，粪便干硬附有黏液，耳、颈、背皮肤潮红、发紫，死前部分病猪全身皮肤不同区域可见红色斑块。仔猪一般突然发病，表现神经症状，抽搐，倒地死亡，病程短。

亚急性型(疹块型)：在身体的不同部位，尤其胸侧、背部、颈部出现界线明显，圆形、四边形，有热感的疹块，俗称"打火印"，指压退色。后期出血、坏死、干枯后形成棕黑色痂皮。病猪口渴、便秘、呕吐、体温高。疹块发生后，体温开始下降，病势减轻，经数日，多数病猪可以自愈。

慢性型：有慢性关节炎、慢性心内膜炎和皮肤坏死等几种类型。慢性关节炎型主要表现为四肢关节肿胀，病腿僵硬、疼痛，后关节变形，呈现跛行或卧地不起。慢性心内膜炎型主要表现消瘦、贫血、衰弱、喜卧、厌走动；听诊心脏有杂音，心跳加速、亢进、心律不齐、呼吸急促。皮肤坏死型主要可见背、肩、耳、蹄和尾等部皮肤肿胀、隆起、坏死、色黑、干硬、似皮革，逐渐与其下层新生组织分离，犹如一层甲壳。

②依据病理剖检变化：急性败血症型，胃底及幽门部黏膜发生弥漫性出血、点状出血；肠道出现不同程度的卡他性或出血性炎症；脾肿大、充血，呈樱桃红色；肾淤血、肿大、呈花斑状，俗称"大红肾"；淋巴结充血、肿大，切面外翻多汁；心外膜有小点状出血；肺脏淤血、出血、水肿。

③实验室诊断依据：可采集血液、脾、肝、肾、淋巴结作为病料，接种于人工培养基，分离培养，鉴定。必要时可进行血清学检测(血清凝集试验、琼脂扩散试验等)及用分子生物学技术(PCR)诊断。检测阳性可确诊。

(2)防治措施。

免疫接种：可选用猪丹毒-猪肺疫二联苗及猪瘟-猪丹毒-猪肺疫三联苗，以二联苗应用最广，仔猪在65日龄免疫接种，种公猪、种母猪每年可春秋两次免疫，猪场也可在每年3—4月及8—9月进行普免。

加强饲养管理，搞好圈舍环境消毒，保持通风干燥，避免高温高湿。

猪丹毒发生后，迅速隔离、消毒、治疗，通过积极治疗，治愈率较高。首选青霉素类和头孢类药物，一次性给予足够药量，以迅速达到有效血药浓度，提高治愈率。也可全群选用清开灵、阿莫西林等药物拌料进行预防。

### 3.猪传染性胸膜肺炎

猪传染性胸膜肺炎是由胸膜肺炎放线杆菌引起猪的一种高度接触性呼吸道传染病。临床上以急性型出现高度呼吸困难、急性死亡,慢性型表现长期不愈的干咳、生长发育缓慢、饲料报酬降低为其特征。本病是规模化养猪场的主要呼吸道传染病之一。

(1)疾病诊断要点。

①依据典型症状。

急性型:突然发病,体温升高至41.5 ℃以上,持续不退,呼吸困难,腹式呼吸,呈犬坐姿势,张口喘气,并伴有阵发性咳嗽,濒死前从口鼻流出带血的泡沫样分泌物,耳、鼻及四肢皮肤呈紫蓝色,常窒息死亡。

亚急性型:体温升至40.5~41.5 ℃,表现气喘、间歇性咳嗽。

慢性型:表现消瘦,有时可见关节炎、心内膜炎、脑膜脑炎,生长缓慢,饲料报酬降低。

②依据病理剖检变化:双侧性肺炎,常发生于膈叶、心叶和尖叶处,与正常组织界线分明。急性死亡猪的气管、支气管中充满泡沫状血性黏液及黏膜渗出物。

③实验室诊断依据:采集肺部病变区病料,涂片,革兰氏染色,有大量阴性杆菌,生化鉴定为胸膜肺炎放线杆菌,可以诊断;也可对病料进行PCR检测病原,检测阳性可确诊。

(2)防治措施。

免疫接种:可选商业化的胸膜肺炎放线杆菌灭活疫苗和亚单位疫苗,最好使用本地区流行优势菌株来研制多价灭活苗,开展疫苗接种。种公猪每年免疫2次,母猪通常产后1个月免疫1次。仔猪1月龄首免,留作种用的猪配种前加强免疫1次。

加强饲养管理:应适当降低猪群密度、改善圈舍通风,夏季适时进行降温、冬季注意保温,保持猪舍干燥,减少应激。此外,还需定期对猪舍内外进行消毒。

药物治疗:发病后,可选用四环素、链霉素、卡那霉素、氟苯尼考、替米考星和环丙沙星等病原敏感药物进行注射治疗。由于容易出现耐药性,有条件的猪场应分离病原菌进行药敏试验筛选敏感药物。疫区或疫点内未出现有临床症状的猪群,可在饲料或饮用水中添加药物进行预防。

### 4.副猪嗜血杆菌病

副猪嗜血杆菌病又称猪多发性浆膜炎、关节炎或革拉瑟氏病,是由副猪嗜血杆菌引起猪的一种具多种临床表现的传染病。临床上以体温升高、呼吸困难、关节肿大和运动障碍、神经症状为其特征。近年来,本病在规模化猪场的发生有逐年增加的趋势。

(1)疾病诊断要点。

①依据典型症状:感染高毒力菌株后,病猪发热、厌食、呼吸困难、咳嗽、关节肿胀、跛行,颤抖、共济失调,可视黏膜发绀,随之出现死亡。怀孕母猪出现流产,公猪呈现跛行。感染中等毒力菌株,常出现浆膜炎与关节炎。

②依据病理剖检变化:初期心包积液、胸腔积液、腹水和关节液增加,继而在相应部位出现淡黄色的纤维素性渗出物。严重病例心包与心脏、肺与胸膜粘连,腹腔肝脏、脾脏与肠道粘连。脑膜充血、出血或浑浊增厚,有浆液性渗出。

③实验室诊断依据:可采集浆膜表面物质、渗出的脑脊髓液及心血,进行细菌分离检测;或可用扩增16S rDNA的PCR方法检测病原,也可用琼脂扩散试验、补体结合试验和间接血凝试验等进行血清学检测。检测阳性可确诊。

(2)防治措施。

免疫接种:可选用副猪嗜血杆菌病多价灭活疫苗,母猪产前4~6周免疫,仔猪在14~16日龄免疫,必要时在1个月后再免疫。

加强饲养管理:由于本病病原为机体内常在菌,当抵抗力降低时,会出现内源性感染而引起发病。因此,应加强猪群的饲养管理,如保持合理的饲养密度、加强通风与保温、确保饲料营养全面、保证维生素与微量元素供应充足等。

药物治疗:早期可选用氟苯尼考、替米考星、阿莫西林、头孢类、四环素和庆大霉素等病原敏感药物进行治疗,效果较好。对未发病的猪只,可用敏感药物拌料和添加进饮用水进行药物预防。

**5.猪传染性萎缩性鼻炎**

猪传染性萎缩性鼻炎是由支气管败血波氏杆菌和产毒多杀性巴氏杆菌引起猪的慢性传染病,临床上以鼻炎,鼻中隔弯曲,鼻甲骨萎缩、变形、消失和病猪生长发育迟缓为其特征,本病在临床上分为两种:以支气管败血波氏杆菌为主引起的非进行性萎缩性鼻炎,以产毒多杀性巴氏杆菌为主引起的进行性萎缩性鼻炎。本病感染率高、死亡率低,但容易造成其他呼吸道病原体的继发感染。

(1)疾病诊断要点。

①依据典型症状:1~3月龄以上的症状明显猪,仔猪病初表现打喷嚏、呼吸困难,进一步发展,出现流鼻涕、鼻塞、气喘、流眼泪,眼角出现"泪斑"。感染2~3个月后,出现鼻甲骨萎缩,鼻腔和面部变形。如两侧鼻甲骨损伤程度不同,则鼻部歪向病损严重的一侧。病猪生长发育迟滞或成为僵猪。

②依据病理剖检变化:鼻中隔软骨和鼻甲骨的软化和萎缩为特征性变化。出现一侧性鼻甲骨卷曲萎缩,鼻中隔扭曲,鼻黏膜充血、潮红,附黏稠脓性分泌物或血丝。严重时,鼻甲骨结构消失,形成空洞。

(2)防治措施。

免疫接种:可选用支气管败血波氏杆菌单苗、支气管败血波氏杆菌-多杀性巴氏杆菌二联苗、支气管败血波氏杆菌加D型/A型多杀性巴氏杆菌类毒素疫苗等进行免疫接种,以含有纯化的巴氏杆菌类毒素的疫苗免疫效果最好。成年母猪和后备母猪产前8周肌内注射灭活苗,首次免疫后,间隔6周,再加强免疫一次,以后每胎产前2周免疫。

加强管理：采用全进全出饲养方式，降低饲养密度，改善通风条件，定期做好栏舍消毒。猪场尽量少引猪或不引猪，购入种猪时，必须进行隔离观察和检疫。

药物防治：为有效防止母猪将本病传给仔猪，应在母猪妊娠最后1个月内的饲料中加入磺胺二甲嘧啶、金霉素、土霉素、泰乐菌素、阿莫西林、多西环素、氟苯尼考等药物，进行药物预防。3周龄以内仔猪，可每周注射1次磺胺嘧啶钠或多西环素，连用3次。症状轻微的病猪，可用敏感药物鼻内喷雾和冲洗；鼻腔严重变形等症状严重的猪，应直接淘汰。

## 二、猪场常见普通病及中毒病

**1. 猪感冒**

猪感冒是由于寒冷刺激所引起的、以上呼吸道黏膜的炎症为主要特征的急性全身性疾病。本病为个体发病，无传染性，多发于秋末、春初等气候骤变的季节。

（1）疾病诊断要点。

①依据典型症状：病猪精神沉郁，嗜睡喜卧，食欲减退；体温升高达40 ℃，畏冷怕寒，战栗扎堆；呼吸、心跳加快，咳嗽打喷嚏，鼻涕清亮。重症病例卧地不起，食欲废绝。

②依据病因：气候骤变，寒冷侵袭，突遭贼风袭击、淋雨；猪舍设施不完善，防寒能力差；哺乳仔猪的保温、加热设施不良；等等。

（2）防治措施。

要加强哺乳仔猪的饲养管理，寒冷季节应随时检查猪舍保温设施，及时维修损坏的保温设备；气候骤变季节，要提前给猪只补充营养，提高仔猪对寒冷刺激的适应能力。重症和体质较差的病猪，可用解热镇痛、补液疗法予以治疗。若有继发感染，要针对病因进行治疗。轻度感冒一般无需治疗，3～7 d可自愈。

**2. 猪胃溃疡**

猪胃溃疡是因某些疾病过程和应激反应引起的胃腺区黏膜消化性溃疡（多见于胃底部）与食管区溃疡。猪的胃溃疡与中毒性疾病的发生、应激和饲料粒度过小有直接关系。

（1）疾病诊断要点。

①依据典型症状。

最急性型，各日龄猪均可发生，猪剧烈运动或受其他刺激后，可表现突然死亡或虚脱，体表和可视黏膜苍白。急性型，表现体表苍白，虚弱，呼吸加快，阶段性厌食，呕吐、便血，干粪是特征性症状。亚急性型和慢性型，病程较长，贫血、厌食，体重下降，粪潜血、干硬。

病死猪剖检，胃内有大的凝血块，胃广泛性出血，食管区大面积溃疡。

②依据病因：饲料中真菌毒素、铜、硝酸根或亚硝酸根离子等含量过高，长途运输、拥挤、母猪的产惊和断奶等使机体遭受刺激，饲料酸度过大或饲料粒度过小等，均能引起本病。

(2)防治措施。

治疗时,可用鞣酸、硝酸铋保护胃黏膜,止血止痛,减少胃酸的分泌和降低胃蛋白酶的活性,减少对胃黏膜的刺激。预防本病,应保证饲料中维生素E和硒的含量正常、饲料新鲜无霉变,加工粒度在正常范围内,减少应激因素。饲料中含有高剂量铜时,可加锌以防止铜中毒。

**3. 猪便秘**

猪便秘是因肠运动、分泌机能紊乱,引起内容物积滞,肠道发生完全或不完全堵塞的现象。临床特征是食欲减退或废绝,口干,排粪减少或停止,腹痛不安。

(1)疾病诊断要点。

①依据典型症状:病猪食欲下降或废绝,口干,卧立不安,呼吸加快,心律不齐。病初粪干硬,并覆灰白色黏膜或血液;随后出现努责,直肠黏膜水肿,肛门突出或脱出;后期脱水、虚脱、死亡。

②依据病因:饲料中纤维素含量过多、水分过少,精料过多而饮水、运动不足,妊娠后期或产后母猪发生肠弛缓,严重的肠道寄生虫感染,高热病、去势引起的肠粘连、肠与腹膜粘连等,均可致病。

(2)治疗方法。

宜在早期治疗,可用镇痛、通便、补液和强心等办法疏通结粪,恢复肠机能。灌服硫酸镁或硫酸钠是常用通便方法。

**4. 猪中暑**

在炎热季节,猪处于潮湿、闷热的环境中,代谢旺盛,产热多,散热少,体内积热,引起机体中枢神经系统出现严重的机能紊乱现象,称为猪中暑或猪热射病。临床上以高体温、循环衰竭为特征。

(1)疾病诊断要点。

①依据典型症状:表现呼吸加快、虚脱、呕吐、腹泻。体温达42 ℃以上,食欲废绝,口渴,吐白沫,结膜充血。严重病例意识丧失,呼吸困难、浅表,口鼻流出白色或粉红色泡沫,痉挛战栗而死。

②依据病因:盛夏酷热、潮湿,猪舍无通风、降温设施或降温效果不佳,用封闭货车、车皮运输且时间太长,夏季猪只饮水、食盐不足,均可引发本病。

(2)防治措施。

治疗方法:病猪应立即移到阴凉通风处,以冷水泼洒全身,促进其散热。严重病例,可同时用25%盐酸氯丙嗪4～5 mL一次肌内注射,复方氯化钠溶液100～300 mL或5%葡萄糖生理盐水300～500 mL,一次静脉注射。心功能不全时,用20%安钠咖5～10 mL一次肌内注射;出现神经症状、酸中毒时,应进行对症治疗,并开展有效护理。

预防措施:炎热季节,做好猪舍通风、降温等防暑降温工作;应降低猪群密度,保证充足的饮水。长途运输时,不要过分拥挤,保证饮水,避免在高气温下运输。

**5.黄曲霉毒素中毒**

黄曲霉毒素中毒是由黄曲霉毒素引起的以全身出血、消化功能紊乱、腹水、黄疸、神经症状等为临床特征,以肝细胞变性、坏死、出血及胆管和肝细胞增生为主要病理变化的中毒病,是一种人畜共患并且有严重危害性的中毒病。

(1)疾病诊断要点。

①依据典型症状:猪常在采食发霉饲料后5~15 d发病。急性病例多发于2~4月龄的仔猪,多出现突然死亡。亚急性病例表现体温升高或正常,食欲减退或废绝,口渴,便秘,黏膜苍白、黄染,行走时步态不稳,间歇性抽搐,严重者卧地不起,2~3 d后死亡。慢性型多见于育成猪和成年猪,表现食欲减退,生长缓慢或停滞,消瘦,黏膜黄染,皮肤紫斑,后期出现兴奋、狂躁、痉挛、角弓反张等神经症状。

②依据病理剖检变化:急性病例皮下脂肪黄染,黏膜、浆膜、皮下和肌肉出血,肾、胃弥漫性出血,肠黏膜出血、水肿,肝黄染、肿大、质地变硬,脾出血性梗死,心内、外膜出血。慢性型病例肝硬化,脂肪变性,呈土灰色,肾苍白、变性、体积缩小。

③实验室诊断依据:血液检查,红细胞数量可减至30%~45%,凝血时间延长,白细胞总数$3.5×10^{10}$~$6.0×10^{10}$个/L。肝功能检测,急性病例谷草转氨酶、瓜氨酸转移酶和凝血酶原活性升高,慢性病例乳酸脱氢酶、谷草转氨酶和异柠檬酸脱氢酶活性升高,血清白蛋白、α-球蛋白及β-球蛋白水平降低,γ-球蛋白水平正常或升高。饲料或原料采用黄曲霉毒素胶体金快速检测试纸检测,超过国家规定标准,可以确诊。

④依据病因:猪场饲料加工、储藏不当,受到黄曲霉(*Aspergillus flavus*)、寄生曲霉(*A. parasiticus*)、其他曲霉、青霉、毛霉、镰孢霉等污染,进而使饲料中黄曲霉毒素含量超标,猪采食后易发病。

(2)防治措施。

治疗方法:本病尚无特效疗法。猪中毒时,应立即停喂霉败饲料,改喂富含糖类的青绿饲料和高蛋白质饲料,减少或不喂含脂肪过多的饲料,轻度病例可自行康复。重症病例应及时投服泻剂(如硫酸镁、硫酸钠、人工盐等),并静脉滴注20%~50%葡萄糖溶液+葡醛内酯(肝泰乐)+维生素C注射液+葡萄糖酸钙溶液或10%氯化钙溶液。心衰时,皮下或肌内注射强心剂。防止继发感染,可应用抗生素,但严禁使用磺胺类药物。

预防措施:玉米、豆类等饲料原料在采收时应尽量晒干;购置回的饲料、饲料原料应放置干燥处保存,或加入丙酸钠、丙酸钙进行防霉处理后保存;定期检测饲料,严格按照饲料中黄曲霉毒素最高容许量标准处理饲料;利用中度以下霉败饲料时,可在饲料中加入0.5%的沸石等脱霉剂后,再饲喂动物。

**6. 母猪不孕症**

母猪不孕症是因各种因素导致的母猪生殖机能暂时丧失或减退的现象。本病严重影响母猪的生产性能，引起繁育猪群产崽率下降，严重时可使母猪过早淘汰，对繁育猪场影响极大。

(1)疾病诊断依据。

①依据典型症状：后备母猪初情延迟至240日龄以上，PMSG、hCG、PG600诱导发情和排卵仍无效。经产母猪发情紊乱，或发情表现不显、不发情，或表现持续性发情，但不排卵，屡配不孕。

②依据病因：母猪生殖器官先天性发育不良，母猪过肥或过瘦，主要营养物质蛋白质、脂肪、糖类及部分微营养物如微量元素、维生素等不足或缺乏，子宫内膜炎、阴道炎、子宫蓄脓、持久黄体、卵泡囊肿等生殖器官疾病及脑垂体机能不全等，均可导致疾病发生。

(2)防治措施。

①治疗方法：发情表现不显著或不发情母猪，可用苯甲酸雌二醇(或丙酸雌二醇)3~10 mg，一次肌内注射，同时补充维生素A 20万~30万 IU，带崽母猪可提早断奶；若排卵延迟或不排卵，可用孕酮10~20 mg一次肌内注射；子宫内膜炎时，宜用四环素、卡那霉素、恩诺沙星等肌内注射，或用生理盐水溶解后进行子宫内灌注，同时用雌二醇2~3 mg肌内注射，4~6 h后再用催产素3~5 IU肌内注射；子宫积液或蓄脓时，可用前列腺素2~10 mg一次肌内注射，土霉素、四环素等子宫灌注。

②预防措施：精心选育后备母猪，及时剔除先天性生殖器官发育不良的个体；加强饲养管理，提供蛋白质、脂肪、糖类等营养均衡的饲料，及时补加维生素A、维生素E、维生素D、钙、磷、硒、碘、铜、钴、镁、锌等维生素及微量元素，保持一定的光照和运动，杜绝母猪饲喂过肥或过瘦；及时诊治母猪生殖器官疾病，对于反复发生本病的个体宜作淘汰处理。

**7. 猪流产**

猪流产是母猪未到预产期而产出无生活能力胎儿的现象。流产一般发生于妊娠早期，母猪常排出死亡的胎体或不能独立生存的胎儿，母猪健康也多受影响，甚至引起生殖道疾病，使猪场繁殖计划不能完成，影响猪场的经营和效益。

(1)疾病诊断要点。

①依据典型症状：母猪隐性流产，多无明显临床表现，但配种后的一个性周期表现妊娠，下一个性周期却出现发情，阴门流出多量分泌物。先兆性流产，表现腹痛不安，呼吸脉搏加快，乳房膨大，阴唇轻微肿胀，阴道分泌液显著增多，排出死胎和胎衣。延期性流产，表现胎儿停止发育，母猪体温升高、拒食、喜卧、心跳呼吸加快，阴门中流出棕黄色黏液，母猪经常努责，阴道排出液体可携带小量的骨片，有时还直接排出干尸化胎儿。

②依据病因：妊娠母猪受到撞击、滑倒、惊吓、运输、气候骤变、免疫注射等应激因素作用，或摄入饲料酸败或霉变、误食有毒物质，或感染猪瘟病毒、乙型脑炎病毒、细小病毒、伪狂犬病病

毒、猪繁殖与呼吸综合征病毒、猪丹毒丝菌、布鲁氏菌、钩端螺旋体、弓形体等，均可能导致流产。

（2）防治措施。

①治疗方法：先兆性流产，可用孕酮10~30 mg，一次肌内注射，每日或隔日1次，连用3~5次，并给予氯丙嗪以镇静。延期性流产，可用前列腺素、雌二醇肌内注射，产道用0.1%高锰酸钾液或5%盐水冲洗2~3次，用土霉素、四环素等在阴道、子宫内灌注。

②预防措施：要加强饲养管理，妊娠猪场不允许生人随意进入，场内保持安静，生产日常操作应动作轻缓、规范，适时提供符合妊娠母猪需要的饲料，杜绝使用霉烂、酸败饲料。母猪应进行规范的免疫接种，积极预防猪瘟、蓝耳、伪狂、细小等影响生殖道健康的疫病，同时还应积极防治弓形体病等其他传染病。

**8. 猪难产**

猪难产是由于各种原因引起母猪分娩时，其子宫开张期、胎儿排出期延长，仔猪难于或不能顺利排出母体外的现象。难产处理不当，可危及仔猪、母猪的生命，也常引起母猪生殖道其他疾病，甚至使母猪从此以后繁殖能力下降。

（1）疾病诊断要点。

①依据典型症状：表现妊娠期延长，超过116 d，食欲减退，不安，磨牙，从阴门排出血色分泌物或胎粪。乳房红肿，排出乳汁。努责，腹肌收缩，但产不出胎儿，或仅产1头、几头胎儿而终止分娩。病程延长，阴门分泌物呈褐色或灰色、有恶臭，最后母猪沉郁，衰竭，若不及时救治，可能引起死亡。

②依据病因：母猪内分泌失调、营养不足，子宫畸形、产道狭窄，或后备母猪配种、妊娠日龄小于210，胎儿过大、畸形，胎位不正，出现木乃伊胎等，可引起发病。

（2）治疗和处理。

对于单纯性的宫缩无力，可每半小时注射50万IU催产素，直至胎儿娩出。产道堵塞时，可依据原因分别采取措施，疏通产道。因胎儿原因和母猪子宫畸形、产道狭窄等引起的难产可实施助产。助产时，先检查阴道，然后，消毒手臂和外阴部，并润滑，必要时要借助产科器械，拉出胎儿；产出活的仔猪，要立即擦干口鼻中的黏液，然后头朝下倒提，并拍打窒息仔猪的胸部，辅助呼吸；最后，再次检查子宫内是否有胎儿。

**9. 猪泌乳不足**

猪泌乳不足又称泌乳失败、产褥热、乳房炎-子宫炎-无乳综合征。是产后母猪常发的疾病之一，是一个全球性的疾病，给养猪业造成的经济损失巨大。

（1）疾病诊断要点。

①依据典型症状：母猪泌乳量少或无乳，厌食嗜睡，精神沉郁，发热，无力，便秘，排恶露，乳房红肿，有痛感。有时乳房外观正常，但就是没有乳汁。而仔猪表现为最初安静，后来绕母猪尖叫，经常吸吮乳头，整窝猪被毛粗糙、明显消瘦、发育不良，压死数量明显增多，下痢增多。

②依据病因：泌乳不足是由多病原、多因素引起的综合征。传染性因素主要有埃希氏大肠

杆菌、β-溶血型链球菌和其他致病性革兰氏阴性菌感染。非传染性因素包括母猪的饲喂方法、饲料质量(维生素E和硒含量、真菌及其产生的毒素)、季节、产房温度、饮水等管理、应激因素，母猪内分泌失调、胎衣不下或胎儿滞留引起的乳房炎和子宫炎，遗传因素。

(2)防治措施。

①治疗方法：母猪泌乳不足时，3 d内仔猪可让其他母猪代养，或进行人工饲养，同时，注射或口服抗生素药，预防和治疗仔猪下痢。母猪肌内注射或皮下注射催产素30~50 IU，每3~4 h注射1次；并注射广谱抗生素、类固醇皮质激素等。

②预防措施：产房内应保持良好的卫生和通风，控制好温、湿度，减少噪声和其他外源性应激刺激。母猪产崽前1周进入产房，改换哺乳母猪饲料，并进行科学饲喂。产前数小时和产后12 h内，可停喂饲料，保证充足的饮水；产后，改用自由采食。产后母猪饲料中按1.8 kg/t添加硫酸钠，能有效地防止乳房水肿和促进肠道排空，降低泌乳不足的发病率。注射律胎素也可有效防止本病的发生。对无法有效医治的母猪予以淘汰。

## 三、猪场重点疾病的临床鉴别诊断要点(表6-3至表6-6)

表6-3 猪瘟、猪丹毒、猪肺疫、仔猪副伤寒鉴别诊断

| | 猪瘟 | 猪丹毒 | 猪肺疫 | 仔猪副伤寒 |
|---|---|---|---|---|
| 病原 | 猪瘟病毒 | 猪丹毒丝菌 | 猪巴氏杆菌 | 沙门氏菌 |
| 流行特点 | 不同年龄猪、不同季节均可发生，传染迅速，常呈地方性流行，发病率和死亡率很高 | 3~9月龄猪在夏季炎热季节多发，呈散发或地方性流行，急性者多，病程短，发病率较高 | 架子猪或瘦弱猪易感，多发于气候骤变时，呈散发或地方性流行，发病率低，但死亡率较高 | 1~4月龄猪易感，潮湿寒冷或环境条件恶劣时多发，呈散发或在小群中流行，发病率和死亡率均高 |
| 临诊症状 | 体温41 ℃左右，呈稽留热，皮肤呈暗紫色，点状或片状出血，指压不退，先便秘后腹泻或反复下痢，便中带脓血，眼结膜发炎 | 体温42~43 ℃，死亡迅速，急性皮肤充血，压之退色，皮肤上可出现疹块或出血斑，关节疼痛，慢性者皮肤坏死 | 体温41~42 ℃，皮肤点状出血，指压不退，有急性呼吸系统症状，咽喉部急性肿胀，口鼻多泡沫，呼吸困难，死于窒息 | 体温41.5 ℃以下，耳根、腹下有片状出血斑，指压不退 |
| 剖检变化 | 肾灰黄色，有点状或斑状出血，膀胱点状出血，喉头黏膜出血，大肠纽扣状溃疡，脾有紫黑色梗死区 | 胃和小肠有较严重炎症，脾变软肿胀，深红色，肾脏充血肿大，有出血点，皮肤有四边形疹块 | 全身脏器和皮下组织出血，咽喉部肿胀出血，肺有肝变区，切面如大理石样，脾充血，无明显肿胀 | 大肠黏膜肿胀，肠壁肥厚，有粗糙不整齐的溃疡，边缘稍隆起，肝、肺及淋巴结有干酪样坏死灶 |

表6-4 有咳嗽症状的几种猪病的鉴别诊断

|  | 猪支原体肺炎 | 猪流感 | 猪肺疫 | 猪蛔虫病 | 猪肺丝虫病 |
| --- | --- | --- | --- | --- | --- |
| 病原 | 猪肺炎支原体 | 猪流感病毒 | 猪巴氏杆菌 | 猪蛔虫 | 猪肺丝虫 |
| 流行特点 | 仅发生于猪，一年四季均可发病；新疫点呈急性经过，多为慢性型，死亡率较高 | 不同品种、不同年龄均易感，晚秋、冬、春多发，呈地方性流行，病程短，发病率高，死亡率低 | 散发，无明显季节性，急性呈地方性流行 | 3～6月龄架子猪易感，一年四季均可发病，虫卵经口感染 | 常发于温暖多雨季节，此时土壤肥沃，适于蚯蚓生长，猪吃带病原幼虫的蚯蚓而感染 |
| 临诊症状 | 呼吸次数增加至60～100次/min，早、晚运动后或吃食后发生痉挛性咳嗽，腹式呼吸明显，喘气 | 体温41℃左右，口、眼、鼻流黏液样分泌物，呼吸困难，咳嗽气喘 | 早期为痉挛性干咳，慢性持续性咳嗽，呼吸困难 | 咳嗽，严重时呼吸困难 | 阵发性咳嗽，见猪有咀嚼吞咽动作，早、晚运动或遇冷空气刺激时，咳嗽剧烈 |
| 剖检变化 | 肺的尖叶、心叶、中间叶和膈叶发生肺炎，早期呈"胰样变"，后期为"肝变" | 鼻、喉、气管、支气管充血，有泡沫样黏液，肺水肿，呈紫红色 | 实质器官及淋巴结出血性病变，纤维素性胸膜肺炎，肺肝变，出现大理石花纹 | 虫体移行，肺脏呈肺炎病变，表面有小出血斑点，暗红色，肝有白色斑纹 | 一侧或两侧支气管内可找到虫体，数量从十几条到几十条不等，并有大量黏液 |

表6-5 有腹泻下痢症状的几种猪病的鉴别诊断

|  | 仔猪白痢 | 仔猪黄痢 | 猪瘟 | 仔猪副伤寒 | 猪传染性胃肠炎 |
| --- | --- | --- | --- | --- | --- |
| 病原 | 大肠杆菌 | 大肠杆菌 | 猪瘟病毒 | 沙门氏菌 | 猪传染性胃肠炎病毒 |
| 流行特点 | 10～30日龄仔猪易发病，发病率高，死亡率低，没有季节性 | 5日龄以内仔猪发病，死亡率高，初产母猪产的仔猪发病率高 | 不同日龄、不同季节均发生，呈地方性流行，发病率和死亡率均高 | 1～4月龄的猪易感，呈地方性流行或散发，死亡率高 | 多发于冬春时节，各种日龄的猪只均可发生，呈地方性流行，10日龄以内的仔猪死亡率高 |

续表

|  | 仔猪白痢 | 仔猪黄痢 | 猪瘟 | 仔猪副伤寒 | 猪传染性胃肠炎 |
|---|---|---|---|---|---|
| 临诊症状 | 体温无变化,拉乳白色、灰白色、淡黄或黄绿色糊状稀便 | 仔猪出生后数小时突然发病,腹泻,拉水样、灰黄色、黄白色或黄色稀便 | 体温41℃左右,先便秘后腹泻下痢,便中有脓血;有败血症病变 | 症状与猪瘟很相似,不易区别 | 呕吐,急性水样腹泻,拉黄色、绿色或白色稀便,脱水消瘦、死亡 |
| 剖检变化 | 肠壁变薄,呈卡他性炎症,胃黏膜潮红,肠系膜淋巴结轻度水肿 | 消瘦、脱水,小肠呈卡他性炎症,充血、出血肿胀,肠系膜淋巴结水肿 | 各器官黏膜出血,回肠和盲肠交界处黏膜有纽扣状溃疡;有败血症病变 | 大肠黏膜肿胀,肠壁增厚,有浅而粗糙和不整齐的溃疡;有败血症病变 | 胃底充血,肠壁变薄,失去弹性,黏膜充血,肠系膜淋巴结肿胀 |

表6-6 具有流产症状的几种猪病的鉴别诊断

|  | 猪细小病毒病 | 猪乙型脑炎 | 猪繁殖与呼吸综合征 | 布鲁氏菌病 | 衣原体病 |
|---|---|---|---|---|---|
| 病原 | 猪细小病毒 | 日本乙型脑炎病毒 | 猪繁殖与呼吸综合征病毒 | 布鲁氏菌 | 鹦鹉热衣原体 |
| 流行特点 | 常见于初产母猪,呈地方流行性或散发,一旦发生本病,可持续多年;猪是唯一宿主 | 流行环节是猪—蚊—猪,发病高峰在夏秋季节,各种品种、年龄的猪均易感染本病;人可感染本病 | 猪是唯一的易感动物,以妊娠母猪和1月龄内仔猪最易感;空气传播是该病的主要传播方式 | 可感染多种动物,一般为散发,接近性成熟年龄的动物易感,母畜感染后发生流产 | 不同品种和年龄的猪均易感,妊娠母猪和幼龄仔猪最易感,常呈地方流行性,康复猪长期携带病原 |
| 临诊症状 | 主要症状为母源性繁殖障碍,感染的母猪可重新发情而不分娩,或只产少数仔猪,或产大部分死胎 | 表现为病毒血症,伴有死胎、畸形胎或木乃伊胎,分娩时间多数超过预产期数日;公猪常发生睾丸炎,多为单侧 | 死胎率和哺乳仔猪死亡率较高;妊娠母猪发生早产、后期流产、产死胎,胎儿木乃伊化;新生仔猪呼吸困难、运动失调 | 妊娠后4~12周发生流产,也有的发生早产,部分母猪因胎衣滞留,引起子宫炎和不育;公猪常见睾丸炎和附睾炎,有时可见关节炎或腱鞘炎 | 母猪表现为早产、产死胎、流产、胎衣不下、不孕、产弱胎或木乃伊胎;流产前无明显表现;公猪表现为睾丸炎、附睾炎、尿道炎和附属腺体的炎症 |

续表

| | 猪细小病毒病 | 猪乙型脑炎 | 猪繁殖与呼吸综合征 | 布鲁氏菌病 | 衣原体病 |
|---|---|---|---|---|---|
| 剖检变化 | 胎儿出现死亡、木乃伊化、骨质溶解、腐败、黑化；大部分死胎或弱胎皮肤、皮下充血、水肿 | 流产母猪子宫内膜显著充血、水肿；死胎大小不一，呈黑褐色；存活的仔猪剖检时，多见有脑内水肿 | 患病仔猪和死胎胸腔内有大量清亮液体，肠系膜淋巴结、皮下脂肪和肌肉水肿；可见间质性肺炎 | 子宫黏膜和输卵管散在分布淡黄色的小结节，质地硬实；子宫内膜充血、出血和水肿；可见化脓性纤维素性关节炎 | 关节肿大；关节周围充血、水肿；母猪子宫内膜出血、水肿，并伴有坏死灶；肺水肿，表面有大量的小出血点和出血斑 |

### 四、猪场群体给药方法

猪场在预防常见细菌性疾病(如大肠杆菌病、沙门氏菌病、链球菌病等)、部分重点疫病(副猪嗜血杆菌病、弓形体病、附红细胞体病等)及开展猪只保健时，经常采用群体给药，以防治群发性疾病(部分传染性疾病、营养缺乏症)的发生和流行，保障猪群健康。猪场群体给药的主要方法有拌料给药法、饮用水给药法及其他给药法等。

#### (一)拌料给药法

拌料给药是目前猪场最常用的给药方法之一，适用于不溶于水的药物或加入饮用水后水的适口性变差或影响药效的需要长期连续投服的药物。临床上通常将促生长药及控制某些传染病的抗菌药物混于饲料中投喂。这种方法方便、简单，应激作用小，不浪费药物。但病猪不吃料或采食很少的情况下，不宜使用拌料法给药。给药时，应准确计算所需要的药量和饲料用量，以免浓度小不起作用或浓度大造成药物中毒。对于毒性大、猪很敏感的药物一般采用逐级混合法，即先把全部用药混合在少量饲料中，充分拌匀，再把这部分饲料混合于一定量的饲料中，再充分搅拌均匀，最后再和所需的全部饲料拌匀。应注意所用药物与饲料添加剂的关系，如长期应用磺胺类药物时应注意补充维生素B和维生素K。

#### (二)饮用水给药法

即将药物溶于饮用水中，给猪饮用。适用于短期投药、紧急治疗投药和猪已不吃料但还能饮水等情况。所用药物必须溶于水，且溶解度高；饮用水要求清洁、不含杂质；饮用水给药时应事先使猪停水2～4 h，以便猪在短时间内(一般要求在半小时内)饮完，以免药物效果下降；应严格按药物使用浓度要求配制，避免浓度过高或过低。药物溶于饮用水时，也应由小量逐渐扩大到大量，尤其是不能流动的水。饮用水给药应注意药物的溶解度和稳定性，如对油剂(鱼肝油)及难溶于水的药物(制霉菌素)不能采用饮用水给药法；对于一些微溶于水的药物(呋喃唑酮)和水溶液稳定性较差的药物(土霉素、金霉素)可以采用适当加热、加助溶剂、现用现配、及时搅拌等方法，促进药物溶解，以达到饮用水给药的目的。

### (三)其他给药法

其他给药法有气雾、药浴、喷洒、熏蒸给药法等,此类方法主要用于杀灭体外寄生虫或其他微生物,也可用于带猪消毒。使用时应选择对猪的呼吸道无刺激性且又能够溶解于猪呼吸道分泌物中的药物;喷雾的雾滴大小要适当,大小应为 $0.5 \sim 5\ \mu m$;将药液喷洒到猪体表时应均匀;应选择适合的药物浓度,避免药物对猪和工作人员产生毒性;用熏蒸法杀灭体外微生物时,要注意熏蒸时间,用药后要及时通风。

## ★ 实习评价

### (一)评价指标

(1)掌握育肥猪场重点疫病免疫接种的程序和方法、免疫档案的建立方法、免疫猪群抗体检测方法。

(2)掌握猪场常见普通病的防治方法,熟练掌握常见普通病的临床诊断方法。

(3)掌握猪场常发传染病的防治知识,熟悉重点传染病防控的法律规定和执行措施。

(4)能按本实习岗位内容开展全部或大部分工作实习,坚持撰写实习日志且实习日志完整、真实,顺利完成实习。

### (二)评价依据

(1)实习表现:学生在猪场本岗位实习期间,应遵纪守法,遵守单位的各项管理规定和学校的校纪校规,按照实习内容积极参加并完成大部分工作,表现优良。

(2)实习日志:实习期间,学生应每天对实习内容、实习效果、实习感受或收获等进行真实记录,对实习中的精彩场景、典型案例拍照并编写进实习日志。

(3)能力提升鉴定材料:猪场在学生结束实习前,可组织猪场管理、技术等部门专家形成学生实习能力鉴定专家小组,对实习学生本岗位主要实习内容进行现场考核,真实评价其能力提升情况,给出鉴定意见。

### (三)评价办法

(1)自评:学生完成实习实训后,应写出符合要求的实习总结材料,实事求是地评价自己在思想意识、工作能力等方面的提升情况,本岗位实习内容完成的情况。可占总评价分的10%。

(2)小组测评:学生实习小组可按照参评人的实际实习时间、参加实习工作内容、工作中表现,以及参评提供材料的情况给予公正的评价。可占总评价分的20%。

(3)实习单位测评:实习单位可依据学生在实习工作中具体表现、能力提升情况,结合本单位指导老师给出的实习意见,给予学生实习效果的评价。可占总评价分的30%。

(4)学校测评:实习期间,学生应定期向校内指导教师汇报实习情况,教师应定期对学生实习进行巡查和指导。可按学生提交的实习总结材料、实习单位鉴定意见、实习期间的各种汇报和表现,结合学生自评、小组测评、实习单位测评情况,给出综合评价。可占总评价分的40%。

# 第七章

# 现代规模化肉鸡场兽医岗位实习与实训

> **问题导入**
>
> A同学为国内某大学动物医学专业三年级的学生,已在学校进行了系统的动物医学课程学习,掌握了动物医学专业基础及临床知识,学会了各种动物医学专业实验技术和技能。按照学校制定的人才培养计划,A同学须完成至少4周的专业教学生产实习和8周以上的毕业生产实习,方可取得相应学分。目前,经学校、学院及老师多方努力,给A同学联系到了国内某著名肉鸡生产企业的一个养殖场进行实习,实习岗位为鸡场兽医岗位。A同学为全日制在校大学生,过去的学习中未曾有到鸡场访问、学习的经历,对鸡场工作要求及肉鸡场兽医岗位的工作内容不清楚,心中疑虑重重,不知如何进行实习准备,也不知将来的实习工作如何开展。

以上现象是存在于我国动物医学专业大学生群体中的普遍现象,我们的大学生朋友们大多是在学校完成相应阶段的学习任务,对社会生产接触不多,尤其对所学专业对应行业生产中的专业工作更为陌生。为了帮助动物医学专业大学三年级以上学生到肉鸡场开展兽医岗位顶岗实习,我们通过访问国内现代化鸡场兽医工作者,邀请业内专家,共同编写出了肉鸡场兽医岗位实习实训内容,以供参考。

## 实习目的

1. 掌握鸡场鸡群重点疫病的免疫方法和程序、鸡场检疫的方法和内容、鸡场消毒方法、鸡群驱虫的方法。
2. 学习重点疫病免疫效果监测、鸡场消毒及驱虫效果的监测、病害鸡无害化处理、鸡场杀虫、灭鼠与控鸟的方法。
3. 了解鸡场兽医卫生防疫知识，体验兽医卫生防疫制度的执行和监督。
4. 了解和熟悉肉鸡场兽医岗位实习工作内容，初步培养学生在肉鸡场从事兽医工作的能力。

## 实习流程

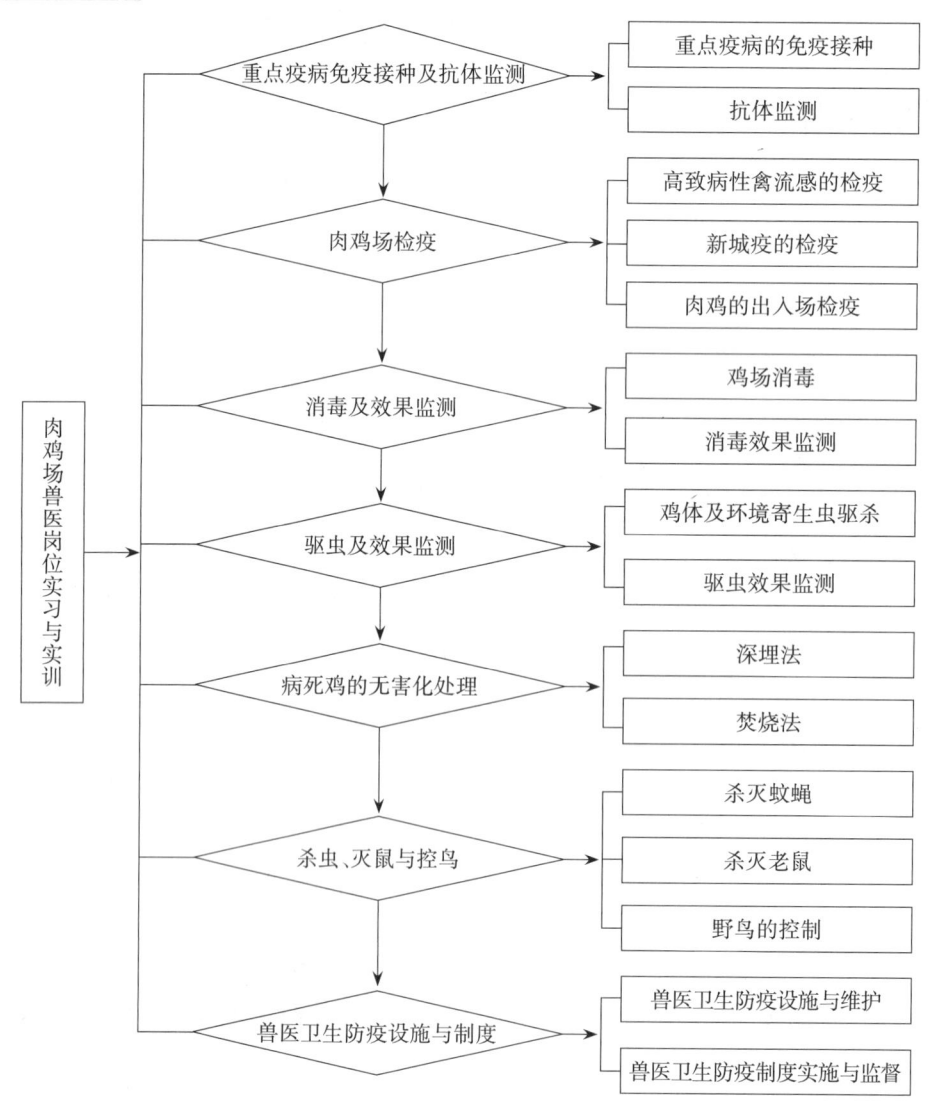

```
                    ┌─ 重点疫病的免疫接种
    重点疫病免疫接种及抗体监测 ─┤
                    └─ 抗体监测

                    ┌─ 高致病性禽流感的检疫
    肉鸡场检疫 ──────┼─ 新城疫的检疫
                    └─ 肉鸡的出入场检疫

                    ┌─ 鸡场消毒
    消毒及效果监测 ──┤
肉                  └─ 消毒效果监测
鸡
场              ┌─ 鸡体及环境寄生虫驱杀
兽   驱虫及效果监测 ─┤
医                  └─ 驱虫效果监测
岗
位                  ┌─ 深埋法
实   病死鸡的无害化处理 ─┤
习                  └─ 焚烧法
与
实                  ┌─ 杀灭蚊蝇
训   杀虫、灭鼠与控鸟 ──┼─ 杀灭老鼠
                    └─ 野鸟的控制

                    ┌─ 兽医卫生防疫设施与维护
    兽医卫生防疫设施与制度 ─┤
                    └─ 兽医卫生防疫制度实施与监督
```

现代规模化肉鸡场肉鸡饲养数量大、饲养密度较高，为保障鸡群健康、保证鸡场的顺利运转，要求其兽医防疫设施健全，严格执行兽医卫生防疫制度，有较强的生物安全意识。学生进入鸡场在兽医岗位上实习，可以很好地了解兽医工作的特点、性质，学习与积累工作经验，为以后真正走上相关工作岗位做好准备。规模化鸡场实习的主要内容，一般包括重点疫病（如禽流感、鸡新城疫、鸡白痢与伤寒、传染性支气管炎等）的免疫接种、抗体监测，鸡群健康监测（临床和病理学监测、雏鸡及产品出入场检疫），消毒（饮用水、环境）及效果监测，定时驱虫及效果监测，鸡场杀灭蚊蝇鼠害及效果评价，病死鸡的无害化处理，鸡场卫生防疫设施维护、制度实施和监督等。

# 第一节 肉鸡场重点疫病的免疫接种及抗体监测

## 一、肉鸡场重点疫病的免疫接种

### （一）免疫接种疫苗及程序

免疫接种目前仍然是预防家禽传染病最有效、最关键的措施之一。制定疫苗的免疫程序主要是依据疫病的流行病学特征（疫病种类、易感季节、易感日龄）、疫苗性质（疫苗种类、免疫方法和免疫期）、肉鸡的生长周期等情况来决定的。每一个鸡场，都要有适合本场特点的免疫程序，原则是以重大疫病防控为主，结合当地疫病流行情况调整疫苗免疫种类。表7-1至表7-3为肉种鸡、优质型肉鸡、快大型肉鸡主要传染病的免疫参考程序。

表7-1 肉种鸡主要传染病的免疫参考程序

| 免疫时间 | 疫苗种类 | 免疫途径 | 剂量 | 备注 |
| --- | --- | --- | --- | --- |
| 1日龄 | 马立克氏病疫苗 | 皮下注射 | 0.2 mL | |
| 7日龄 | 新城疫、传染性支气管炎二联活疫苗 | 点眼或滴鼻 | 1羽份 | 2周后检测HI（血凝抑制试验）抗体 |
| | 新城疫油苗 | 皮下注射 | 0.3 mL | |
| 10日龄 | 传染性法氏囊病活疫苗 | 饮水 | 1羽份 | |
| 17～25日龄 | 传染性法氏囊病活疫苗（二次） | 饮水 | 1羽份 | 2周后检测AGID（琼脂凝胶免疫扩散试验）抗体 |

续表

| 免疫时间 | 疫苗种类 | 免疫途径 | 剂量 | 备注 |
|---|---|---|---|---|
| 20日龄 | 禽流感H5/H9灭活苗 | 皮下注射 | 0.3 mL | |
| | 鸡痘疫苗 | 翼膜刺种 | 1羽份 | |
| 28日龄 | 新城疫、传染性支气管炎二联活疫苗 | 点眼 | 1羽份 | |
| 42日龄 | 传染性喉气管炎疫苗 | 点眼 | 1羽份 | |
| 56日龄 | 新城疫油苗 | 胸肌注射 | 0.5 mL | |
| 84日龄 | 禽脊髓炎疫苗 | 刺种或饮水 | 1羽份 | 按说明书操作 |
| | 禽霍乱疫苗 | 胸肌注射 | 1 mL | |
| 98日龄 | 禽流感H5/H9灭活苗(二次) | 皮下注射 | 0.5 mL | 2周后检测HI抗体 |
| 115日龄 | 传染性鼻炎、支原体疫苗 | 胸肌注射 | 0.5 mL | |

表7-2　优质型肉鸡主要传染病的免疫参考程序

| 免疫时间 | 疫苗种类 | 免疫途径 | 剂量 | 备注 |
|---|---|---|---|---|
| 1日龄 | 马立克氏病疫苗 | 皮下注射 | 0.2 mL | |
| 7日龄 | 新城疫、传染性支气管炎二联活疫苗 | 点眼或滴鼻 | 1羽份 | 2周后检测HI抗体 |
| | 新城疫油苗 | 皮下注射 | 0.3 mL | |
| 10日龄 | 传染性法氏囊病活疫苗 | 饮水 | 1羽份 | |
| 17日龄 | 传染性法氏囊病活疫苗(二次) | 饮水 | 1羽份 | 2周后检测AGID抗体 |
| 20日龄 | 禽流感H5/H9灭活苗 | 皮下注射 | 0.3 mL | |
| | 鸡痘疫苗 | 翼膜刺种 | 1羽份 | |
| 28日龄 | 新城疫、传染性支气管炎二联活疫苗 | 点眼 | 1羽份 | |
| 50~60日龄 | 禽霍乱疫苗 | 胸肌注射 | 1 mL | |
| 98日龄 | 禽流感H5/H9灭活苗(二次) | 皮下注射 | 0.5 mL | 2周后检测HI抗体 |

表7-3　快大型肉鸡主要传染病的免疫参考程序

| 免疫时间 | 疫苗种类 | 免疫途径 | 剂量 | 备注 |
|---|---|---|---|---|
| 1日龄 | 马立克氏病疫苗 | 皮下注射 | 0.2 mL | |
| 7日龄 | 新城疫、传染性支气管炎二联活疫苗 | 点眼或滴鼻 | 1羽份 | |

续表

| 免疫时间 | 疫苗种类 | 免疫途径 | 剂量 | 备注 |
|---|---|---|---|---|
| 14日龄 | 传染性法氏囊病活疫苗 | 饮水 | 1羽份 | |
| 21日龄 | 禽流感H5/H9灭活苗 | 皮下注射 | 0.3 mL | |
| 28日龄 | 传染性法氏囊病活疫苗(二次) | 饮水 | 1羽份 | 2周后检测AGID抗体 |

**(二)疫苗免疫接种的方法**

**饮水免疫法**：是利用鸡舍中的饮水系统实施大规模活疫苗接种的一种方法。饮水免疫前，应对水槽、饮水器用清水进行彻底清洗（不能用消毒剂和清洁剂清洗，忌用金属容器）。疫苗用洁净的不含氯和重金属的常水进行稀释（最好用煮沸后冷却的井水或蒸馏水进行稀释）。为使每只鸡在短时间内均能摄入足够量的疫苗，应提前2～4 h停止供应饮用水，多安排在早晨喂料前投喂疫苗。稀释疫苗的饮用水的量以鸡群能在1～2 h内全部饮完为准。可在饮用水中加入0.1%～0.3%脱脂乳或山梨糖醇以保护疫苗活力。饮水器的数量应充足（以鸡群中2/3以上鸡只能同时饮水为宜），一般放置在室内，避免阳光直射和减少尘土污染。免疫期间，鸡群忌用抗病毒和抗生素药物或添加剂。

**滴鼻点眼法**：是一种常用的家禽个体免疫接种方法。疫苗能与雏鸡眼角下的哈德氏腺及呼吸道黏膜充分接触，可产生很好的免疫效果，多用于呼吸道疾病的活疫苗免疫接种。对于20日龄以下雏鸡，操作者可自行固定，左手握住雏鸡，用左手食指与中指夹住鸡头，使头部平放（一侧眼鼻朝上，另一侧朝地），右手持滴管，滴管口距离鸡眼或鼻孔的距离0.5～1 cm。点眼时，拇指和食指将鸡的眼睑打开，将疫苗滴入眼内；滴鼻时，用手指堵住向下侧的鼻孔，再向上方鼻孔内滴入。对于20日龄以上鸡只，一人保定鸡体，另一人固定鸡头进行免疫。一般每只鸡滴1～2滴，免疫剂量1～2羽份。滴加后，应稍停片刻，待疫苗被完全吸入，方可将鸡轻轻放回笼内。滴鼻用疫苗可用蒸馏水、生理盐水或凉开水进行稀释，不能加入抗生素或其他药物，稀释倍数须严格按照说明书确定。稀释后的疫苗应在30 min内使用完毕，时间过长将导致疫苗效价迅速降低。

**注射免疫法**：可分为皮下注射和肌内注射。注射前，注射器具与针头应提前消毒，吸取疫苗的针头和注射用针头也应完全分开。皮下注射一般在颈部背侧，用左手拇指和食指将头颈后的皮肤捏起，局部消毒后，右手持注射器，针头近于水平刺入捏起的皮肤皱褶下，按量注入。肌内注射，常选在胸部或腿外侧肌肉丰满处。胸肌注射时，针头方向应与胸肌成30°～45°角，刺入深度雏鸡为0.5～1 cm，成鸡1～2 cm。注射完毕后，缓缓拔出针头，以免疫苗漏出。如使用连续注射器，应经常核对注射器刻度容量和实际容量之间的误差，以免实际注射量偏差太大。

**气雾免疫法**：是通过雾化机使稀释的疫苗形成一定大小的雾化粒子，随鸡的呼吸进入体内，从而刺激全身性的广泛免疫保护作用的一种接种方法。此法省时、省力，能使鸡群产生良好一致的免疫效果,而且产生免疫力较快,尤其适用于对呼吸道有亲嗜性的疫苗(如鸡新城疫、传染性支气管炎等的弱毒疫苗)的免疫。但气雾免疫需要有专业的设备,对鸡舍密闭性、温湿度等要求比较高。免疫前应对雾化机的各种性能进行测试,以确定雾滴的大小、稀释液用量、喷口距鸡群的高度、操作者的行进速度等,以便在实施时参照进行。疫苗的稀释应用去离子水或蒸馏水,一般 1 000 只鸡需要 200~300 mL 蒸馏水,同时加入 0.1% 脱脂乳或 3%~5% 甘油。严格控制雾滴的大小,用于雏鸡的直径为 100 μm 左右,使雾滴停留在雏鸡的眼和鼻腔内,减小诱发慢性呼吸道病的概率;成鸡为 30 μm 以下,以使雾滴到达深部气管和气囊,诱导免疫应答发生,但对鸡的刺激较大,易诱发呼吸道感染。雾化机喷出的气雾应全面覆盖鸡群,使鸡群头背部羽毛略有潮湿感觉为宜。其间,鸡舍所有门窗应关闭,降低室内亮度,停止使用风扇或抽风机,喷雾完毕后 15~20 min 再开启。鸡舍内以温度 16~25 ℃,相对湿度 70% 左右为宜。

刺种免疫法:是用特定的接种针蘸取疫苗,刺种于鸡翅内无血管处,以刺激机体产生免疫力的方法。接种时,需两人配合,协助者一手握住鸡双腿,另一手握住一翅,托住背部,使鸡仰卧;操作者左手拉住另一翅膀使其展开,右手持接种针蘸取稀释好的疫苗,在翅膀内侧三角区无血管处的翼膜上实施刺种。刺种部位如有羽毛,应先清理,防止药液吸附在羽毛上,造成剂量不足。每只鸡刺种 1~2 针。接种一周后,检查刺种部位可见红肿、结痂等现象,说明刺种成功,否则需重新刺种。此法的难点在于稀释液量不容易确定,要反复试验以确定。蘸取疫苗要确实,不能刺空针,不要刺穿双膜。

**(三)疫苗免疫接种注意事项**

注意鸡群健康:免疫前要了解鸡群的健康状况。检查鸡群精神、食欲状况,有无临床症状等。应于鸡群状态良好时进行接种。鸡群在应激或疾病状态下免疫效果较差,特别是鸡群若患有某些免疫抑制性疾病,如传染性法氏囊病、马立克氏病,或免疫系统受损等,接种后只能产生低水平抗体,且不良反应多。因此,怀疑鸡群健康状况不佳或有疫病时应暂缓接种,并进行详细记录,以备过后补免。

确保疫苗质量:疫苗和稀释液在使用前应逐瓶检查。注意核对并记录疫苗的名称、生产商、批准文号、生产批号、有效期和失效期、剂量等信息。凡发现瓶身有裂纹、封口不严、失真空、超过有效期或标签不清、色泽改变等情况,一律不得使用。疫苗预温和稀释,应严格按照疫苗使用说明书执行,计算和量取要准确,混合要均匀。

规范接种操作:工作人员要穿戴工作服、胶靴、口罩和工作帽,气雾免疫时可佩戴护目镜,手指甲要剪短磨平,工作前后双手要用肥皂水、消毒液洗净。注射器、针头、滴管、刺种针等在使用前应彻底清洗和消毒。免疫接种时要避免遗漏。接种工作结束后,应把接触过活毒疫苗的器具及未用完的疫苗等进行无害化处理,防止散毒。

接种后的反应和处理:疫苗接种后应注意鸡群反应,有的疫苗接种后会继发呼吸道症状,应及时进行对症处理。

接种期间的饲养管理：免疫的前后几天，要停用对疫苗有影响的药物，以免影响效果。同时，为缓解免疫引起的应激反应，可在饮用水中添加适量的电解多维。

### （四）免疫接种标记和档案的建立

免疫接种后，鸡场兽医室还应做好确实的免疫接种记录。详细记载接种日期、鸡群的品种、日龄、数量，所用疫苗的名称、厂家、生产批号、有效期、接种方法、免疫剂量及操作人员等，以备日后查询。

## 二、疫苗免疫抗体监测

免疫抗体监测是科学评价免疫质量的有效手段，也是摸清鸡群免疫状况、制订免疫接种计划的可靠依据。目前，最广泛使用的是血清学技术来监测免疫鸡群的抗体产生状况、抗体水平和持续时间，这对评价免疫效果、及时改进免疫计划、完善免疫程序有着重要的价值。

### （一）抽样

从1日龄开始，定期抽样检测，早期每隔1~2周检测一次，以后随日龄增大每3~4周测定一次。抽样时，应注意具有足够的数量和一定代表性。一般万只以上鸡群按0.1%~0.5%采样，小型鸡群按1%~2%采样（不少于30份）。采样时应使用完全随机抽样法、随机群组抽样法或多级随机抽样法。采集的病、弱鸡只应单独标明，便于结果分析。

### （二）血液样品的采集及血清的制备

一般在鸡群实施疫苗免疫后14 d进行采样，禽流感抗体与传染性法氏囊病抗体检测则需要在强化免疫后2周进行。采血宜安排在投料前，最好采空腹晨血。采血部位多选取在翼下静脉。采血时，应先准备好无菌采血针与针管或用2.5 mL的一次性注射器、消毒酒精/碘酒棉球、真空采血管（或促凝管）。协助者使禽侧卧，使上侧的翅膀展开与地面成30°角，暴露出翅内侧。操作者拔去翅内侧羽毛，在翼下静脉处消毒后，左手拇指压迫静脉的近心端，使血管怒张，右手持采血针由翼根的肌肉处进针，向翅膀方向推进，即由近心端向远心端斜向刺入翼下静脉，感到有空虚感无阻力即见回血，立即插入真空管采血。如用注射器采血，抽血时速度要缓慢，以防静脉塌陷。达到所需血量后迅速拔出针头，用干棉球局部按压止血。抽取的血液样品应立即注入采血管中，并进行编号、注释，斜放于试管架上，室温静置2 h或37 ℃下放置1 h。采集的血液样品静置后，待上层有少许血清析出时，可平衡放于医用离心机中，3 000 r/min离心15~20 min，然后取上层血清于新的试管内，做好标记，保存于-20 ℃下备用。

### （三）抗体效价的测定

以利用血凝抑制试验（HI）进行H5亚型禽流感疫苗免疫抗体检测为例。

**1. 主要实验材料**

禽流感病毒血凝素分型标准抗原,标准阳性血清,阴性血清,单道可调移液器(25 μL、100 μL、200 μL),恒温振荡培养箱。

**2. 试剂准备**

(1)阿氏(Alsevers)液:称取葡萄糖2.05 g、柠檬酸钠0.8 g、柠檬酸0.055 g、氯化钠0.420 g,加蒸馏水至100 mL,散热溶解后调pH值至6.1,69 kPa、15 min高压灭菌,4 ℃保存备用。

(2)1% 鸡红细胞悬液:采集至少三只SPF鸡(无特定病原体鸡)或无禽流感和新城疫等抗体的健康公鸡的血液与等体积阿氏液混合,用pH=7.2的0.01 mol/L PBS洗涤3次,每次均以1 000 r/min离心10 min,洗涤后用PBS配成1%(体积分数)红细胞悬液,4 ℃保存备用。

(3)pH=7.2的0.01mol/L PBS:先称量2.74 g磷酸氢二钠和0.79 g磷酸二氢钠,加蒸馏水至100 mL,配制成25× PBS。然后量取40 mL 25× PBS,加入8.5 g氯化钠,加蒸馏水至1 000 mL,配制为1× PBS。再用氢氧化钠或盐酸调pH至7.2。最后灭菌或过滤即可。注意PBS一经使用,于4 ℃保存不超过3周。

**3. 抗体测定操作步骤**

(1)在96孔V型微量反应板中,每孔加0.025 mL PBS。

(2)第1孔加0.025 mL抗原或病毒液,反复吹吸3~5次混匀;从第1孔吸取0.025 mL抗原或病毒液加入第2孔,混匀后吸取0.025 mL加入第3孔,进行2倍系列稀释至第11孔,从第11孔吸取0.025 mL弃去。第12孔为PBS对照孔。

(3)每孔加0.025 mL PBS,再加入0.025 mL 1%鸡红细胞悬液。

(4)轻扣反应板混合反应物,室温(约20 ℃)静置40 min,环境温度过高时可在4 ℃条件下静置60 min,当对照孔的红细胞呈显著纽扣状时观察反应。观察时,将反应板倾斜60°,注意红细胞有无泪珠样流淌,完全无泪珠样流淌(100%凝集)的最高稀释倍数即为血凝效价。

(5)根据上述试验测得的效价配制4个血凝单位(即4 HAU)的病毒抗原。4 HAU抗原应根据检验结果调整准确。

示例:如果血凝效价为1:256,则4 HAU=256/4=64(即1:64);取PBS 6.3 mL,加抗原0.1 mL,即通过1:64稀释获得4 HAU。配制的4 HAU抗原需检查血凝价是否准确,将配制的4 HAU抗原进行系列稀释,使最终稀释度为1:2,1:3,1:4,1:5,1:6和1:7,从每一稀释度中取0.025 mL,加入PBS 0.025 mL,再加入1%鸡红细胞悬液0.025 mL,混匀。将血凝板在室温(约20 ℃)条件下静置40 min或4 ℃下静置60 min。如果配制的抗原液为4 HAU,则1:4稀释度将出现凝集终点;如果高于4 HAU,可能1:5或1:6为终点;如果低于4 HAU,可能1:2或1:3为终点。

(6)另取反应板,第1~11孔加入0.025 mL PBS,第12孔加入0.05 mL PBS作为空白对照。

(7)第1孔加入0.025 mL样本血清;第1孔血清与PBS充分混匀后吸取0.025 mL于第2孔,依次2倍稀释至第10孔,从第10孔吸取0.025 mL弃去。第11孔作为抗原对照。

(8)第1~11孔均加入0.025 mL 4 HAU抗原,在室温(约20 ℃)下静置30 min或4 ℃下静置60 min。

(9)每孔加入0.025 mL 1%鸡红细胞悬液,振荡混匀,在室温(约20 ℃)下静置40 min或4 ℃下静置60 min,空白对照孔(第12孔)红细胞呈显著纽扣状时判定结果。

**4.结果判定**

(1)当抗原对照孔(第11孔)完全凝集,且阴性对照血清抗体效价不高于1∶4,阳性对照血清抗体效价与已知效价误差不超过1个滴度时,试验方可成立。

(2)以完全抑制4 HAU抗原的最高血清稀释倍数为该血清的HI抗体效价。HI抗体效价低于1∶8判为不合格,高于1∶16判为合格。鸡群中,免疫合格的个体比例大于或等于70%时,视为鸡群免疫合格。

## 第二节 肉鸡场检疫

现代肉鸡养殖基本以规模化、集约化的形式发展,但在加大产量、增加经济效益的同时,生产环节中也存在太多疫病突发或是细菌感染的潜在风险。科学、规范的检疫工作,是养鸡业持续健康发展的保障。开展鸡场检疫,将可疑或已查实的疫病对象及时隔离或处置,既能避免传染病扩散,降低生产经营损失,确保鸡场高效生产,又是贯彻执行《动物防疫法》,自觉履行防疫责任和义务,维护公共卫生安全的具体体现。

依据《家禽产地检疫规程》、《跨省调运种禽产地检疫规程》以及《家禽屠宰检疫规程》,高致病性禽流感、新城疫、马立克氏病、鸡球虫病等为主要的检疫对象。肉种鸡的实验室检测对象还包括禽白血病、禽网状内皮组织增殖症等。据初步调查,我国现有鸡场自行检疫的工作内容主要是春秋两季的高致病性禽流感、新城疫检疫和鸡只出入场检疫。

### 一、鸡群高致病性禽流感的检疫

鸡群高致病性禽流感的检疫抽样遵循随机原则,一般万只以上鸡群按0.1%~0.5%采样,不多于300只,小型鸡群按1%采样,不少于30只。目前,我国颁布的《高致病性禽流感诊断技术》(GB/T 18936—2020)中明确规定,检疫时应临诊观察、实验室诊断结合进行,实验室诊断方法有血凝抑制试验(HI)、琼脂凝胶免疫扩散试验(AGID)、反转录聚合酶链式反应(RT-PCR)及病毒分离与鉴定。其中,血凝抑制试验是诊断禽流感病毒和血清样品试验检疫中比较常见而且广泛运用于基层兽医工作的方法之一。其不仅可以用于免疫鸡群中抗体浓度的检测,也可以作为非免疫鸡群诊断病毒感染的方法。鸡群高致病性禽流感检疫一般半年至少进行1次。

### (一)鸡群高致病性禽流感的临诊检疫要点

一是依据其流行特点,该病可以感染鸡、鸭、鹅等家禽以及野生禽鸟,甚至人类。患病动物是禽流感主要的传染源,健康鸡只可通过被污染的空气、饲料、饮用水等经呼吸道、消化道等感染。二是依据临诊症状,病鸡往往冠髯发绀、发紫,脚鳞或有出血;可见扭颈等神经症状和呼吸困难等呼吸道症状;产蛋突然减少,软壳蛋、畸形蛋增多;发病率高,发病急,死亡快。三是依据病理变化,全身多器官出血,气管弥漫性充血、出血,有少量黏液;肺部有炎性症状;腹腔有浑浊的炎性分泌物;肠道可见卡他性炎症;输卵管内有浑浊的炎性分泌物,卵泡充血、出血、萎缩、破裂,有的可见卵黄性腹膜炎;胰腺边缘有出血、坏死;心冠及腹部脂肪出血;腺胃肌胃交界处可见带状出血,腺胃乳头可见出血;盲肠扁桃体肿大出血;直肠黏膜及泄殖腔出血。但急性死亡鸡只有时无明显剖检变化。

### (二)血凝抑制试验(HI)

采用HI试验,检测血清中H5或H7亚型禽流感病毒血凝素抗体。具体操作见前文。

### (三)阳性鸡的处理

根据《高致病性禽流感疫情应急实施方案(2020年版)》及《动物防疫法》要求,对符合临床诊断指标,临床怀疑感染高致病性禽流感的鸡只,应立即上报鸡场兽医技术主管,并提供病鸡的详细资料;兽医技术主管得到报告后,应按程序及时向当地动物防疫监督机构报告。动物防疫监督机构判定为疑似高致病性禽流感疫情后,应配合工作人员做好所有鸡只的扑杀和病死鸡、被扑杀鸡、相关产品和污染物的无害化处理工作,鸡场实行封闭管理,对其内外环境进行彻底冲洗,场地与物品严格消毒,协助政府部门做好鸡场的后续监测,直至封锁、疫情解除。发生疫情时,所有暴露于病鸡场的人员应接受当地卫生部门监测和医学观察;直接接触鸡只的人员须采取相应的防护措施,包括穿戴或佩戴防护服、橡胶手套、医用防护口罩、医用护目镜和可消毒的胶靴等。

## 二、鸡群新城疫的检疫

鸡群新城疫的检疫抽样遵循随机原则,一般万只以上鸡群按0.1%～0.5%采样,不多于300只,小型鸡群按1%采样,不少于30只。检疫时以临床检查、实验室诊断结合的方式进行,实验室诊断包括血凝试验和血凝抑制试验、反转录聚合酶链式反应、实时荧光RT-PCR及病毒分离与鉴定。其中,血凝试验和血凝抑制试验是非免疫动物诊断新城疫感染的标准方法。鸡群新城疫检疫一般半年至少进行1次。

### (一)鸡群新城疫的临诊检疫要点

一是依据其流行特点,该病在禽类中以鸡最易感,尤其是雏鸡,两年以上的老鸡易感性低;病鸡和带毒鸡为主要传染源,可通过呼吸道、消化道传播。二是依据临诊症状,嗜内脏速发型以消化道出血性病变为主要特征,死亡率高;嗜神经速发型以呼吸道和神经症状为主要特征,死亡率高;中发型以呼吸道和神经症状为主要特征,死亡率低;缓发型以轻度或亚临床性呼吸道感染为主要特征;无症状肠道型以亚临床性肠道感染为主要特征。有的粪便稀薄,呈黄绿色或黄白色;发病后期出现扭颈、翅膀麻痹、瘫痪等神经症状;免疫鸡群产蛋减少,蛋壳质量变差,产畸形蛋或异色蛋。三是依据病理变化,病鸡全身黏膜和浆膜出血,以呼吸道和消化道最为严重,气管环状出血;腺胃黏膜水肿,乳头和乳头间有出血点;盲肠扁桃体肿大出血、坏死;十二指肠和直肠黏膜出血,泄殖腔黏膜出血,有的可见纤维素性坏死病变;脑膜充血和出血;鼻窦、喉头、气管黏膜充血,偶有出血,肺可见淤血和水肿。

### (二)血凝抑制试验(HI)

采用HI试验检测血清中新城疫病毒血凝素抗体。具体操作见前文。

### (三)阳性鸡的处理

根据国家《新城疫防治技术规范》及《动物防疫法》要求,对根据流行病学、临床症状、剖检病变,结合血清学检测做出的患病或疑似本病诊断结果应立即向当地动物防疫监督机构报告,按防疫要求进行鸡场封锁,扑杀所有的病鸡和同群鸡只,鸡尸与有机污染物进行无害化处理。禽舍地面及内外墙壁,舍外环境,饲养、饮水等用具,运输等设施设备以及其他一切可能被污染的场所和设施设备均应严格消毒。消毒药品必须选用对新城疫病毒有效的,如烧碱、醛类、氧化剂类、氯制剂类、双季铵盐类等。

## 三、鸡只出入场检疫

在养殖业中,鸡病是种类最多的,也是传播最快、影响范围最广的,对养鸡场的经营发展、公共卫生安全都有重要影响。鸡场在购入肉种鸡、幼雏或鸡只离场前,应按我国《动物防疫法》《动物检疫管理办法》相关要求进行申报和检疫。在此过程中,鸡场兽医应积极配合动物卫生监督机构完成检疫工作。以检促防,保障养鸡场的生物安全,降低疫病发生的风险,减少经济损失。依据我国农业农村部的规定,对于出入场的鸡只主要应检禽流感、新城疫、鸡伤寒、鸡霍乱等疫病,种鸡、种蛋主要应检高致病性禽流感、新城疫、禽白血病、禽网状内皮组织增殖症等。

### (一)出场检疫

**1. 检疫申报**

鸡只在离场时,兽医人员应提前向当地动物卫生监督机构进行检疫申报(供屠宰肉鸡、淘汰作肉用种鸡、继续饲养的雏鸡一般提前3 d申报,肉种鸡、种蛋等应提前15 d申报),如目的地为无高致病性禽流感区和无新城疫区,还应当向输入地省级动物卫生监督机构申报检疫。可采用申报点填报、传真、电话等方式申报,并填写、提交"动物检疫申报单"。跨省(自治区、直辖市)调运肉种鸡、种蛋的,还应提前30~60 d向输入地省级动物卫生监督机构提交"跨省引进乳用种用动物检疫审批表"。

**2. 协助检疫**

动物卫生监督机构接到检疫申报后,会出具检疫申报受理单,注明受理或不予受理的意见。受理的,会安排官方兽医到场或到指定地点实施检疫。鸡场兽医应协助官方兽医的检疫工作,提供养鸡场"动物防疫条件合格证"与养殖档案,介绍鸡场生产、免疫、监测、诊疗、消毒、无害化处理等情况,配合开展鸡只临床健康状况检查与样本采集工作。若调运肉种鸡或种蛋,还应提供"种畜禽生产经营许可证",并等待省级动物卫生监督机构指定的实验室针对所采集样本,出具的检测合格报告。

出场鸡只及产品检疫合格的,应及时到动物卫生监督机构领取"动物检疫合格证明",并在启运前,通知动物卫生监督机构派人监督对运载工具进行有效消毒。经检疫不合格的,应按照官方兽医出具的检疫处理通知单要求,遵照农业农村部相关技术规范进行处理。

**(二)入场检疫**

肉鸡场为了生产和发展,会定期从种鸡场购雏入栏,或引进肉种鸡、种蛋。新购入的雏鸡、种鸡或种蛋,应严格检疫,符合要求后方可进场,从源头杜绝疫病病原体的传入。虽然在鸡只的引进过程中,已按相关规定经由兽医卫生监督机构指派的官方兽医进行检疫,但为确保鸡场的安全,鸡场兽医仍应自主开展鸡只的入场检疫工作。

**1. 查验资料**

购入的雏鸡到达鸡场后,鸡场兽医要仔细查验其"动物检疫合格证明",核对品种、数量、产地是否相符。如运输途中经过疫区,应询问有无逗留,通过疫区后是否消毒。了解雏鸡疫苗免疫情况。若是肉种鸡,还须查验具有资质实验室出具的疫病检测报告,以及养殖档案;种蛋则应注意其采集、消毒等记录,确认对应供体种鸡群的白痢净化证明和高致病性禽流感检测报告。

**2. 临床检查**

各种证明资料查验合格后,鸡只方可卸车。雏鸡进入"全进全出"的鸡舍进行饲养。肉种鸡须隔离观察30 d。其间随时注意观察鸡只状态。对检视不合格的病弱鸡只应坚决剔除。

检查方法:主要包括群体检查和个体检查两个方面。群体检查时,从静态、动态和食态等方面进行检查。主要检查鸡群精神状况、外貌、呼吸状态、运动状态、饮水进食及排泄物状态等。个体检查时,通过视诊、触诊、听诊等方法,检查鸡只个体精神状况、体温、呼吸、羽毛、天然孔、冠髯、爪、粪、嗉囊内容物性状等。

检查内容及诊断意义:

(1)鸡只突然死亡、死亡率高;病禽极度沉郁,头部和眼睑部水肿,鸡冠发绀、脚鳞出血和神经紊乱:怀疑感染高致病性禽流感。

(2)体温升高、食欲减退、出现神经症状;缩颈闭眼、冠髯暗紫;呼吸困难;口腔和鼻腔分泌物增多,嗉囊肿胀;下痢;产蛋减少或停止;少数鸡突然发病,无任何症状而死亡等:怀疑感染新城疫。

(3)呼吸困难、咳嗽;停止产蛋,或产薄壳蛋、畸形蛋、褪色蛋等:怀疑感染鸡传染性支气管炎。

(4)呼吸困难、伸颈呼吸,发出咯咯声或咳嗽声;咳出血凝块等:怀疑感染鸡传染性喉气管炎。

(5)下痢,排浅白色或淡绿色稀粪,肛门周围的羽毛被粪污染或沾染泥土;饮水减少、食欲减退;消瘦、畏寒;步态不稳、精神委顿、头下垂、眼睑闭合;羽毛无光泽等:怀疑感染鸡传染性法氏囊病。

(6)食欲减退、消瘦、腹泻、体重迅速减轻、死亡率较高;运动失调、呈劈叉姿势;虹膜退色、单侧或双眼有灰白色混浊导致白眼病或瞎眼;颈、背、翅、腿和尾部形成大小不一的结节及瘤状物等:怀疑感染马立克氏病。

(7)食欲减退或废绝,畏寒,尖叫;排乳白色稀薄黏腻粪便,肛门周围污秽;闭眼呆立、呼吸困难;偶见共济失调,运动失衡,肢体麻痹等:怀疑感染鸡白痢。

(8)冠、肉髯和其他无羽毛部位发生大小不等的疣状块、皮肤增生性病变;口腔、食管、喉或气管黏膜出现白色结节或黄色白喉膜病变等:怀疑感染禽痘。

(9)精神沉郁、羽毛松乱、不喜活动、食欲减退、逐渐消瘦;泄殖腔周围羽毛被稀粪污染;运动失调、足和翅发生轻瘫;嗉囊内充满液体,可视黏膜苍白;排水样稀粪、棕红色粪便、血便,间歇性下痢;群体均匀度差,产蛋减少等:怀疑感染鸡球虫病。

(10)跛行、站立姿势改变,跗关节上方腱囊双侧肿大、难以屈曲,怀疑感染鸡病毒性关节炎。

(11)消瘦、头部苍白、腹部增大、产蛋减少等,怀疑感染禽白血病。

(12)精神沉郁、反应迟钝,站立不稳、双腿缩于腹下或向外叉开,头颈震颤、共济失调或完全瘫痪等,怀疑感染禽脑脊髓炎。

(13)生长受阻、瘦弱,羽毛发育不良等,怀疑感染禽网状内皮组织增殖症。

**(三)种蛋的检疫**

种蛋的质量是影响种蛋孵化率和雏鸡质量的重要因素,种蛋在肉鸡的养殖生产中占有重要的地位,种蛋检疫是肉鸡生产检疫的第一步。种蛋检疫主要针对的是垂直传播的疫病。据有关资料,目前发现多种鸡传染病的隐性带菌(毒)鸡产的蛋孵化后,雏鸡发病,包括鸡白痢、沙门氏菌病、鸡脑脊髓炎、包涵体肝炎、禽流感、鸡传染性支气管炎、马立克氏病、鸡白血病、禽霉形体感染症、病毒性关节炎等。携带病原菌(毒)的种蛋很易造成鸡病的传播和流行,对养鸡业的发展构成了严重威胁。

**1. 种蛋样品的抽取**

抽样时,以购回种蛋的批次为一个计算单位,按照至少99%的置信度、5%的流行率进行抽样。应在种蛋箱堆放的不同方位按5%的比例从四周和中央不同部位分别抽取样品。

**2. 外观检查**

(1)在自然光或白炽灯下,用目测方法观察蛋壳颜色与清洁度。要求色泽鲜明、无光泽,为红褐或淡粉红色(爱拔益加肉鸡,下同),表面清洁无污染,如有粪便或破蛋液污染,污染面直径不得超过 10 mm。对于已被轻度污染的蛋壳表面可用 40 ℃含消毒药液的温水在自流水管下冲洗,晾干后选用;否则,不得选用。蛋壳要触感光滑,无砂皮蛋。

(2)透光检视或用照蛋器检查裂纹、气室高度和受精情况。种蛋应无破损、裂纹、双黄,无明显畸形和皱纹,气室高度在 10 mm 以内,受精率应在 80%以上。

(3)用天平(精度为 0.1 g)称量蛋重;用千分尺测量横径和纵径,计算蛋型指数;用游标卡尺测量蛋壳厚度。每枚种蛋重量应在 48~70 g 之间。横径与纵径比值为 0.71~0.76,不得选用畸形蛋。蛋壳厚度应在 0.22~0.35 mm 之间,凡钢壳、薄壳蛋一律不得选用。

**3. 种蛋消毒效果检查**

实验材料:普通营养琼脂培养基(蛋白胨 10 g,氯化钠 5 g,牛肉膏 3 g,琼脂 15 g,蒸馏水 1 000 mL,调整 pH=7.2~7.4,分装后 121 ℃灭菌 15 min)、灭菌生理盐水、灭菌具塞试管、刻度吸管、无菌棉签、铁丝规板(直径为 3.5 cm 的圆形孔)等。

操作步骤:将被测种蛋大头朝上,夹在规板内。取无菌棉签放入装有 5 mL 灭菌生理盐水的试管中浸湿,在管壁上挤去多余的水分。然后在规板范围内滚动棉签擦拭蛋壳表面取样。再将棉签头浸入 5 mL 生理盐水中搅拌,充分混合。盖紧试管塞,并用酒精灯灼烧管口,带回实验室。用灭菌吸管吸取 1 mL 细菌悬液,放入灭菌的平皿内,倾注熔化后冷却到 45~50 ℃的普通营养琼脂培养基 19 mL,混匀。待培养基凝固后,置 37 ℃恒温箱中培养 24 h,统计平板上的菌落数。根据平板上的菌落数和菌液的稀释倍数计算出取样范围内的细菌总数。

结果判定见表 7-4。

表 7-4 消毒后种蛋微生物检测分级标准

| 分级 | 消毒率/% | 规板(直径为 3.5 cm)内菌数/CFU |
|---|---|---|
| 优 | 100~90 | 0~60 |
| 良 | 89~80 | 61~120 |
| 中 | 79~70 | 121~180 |
| 差 | 70 以下 | 180 以上 |

**4. 孵出后检查**

兽医人员按时到场,在适宜的温、湿度和光照条件下,对孵出的雏鸡进行整体检视。以临床健康检查为主,观察雏鸡的发育及卵黄吸收状况、精神状态、站立稳定性、反应敏捷性、绒毛的均匀度、个体的一致性等。检疫后将不合格的病弱雏鸡剔除。

对群体检查健康后装箱的雏鸡,每箱抽检16%~20%实施个体检查。检查时每手各抓两只雏鸡,头部向内,力度适中,感受雏鸡反应的力度以及腹部的软硬度,然后翻转观察有无重点传染病症状或其他临床症状。若发现精神萎靡,脐带有炎症、黑脐、脐孔闭合不良,肛门周围有污物,卵黄吸收不良,站立不稳、行动迟缓、发育不良或不全,以及有麻痹、共济失调、头颈扭转、僵直、角弓反张和痉挛等临床症状的雏鸡,应责令工作人员重新选雏,兽医人员进行复检。否则,视为该批雏鸡检疫不合格。

对检疫不合格的病弱雏鸡、死鸡,孵化过程中的废弃物、死蛋应全部作无害化处理。若检出重点传染病,按有关规定处理。

## 第三节 肉鸡场消毒及效果监测

### 一、鸡场消毒

消毒是指用化学或物理的方法杀灭或清除传播媒介上的病原微生物,使之达到无传播感染水平的处理,即使其不再有传播感染的危险。消毒的目的在于消灭被病原微生物污染的场内环境、鸡体表面及设备器具上的病原体,切断传播途径,防止疾病的发生或蔓延。因此,消毒是保证鸡群健康和正常生产的重要技术措施,特别是在我国现有养殖条件下,消毒在疫病防控中具有重要的作用。

#### (一)常用消毒设备及用途

常用消毒设备有高压清洗机、高压喷雾装备、火焰消毒枪、超声波消毒器等,前两种使用较为广泛。高压清洗机主要是冲洗鸡舍、饲养设备、车辆等,在水中加入消毒剂,可同时起到物理冲刷与化学消毒的作用,效果显著;喷雾消毒能杀灭舍内外灰尘和空气中的各种病原体,大大降低舍内病原体的数量,从而减少传染病的发生,提高肉鸡场养殖效益。

#### (二)鸡场消毒方法

**1.进入非生产区消毒**

进入鸡场的车辆必须通过车辆消毒池,池内可用复合酚制剂和3%~5%氢氧化钠溶液,其水位应保证入场车辆所有车轮外沿充分浸没其中,池中消毒液要定期更换以保持有效浓度,同时用0.1%氯制剂对车辆进行全面彻底喷雾消毒。

进场人员必须走专用消毒室,经紫外灯照射消毒或喷雾消毒(0.1%的百毒杀液)后再进场,室内铺设有塑料地垫的脚踏消毒池应随时保持有一定水位的消毒剂,每天更换一次,消毒剂种类2个月轮换一次。

2. 进入生产区消毒

工作人员进入生产区时,须淋浴,换上清洁消毒好的工作衣帽和胶靴后,通过紫外线照射或喷雾消毒,踏过消毒池方可进入。工作人员进出不同鸡舍应换不同的胶靴,并洗手消毒,工作服不准穿出生产区。

3. 环境消毒

场区主要道路定期进行彻底消毒,每周至少用2%氢氧化钠溶液消毒或撒石灰乳1次。鸡舍周边及场内污水池、排水道出口、清粪口至少每半月消毒1次。进鸡前用0.2%～0.3%过氧乙酸或5%的甲醛溶液对鸡舍周围5 m以内的地面进行喷洒消毒。

4. 鸡舍消毒

新建鸡舍进鸡前彻底清扫、冲洗干净后,自上而下喷雾消毒。消毒剂可选用酸类或季铵盐类,如0.5%过氧乙酸、0.1%新洁尔灭等。

使用过的鸡舍则应按排空→清扫→冲洗→干燥→消毒→干燥→再消毒的顺序进行彻底清扫消毒。所有的肉鸡依照"全进全出"的饲养方式,全部清空。清除所有垫料、粪便和污物,搬离可移动设备和用具。然后用清水或消毒液喷洒排空后的鸡舍,进行打扫,尤其是风扇、通风口、顶棚、横梁、墙壁等部位的尘土及饮水器、饲槽等处的废弃物。经过清扫后,再用高压水枪进行冲洗,按照从上而下,从里至外的顺序进行,对较脏的污物,先行人工刮除再冲刷。特别注意对角落、缝隙、不能移出的设备背面的冲洗,做到不留死角。待干燥后,将整个鸡舍进行喷雾消毒。消毒使用2或3种不同类型的消毒剂进行2～3次消毒。通常第一次使用碱性消毒剂,第二次使用表面活性剂类、卤素类等消毒剂进行喷雾消毒,接鸡前常用福尔马林和高锰酸钾进行第三次密闭熏蒸消毒。

5. 带鸡消毒

一般每周带鸡消毒1～2次,发生疫病期间每天消毒1次。喷雾消毒时应关闭门窗,为减少应激的发生,可在傍晚或暗光下进行。喷雾时按由上至下,由内至外的顺序进行,喷嘴向上喷出雾粒,切忌直对鸡头喷雾,喷头距鸡体50～70 cm为宜,雾粒大小控制在80～120 μm。配制的消毒液要一次用完,每2～3周更换1次。常用于带鸡消毒的消毒液有0.1%过氧乙酸、0.1%新洁尔灭、0.2%～0.3%次氯酸钠等。冬季喷雾消毒前适当提高舍温3～5 ℃,或将消毒液加热到室温。鸡群接种弱毒苗的前后3 d内应停止带鸡消毒。

6. 饮用水与器具消毒

鸡群饮用水应保持水质良好、清洁干净,为防止水中病原微生物污染,饮用水应进行净化、消毒处理,减少鸡群疫病发生,一般可用臭氧处理,或加入0.002%百毒杀、漂白粉等消毒药物。舍内舍外用具应分开,运输饲料和运载粪污的工具必须严格分开。每次清完粪污后,所有工具应彻底清洗消毒。饮水、饲喂用具每周用0.1%新洁尔灭或0.2%~0.3%过氧乙酸至少洗刷消毒一次,炎热季节应增加次数。免疫器械每次使用前、后均应煮沸消毒。

### (三)常用消毒剂

消毒剂的选择应符合《中华人民共和国兽药典》的规定,消毒剂对人、鸡安全,对设备不会造成损害,消毒力强,消毒作用广泛,无残留毒性,在机体内不会产生有害蓄积。常用消毒剂类型有氧化剂、碱类消毒药、卤族类制剂、酚类消毒药、醛类消毒药等。兽医人员应根据消毒剂的适用性、消毒剂的使用方法及用途选择合适的种类。

(1)过氧乙酸:又名过醋酸,具有杀菌作用快而强、抗菌谱广的特点,对细菌、病毒、真菌和芽孢均有效。0.04%~0.2%溶液可用于耐酸用具的浸泡消毒,0.05%~0.5%溶液可用于鸡舍及周围环境的喷雾消毒。宜现配现用。本品对组织有刺激作用,对金属有腐蚀性,注意防护。

(2)氢氧化钠(苛性钠):杀菌作用很强,对部分病毒和细菌芽孢均有效,对寄生虫虫卵也有杀灭作用。主要用于鸡舍、器具和运输车船的消毒。2%的溶液用于被病毒、细菌污染的鸡舍、料槽、运输车舍的消毒。但不能用于带鸡消毒。

(3)生石灰:对大多数繁殖型细菌有较强的杀菌作用,但对芽孢及结核杆菌无效。生石灰加水配成10%~20%的石灰乳,常用于鸡舍墙壁、地面、运动场地、粪池及污水沟等的消毒。

(4)漂白粉:能杀灭细菌芽孢和病毒,杀菌作用强但不持久,在酸性环境中药效增强,在碱性环境中作用减弱。0.03%~0.15%溶液用于饮用水消毒;1%~3%溶液用于料槽、饮水槽及其他非金属用具消毒;5%~20%混悬液喷洒(也可用干燥粉末喷撒),用于鸡舍及场地消毒;10%~20%混悬液用于排泄物消毒。

(5)碘:通过氧化和卤代作用而呈现强大的杀菌作用,能杀死细菌芽孢、真菌和病毒,对某些原虫和螨虫也有效。碘甘油常用于患部黏膜涂搽,2%碘酊用于鸡皮肤及创面的消毒;在1 L水中加入2%碘酊5~6滴用于饮用水消毒,5%碘酊用于手术部位及注射部位的消毒。

(6)复合酚:又名毒菌净、菌毒敌、菌毒灭,对多种细菌和病毒有杀灭作用,也可杀灭多种寄生虫虫卵。0.35%~1%溶液用于常规消毒及被细菌污染的鸡舍、用具消毒;1%溶液常用于被病毒污染的鸡舍、环境场地及用具的消毒。禁止与碱性消毒药配伍使用。对人有致癌性,注意防护。

(7)来苏儿:又称为甲酚皂溶液、煤酚皂溶液,对大多数繁殖型细菌有强烈的杀菌作用,同时也可以杀灭寄生虫,对结核杆菌、真菌有一定的杀灭作用,能杀灭亲脂性病毒。3%~5%来苏儿用于鸡舍及用具消毒,5%~10%来苏儿用于排泄物消毒。

(8)甲醛:具有强大的广谱杀菌作用,对细菌、芽孢、真菌和病毒均有效。主要用于熏蒸消毒。每立方米空间需要甲醛溶液15~30 mL,放置在陶制容器中或玻璃器皿中加等量水加热蒸发,或将40%甲醛溶液以2∶1的比例加高锰酸钾氧化蒸发,蒸发消毒4~10 h。也可将0.2%~0.5%甲醛溶液用于鸡舍、孵化室等污染场地的消毒;2%福尔马林(含0.8%甲醛)用于器械消毒。

(9)百毒杀:无毒、无刺激性,对各种细菌、病毒、真菌等致病微生物均有一定的杀灭作用。通常作600倍稀释可用于鸡舍、用具及环境的消毒,作2 000~4 000倍稀释用于饮用水消毒。

（10）新洁尔灭：又名苯扎溴铵，其抗菌谱广，对多种革兰氏阳性、阴性细菌，真菌有杀灭作用。0.1%水溶液用于蛋壳的喷雾消毒和种蛋的浸涤消毒（浸涤时间不超过3 min），0.1%水溶液还可用于皮肤黏膜消毒，0.15%～2%水溶液可用于鸡舍内空间的喷雾消毒。

## 二、消毒效果监测

消毒是畜禽养殖中防治疾病的重要一环，但消毒是否有效又受到多种因素影响。因此鸡舍空间、地面、墙壁及设备用具等应定期进行消毒效果的监测，以保证消毒质量和鸡群安全。

空间消毒效果检测：采用自然沉降法，消毒前后，分别将6个营养琼脂培养板置于舍内离地面约1.3 m的地方（鸡舍六点均匀分布），打开平皿盖，在空气中暴露5 min后盖上。收集培养板放入37 ℃培养箱中，24 h后，统计平板上长出的微生物菌落总数。

空气细菌总数（CFU/m³）=$N×50\,000/(A×T)$

式中：$N$为平皿菌落数，$A$为平皿面积（cm²），$T$为平皿暴露时间（min）。

表面消毒效果检测：舍内设定5个取样点，在消毒前后分别在各取样点上，用无菌棉签涂擦2次，然后将棉签浸入5 mL灭菌水中，挤压10次，吸取0.2 mL，向营养琼脂培养板做倾注培养，放入37 ℃培养箱24 h后，检查菌落数。

效果评价：由于目前尚无统一的畜禽舍内空气污染程度的规范和标准，兽医人员可对消毒前后的细菌含量进行横向比较，评估消毒效果。

细菌杀灭率=（消毒前菌落数－消毒后菌落数）/消毒前菌落数×100%

杀灭率在90%以上为消毒良好，在85%～90%之间为消毒合格，低于85%为消毒不合格，必须重新消毒。

# 第四节 肉鸡场驱虫及效果监测

## 一、鸡场驱虫

寄生虫病对规模化养鸡场的危害是严重的，各种蠕虫和原虫在体内隐性感染，导致鸡生长性能下降、增重缓慢、饲料报酬降低，严重影响养鸡场的整体经济效益；虱、螨虫等外寄生虫感染，短期内会在养鸡场传播蔓延，影响鸡的多项生产指标，严重者引起死亡；一些原虫病还会引起鸡急性发病，大批死亡。另外，寄生虫的感染还会降低鸡的免疫力和抗病力，造成免疫失败或引发其他一些疾病。因此,加强规模化养鸡场寄生虫病的综合防控工作,在提高养鸡业经济效益和保证养鸡业健康发展方面具有重要的意义。

### (一)鸡体寄生虫的驱杀

吸虫、绦虫、线虫、球虫、住白细胞虫、组织滴虫是鸡体内较易感染的寄生虫,其中以球虫和绦虫感染率较高。螨、虱等为鸡只体表常见的寄生虫,其中鸡虱对鸡只危害严重。为保障鸡只健康,应定期驱杀。

**1. 驱虫时间安排**

肉鸡宜安排在15~20日龄驱虫一次,30~35日龄再单独投药预防球虫一次。肉种鸡可在产蛋前1周驱虫一次,以后每3个月驱虫一次。

此外,鸡场还应在夏秋两季,各进行1次虱、蚤、蜱的检查,对有感染鸡群应安排1~2次驱虫、杀虫工作。

**2. 驱虫药的给药方法**

针对鸡体内寄生虫,一般可将药物混入饲料中投服,或将药物均匀地混入饮用水中让鸡自由饮用。

大多数体表寄生虫(如虱、蚤、蜱)的驱杀,可用喷洒法进行体表给药,或者用伊维菌素或阿维菌素预混剂拌料驱虫,有条件的还可用沙浴法防治(具体方法为在运动场上挖一个浅池,按10份黄沙加2份硫黄粉的比例拌匀放入池内,任鸡沙浴)。

**3. 鸡场常用抗寄生虫药物及用法**

(1)抗球虫药物。

二硝托胺(球痢灵):预混剂。对鸡多种艾美耳球虫有效,尤其对柔嫩艾美耳球虫和毒害艾美耳球虫作用较强,对堆型艾美耳球虫作用较差。本品兼有预防和治疗作用,在治疗量下对鸡的发育产蛋无明显不良影响。混饲,每千克饲料预防量125 mg,治疗量250 mg。休药期3 d,产蛋期禁用。

氨丙啉:有预混剂、饮水剂两种。可竞争性抑制球虫的硫胺代谢而发挥抗球虫作用。对鸡柔嫩艾美耳球虫、堆型艾美耳球虫作用较强,对毒害艾美耳球虫和巨型艾美耳球虫作用较差。混饲,每千克饲料预防量15 mg,治疗量250 mg;混饮,每升水预防量100 mg,治疗量250 mg。休药期7 d。

地克珠利:有预混剂、饮水剂两种。为新型广谱、高效、低毒抗球虫药,对鸡的各种艾美耳球虫均作用较强。混饲,每千克饲料1 mg;混饮,每升水0.5 mg。本品在鸡体内半衰期短,用药2 d后作用基本消失,因此应连续用药3~4 d。若长期使用易产生耐药性。休药期5 d,产蛋期禁用。

常山酮:预混剂。为新型广谱抗球虫药,对鸡的各种艾美耳球虫均有较强的抑制作用。混饲,每千克饲料3 mg。

鸡球虫活疫苗：3~7日龄鸡饮水免疫。含柔嫩艾美耳球虫、毒害艾美耳球虫、巨型艾美耳球虫和堆型艾美耳球虫4种球虫卵囊。接种后14 d产生免疫力,免疫力可持续至饲养期末。

(2)抗滴虫药。

二甲硝咪唑：有预混剂、饮水剂两种。主要针对鸡毛滴虫、组织滴虫,对球虫亦有效。混饲,每千克饲料500 mg；混饮,每升水150 mg。

(3)驱线虫药。

左旋咪唑：有片剂和可溶性粉两种。为优良的广谱、高效、低毒驱虫药,对鸡多数线虫如鸡蛔虫、异刺线虫等有效。内服一次用量为25 mg/kg体重,2次/d；混饮,每升水25~50 mg。

阿苯达唑：片剂。本品为广谱、高效、低毒驱虫药,对鸡蛔虫成虫、瑞利绦虫、戴文绦虫、棘口吸虫有效,但对鸡的蛔虫幼虫、异刺线虫、毛细线虫和前殖吸虫效果较差。内服一次用量为10~30 mg/kg体重。休药期4 d。

芬苯达唑：片剂。本品为广谱、高效驱线虫药,对鸡的呼吸道和消化道线虫、蛔虫等有效。内服一次用量为8 mg/kg体重,1次/d,连用6 d。

(4)驱绦虫药与驱吸虫药。

吡喹酮：片剂。为广谱抗绦虫药与抗吸虫药,对大多数绦虫的幼虫和成虫有明显效果；对鸡的多种前殖吸虫、棘口吸虫、背孔吸虫等有效。内服一次用量为10~20 mg/kg体重。休药期28 d。

硫双二氯酚：片剂。对鸡的各种吸虫有效,也可驱除鸡的瑞利绦虫、漏斗状带绦虫等。内服一次用量为100~200 mg/kg体重。

**4.驱虫时的注意事项**

(1)驱虫的给药时间：一般7日龄雏鸡、30日龄肉鸡、60日龄以及120日龄肉种鸡分别进行一次驱虫。具体时间以上午为宜,第2天早上清除粪便、垫料,避免鸡只啄食排出的虫体和造成场地污染。

(2)驱虫药的应用：饲料添加驱虫药和疫苗免疫是目前肉鸡生产中防控寄生虫病的两种主要途径。鸡群进行寄生虫的驱杀时,需要注意几种驱虫药的轮换使用,以避免产生耐药性。寄生虫对某种药物出现耐药性时,一般也可将几种药物配合使用,如地克珠利、氨丙啉与左旋咪唑联合使用,可以大大提高鸡球虫的驱杀效果。目前寄生虫免疫疫苗主要有鸡球虫活疫苗,可解决耐药性和药物残留的问题,但会产生不同程度的过敏性反应和肠道病理损伤,降低生产效率。

(3)驱虫药物的安全性：驱虫药物一般毒性较大,部分药物还会造成残留,有的药物还影响鸡胚的发育,因此使用时应特别关注其安全性。鸡群用药时,要先选择几十只进行驱虫试验,观察和评价其实际驱虫效果及安全性,然后再进行大批量使用。给药时,采用饮水方式时,需要保证药物充分溶解；而拌料时,则需要注意药物以及饲料的充分混合,先将药物加入少量饲料当中,充分拌匀后再逐渐加入饲料,直至饲料以及药物全部混合均匀。为保证禽肉产品安全,应按照《兽药停药期规定》于肉鸡出栏前停止用药。

(4)用药后的管理:鸡群用药驱虫后要备足清洁、适量的饮用水,供给营养全面的饲料,有条件的可在饲料和饮用水中添加维生素C和多维,以增强鸡群的抵抗力。勤于护理和观察,发现鸡只异常时要及时进行处置。

### (二)环境寄生虫的杀灭

肉鸡养殖中,由于运用了网上育雏、笼架等设施养鸡技术,人为地阻断了鸡与土壤、宿主的接触,显著降低了鸡寄生虫病的发病率。但在实际生产过程中,肉鸡生产期虽然仅约2月,生活史较短的绦虫同样能够感染鸡,且网面上残留粪污,仍可能使鸡只接触并感染球虫,鸡舍温暖潮湿,虱等外寄生虫也易生长。因此,应加强对鸡场环境寄生虫的杀灭。

粪污处理:做好日常环境卫生工作,保持地面、鸡笼、料槽的清洁,定期清除鸡粪,鸡场内的粪便可堆积发酵作无害化处理。尤其是驱虫期间排出带虫体、虫卵的粪便应集中收集,处置。

消灭传播媒介:在昆虫的流行季节,可在饲料中加入环丙氨嗪,抑制蝇蛆繁殖,在鸡舍内外应用溴氰菊酯或戊酸氰醚酯等杀虫剂消灭有害昆虫,在鸡舍的门窗上钉上纱网,防止昆虫的进入。清理鸡舍附近的蚂蚁和甲虫。注意鸡舍的通风、日照、清洁,尽量维持不利于寄生虫滋生繁殖的环境。

## 二、驱虫效果的监测

为了解养鸡场寄生虫感染状态和驱杀效果,科学制订防治计划,有必要开展定期监测。鸡场一般在实施驱虫时,随机选择鸡只,收集投药前1~2 d,及给药后第2~4 d粪便,通过肉眼检查粪便中虫体数目和种类,采用饱和盐水漂浮法检查鸡只感染数,用麦克马斯特氏法检查鸡粪便中虫卵的数量,计算每克粪便中虫卵的数量。

驱虫效果可根据虫卵减少率、虫卵消失率、精计驱虫率和粗计驱虫率几种指标来判定。

虫卵减少率=(驱虫前平均虫卵数—驱虫后平均虫卵数)÷驱虫前平均虫卵数×100%;

虫卵消失率=(驱虫前动物感染数—驱虫后动物感染数)÷驱虫前动物感染数×100%;

驱虫率= 驱出虫数÷(驱出虫数+残留虫数)×100%。

蛋鸡场、种鸡场驱虫方法与肉鸡场一致,在后续章节中不再赘述。

# 第五节 病死鸡的无害化处理

病死动物尸体是动物疫病的传染源,如果对其不进行处理或者处理不当,将会导致动物疫病的暴发和流行,严重影响畜牧业生产的健康发展和公共卫生安全。根据《动物防疫法》和

《病死及病害动物无害化处理技术规范》的要求,鸡场应当对病死鸡只进行及时处理,密封装袋后用专门车辆运输到隔离区的无害化处理地点,采取深埋、焚烧等无害化措施处理。

## 一、深埋法

### 1.适用对象

发生疫情或自然灾害等突发事件时病死及病害鸡的应急处理,以及边远和交通不便地区零星病死鸡的处理。不得用于患有炭疽等芽孢杆菌类疫病的染疫鸡及其产品、组织的处理。

### 2.地点选择

深埋点应远离鸡场、居民区、水源和交通要道1 000 m以上,选择避开公众视野,地势高,干燥,处于下风向的地点。

### 3.操作方法

坑洞挖掘:通常使用挖掘机和人力进行。坑体深度2 m以上,容积由实际处理鸡尸体及相关产品数量确定,填埋物最上层距离地表1.5 m以上。

尸体掩埋:坑底铺垫一层厚度为2~5 cm的生石灰或漂白粉等消毒药。将鸡尸体及相关产品投入坑内,浇油焚烧,再用生石灰或漂白粉等消毒药喷撒。覆盖距地表20~30 cm,厚度不少于1~1.2 m的覆土。在深埋处设置警示标识。

### 4.注意事项

覆土不要太实,以免尸腐产气造成气泡冒出和液体渗漏。深埋后,立即用氯制剂、漂白粉或生石灰等消毒药对深埋处进行1次彻底消毒。3个月内应定期巡查和消毒,深埋坑塌陷处要及时加盖覆土。

## 二、焚烧法

### 1.适用对象

适用于国家规定的染疫鸡及其产品、病死或者死因不明的鸡尸体。

### 2.地点选择

应远离生活区、生产区,并位于主导风向的下方,同时尽量减少烟气对周围环境的影响。

### 3.操作方法

直接焚烧法:将病死及病害鸡尸体和相关产品投至焚烧炉本体燃烧室,温度应≥850 ℃。经充分氧化、热解,产生的炉渣按一般固体废物处理或作资源化利用。产生的烟气经二次燃烧和净化系统处理,达标后排放。

碳化焚烧法:将病死及病害鸡尸体和相关产品投至热解碳化室,温度应≥600 ℃,在无氧情况下充分热解,产生的固体残渣,按一般固体废物处理。产生的烟气经二次燃烧和净化系统处理,达标后排放。

**4.注意事项**

焚烧作业前,应检查设备状态,确保炉门密封,气道通畅。待设备预热至规定温度后,再进料。严格控制焚烧进料频率和重量,保证完全燃烧或热解。焚烧过程中,应严格按程序进行,随时关注进程,避免炉温过高危及安全。所有工作人员在使用焚烧炉前必须接受培训,持证上岗;工作时,做好个人防护。

无论采用哪种方法处理病死鸡时,都要注意防止病原体扩散。在运输、装卸等环节要避免撒漏,并对运输病死鸡的用具、车辆、病死鸡接触过的地方,工作人员的手套、衣物、鞋等彻底消毒。

## 第六节 杀虫、灭鼠与控鸟

在现代规模化鸡场中,充足的食物、温暖湿润的环境、大量的鸡粪,为蚊蝇、鼠类的采食、定居和繁殖提供了理想的环境,野生鸟类也会时不时地侵入觅食。这样不仅会干扰鸡场的生产,传播禽类疫病,甚至还会威胁人的健康,给鸡场带来重大生物安全隐患,造成损失。

### 一、杀灭蚊蝇

#### (一)杀幼虫

目前主要的杀虫剂有有机磷类如杀螟松、倍硫磷、马拉硫磷、敌百虫,氨基甲酸酯类如苯二威,昆虫生长调节剂如伏虫脲等。可以直接喷洒在粪便或地面上,见效约2周。另外,也可在饲料中添加环丙氨嗪(5~10 mg/kg),采用逐级混合的办法搅拌均匀后使用,隔周饲喂或连续饲喂4~6周。每年春季来临时应多次组织实施杀灭蝇蛆工作。

#### (二)杀成虫

主要使用有机氯类如三氯杀虫酯,有机磷类如杀螟松(乳剂、可湿性粉剂)、倍硫磷(乳剂、可湿性粉剂)、马拉硫磷(乳剂、可湿性粉剂),氨基甲酸酯类如80%虫威酯类混合(可湿性粉剂),拟菊酯类和氨基甲酸酯类混合,拟菊酯类如溴氰菊酯(可湿性粉剂)等杀虫剂。可以在蚊蝇喜欢停留的表面,如墙壁、屋顶、角落等,以及蚊蝇聚集的空间内进行喷洒施药,也可利用蚊蝇喜停留在绳索悬挂物上的习性,将浸过有机磷或拟菊酯类杀虫剂的棉、麻绳等悬挂在鸡舍中。对场区鸡舍周围的树丛、草地、沟渠、房前屋后的卫生死角等处,也应定期使用敌敌畏等杀虫剂喷洒。当外界气温达到15 ℃左右时,环境中的蚊蝇开始发育,施药频率1次/月;气温21 ℃左右时,施药频率2次/月;气温26 ℃以上时,施药频率1次/周。注意选用多种不同种类的药物制剂轮换使用,确保杀灭效果。

## 二、杀灭老鼠

### (一)鼠类监测

为更好地防止鼠类传播疾病,鸡场应重视灭鼠工作,定期监测鼠密度,并依据鼠密度的高低来确定鼠药的投放。监测方法按《全国病媒生物监测方案》中的规定,采用夹夜法。舍内也可采用粘鼠板法,舍外可采用路径法进行监测。

**1. 夹夜法**

统一选用中号鼠夹(钢板夹,12 cm×6.5 cm),以生花生米为诱饵,鼠夹与墙面垂直,饵料一头靠墙,夹子与墙间隔2~3 cm,晚放晨收。舍内按每15 m² 布夹1只,沿墙根均匀布放,超过100 m²的房舍沿墙根每5 m布夹1只。舍外顺直线或路沿、沟渠等自然地形布夹,每5 m布放1只,行间距不少于50 m。于鸡场一次性布放不少于200个有效夹。生产区、隔离区以舍内环境为主,生活管理区以外环境为主,各种辅助用房(饲料间、配电房)都应兼顾。记录捕获鼠类数量。

鼠密度(捕获率)=捕获总数/有效夹总数×100%;

有效夹总数=布夹总数-无效夹数。

捕获总数是指鼠夹捕获鼠类的数量总和,鼠夹上夹有鼠头或大片鼠皮则认定为捕到鼠,计入捕获总数。若已击发的鼠夹上有鼠毛、鼠尾、鼠爪,该夹计入布夹总数,认定为未捕到鼠。无效夹是指丢失或不明原因击发的鼠夹。

**2. 粘鼠板法**

舍内环境布放鼠夹有困难时,可使用粘鼠板(胶面15 cm×20 cm,靠墙一侧的无胶边缘不能宽于0.5 cm)。布放时将粘鼠板展开,靠墙或在鼠类经常活动、栖息的地点布放,不需要诱饵。舍内每15 m² 布板1只。避免放置在阳光直射、淋水和地面潮湿的区域,并防止尘土、污物对粘鼠板的污染。鼠密度以每百张粘鼠板捕获鼠数量,即捕获率表示,计算公式如下:

捕获率=捕鼠总数/有效粘鼠板数×100%;

有效粘鼠板数=布放粘鼠板总数-无效粘鼠板数。

无效粘鼠板指丢失或水淋及尘土污染导致失效的粘鼠板。

**3. 路径法**

主要用于场区内外环境鼠密度监测。沿选择的线路如道路两侧、绿化带、建筑物外围行走,仔细搜索并记录行走距离内发现鼠洞、活鼠、鼠尸、鼠粪、鼠道、鼠爪印、鼠咬痕等鼠迹的处数。总调查路径2 km以上。

路径指数=鼠迹处数/检查距离。

## （二）灭鼠药物的选择

防治养殖场鼠类提倡采用慢性抗凝血杀鼠毒饵，现有的药物有溴敌隆、溴鼠灵（大隆）、杀它仗、杀鼠迷、华法林（又名杀鼠灵）和敌鼠钠盐等。这类药物对人畜低毒安全，灭鼠效果佳，但其见鼠尸时间较慢，有时需连续几天投药。禁止使用国家明文规定禁用的氟乙酰胺、氟乙酸钠、毒鼠强、毒鼠硅、甘氟等剧毒鼠药。

## （三）灭鼠方法

应把灭鼠药和毒饵装在可供老鼠进出的容器里，放到场区内外鼠类经常出没的地方，建立"毒鼠屋"。每隔10 m一处，每处放10～15 g。采用连续投放法，发现毒饵被取食就及时补充，直到不再有鼠取食毒饵。投放后的毒饵在5 d内未被鼠类盗食应及时更换或收回。各种毒饵（谷、米、饲料等）和药物交替使用。鸡舍、饲料间最好采用粘鼠板、鼠夹、鼠笼等物理方法灭鼠，捕鼠器械安放3 d后仍未捕获的，应及时更换诱饵或变更安放位置。"毒鼠屋"或捕鼠器放置点应设有警示标志，与粮食或饲料的距离应≥20 cm。

依据鸡场鼠类的数量和密度，每年至少进行2～4次灭鼠，尤其是在春季鼠类繁殖高峰和秋季鼠类储存食粮的时期。

## （四）灭鼠效果的评价

灭鼠期间，尽可能搜集毒死老鼠的尸体。一般使用慢性抗凝血杀鼠毒饵后3 d可见死鼠出现，一个完整的灭鼠阶段需要10～15 d。将收集数量乘以20可得本次灭鼠的数量。也可用夹夜法/笼夜法、粘鼠板法、路径法来衡量灭鼠的效果。肉种鸡场正常的鼠密度不应高于5%。

### 三、野鸟的控制

野鸟也是传播病原的主要途径之一，但对野鸟的控制通常比较困难。最重要的是，应在鸡舍所有出入风口、前后门、窗户等处，安装防护网，防止野鸟直接飞入鸡舍内，尤其是春秋两季，候鸟迁徙的时节。另外，要搞好鸡舍周边环境卫生，对撒落在鸡舍周边的饲料要及时清扫干净，避免吸引野鸟飞进鸡场采食。

## 第七节　鸡场兽医卫生防疫设施与制度

现代规模化鸡场大多拥有完善的兽医卫生防疫制度和配套的设施设备。在工作中，鸡场兽医人员应严格履行兽医卫生防疫要求，正确使用各种卫生设施设备。建立健全鸡病预防和控制体系，保障鸡场健康发展。

## 一、兽医卫生防疫设施与维护

现代规模化鸡场兽医卫生防疫设施设备一般较为齐全,常见的包括消毒池、雾化消毒间、紫外消毒间、疫苗储存间、医疗器械及用品消毒间等。使用时,应科学规范,确保效果。此外,工作人员还应定期检测设施设备的使用情况,出现管道堵、漏,材料破损,器具故障等,及时报告维修。

## 二、兽医卫生防疫制度实施与监督

鸡场兽医人员应自觉履行兽医职责,贯彻落实兽医卫生防疫制度,定期开展疫病防控知识学习,规范执行消毒、疫苗免疫、重点疫病检疫、重大疫病控制及病害鸡无害化处理工作,密切配合动物防疫监督机构开展工作,要牢固树立预防为主、防重于治的观念。

### ★ 实习评价

**(一)评价指标**

(1)能掌握肉鸡场重点疫病免疫接种的程序和方法、免疫档案的建立方法、免疫鸡群抗体检测方法。

(2)能掌握鸡高致病性禽流感、新城疫的检疫方法,阳性鸡的正确处置方法;了解肉鸡及其产品出入场检疫的方法与内容。

(3)能掌握肉鸡场消毒的方法,正确使用各种消毒设施设备,实施消毒效果监测(鸡舍空间及表面菌落计数及效果评价方法)。

(4)能明确肉鸡驱虫时间,正确选择驱虫药物实施驱虫,掌握驱虫效果评价的主要试验方法。

(5)能掌握鸡场蚊蝇、老鼠驱杀及野鸟控制方法,可开展灭鼠效果的评价。

(6)能了解病害肉鸡的无害化处理方法,基本掌握病害尸体及污物的处理方法。

(7)能初步了解鸡场生物安全措施体系的构成,具备鸡场兽医卫生防疫制度实施和监督的能力。

(8)在进场后,能与场内领导、老师积极沟通,按本实习岗位内容开展全部或大部分实习工作,坚持撰写实习日志且实习日志完整、真实,顺利完成实习。

**(二)评价依据**

(1)实习表现:学生在鸡场兽医岗位实习期间,应遵纪守法,遵守单位的各项管理规定和学校的校纪校规,按照实习内容积极参加并完成大部分工作,表现优良。

(2)实习日志:实习期间,学生应每天对实习内容、实习效果、实习感受或收获等进行真实记录,对实习中的精彩场景、典型案例拍照并编入实习日志。

(3)能力提升鉴定材料:鸡场在学生结束实习前,可组织鸡场管理、技术等部门专家形成学生实习能力鉴定专家小组,对学生在岗主要实习内容进行现场考核,真实评价其能力提升情况,给出鉴定意见。

(三)评价办法

(1)自评:学生完成实习后,应按要求写出规范的实习总结材料,实事求是地评价自己在思想意识、工作能力方面的提升情况,本岗位实习内容完成的情况。可占总评价分的10%。

(2)小组测评:学生实习小组可按照参评人的实际实习时间、参加实习工作内容多少、工作中表现,以及参评提供材料的情况给予公正的评价。可占总评价分的20%。

(3)实习单位测评:实习单位可依据学生在实习工作中具体表现、能力提升情况,结合本单位指导老师给出的实习意见,给予学生实习效果的评价。可占总评价分的30%。

(4)学校测评:实习期间,每位学生均指派有校内指导教师。学生应定期向校内指导教师汇报实习情况,教师应定期对学生实习进行巡查和指导。可按学生提交的实习总结材料、实习单位鉴定意见、实习期间的各种汇报和表现,结合学生自评、小组测评、实习单位测评情况,给出综合评价。可占总评价分的40%。

# 第八章

# 现代规模化蛋鸡场兽医岗位实习与实训

## 问题导入

教学实习是高校动物医学专业学生通过临床实践,培养临床技能、临床思维能力、职业道德的关键环节,是从校园到社会,从课堂到工作岗位顺利过渡的重要阶段。从本科教育的第三学年开始,学生就会进入专业相关单位(畜禽养殖业、宠物医疗业、畜牧兽医管理部门等)开展教学实习工作。蛋鸡场是学生实习的重要场所之一。近年来,蛋鸡养殖规模化、标准化、集约化的快速发展,推动了其对高水平人才的需求,每年都吸纳了大量高校学生进入蛋鸡养殖行业。为了让学生尽快适应身份的转变,尽早适应并胜任蛋鸡场兽医岗位的工作,我们通过访问国内现代规模化鸡场兽医专业技术人员,邀请业内专家,共同编写了蛋鸡场兽医岗位实习内容,以供参考。

## 实习目的

1. 掌握蛋鸡场鸡群重点疫病的免疫方法和程序、鸡场检疫的方法和内容、鸡场消毒方法。
2. 学习重点疫病免疫效果监测,鸡场消毒效果的监测,病死鸡无害化处理,鸡场防鸟、杀虫与灭鼠的方法。
3. 了解和熟悉蛋鸡场兽医岗位实习工作内容,初步培养学生在蛋鸡场从事兽医工作的能力。

## 实习流程

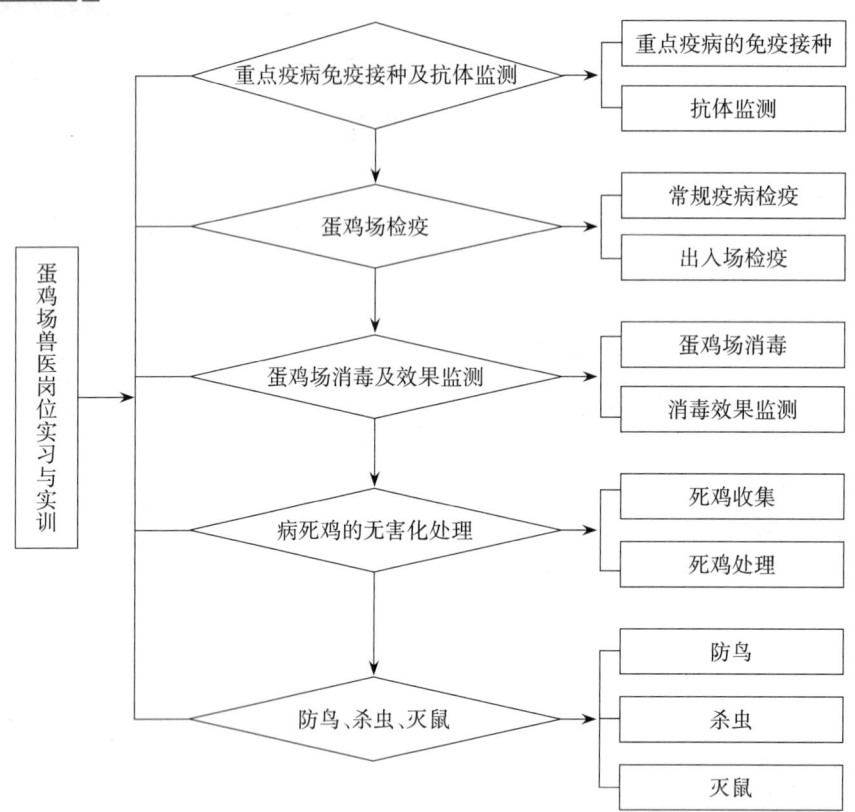

```
                              ┌─→ 重点疫病免疫接种及抗体监测 ─→ ┬─ 重点疫病的免疫接种
                              │                                │
                              │                                └─ 抗体监测
                              │
                              ├─→ 蛋鸡场检疫 ─→ ┬─ 常规疫病检疫
                              │                 │
                              │                 └─ 出入场检疫
                              │
  蛋鸡场兽医岗位实习与实训 ──→ ├─→ 蛋鸡场消毒及效果监测 ─→ ┬─ 蛋鸡场消毒
                              │                            │
                              │                            └─ 消毒效果监测
                              │
                              ├─→ 病死鸡的无害化处理 ─→ ┬─ 死鸡收集
                              │                         │
                              │                         └─ 死鸡处理
                              │
                              └─→ 防鸟、杀虫、灭鼠 ─→ ┬─ 防鸟
                                                       ├─ 杀虫
                                                       └─ 灭鼠
```

# 第一节 蛋鸡场重点疫病的免疫接种及抗体监测

## 一、蛋鸡场重点疫病的免疫接种

### (一) 免疫接种疫苗及程序

随着蛋鸡养殖业的快速发展,蛋鸡场养殖规模越来越大,养殖密度不断增加,饲养周期也相对较长,禽流感、传染性支气管炎、禽支原体病、病毒性关节炎、禽腺病毒病、禽脑脊髓炎等疫病在鸡群中检出率不断升高,新城疫、传染性法氏囊病、马立克氏病等也呈零星发生或局部流行,我国蛋鸡群主要疫病的发生和流行风险仍十分巨大,做好疫苗免疫是蛋鸡养殖中的一项重要工作。一般地,规模化蛋鸡场均会依据国家强制免疫计划要求,并结合本场疫病发生的特点,制定合适的疫苗免疫程序。我国蛋鸡场主要传染病的免疫参考程序,见表8-1、表8-2。

表8-1 蛋鸡主要传染病免疫参考程序(一)

| 接种时间 | 疫苗种类 | 接种途径 |
| --- | --- | --- |
| 1日龄 | 马立克氏病液氮苗 | 皮下注射(此项免疫可由父母代种鸡场实施) |
| 2~3日龄 | 新支二联苗 | 点眼、滴鼻或气雾 |
| 7~8日龄 | 新支流三联苗 | 皮下注射 |
| | 新城疫Ⅳ系苗 | 点眼或滴鼻 |
| 12~13日龄 | 传染性法氏囊病疫苗 | 滴口 |
| 20~21日龄 | 禽流感双价苗(H5+H7) | 肌内注射 |
| | 新城疫Ⅳ系苗 | 点眼或滴鼻 |
| 27~28日龄 | 传染性法氏囊病疫苗 | 饮水 |
| 31~32日龄 | 新流二联苗 | 肌内注射 |
| 36~37日龄 | 传染性鼻炎灭活苗 | 肌内注射 |
| 44~45日龄 | 鸡痘疫苗 | 翼膜刺种 |
| | 传染性喉气管炎疫苗 | 点眼或涂肛 |
| 52~53日龄 | 禽流感双价苗(H5+H7) | 肌内注射 |
| 68~72日龄 | 新支二联苗 | 饮水 |

续表

| 接种时间 | 疫苗种类 | 接种途径 |
| --- | --- | --- |
| 84～85日龄 | 鸡痘疫苗 | 翼膜刺种 |
| | 传染性喉气管炎疫苗 | 点眼或涂肛 |
| | 脑脊髓炎活疫苗 | 饮水 |
| 94～95日龄 | 新流二联苗 | 肌内注射 |
| | 新城疫Ⅳ系疫苗 | 点眼或饮水 |
| 104～105日龄 | 新减灭活苗 | 肌内注射 |
| 110～111日龄 | 禽流感双价苗(H5+H7) | 肌内注射 |
| 124～125日龄 | 新城疫油苗 | 肌内注射 |
| | 新城疫Ⅳ系疫苗 | 饮水 |
| 130日龄后,根据鸡群抗体滴度、产蛋率、发病情况等用新城疫疫苗适时免疫 ||| 

表8-2 蛋鸡主要传染病免疫参考程序(二)

| 接种时间 | 疫苗种类 | 接种途径 |
| --- | --- | --- |
| 1日龄 | 马立克氏病疫苗(CVI988) | 皮下或肌内注射(此项免疫可由父母代种鸡场实施) |
| 7～10日龄 | 新城疫、传染性支气管炎弱毒苗(H120) | 点眼或滴鼻 |
| | 复合新城疫灭活苗、多价传支灭活苗 | 皮下或肌内注射 |
| 14～16日龄 | 传染性法氏囊病弱毒苗 | 滴口 |
| 18～20日龄 | 支原体冻干苗(疫区使用) | 点眼 |
| 25日龄 | 新城疫Ⅱ或Ⅳ系疫苗、传染性支气管炎弱毒苗(H52) | 点眼、滴鼻或气雾 |
| | 禽流感灭活苗 | 皮下注射 |
| 30～35日龄 | 传染性法氏囊病弱毒苗 | 饮水 |
| | 鸡痘弱毒苗 | 翼膜刺种 |
| 40日龄 | 传染性喉气管炎弱毒苗 | 点眼 |
| 50日龄 | 传染性鼻炎油苗 | 肌内注射 |
| 60日龄 | 支原体油苗(疫区使用) | 肌内注射 |
| 90日龄 | 传染性喉气管炎弱毒苗 | 点眼 |
| 100日龄 | 大肠杆菌本地株油苗(疫区使用) | 肌内注射 |

续表

| 接种时间 | 疫苗种类 | 接种途径 |
| --- | --- | --- |
| 110~120日龄 | 新城疫、传支、减蛋综合征油苗 | 肌内注射 |
|  | 禽流感油苗 | 皮下注射 |
|  | 鸡痘弱毒苗 | 翼膜刺种 |
| 320~350日龄 | 禽流感油苗 | 皮下注射 |
|  | 新城疫Ⅰ系疫苗 | 肌内注射 |

注：每次接种疫苗前1 d和后2 d，应在水中使用电解多维，以减少应激反应，提高免疫效果。疫苗剂量根据不同厂家规定使用。

**（二）疫苗免疫接种方法**

免疫接种方法主要有：点眼、滴鼻、气雾、饮水、刺种、皮下注射和肌内注射（具体方法可参照第七章相关内容）、涂肛、滴口免疫接种等。根据厂家的疫苗使用说明，可以点眼的要优先选择使用点眼途径进行接种。灭活苗只能注射。

涂肛免疫法：此法仅用于接种传染性喉气管炎强毒型疫苗。操作时，需两人配合完成，协助者将鸡倒提，用手握腹，使肛门黏膜翻出，操作者用去尖的毛笔蘸取疫苗涂擦于肛门上。

滴口免疫法：此法主要用于传染性法氏囊病疫苗首免，要做到只只免疫，而且接种均匀。操作时，鸡腹朝上，左手手掌托住鸡体，拇指、食指捏住雏鸡嘴角，使其张口，其余手指固定住雏鸡身体；右手持滴瓶，滴头朝下，倾斜约45°角，在口腔上方1 cm处将疫苗液滴入雏鸡口中。每只鸡滴1~2滴，待疫苗吸干后才能放手。

**（三）疫苗免疫接种注意事项**

使用前查验：认真检查疫苗瓶和瓶盖是否完好，有无破损、裂纹、松动。观察疫苗的外观是否符合规定，有无潮解、沉淀、异物、色泽改变等现象。如果出现疫苗物理性状与厂家说明不相符者，不得使用。同时仔细检查疫苗标签，确认疫苗的名称、头份、有效期等。

免疫接种：免疫时应尽量避开酷热、阴冷、连续阴雨等恶劣天气，和蛋鸡断喙、转群、换料等时期。疫苗稀释严格遵守说明书要求，并规范接种。注射油苗时要多预备1~2把连续注射器，以便出现故障时，及时更换。免疫完成后，要及时收集空疫苗瓶，并高温高压处理所有器械与空瓶，禁止随意丢弃，以免造成散毒。

免疫期间的清洁消毒：疫苗免疫后3 d以内，鸡体内原有抗体会被部分中和，抗体水平有所下降，这期间属于鸡的免疫空白期。为防止疫病乘虚而入，在免疫前2 d应对鸡群及环境进行彻底清扫和消毒，并清除个别弱鸡；滴口免疫前后24 h内应停饮含消毒剂饮用水。活疫苗免疫的当天，禁止消毒。滴鼻、点眼、滴口、饮水免疫后的3 d内饮用水中不得添加消毒剂。疫苗接种器械在使用前一定要严格消毒，用水煮沸或高温高压灭菌，防止因器械传播疾病，影响疫苗免疫质量。

免疫期间的用药:为缓解疫苗免疫应激,免疫前2~3 d可在饮用水中添加抗应激药物,如电解多维或专用疫苗抗应激药物,以减轻疫苗应激反应,增强免疫的效果。免疫接种后,可适当添加免疫增强剂(如左旋咪唑),可增强免疫细胞活性,提高免疫功能。目前生产中使用的免疫调节剂种类较多,如黄芪多糖、PHA(植物凝集素)、胸腺肽等在临床上均有良好的效果。免疫前后2~3 d内不能使用抗病毒药物,以及某些具有抑制免疫作用的抗菌药物,如庆大霉素、土霉素、氯霉素等。

### (四)免疫接种标记和档案的建立

免疫接种后,应做好免疫接种记录,规范填写好养殖档案。详细记载接种日期,鸡群的品种、日龄、数量,所用疫苗的名称、厂家、生产批号、有效期、接种方法、免疫剂量及操作人员等,以备日后查询。

## 二、疫苗免疫抗体监测

免疫抗体水平与鸡体的疾病防御机能紧密相关,因此在蛋鸡生产中,定期开展免疫抗体水平的监测十分必要。这对疫苗选择、疫苗免疫效果的评价、免疫计划的执行都有重要意义。具体方法可参照第七章相关内容。

# 第二节 蛋鸡场检疫

疫病是危害养鸡业健康发展的主要因素之一,尤其是蛋鸡养殖。做好鸡场检疫工作,不但对养鸡场的经济效益和可持续发展具有重要影响,也关系到蛋鸡产品质量安全和公共卫生安全。

## 一、常规疫病检疫

目前,蛋鸡场常规监测的疫病包括:高致病性禽流感、新城疫、禽白血病、鸡白痢与伤寒。蛋中的病原体检测对象还包括大肠杆菌O157、沙门氏菌等。高致病性禽流感、新城疫检疫相关内容在前面章节已有详细介绍,此处不再赘述。

### (一)禽白血病的检疫

**1.临诊检疫要点**

一是依据其流行特点。该病主要引起感染鸡在性成熟前后发生肿瘤死亡,感染率和发病死亡率高低不等,死亡率最高可达20%。一些鸡感染后虽不发生肿瘤,但可造成产蛋性能下降甚至免疫抑制。二是依据临诊和病理变化。淋巴样白血病是最为常见的经典型白血病肿瘤,肿瘤可见于肝、脾、法氏囊、肾、肺、性腺、心、骨髓等器官组织,肿瘤可表现为较大的结节状(块状或米粒状),或弥漫性分布细小结节。肿瘤结节的大小和数量差异很大,表面平滑,切开后呈灰白色至奶酪色,但很少有坏死区。在成红细胞性白血病、成髓性细胞白血病、髓细胞白血病中,多使肝、脾、肾呈弥漫性增大。J亚群禽白血病病毒感染主要诱发髓细胞样肿瘤,它最常见的特征性变化为肝脾肿大或布满无数的针尖大小的白色增生性肿瘤结节。在一些病例中,还可能在胸骨和肋骨表面出现肿瘤结节。三是注意鉴别诊断。在表现为淋巴样细胞肿瘤结节时,要注意与马立克氏病病毒和禽网状内皮组织增殖症病毒诱发的肿瘤相区别;在表现为髓样细胞瘤时,既要与禽网状内皮组织增殖症病毒诱发的类似肿瘤细胞相区别,也要与嗜中性粒细胞浸润性炎症相区别,如鸡戊型肝炎病毒感染引起的肝局部炎症。最终的鉴别诊断以肿瘤组织中的病毒抗原检测或病毒分离鉴定结果为准。

**2. 酶联免疫吸附试验(ELISA)**

ELISA法是常用的免疫学检测方法之一,具有简单、快速、灵敏度高等优点,适合蛋鸡场开展快速疫病检测。目前禽白血病应用的商品化ELISA检测试剂盒,主要有检测抗原、抗体两种类型。抗原检测试剂盒主要用于检测病毒的群特异性p27抗原,适用于蛋清、胎粪、泄殖腔棉拭子等多种样品的禽白血病病毒检测。抗体检测试剂盒用于检测血清中是否含有禽白血病病毒的抗体,以诊断鸡群是否存在感染,包括A/B亚群抗体检测试剂盒和J亚群抗体检测试剂盒。

(1)禽白血病抗原检测方法(以IDEXX公司相应检测试剂盒为例,下同):使用之前所有试剂应恢复至室温(18~25 ℃)。试剂使用前必须振荡混匀。取出抗体包被板,再标记样本的位置;在A1、A2孔内各加入未经稀释的阴性对照100 μL;在A3、A4孔内各加入未经稀释的阳性对照100 μL;在剩余的孔内分别加入被检样品100 μL,室温孵育60 min;洗板,每孔加去离子水300 μL,重复5次;每孔加入辣根过氧化物酶标记的(兔)抗p27抗体100 μL,室温孵育60 min;重复洗板步骤。每孔加入底物溶液100 μL,在室温下孵育15 min;每孔加入终止液100 μL;测量在650 nm下的吸光度$A$。

检验结果成立条件:阳性对照的平均值减去阴性对照的平均值必须大于0.200,阴性对照平均值必须小于0.150。再计算被检样品p27抗原的相对含量(S/P),S/P=(样本平均值-阴性对照平均值)/(阳性对照平均值-阴性对照平均值)。结果判定:S/P值小于或等于0.2,样品为阴性;S/P值大于0.2,样品为阳性。

(2)禽白血病A/B亚群抗体检测方法:使用之前所有试剂应恢复至室温(18~25 ℃)。试剂使用前必须振荡混匀。取出抗体包被板,再标记样本的位置;在A1、A2孔内各加入未经稀释的阳性对照100 μL;在A3、A4孔内各加入未经稀释的阴性对照100 μL;在剩余的孔内分别加入被检样品100 μL,室温孵育30 min;洗板,每孔加300 μL洗涤液,重复5次;每孔加入100 μL的酶标抗体,室温孵育30 min;重复洗板步骤。每孔加入100 μLTMB底物溶液,在室温下孵育15 min;每孔加入100 μL终止液;测量在650 nm下的吸光度$A$。

检验结果成立条件:阳性对照的平均值减去阴性对照的平均值必须大于0.075,阴性对照平均值必须小于或等于0.150。再计算S/P=(样本平均值-阴性对照平均值)/(阳性对照平均值-阴性对照平均值)。结果判定:S/P值小于或等于0.4,样品为阴性;S/P值大于0.4,样品为阳性。

(3)禽白血病J亚群抗体检测方法:使用之前所有试剂应恢复至室温(18～25 ℃)。试剂使用前必须振荡混匀。取出抗体包被板,再标记样本的位置;在A1、A2孔内各加入未经稀释的阳性对照100 μL;在A3、A4孔内各加入未经稀释的阴性对照100 μL;在剩余的孔内分别加入被检样品100 μL,室温孵育30 min;洗板,每孔加洗涤液300 μL,重复5次;每孔加入100 μL的酶标抗体,室温孵育30 min;重复洗板步骤。每孔加入TMB底物溶液100 μL,在室温下孵育15 min;每孔加入终止液100 μL;测量在650 nm下的吸光度$A$。

检验结果成立条件:阳性对照的平均值减去阴性对照的平均值必须大于0.100,阴性对照平均值必须小于或等于0.150。再计算S/P=(样本平均值-阴性对照平均值)/(阳性对照平均值-阴性对照平均值)。结果判定:S/P值小于或等于0.6,样品为阴性;S/P值大于0.6,样品为阳性。

**3.阳性鸡的处理**

由于禽白血病病毒本身的特性,目前还没有有效的疫苗进行防控,只能采取检测+淘汰的方式净化该病。

**(二)鸡白痢与伤寒的检疫**

**1.临诊检疫要点**

(1)鸡白痢:一是依据其流行特点。各品种鸡对本病均易感,以2～3周龄雏鸡的发病率和死亡率为最高,呈流行性。二是依据其临床表现在雏鸡和成年鸡中的显著差异。雏鸡潜伏期4～5 d,出壳后感染的雏鸡,多在孵出后几天才出现明显临诊症状,在第2～3周内达到高峰。发病雏鸡呈最急性者,无临诊症状迅速死亡。稍缓者表现精神委顿,绒毛松乱,两翼下垂,缩颈闭眼,昏睡,不愿走动,拥挤在一起。病初食欲减少,后停食,多数出现软嗉临诊症状。腹泻,排稀薄如浆糊状粪便。有的病雏出现眼盲或肢关节肿胀,呈跛行临诊症状。成年鸡感染后常无临诊症状,有的因卵黄囊炎引起腹膜炎,腹膜增生而出现"垂腹"现象。三是依据其病理变化。雏鸡急性死亡,病理变化不明显。病期长者,在心肌、肺、肝、盲肠、大肠及肌胃肌肉中有坏死灶或结节,胆囊肿大。输尿管扩张。盲肠中有干酪样物,常有腹膜炎。稍大的病雏有出血性肺炎,肺有灰黄色结节和灰色肝变。育成阶段的鸡肝肿大,呈暗红色至深紫色,有的略带土黄色,表面可见散在或弥散性的红色或黄白色大小不一的坏死灶,质地极脆,易破裂,常见有内出血变化。成年母鸡最常见的病理变化为卵子变形、变色,呈囊状。有腹膜炎及腹腔脏器粘连。常有心包炎。成年公鸡睾丸极度萎缩,有肿胀,输精管管腔增大,充满稠密的均质渗出物。

(2)鸡伤寒:成年鸡易感,一般呈散发性。潜伏期一般为4～5 d。年龄较大的鸡和成年鸡,急性经过者突然停食,排黄绿色稀粪,体温上升1～3 ℃。病鸡可迅速死亡,通常经5～10 d死亡。雏鸡发病时,临诊症状和病理变化与鸡白痢相似。成年鸡最急性者眼观病理变化轻微或不明显,急性者常见肝、脾、肾充血肿大。亚急性和慢性病例特征病理变化是肝肿大呈青铜色,肝和心肌有灰白色粟粒大坏死灶,卵子及腹腔病理变化与鸡白痢相同。

**2. 平板凝集试验**

(1)试剂与器材:鸡伤寒和鸡白痢多价染色平板抗原、强阳性血清(500 IU/mL)、弱阳性血清(10 IU/mL)、阴性血清。玻璃板、吸管、金属丝环(内径7.5～8.0 mm)、反应盒、酒精灯、针头、消毒盘和酒精棉等。

(2)检验方法:在20～25 ℃环境条件下,用定量滴管或吸管吸取抗原,垂直滴于玻璃板上1滴(约0.05 mL),然后用消毒的针头刺破鸡的翅静脉或冠尖,取血0.05 mL(相当于内径7.5～8.0 mm金属丝环的两满环血液),与抗原混合均匀,并使其散开至直径约为2 cm,计时判定结果。同时,设强阳性血清、弱阳性血清和阴性血清对照。

(3)结果判定。

凝集试验判定标准:紫色凝集块大而明显,反应液清亮,为100%凝集(++++);紫色凝集块较明显,反应液有轻度浑浊,为75%凝集(+++);出现明显的紫色凝集颗粒,反应液较为浑浊,为50%凝集(++);仅出现少量的细小颗粒,反应液浑浊,为25%凝集(+);无凝集颗粒出现,反应液浑浊,为不凝集(-)。

在2 min内,抗原与强阳性血清应呈100%凝集(++++),弱阳性血清应呈50%凝集(++),阴性血清不凝集(-),则试验有效。

在2 min内,被检全血与抗原出现50%(++)以上凝集者为阳性,不发生凝集则为阴性,介于两者之间为可疑反应。将可疑鸡隔离饲养1个月后,再做检测,若仍为可疑反应,按阳性判定。

**3. 阳性鸡的处理**

符合临床临诊检疫要点,平板凝集试验呈阳性的鸡只,即可确诊。确诊鸡和同笼鸡均淘汰。

## 二、出入场检疫

健康鸡群是蛋鸡场稳产、高产的保证,也是确保禽蛋食品安全的前提。随着蛋鸡养殖的规模化发展,疫病风险日趋增大,一旦发病往往能在短时间内传染给其他蛋鸡,甚至危及全群。因此在普遍实施"全进全出"制度的情况下,要严把鸡只出入场检疫关,切断病原的进入和扩散途径。依据我国《动物防疫法》《动物检疫管理办法》,蛋鸡场在引种和淘汰蛋鸡运输前,应进行申报和检疫。

### (一)蛋鸡入场检疫

为了扩大蛋鸡养殖规模或更替淘汰蛋鸡,鸡场往往需要定期从种鸡场或专业孵化场引进商品代雏鸡。引进的鸡雏必须经过兽医人员的严格审查、检疫,以确保鸡场安全。

**1. 查验资料**

鸡苗必须是来自无疫区,由持有"种畜禽生产经营许可证"和"动物防疫合格证",且无鸡白痢、鸡脑脊髓炎、禽白血病和霉形体病等经蛋垂直传染性疾病的种鸡场或孵化场提供,并经产地检疫合格的健康雏鸡。鸡场兽医要仔细核对其"动物产地检疫合格证明"中所列信息,查验具有资质实验室出具的重大动物疫病和垂直传播疫病病原学检测阴性报告和血清学检测合格报告、鸡白痢净化证明、父母代种鸡养殖档案等。了解雏鸡疫苗免疫情况。

**2. 临床检查**

运达的雏鸡应进入"全进全出"的鸡舍隔离观察30 d,在此期间兽医人员要定期进行临床观察,并详细记录。健康雏鸡绒毛光亮、整齐活泼好动,手握有力,反应灵敏,叫声响亮;脐部愈合良好;腹部柔软,卵黄吸收良好,肛门周围无污物黏附;喙、眼、腿、爪等无畸形;体重、大小适中且均匀,体形外貌符合相应的品种标准。凡站立不稳、精神萎靡、绒毛杂乱、背部粘有蛋壳、脐部愈合不良、腹部坚硬以及拐脚、歪头、眼睛有缺陷或交叉嘴的弱雏要全部淘汰。发现雏鸡批量死亡,怀疑发生重大疫病时要立即向当地动物防疫部门报告,协助诊断,并按有关规定处理。

### (二)蛋鸡出场检疫

检疫申报:淘汰蛋鸡出售或者运输前3 d,兽医人员应向当地县级以上动物卫生监督机构提交"动物检疫申报单",如目的地为无高致病性禽流感区和无新城疫区,还应当向输入地省级动物卫生监督机构申报检疫,并由有资质的实验室出具重大动物疫病病原学检测阴性报告。

协助检疫:检疫申报受理后,鸡场兽医人员应协助官方兽医开展检疫工作,提供鸡场的"动物防疫条件合格证"与淘汰蛋鸡的养殖档案,以方便查验其免疫、监测、诊疗等情况,确认鸡场6个月内未发生相关动物疫病,并配合进行鸡只临床检查与样本采集工作。

经检疫合格的,应及时领取"动物检疫合格证明",并于启运前,在官方兽医监督下,对运载工具进行有效消毒。经检疫不合格的,应按照动物卫生监督机构出具的检疫处理通知单要求,根据《动物防疫法》等相关法律法规在官方兽医监督下进行处置。

### (三)鸡蛋出场检疫

鸡蛋具有丰富的营养,是居民日常饮食中的重要组成部分,其食品安全直接关乎公众的健康。蛋中不应检出高致病性禽流感、大肠杆菌O157、李氏杆菌、结核分枝杆菌、鸡白痢与伤寒沙门氏菌等病原体。对检疫不合格的鸡所产的蛋应全部作无害化处理。若检出重点传染病,按有关规定处理。

**1. 鸡蛋样品的抽取**

抽样时,随机在当日的产蛋架抽样,样品尽可能覆盖全鸡舍,将所得样品混合后再随机抽取,每批样品抽样数量不少于30枚。

**2. 外观检查**

取带壳鲜蛋在灯光下观察。蛋壳清洁完整,无裂纹,无霉斑,灯光透视时整个蛋呈微红色,蛋内无黑点及异物。

去壳后置于白色瓷盘中,在自然光下可见蛋黄凸起、完整、有韧性,呈橘黄色至橙红色;蛋白澄清、透明,稀稠分明,无异物。蛋液具有固有的蛋腥味,无异味。

**3. 蛋中的病原体检测**

(1)肠出血性大肠埃希氏菌O157的检测。

试剂与器材:肠出血性大肠埃希氏菌O157酶联免疫试剂盒等。酶联免疫分析仪、恒温培养箱、电子天平等。

培养基配制:改良肠道菌新生霉素增菌液(mEC+n):胰蛋白胨20 g、3号胆盐1.12 g、乳糖5 g、无水磷酸氢二钾4 g、无水磷酸二氢钾1.5 g、氯化钠5 g,溶于1 000 mL蒸馏水后,校正pH值至6.9±1,分装后121 ℃高压灭菌15 min,取出后冷却至室温,加入过滤的新生霉素溶液,使其终浓度为20 mg/L。

检验方法:随机多点抽检鸡蛋。将鲜蛋在流水下洗净,待干后再用75%酒精棉消毒蛋壳,然后无菌操作,打开蛋壳取出25 mL蛋液到均质袋中,并向其中加入225 mL mEC+n,充分均质,于41 ℃培养24 h。移取1 mL增菌液到灭菌小试管中,于沸水中加热15 min。剩余的增菌液于4 ℃保存,以便用于阳性确认。取肠出血性大肠埃希氏菌O157的酶联免疫试剂盒,于15~30 ℃的环境中放置30 min。取适量加热处理后的增菌液到试剂盒测试孔中,通过自动或手动操作,经过酶联免疫反应过程后,检测反应强度(荧光强度或吸光度),与参照值比较,得出检验结果。

(2)沙门氏菌的检验。

试剂与器材:沙门氏菌酶联免疫试剂盒等。酶联免疫分析仪、恒温培养箱、电子天平等。

培养基配制:

缓冲蛋白胨水(BPW):蛋白胨10 g、氯化钠5 g、十二水磷酸氢二钠9 g、磷酸二氢钾1.5 g,加入1 000 mL蒸馏水中,搅混均匀,静置约10 min,煮沸溶解,调节pH值至7.2,高压灭菌(121 ℃,15 min)。

四硫磺酸钠煌绿增菌液(TTB):分别配制基础液(蛋白胨10 g、牛肉膏5 g、氯化钠3 g,加入1 000 mL蒸馏水中,再加入碳酸钙45 g,调节pH值至7,121 ℃高压灭菌20 min)、硫代硫酸钠溶液(将五水硫代硫酸钠50 g加入蒸馏水溶解,定容至100 mL,121 ℃高压灭菌20 min)、碘溶液(将碘化钾25 g充分溶解于少量的蒸馏水中,再投入碘片20 g,摇晃玻瓶至碘片全部溶解为止,然后加蒸馏水至100 mL,贮存于棕色瓶内,塞紧瓶盖备用)、0.5%煌绿水溶液(将煌绿0.5 g溶解于100 mL蒸馏水后,存放于暗处,不少于1 d,使其自然灭菌)、牛胆盐溶液(将牛胆盐10 g加入100 mL

蒸馏水,加热煮沸至完全溶解,121 ℃高压灭菌20 min)。临用前,按基础液900 mL、硫代硫酸钠溶液100 mL、碘溶液20 mL、煌绿水溶液2 mL、牛胆盐溶液50 mL顺序,以无菌操作依次加样,并摇匀。

亚硒酸盐胱氨酸增菌液(SC):蛋白胨5 g、乳糖4 g、磷酸氢二钠10 g,加入1 000 mL蒸馏水中,煮沸溶解,冷却至55 ℃以下,以无菌操作加入亚硒酸氢钠4 g和1 g/L L-胱氨酸溶液(称取0.1 g L-胱氨酸,加1 mol/L氢氧化钠溶液15 mL,使其溶解,再加无菌蒸馏水至100 mL即成)10 mL。摇匀,调节pH值至7。

检验方法:随机多点抽检鸡蛋。将鲜蛋在流水下洗净,待干后再用75%酒精棉消毒蛋壳,然后无菌操作,打开蛋壳取出25 mL蛋液,置于盛有225 mL BPW的无菌均质杯或合适容器内,均质,混匀。调pH值至6.8。以无菌操作将样品转至500 mL锥形瓶,如使用均质袋,可直接进行培养,于36 ℃培养8~18 h。轻轻摇动培养过的样品混合物,移取1 mL,转种于10 mL TTB内,于42 ℃培养18~24 h;同时,另取1 mL,转种于10 mL SC内,于36 ℃培养18~24 h;移取1 mL增菌液到灭菌小试管中,于沸水中加热15 min。剩余的增菌液于4 ℃保存,以便用于阳性确认。取沙门氏菌的酶联免疫试剂盒,于15~30 ℃的环境中放置30 min。取适量加热处理后的增菌液到试剂盒测试孔中,通过自动或手动操作,经过酶联免疫反应过程后,检测反应强度(荧光强度或吸光度),与参照值比较,得出检验结果。

(3)结果判定:按照相关规定,肠出血性大肠埃希氏菌O157与沙门氏菌均不得检出,否则判为不合格品,该批次鸡蛋应作无害化处理。

## 第三节 蛋鸡场消毒及效果监测

### 一、蛋鸡场消毒

消毒是兽医卫生防疫工作中一项重要内容,是预防和扑灭传染病的重要措施。尤其是现代蛋鸡场,往往具有规模化、集约化的特点,鸡群饲养密度高,极易出现病原微生物快速传播引发的疫病。消毒对于净化鸡群生长环境,消除病原微生物对蛋鸡生产性能的影响具有重要意义和现实价值。

#### (一)常用消毒设备

常规清洗消毒设备有高压冲洗机、紫外线杀菌灯、喷雾消毒器、火焰喷射器等,有条件的规模化鸡场宜配置臭氧消毒机、自动喷雾消毒系统/通道等。

## (二)消毒方法

### 1.场区入口消毒

进入鸡场的车辆必须严格消毒。车身和车盘采用0.1%百毒杀溶液、0.1%新洁尔灭或0.5%过氧乙酸进行喷雾消毒。车轮通过消毒池消毒,池内放入2%～4%的氢氧化钠溶液,每周更换2～3次。如冬季严寒,可用石灰粉代替消毒液。

人员进场须通过消毒室消毒。采用紫外灯照射($1～2$ W/m³)或喷雾消毒(0.1%的百毒杀液)10～20 min,脚踏消毒池中站立至少1 min,内放2%～5%的氢氧化钠溶液,每周至少更换2次。

### 2.场区环境消毒

平时应做好场区环境的卫生工作,每天清扫,每周使用高压水枪冲洗路面和消毒1次。场区周围及场内排污沟、清粪口等应每2周选用卤素类、过氧化物类、季铵盐类或碱类消毒剂喷洒消毒1次。

进鸡前,对鸡舍周围5 m以内的地面用0.2%～0.3%过氧乙酸、5%氢氧化钠溶液或5%甲醛溶液进行彻底喷洒;道路使用3%～5%的氢氧化钠溶液喷洒。

进鸡后,鸡舍周边和道路,使用3%～5%的氢氧化钠溶液或0.2%～0.3%过氧乙酸喷洒,每平方米面积药液用量300～400 mL,每2～3周消毒1次。如果发生疫情,场区环境应每天消毒。

### 3.生产区和鸡舍门口消毒

工作人员进入生产区时,须经由紫外线照射或喷雾消毒,脚踏消毒池,淋浴后,换上过氧乙酸消毒的工作服、帽和橡胶靴后入内。进出鸡舍须在脚踏消毒池中让消毒液充分浸没鞋面,手部应用过氧乙酸或次氯酸钠、碘制剂等溶液浸洗。工作服不能穿出生产区,工作期间每周至少清洗消毒一次。工作人员不得串舍。

雏鸡进舍前,应使用新洁尔灭、百毒杀、过氧乙酸等,于舍外将运输箱进行全面消毒,防止把附着在箱上的病原微生物带入舍内。如在禽流感、新城疫、马立克氏病、传染性法氏囊病等流行期间,须揭开箱盖连同雏鸡一并进行喷雾消毒。

### 4.鸡舍消毒

鸡舍应按排空、清扫、洗净、干燥、消毒、干燥、再消毒的顺序进行全面消毒。鸡群依照"全进全出"的更新原则,尽量在短期内全部清转。然后开展洗消作业。

(1)杂物、垃圾等的清理和清扫:移出笼具、料槽、水槽、保温器等可移动设备和用具,清理杂物、垃圾及粪便。通过清扫,可减少舍内环境中21%左右的细菌。

(2)高压冲洗:从里到外、从上至下,用含清洁剂的水高压冲洗舍内所有的梁柱、天花板、墙壁、给料给水设施、风机扇片及遮板、通风口等,擦净污垢,不留死角,彻底清洁。清扫、洗净后,可减少鸡舍环境中50%～60%的细菌。

(3)消毒剂喷洒:待干燥后。用5%～8%的氢氧化钠溶液对地面、墙壁、天花板、笼具、料槽等喷洒消毒。不宜用氢氧化钠溶液消毒的设备也可选用其他消毒液涂擦。为了确保消毒效果,一般可用不同类型的消毒液进行2次或3次消毒。通常第1次用碱性消毒液,第2次用表面活性剂类、卤素类或酚类等消毒药。

(4)鸡笼及用具消毒:鸡舍内移出的设备应置于指定地点,集中清洗。使用3%~5%的氢氧化钠溶液或3%~5%的甲醛溶液进行浸泡,或者用3%~5%的氢氧化钠溶液全面喷洒。3~5 h后,清水洗净,暴晒,迁回鸡舍。转运鸡笼在每次使用后也须及时用高压水枪冲洗,消毒,晾干,备用。空舍时间最好不低于2周。

(5)鸡舍的熏蒸消毒:进雏前72 h,密闭鸡舍,用福尔马林(42 mL/m³)和高锰酸钾(21 g/m³),进行熏蒸消毒8 h。此操作可减少舍内环境中90%左右的细菌。鸡舍使用前48 h,打开门窗通风换气,也可喷洒25%氨水溶液来中和残留的甲醛。

### 5.带鸡消毒

一般10日龄后可带鸡消毒,育雏期(0~7周龄)每日消毒1次,育成期(8~15周龄)每周消毒2次,产蛋期(16周龄及以后)每周2~3次,发生疫情时应每日消毒1次。

每次消毒时间宜相对固定,最好在早晨或傍晚。宜在鸡舍内无鸡蛋的时候进行。喷雾消毒前要清理鸡舍地面、墙壁、物品上的粪便和灰尘。关闭门窗,暂停通风设备,升高舍内温度3~4 ℃。工作人员着常规工作服,戴医用防护口罩、工作帽、护目镜、橡胶手套和穿胶靴进行喷雾消毒。

喷雾消毒时,可从内向外依次退步喷雾消毒,按由上到下、由左至右的顺序进行,雾程可根据实际情况调节,先消毒舍顶、墙壁,然后消毒空气、鸡笼、鸡群,最后消毒地面和粪便。喷雾动作要慢、要轻,不可大声喧哗,以减少应激反应。喷头宜以45°仰角,5~20 μm大小雾滴进行喷雾,在距鸡体背50 cm左右的高处进行喷雾,避开鸡头。喷雾应均匀,鸡只体表以潮湿为限,不应形成水滴现象。消毒器具时应避开饲料,器具表面以略湿为度。对地面和粪便的消毒应彻底。空间喷雾量为30~50 mL/m³,地面和粪便喷雾量为200~300 mL/m³,泥土墙喷雾量为150~300 mL/m³,水泥墙和石灰墙喷雾量为100 mL/m³,以表面不流药液为宜。每月所用消毒药应选择2~3种轮换使用。带鸡消毒时禁止使用酚类消毒剂,产蛋期禁止使用醛类消毒剂。

一般情况下,喷雾消毒后密闭5~20 min再恢复通风,夏天喷雾消毒后应立即通风,冬天要待羽毛干后再通风。

在鸡只断喙、断趾、转群等应激反应时期,以及免疫前12 h至免疫后24 h内,应停止带鸡消毒。遇高温、高湿、大风和气温骤降等恶劣天气时,也最好避开。带鸡消毒工作完成,应及时填写工作记录单。

带鸡消毒常用消毒剂如下表所示。

表8-3 带鸡消毒常用消毒剂

| 消毒剂种类 | 使用浓度/(mg/L) | 作用时间/min |
| --- | --- | --- |
| 双链季铵盐类消毒剂 | 1 000~2 000 | 5~20 |
| 酸性氧化电位水 | 使用其原液 | 5~20 |
| 二溴海因 | 500~1 000 | 5~20 |

续表

| 消毒剂种类 | 使用浓度/(mg/L) | 作用时间/min |
| --- | --- | --- |
| 含氯消毒剂 | 1 000~2 000 | 5~20 |
| 过氧乙酸 | 3 000 | 5~20 |

**6.舍内器具、垫料的日常消毒**

饲喂、饮水用具每日清洁,尤其是常流水供水的"V"型水槽,每周用0.1%的新洁尔灭或0.2%~0.5%的过氧乙酸等消毒1次,封闭式饮水管线一般60 d消毒清洁1次,炎热时节应增加次数。拌料工具及工作服每日用紫外线照射20~30 min。医疗器械必须冲洗后煮沸消毒。鸡舍内工具固定,不得串用,进入鸡舍的所有用具必须消毒。

育雏用垫料应在进雏前3 d用百毒杀、新洁尔灭或过氧乙酸等进行掺拌消毒。进雏后,每天需喷雾消毒1次。清除的垫料和粪便应集中堆放,进行堆肥发酵处理,如有可疑疫病,应深埋或焚烧,作无害化处理。

**7.饮用水消毒**

蛋鸡日常饮用水中可加入适量含氯、含碘类消毒药物以杀灭水中的病原微生物。在饮水免疫前后2 d,不能在饮用水中加入消毒剂。

**8.集蛋消毒**

回场蛋盘、蛋箱与用具应集中放置于固定地点,彻底清洗和消毒。塑料蛋盘用碱水浸泡24 h,纸蛋盘、纸箱及蛋篓须用甲醛熏蒸24 h后,方可入场装蛋。工作人员在集蛋前应洗手消毒。收集的鸡蛋应在检蛋、清洗、消毒、涂膜后保存。

**9.鸡蛋消毒**

鸡蛋消毒可用化学和物理两类方法。化学方法包括应用次氯酸钠、高锰酸钾、氢氧化钠、甲醛、过氧乙酸、二氧化氯等化学试剂进行消毒;物理方法主要是用巴氏杀菌、紫外线杀菌、沸水杀菌、臭氧及负离子杀菌等进行消毒。欧美国家规定带壳鲜蛋一律经过巴氏杀菌才能上市销售,我国则出台了《清洁蛋加工流通技术规范》(GB/T 34238—2017)。目前常用鸡蛋消毒方法有巴氏消毒(64.5 ℃,3 min)、臭氧杀菌(467~533 mg,8 min)、二氧化氯消毒(80 mg/L,pH=5,35 ℃浸泡12~13 min)、新洁尔灭消毒(1.4 g/L,pH=9,30 ℃浸泡7~8 min)、戊二醛消毒(1.4 g/L,pH=8,35 ℃浸泡12~13 min)、过氧乙酸消毒(0.5%,浸泡3~5 min)等。

**(三)常用消毒剂**

目前蛋鸡场普遍使用的消毒剂有醛类、卤素类、氧化剂类、表面活性剂类等。

醛类消毒剂:如戊二醛等主要是通过凝固蛋白质杀灭病菌,这类消毒剂的抗菌谱广、杀菌作用强,具有杀灭细菌、芽孢、真菌和病毒的作用,多用于鸡和鸡舍的环境消毒,不能用于饮水线管道的消毒清洁。

卤素类消毒剂：包括含碘类消毒剂和含氯类消毒剂，前者如聚维酮碘，属中效消毒剂。二氯异氰尿酸钠、三氯异氰尿酸、次氯酸钠等含氯消毒剂在水溶液中逐渐水解生成次氯酸，主要对细菌、芽孢、病毒及真菌杀灭作用强，不足之处是药效持续时间较短，药物不易久存。二溴海因、溴氯海因等含溴消毒剂的杀菌效力与含氯消毒剂差不多，除藻性能很好，但价格高。

季铵盐类消毒剂：包括安立消（月苄三甲氯铵溶液）、双长链季铵盐等，无毒、无刺激性，低浓度能杀灭各种病毒、细菌、真菌等病原微生物，有除臭和清洁作用，主要用于鸡舍、用具和环境消毒，也可用于饮用水消毒。然而，这类消毒剂对无囊膜病毒几乎无消毒效果，对禽流感病毒、传染性法氏囊病病毒不起作用。

过氧乙酸：多用于环境消毒，特别是在低温环境下仍有很好的杀菌效果，被选作冷库的良好消毒剂。0.2%~0.5%的过氧乙酸溶液多用于鸡舍、饲槽、用具、车辆、地面及墙壁的喷雾消毒。带鸡消毒时应做到现配现用，其缺点是不稳定、易分解失效。

## 二、消毒效果监测

消毒是预防和控制规模化蛋鸡场内感染的重要措施之一。对消毒效果进行监测则是检验消毒剂是否有效、消毒方法是否合理、消毒效果是否达标的重要手段。尤其是对鸡场发生的疫病，选用合适的消毒剂进行预防和控制，可以起到明显的效果。但随着某一类消毒剂的长期使用甚至滥用或乱用，会使耐药菌株逐渐产生，影响消毒效果。为减少规模化鸡场使用消毒剂的盲目性，确保消毒效果，对消毒剂的消毒效果进行定期测定，掌握细菌对消毒剂的敏感性变化和选择有效的消毒剂用于蛋鸡场消毒是非常重要和必要的。

### （一）蛋鸡舍消毒效果监测

可选择在消毒前后，对同一空间、同一地点或同一物体表面进行采样，接种于普通培养基或特定细菌的专用培养基上，置37 ℃恒温培养箱中，24 h后，检查平板上生长的微生物菌落数。计算出消毒的细菌杀灭率。细菌杀灭率=（消毒前菌落数-消毒后菌落数）/消毒前菌落数×100%。杀灭率在90%以上为消毒良好，85%~90%为合格，85%以下为消毒不合格，必须重新消毒。

### （二）鸡蛋消毒效果检测

**1. 主要试剂的制备**

无菌生理盐水：称取8.5 g氯化钠溶于1 000 mL蒸馏水中，121 ℃下高压灭菌15 min。

营养琼脂培养基：称取胰蛋白胨5 g，牛肉膏2.5 g，氯化钠1 g，琼脂15 g，加入1 000 mL的蒸馏水中，煮沸溶解，调节pH值至7，分装于锥形瓶中，在121 ℃下高压灭菌15 min。

**2. 检样的制备与微生物培养**

随机选取经过清洗和消毒的鸡蛋各5枚，在无菌条件下沥干表面水分后，分别放入灭菌小烧杯中，加入100 mL的灭菌生理盐水，用灭菌棉拭子将蛋壳表面充分擦洗。用移液管移取

1 mL擦洗液于培养皿中,倒入约15 mL营养琼脂培养基在36 ℃的恒温培养箱中培养48 h后计数。

### 3.细菌杀灭率的计算

$$细菌杀灭率 = \frac{消毒前菌数N_0 - 消毒后菌数N_1}{消毒前菌数N_0} \times 100\%$$

通常鸡蛋壳表面带菌量越高,其内容物的带菌量也越高。通过对蛋壳进行消毒,可以有效杀灭鸡蛋表面的大部分菌类,降低鸡蛋被微生物侵入的风险,提升其品质。

## 第四节 病死鸡的无害化处理

在鸡场,由于饲养管理过程中的各种因素影响,会造成部分鸡只死亡,目前我国蛋鸡场的死淘率在10%以上。这些病死鸡都可能携带有病原微生物,需要及时采取物理、化学等方法进行处理,彻底杀灭其所携带的病原微生物,最大限度地消除生物安全风险。若不进行规范处理,不仅会造成严重环境污染,而且容易导致疫病暴发和传播,甚至出现公共安全事件。因此,病死鸡的生物安全处理工作至关重要,必须严格按照《病死及病害动物无害化处理技术规范》等有关法律法规进行处置。严禁随意丢弃,严禁出售或作为饲料再利用,防止成为新的传染源。

### 一、死鸡收集

病死鸡是重要的疫病传染源,鸡舍拣出的病死鸡及废弃蛋要用塑料袋装好并扎口,存入专用塑料桶中并关闭桶盖,放置于鸡舍靠近脏道出口处。由指定人员每天使用封闭式运输工具定时到各鸡舍收集死鸡,连同塑料桶一起收走,送回消毒后的塑料桶,并履行交接手续。在此过程中,鸡舍拣拾死鸡的工作人员,应及时洗手消毒;收集死鸡的塑料桶、小推车和暂存场所也要规范消毒。

### 二、死鸡处理

一般无害化处理病死鸡的方法主要有焚烧、化制、深埋等。

#### (一)焚烧法

焚烧法是将病死、病害鸡尸体,废弃蛋品投入焚烧炉中,使其在有氧或无氧条件下进行高温烧毁。是生产中处理死鸡的一种常用方法。此法优点是不会污染土壤、地下水,能彻底消灭死鸡及其携带的病原体。缺点是以油或煤等为燃料，处理成本高，而且会产生烟气和飞灰。操作过程中应严格控制焚烧进料的频率和重量，使病鸡尸体和废弃蛋品能够充分与空气接触，保证完全燃烧。

### （二）化制法

化制法是指在密闭的高压容器内，通过向容器夹层或容器内通入高温饱和蒸汽，在干热、压力或蒸汽、压力的作用下，处理病死及病害鸡尸体和废弃蛋品的方法。死鸡本身营养成分丰富，蛋白质含量高，具有较高的利用价值，采取化制法，通过高温高压对死鸡进行处理，可获得粗蛋白质含量高达60%的肉骨粉和工业用油脂。在满足设计工艺要求的前提下，真正达到无害化处理，资源化利用目的。但此法不得用于患有炭疽等芽孢杆菌类疫病死鸡及其产品、组织的处理。

### （三）深埋法

深埋法是按照相关规定，将病死及病害鸡尸体和废弃蛋品投入深埋坑中并覆盖、消毒的处理方法。深埋前应对须掩埋的死鸡尸体实施焚烧处理。在掩埋坑底铺2 cm厚生石灰，将焚烧后的死鸡尸体置于生石灰上，死鸡尸体上层应距地表1.5 m以上（掩埋坑深至少2 m）。焚烧后的死鸡尸体表面，以及掩埋后的地表环境应使用氯制剂、漂白粉或生石灰等消毒药喷撒消毒。最好不要将死鸡直接埋入坑中，否则易造成土壤和地下水污染。此法主要用于发生疫情时蛋鸡大批死亡的应急处置，但不能用于患有芽孢杆菌类疫病死鸡及其产品、组织的处理。

## 第五节 防鸟、杀虫、灭鼠

野鸟、昆虫和鼠类是许多动物疾病的传播媒介。防鸟、杀虫和灭鼠是蛋鸡场保障生物安全的有效措施，是疫病预防工作的重要组成部分。

### 一、防鸟

鸡舍、饲料储存加工间安装的防鸟设备，如通风孔装配的铁丝网、纱窗等应定期检查其密封性，防止野鸟进入采食。场区及其周围的树木应定期检查，防止野鸟筑巢栖息。场区内应督促保洁人员及时清除场区生活垃圾和杂草，清扫料房、鸡舍及道路洒落的散料，妥善保管和处理食堂的剩菜剩饭，避免鸟类饮水和采食。

## 二、杀虫

及时清除生活垃圾、场区内杂草,对昆虫聚居的墙壁缝隙、角落、垃圾存放处等使用火焰喷灯喷火杀虫;在蚊蝇容易滋生的雨水沟、排污渠等场所,定期投放化学杀虫剂消灭蚊蝇。鸡舍内外要搞好环境卫生,保持清洁干燥,减少蚊蝇滋生;同时在昆虫活动的旺季加装纱门和纱窗,阻止害虫的飞入;采用生物制剂、低毒低残留杀虫剂或者声、光、电等物理方法根据季节定期进行灭蚊、灭蝇、灭虫。常用杀虫剂主要有氰戊菊酯、溴氰菊酯等拟菊酯类杀虫剂,以及蝇必净、环丙氨嗪等其他杀虫剂。

## 三、灭鼠

在鸡场,老鼠不仅咬死雏鸡,惊扰鸡群,偷食饲料,而且传播疫病,危害大,繁殖快,必须采取有效控制、杀灭措施。

**1. 防控方法**

加强场区、饲料库、储蛋间、鸡舍等场所管理,及时清除场区杂草和垃圾,整齐分类码放饲料和蛋箱,认真清理料槽内剩余饲料,防止饲料撒漏,妥善保管和处理食堂的食物及剩饭剩菜,保持干净卫生,减少老鼠食物来源。堵塞鼠洞,清除鼠窝,使老鼠无藏身之处。

**2. 杀灭措施**

在场区定期定点投放灭鼠饵料,注意远离鸡群,并在投放次日及时清除残余饵料和死亡老鼠。常用灭鼠药有杀鼠灵、磷化锌、毒鼠磷等。除此以外,也可在老鼠经常路过的地段投放捕鼠夹、粘鼠板、捕鼠笼等器材,但不能在鸡场内养猫捕鼠。

### ★ 实习评价

**(一)评价指标**

(1)能掌握蛋鸡场重点疫病免疫接种的程序和方法、免疫档案的建立方法、免疫鸡群抗体检测方法。

(2)能掌握禽白血病、鸡白痢与伤寒等的检疫方法,阳性鸡的正确处置方法;了解蛋鸡及其产品出入场检疫的方法与内容。

(3)能掌握蛋鸡场消毒的方法,正确使用各种消毒设施设备,实施消毒效果监测(鸡舍空间及表面菌落计数及效果评价方法)。

(4)能掌握蛋鸡场蚊蝇、老鼠驱杀及野鸟控制方法,可开展灭鼠效果的评价。

(5)能了解病死鸡的无害化处理方法,基本掌握病害尸体及污物的处理方法。

(6)在进入蛋鸡场后,能与场内领导、老师积极沟通,按本实习岗位内容开展全部或大部分实习工作,坚持撰写实习日志且实习日志完整、真实,顺利完成实习。

(二)评价依据

(1)实习表现:学生在鸡场兽医岗位实习期间,应遵纪守法,遵守单位的各项管理规定和学校的校纪校规,按照实习内容积极参加并完成大部分工作,表现优良。

(2)实习日志:实习期间,学生应每天对实习内容、实习效果、实习感受或收获等进行真实记录,对实习中的精彩场景、典型案例拍照并编写进实习日志。

(3)能力提升鉴定材料:鸡场在学生结束实习前,可组织鸡场管理、技术等部门专家形成学生实习能力鉴定专家小组,对学生在岗主要实习内容进行现场考核,真实评价其能力提升情况,给出鉴定意见。

(三)评价办法

(1)自评:学生完成实习后,应按要求写出规范的实习总结材料,实事求是地评价自己在思想意识、工作能力方面的提升情况,本岗位实习内容完成的情况。可占总评价分的10%。

(2)小组测评:学生实习小组可按照参评人的实际实习时间、参加实习工作内容多少、工作中表现,以及参评提供材料的情况给予公正的评价。可占总评价分的20%。

(3)实习单位测评:实习单位可依据学生在实习工作中具体表现、能力提升情况,结合本单位指导老师给出的实习意见,给予学生实习效果的评价。可占总评价分的30%。

(4)学校测评:实习期间,每位学生均指派有实习校内指导教师。学生应定期向校内指导教师汇报实习情况,教师应定期对学生实习进行巡查和指导。可按学生提交的实习总结材料、实习单位鉴定意见、实习期间的各种汇报和表现,结合学生自评、小组测评、实习单位测评情况,给出综合评价。可占总评价分的40%。

# 第九章

# 现代规模化种鸡场兽医岗位实习与实训

### 问题导入

"国以农为本,农以种为先。"种业是国家战略性、基础性核心产业。优良种鸡是养鸡业的"芯片",是行业发展最活跃、最重要的生产要素。种鸡生产在行业中也一直处于较高水平,对人才的专业技术和素质要求也较高。学生在开展实习前,应提前了解其兽医岗位的工作内容和对相关知识的要求,将有助于在实习工作中更好地开展工作,积累相应的种鸡场兽医工作经验,保障实习实训的效果和质量。

### 实习目的

1. 掌握种鸡场鸡群重点疫病的免疫方法和程序、鸡场检疫和疫病净化的方法和内容、鸡场消毒方法。
2. 学习重点疫病免疫效果监测方法。
3. 了解和熟悉种鸡场兽医岗位实习工作内容,初步培养学生在种鸡场从事兽医工作的能力。

## 实习流程

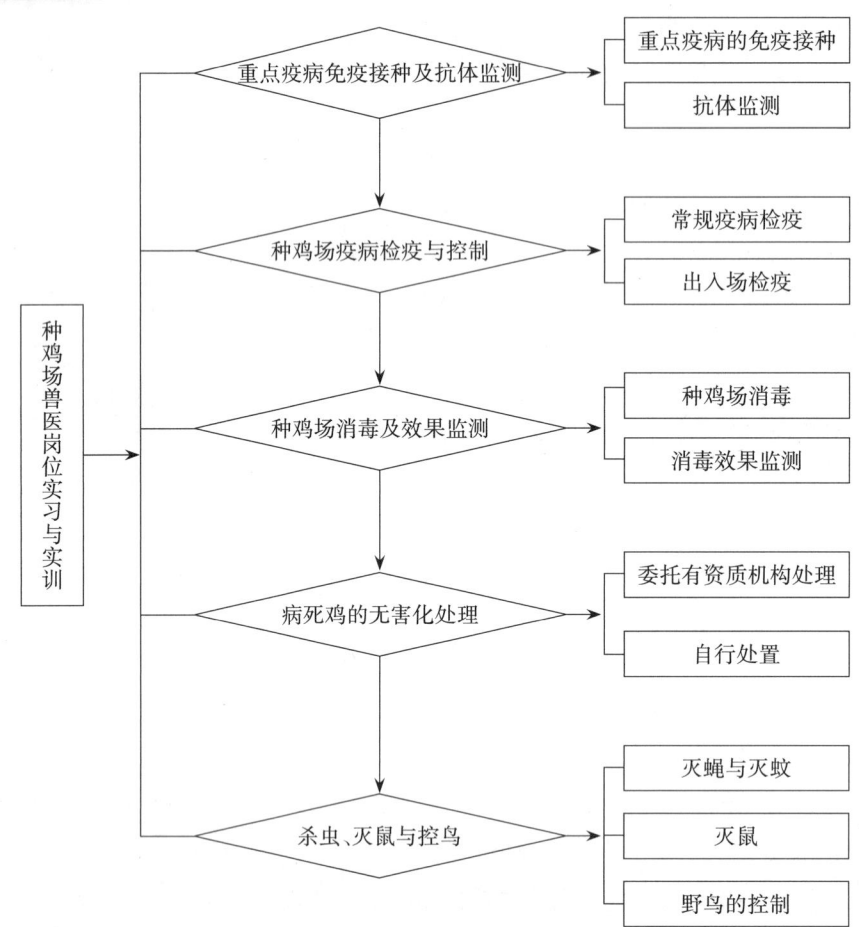

```
                        ┌─→ 重点疫病的免疫接种
         重点疫病免疫接种及抗体监测 ─┤
                        └─→ 抗体监测
                    │
                    ▼
                        ┌─→ 常规疫病检疫
         种鸡场疫病检疫与控制 ─────┤
                        └─→ 出入场检疫
                    │
                    ▼
种鸡场兽医岗位实习与实训         ┌─→ 种鸡场消毒
         种鸡场消毒及效果监测 ────┤
                        └─→ 消毒效果监测
                    │
                    ▼
                        ┌─→ 委托有资质机构处理
         病死鸡的无害化处理 ──────┤
                        └─→ 自行处置
                    │
                    ▼
                        ┌─→ 灭蝇与灭蚊
         杀虫、灭鼠与控鸟 ───────┼─→ 灭鼠
                        └─→ 野鸟的控制
```

# 第一节 种鸡场重点疫病的免疫接种及抗体监测

## 一、种鸡场重点疫病的免疫接种

### (一)免疫接种疫苗及程序

种鸡场应根据自身常在疫情、地区性疫病流行情况、鸡群健康状态等,制定切实有效的免疫程序,并在饲养中严格执行免疫接种。但须注意,任何一个免疫程序都不可能应付生产中的所有情况。种鸡场每一世代饲养完毕后,兽医人员应及时对免疫效果进行总结,并根据本场实际情况对免疫程序作适当的修订,以使免疫程序更适合鸡场的现状,达到较好的免疫效果。表9-1、表9-2为种鸡主要疫病免疫参考程序。

表9-1 种鸡主要疫病免疫参考程序(一)

| 免疫时间 | 疫苗名称 | 免疫途径 | 剂量 |
| --- | --- | --- | --- |
| 1日龄 | 马立克氏病疫苗 | 皮下注射 | 0.20 mL/羽 |
| 1日龄 | 传染性支气管炎疫苗 | 点眼 | 1羽份 |
| 3日龄 | 鸡球虫病疫苗 | 喷料 | 1羽份 |
| 7日龄 | 新城疫疫苗 | 点眼 | 1羽份 |
| 10日龄 | 禽流感疫苗 | 皮下注射 | 0.20 mL/羽 |
| 14日龄 | 传染性法氏囊病疫苗 | 滴口 | 1羽份 |
| 21日龄 | 传染性法氏囊病疫苗 | 滴口 | 1羽份 |
| 24日龄 | 新城疫灭活苗 | 皮下注射 | 0.20 mL/羽 |
| 24日龄 | 新城疫-传染性支气管炎二联苗 | 点眼 | 1羽份 |
| 5周龄 | 鸡痘疫苗 | 刺种 | 1羽份 |
| 7周龄 | 传染性支气管炎疫苗 | 点眼 | 1羽份 |
| 10周龄 | 新城疫灭活苗 | 肌内注射 | 0.25 mL/羽 |
| 10周龄 | 新城疫疫苗 | 点眼 | 1羽份 |
| 12周龄 | 鸡痘-传染性脑脊髓炎疫苗 | 刺种 | 1羽份 |
| 13周龄 | 减蛋综合征疫苗 | 肌内注射 | 0.50 mL/羽 |
| 16周龄 | 新城疫-传染性支气管炎-传染性法氏囊病三联疫苗 | 肌内注射 | 0.50 mL/羽 |

续表

| 免疫时间 | 疫苗名称 | 免疫途径 | 剂量 |
|---|---|---|---|
| 16周龄 | 禽流感疫苗 | 肌内注射 | 0.50 mL/羽 |
| 16周龄 | 新城疫-传染性支气管炎二联苗 | 饮水 | 1羽份 |
| 产蛋期每隔10周进行一次新城疫-传染性支气管炎二联苗饮水免疫 ||||

表9-2 种鸡主要疫病免疫参考程序(二)

| 免疫时间 | 疫苗名称 | 免疫途径 | 剂量 |
|---|---|---|---|
| 1日龄 | 马立克氏病疫苗 | 皮下注射 | 0.2 mL/羽 |
| 1日龄 | 禽流感二联苗 | 皮下注射 | 0.2 mL/羽 |
| 1日龄 | 新城疫-传染性支气管炎二联苗 | 点眼/喷雾 | 1羽份 |
| 3日龄 | 鸡球虫病疫苗 | 喷料/饮水 | 1羽份 |
| 10日龄 | 禽流感疫苗 | 皮下注射 | 0.2 mL/羽 |
| 14日龄 | 传染性法氏囊病弱毒苗 | 饮水 | 2羽份 |
| 16~18日龄 | 新城疫油苗 | 皮下注射 | 0.2 mL/羽 |
| 16~18日龄 | 新城疫-传染性支气管炎二联苗 | 点眼 | 1羽份 |
| 21日龄 | 传染性法氏囊病弱毒苗 | 饮水 | 2羽份 |
| 3~5周龄 | 鸡痘疫苗 | 刺种 | 1羽份 |
| 6周龄 | 传染性喉气管炎疫苗 | 点眼 | 1羽份 |
| 8~10周龄 | 新城疫油苗 | 注射 | 0.4 mL/羽 |
| 8~10周龄 | 新城疫-传染性支气管炎二联苗 | 饮水 | 2羽份 |
| 9~10周龄 | 禽流感疫苗 | 肌内注射 | 0.4 mL/羽 |
| 11~13周龄 | 鸡痘-脑脊髓炎疫苗 | 刺种 | 1羽份 |
| 12~13周龄 | 减蛋综合征疫苗 | 肌内注射 | 0.5 mL/羽 |
| 14~16周龄 | 新城疫-传染性支气管炎-传染性法氏囊病三联疫苗 | 肌内注射 | 0.5 mL/羽 |
| 14~17周龄 | 禽流感疫苗 | 肌内注射 | 0.5 mL/羽 |
| 18周龄 | 新城疫-传染性支气管炎二联苗 | 饮水 | 2羽份 |
| 产蛋期每隔8周进行一次新城疫-传染性支气管炎二联苗饮水免疫 ||||

## （二）疫苗免疫接种要点及注意事项

种鸡场疫苗免疫接种方法有饮水免疫、滴鼻点眼接种、注射接种、气雾接种、刺种接种等，具体操作方法参见第七章。

**1. 疫苗免疫接种注意事项**

（1）使用前认真阅读产品说明书，尤其是注意事项和疫苗生产商所推荐的使用方法。接种前对疫苗质量进行检查，发现无标签、无头份和有效期或标识不清者，疫苗瓶破裂或瓶塞松动者，生物制品质量与说明书不符如色泽、沉淀发生变化，瓶内有异物或已发霉者，过了有效期者，未按产品说明和规定进行保存者均应弃之不用。过期或失效的疫苗不能使用，更不能增加剂量来弥补。

（2）免疫时记录批号、有效期、接种日期、接种方法、接种剂量等。

（3）工作人员要做好自身防护，穿戴工作服、胶靴、口罩等。工作前后要洗手。针具在使用前应彻底清洗和消毒，使用中应时常校对其剂量，避免遗漏。接种工作结束后，应将疫苗瓶进行加热消毒处理。

（4）免疫的前后几天，要停用对疫苗有影响的药物，同时，在饮用水中添加适量的电解多维以缓解鸡群的应激反应。

**2. 养殖档案的登记**

免疫记录是养殖档案中的重要内容，每次接种工作完成后，鸡场兽医应及时做好免疫接种记录。详细记载接种日期，鸡群的品种、日龄、数量，所用疫苗的名称、厂家、生产批号、有效期、接种方法、免疫剂量及操作人员等，以备日后查询。

## 二、疫苗免疫抗体监测

当前预防种鸡疫病的有效办法是疫苗免疫，而抗体监测是检验疫苗免疫效果的主要途径之一，并且对疫病的防治和免疫方案的调整有着重要的指导作用，关乎养鸡业的健康发展和下游鸡肉、蛋品的食品安全问题。当前鸡场免疫时普遍采取的方法是对整个鸡群进行疫苗接种，但在实际的防控中，由于个体、环境、操作等因素，导致鸡只个体免疫失败，鸡群整体免疫效果降低的情况时有发生。因此进行抗体的定期监测能尽可能广泛地了解鸡群的免疫后效果，及时地发现问题，解决问题，从而有效发挥疫苗免疫的作用。（具体方法可参见第七章）

## 第二节 种鸡场疫病检疫与控制

种鸡群是提供种蛋、繁殖苗鸡的基础群体，种鸡群的健康与否，直接关系到后代苗鸡的健康成长。因此，种鸡场的疫病净化工作十分重要。种鸡场应积极做好禽流感、新城疫的疫苗接种和抗体监测工作，确保鸡群达到免疫净化要求；同时，对禽白血病、鸡白痢和鸡伤寒及《跨省调运种禽产地检疫规程》中要求检疫的禽网状内皮组织增殖症等可以垂直传播却缺乏有效疫苗的疫病，应加强日常监测，采取检疫淘汰的方法开展非免疫净化，才能更好地保障鸡群健康和养鸡业的正常发展。

### 一、常规疫病检疫

**(一) 禽白血病的监测与控制**

在开展检测之前，对临床出现脚爪干瘦、关节肿大或脚底流血不止的疑似病鸡，要及时予以淘汰，并进行无害化处理。

**1. 1日龄雏鸡胎粪检测**

出壳前，将每只种鸡的种蛋置于同一出壳袋中。出壳后，逐只采集1日龄雏鸡胎粪，采用ELISA的方法检测禽白血病病毒p27抗原（具体方法可参照第八章相关内容）。每采集完一只母鸡所产雏鸡的胎粪后，更换一次手套。同一只母鸡所产雏鸡中，只要有一只阳性就淘汰同袋中的其他雏鸡，同时淘汰相应种母鸡。

**2. 6~10周龄育成鸡检测**

6~10周龄育成鸡按育种规程选择出后备鸡，逐只采集抗凝血。将所采血样置于灭菌离心管中，1 500 r/min离心3 min，取100 μL血浆接种24孔细胞板上处于对数生长期的DF-1细胞，37 ℃、5% $CO_2$培养箱作用2 h后，用灭菌PBS润洗一遍，加入含1%胎牛血清的DMEM培养基维持培养7~9 d，收集细胞上清液，用ELISA方法逐孔检测禽白血病病毒p27抗原，淘汰阳性鸡。同一饲养笼中鸡只，只要有一只阳性就全部淘汰。

**3. 18~20周龄开产初期检测**

取母鸡初生蛋3个，分离蛋清，公鸡采集精液或泄殖腔棉拭子，分别用ELISA方法检测禽白血病病毒p27抗原，淘汰阳性鸡。

**4. 留种继代前（43~55周龄）检测**

取2~3个种蛋，对蛋清做禽白血病病毒p27抗原检测，公鸡可采集精液检测禽白血病病毒p27抗原，淘汰阳性鸡。逐只采集血液，分离血清，ELISA检测A/B、J抗体，淘汰阳性鸡；同时采集抗凝血，分离血浆，接种DF-1细胞分离病毒，培养9 d后用ELISA方法逐孔检测禽白血病病毒p27抗原，淘汰阳性鸡，然后组建家系，收集种蛋入孵。

**5. 第2～5世代鸡的检测与淘汰**

对经上述检测组建家系后的种鸡,收集种蛋入孵,出壳的雏鸡,作为净化后第二世代鸡,按上述要求进行第2～5世代种鸡禽白血病病毒p27抗原的检测和净化,直至达到净化标准。再由普遍性检测,转为每3个月进行一次抽检,抽检比例根据被检鸡群大小而定,5 000只以上的鸡群按5%比例抽检,5 000只以下鸡群按10%比例抽检。

**(二)鸡白痢和鸡伤寒的监测与控制**

在开展血清学检测之前,对有鸡白痢、鸡伤寒和副伤寒临床表现的病鸡或疑似病鸡予以淘汰处理。

**1. 本底监测**

(1)血清学监测。

在鸡群不同年龄段,45日龄、154日龄、300日龄、400日龄,分别采集血清样品,进行平板凝集试验或ELISA(具体方法可参照第八章相关内容)。按预期流行率1%,置信度95%,根据下列公式计算抽样数量:

$$n=\left[1-(1-CL)^{\frac{1}{D}}\right]\times\left(N-\frac{D-1}{2}\right)$$

式中:

$n$——抽样数量;

$CL$——置信水平;

$D$——群体中预估的最小发病动物数,即$N\times$最小预期流行率;

$N$——群体中的动物总数。

(2)病原学监测。

对鸡群18～21 d胚龄种蛋采集弱胚和死胚,出雏鸡采集弱雏,育成初期以及开产前鸡采集泄殖腔拭子,进行鸡白痢和鸡伤寒沙门菌分离鉴定。按预期流行率1%,置信度95%,通过上述公式计算抽样数量。

同时在环境中采集鸡舍内饮用水、饲料、粪污、污垢、粉尘,鸡舍湿帘和风机口粪污、污垢,运输车辆粪污、污垢等,进行鸡白痢和鸡伤寒沙门菌分离鉴定。按种鸡群的规模大小和净化的不同阶段等决定不同类型环境样品的采集数量。

(3)本底监测结果的处置。

如果鸡群本底监测血清学和病原学均为阴性,则按上述方法定期监测。

如果本底监测有血清学和/或病原学阳性,则予以淘汰处理。

**2. 垂直传播的监测控制**

(1)对育成初期鸡(6～8周龄)检测时按照10%比例无菌采集泄殖腔拭子,进行鸡白痢和鸡伤寒沙门菌分离鉴定。种母鸡于开产前(18～24周龄)、留种前(40～45周龄)无菌采集血清,进行平板凝集试验或ELISA,也可无菌采集泄殖腔拭子,进行病原学检测。种公鸡在人工授精前,无菌采集血清,进行血清学检测,对抗体检测为阴性的种公鸡无菌采集精液,进行病原学检测。每次检测出的所有阳性鸡和同笼鸡均淘汰,阴性鸡转移至用具、环境检测合格的新消毒鸡舍,种公/母鸡单鸡单笼隔离饲养。

(2)种蛋的选留和孵化。

选用阴性公鸡的精液给阴性母鸡进行人工授精。按育种规定时间留足种蛋,种蛋随时收集,并立即熏蒸消毒,每只母鸡的种蛋均标号。18胚龄落盘时将每只母鸡的种蛋置于写有该母鸡标号的专用孵化纸袋(纸盒)中,防止不同母鸡的种蛋直接接触,置于出雏箱中出雏。

每个孵化纸袋内为源自同只母鸡和公鸡的雏鸡,出雏后采集胎粪于同一50 mL离心管内,采集1 g胎粪,混匀后用9 mL缓冲蛋白胨水(缓冲蛋白胨水的配制:称量蛋白胨10.0 g、氯化钠5.0 g、十二水磷酸氢二钠9.0 g、磷酸二氢钾1.5 g,将各成分加热溶解于1 000 mL水中,119~123 ℃高压灭菌15 min,冷却后4 ℃保存备用)稀释,进行鸡白痢和鸡伤寒沙门菌分离鉴定。死亡鸡胚也需无菌取出脏器并匀浆,进行鸡白痢和鸡伤寒沙门菌分离鉴定。病原鉴定完成前,进行小群饲养。若胎粪或死亡鸡胚检测为阳性,则同一孵化袋(盒)雏鸡均淘汰;其对应的种母鸡和种公鸡隔离饲养,再次经血清学和病原学检测,淘汰阳性种鸡。

(3)不同世代的持续监测控制。

经检测合格的种蛋孵出的雏鸡作为第二世代鸡,继续按照上述方法实施第二世代的定期检测淘汰,后续世代按此程序继续循环进行,以达到该病的控制目标。使祖代以上种鸡场检测阳性率低于0.2%,父母代场检测阳性率低于0.5%。之后每3个月根据实际存栏数的3%~5%抽检一次。

**(三)禽网状内皮组织增殖症的监测与控制**

**1.禽网状内皮组织增殖症的临诊表现**

禽网状内皮组织增殖症病毒既可水平感染,也可通过鸡胚垂直感染。当病毒感染雏鸡后,可在一部分鸡中引起无特殊临床表现的生长迟缓和免疫抑制。剖检时可见法氏囊和胸腺不同程度萎缩,并导致对某些疫苗(如新城疫疫苗)免疫反应的显著下降。其引起的肿瘤既可见于6月龄以上的成年鸡,也可见于2~3月龄鸡。既可引发网状细胞或其他非淋巴细胞类细胞的肿瘤,也可诱发淋巴细胞肿瘤(T淋巴细胞肿瘤或B淋巴细胞肿瘤)。部分个体在感染后可呈现持续性的病毒血症,并不一定表现临床症状,往往需要经病原学或血清学鉴定诊断。

**2.血清特异性抗体的检测**

(1)样品的采集。

采集不同年龄鸡全血置于1.5 mL微量离心管中,在室温下放置20 min,待血液自然凝固后,在台式离心机中以10 000 r/min离心5 min。吸取血清,置于另一离心管中,于-20 ℃冰箱中冻存备用。

(2)抗体的检测方法。

可采用禽网状内皮组织增殖症病毒抗体检测ELISA试剂盒,严格按试剂盒说明书操作。

**3. 阳性鸡的处理**

由于禽网状内皮组织增殖症目前还没有有效的疫苗进行防控,只能采取检测+淘汰的方式净化该病。

**(四)禽败血支原体病的监测与控制**

**1. 禽败血支原体病的检疫要点**

禽败血支原体病是近年来国内种禽场多发的垂直传播性疾病。检疫时,一是依据其流行特点。各年龄、品种、性别的鸡皆可发病,以3~8周龄最为易感,特别是在冬春季节多发。二是依据其临床表现。潜伏期1~3周不等,单独感染后一般不出现明显的临床症状,或仅有轻微的前驱症状,但一旦与其他病原协同感染或有其他致病因子存在时,即可表现出典型的呼吸道症状,损伤程度也会加剧,病程延长。自然感染中最常见的临床症状是呼吸道症状,包括咳嗽、鼻炎、打喷嚏、呼吸啰音以及张口呼吸等。严重时眼睑闭合,鼻分泌物多,经常摆头,出现轻度结膜炎,眼中伴有泡沫状分泌物,可成为病情恶化的前驱症状。跗关节肿胀,跛行。产蛋率和生长率降低,此现象在复合感染中更明显。三是依据其病理变化。最常见的病变在呼吸道,其次是输卵管,再其次是跗关节。感染发生时,表现为轻度鼻炎和眼窝眶下窦炎,黏膜肥厚和黏液滞留,炎症进一步发展则波及气管、肺和气囊;在鼻腔和眶下窦中有黄白色奶油样或干酪样渗出物,黏膜潮红肿胀,黏液增多;气囊肥厚,有黄白色纤维素样渗出物附着;肺内有时可见灰白色或淡红色细小实变病灶。

**2. 禽败血支原体病的实验室诊断**

(1)病原分离培养。

无菌采集鸡鼻腔、口咽部、眼部、食管、气管、泄殖腔和交合器拭子。死鸡从鼻腔、眶下窦、气管或气囊处采样,也可吸取眶下窦和关节渗出物或结膜囊内冲洗物。鸡胚从卵黄囊内表面、口咽和气囊处采样。置于禽败血支原体液体培养基中,用力搅拌数次。将样品0.2 mL接种于1.8 mL液体培养基中,依次10倍稀释至$10^{-3}$,密封,37 ℃培养。同时将样品接种于禽败血支原体固体培养基中,置于含5%~10%$CO_2$的培养箱中培养。每天检查液体培养基酸碱度,一旦发现pH值变化,立即接种于固体培养基中培养。若培养基酸碱度没有变化,每隔3~5 d盲传一代,共传3代,培养10 d后接种于固体培养基上培养。若有菌落生长,用低倍显微镜观察,若见中央突起呈荷包蛋样典型菌落,可初步判断为禽败血支原体,菌落形态不典型时,需进一步做血清学鉴定。其生化特征为可发酵葡萄糖,但不能水解精氨酸。

禽败血支原体液体培养基:PPLO肉汤700 mL,猪血清(灭活)150 mL,25%酵母浸出液100 mL,10%葡萄糖溶液10 mL,5%醋酸铊10 mL,青霉素G 100万IU,0.1%酚红20 mL。PPLO肉汤于121 ℃高压蒸汽灭菌20 min,4 ℃保存备用,其他成分用前过滤除菌,用前调pH值至7.6~7.8。

禽败血支原体固体培养基：向PPLO肉汤（灭菌前）中加入1.2%的琼脂，其他成分同液体培养基，用前调pH值至7.6～7.8。

（2）血清学鉴定。

①血清凝集试验：采集鸡的血清样品，4 ℃保存，于72 h内在室温下进行试验。在干燥洁净的白瓷反应板或载玻片上滴加一滴（20 μL）待检血清，另设阳性血清和阴性血清对照，滴加等量的染色抗原在待检血清上，转动反应板使血清与抗原混合均匀。待检血清在2 min内发生凝集反应的则判为阳性。

②免疫胶体金检测方法：采集鸡的血清样品，取5 μL待检血清于酶标板孔内，用8%生理盐水稀释至100 μL；或者将血清样品用8%生理盐水稀释20倍后，取100 μL置于酶标板孔内。取禽败血支原体免疫胶体金试剂盒，室温平衡20 min，打开包装袋，取出试纸条，将试纸条的样品端浸入制备好的样品中，10 min内判定结果。当阳性对照血清试纸条出现肉眼可见的紫红色质控线和检测线，阴性对照血清试纸条出现肉眼可见的紫红色质控线而没有出现肉眼可见的紫红色检测线，表明试验成立；否则，应重新试验，如仍不产生质控线，表明试纸条失效，应废弃。试样试纸条出现肉眼可见的紫红色质控线，同时也出现肉眼可见的紫红色检测线，结果判定为阳性，记为"+"；如试纸条只出现质控线，而没有出现检测线，则结果判定为阴性，记为"-"。检测线颜色越深说明被检血清抗体水平越高。

③血凝抑制试验。

血凝试验：于V型微量血凝板的每孔中滴加PBS稀释液各50 μL，共加四排。吸取禽败血支原体抗原滴加于第一列孔，每孔50 μL，然后由左至右顺序倍比稀释至第11列孔，再从第11列孔各吸取50 μL弃之。最后一列不加抗原作对照。于上述各孔中加入0.5%红细胞悬液50 μL。置微型振荡器上振荡1 min，或手持血凝板绕圆圈混匀。放室温下（18～25 ℃）50 min，根据血凝图像判定结果。以出现完全凝集的抗原最大稀释度为该抗原的血凝滴度。每次四排重复，以几何均值表示结果。根据最终血凝滴度，含4个HA单位的即为抗原稀释倍数。

血凝抑制试验：每一被检血清需要一列八孔，向微量血凝板每列第1孔中加入50 μL PBS。向每一列第2孔加入50 μL 8个HA单位的抗原，向每一列第3孔至第8孔各加入50 μL 4个HA单位的抗原。取50 μL已经制备好的1∶5稀释的被检血清加入第1孔中，混匀后吸50 μL到第2孔，依次倍比稀释至第8孔，从最后一孔中移取50 μL弃去。第1孔为血清对照孔。每次测定都须同时设定标准阳性血清和阴性血清作对照。抗原对照需要做六孔，向第二孔至第六孔各加入50 μL PBS，向第一孔和第二孔中各加入50 μL 8个HA单位的抗原，混匀，取第二孔中的内容物50 μL转移到第三孔，依次稀释至第六孔，从最后一孔中移取50 μL弃去。红细胞对照需做两孔平行，向每一孔中加入50 μL PBS。向上述每一孔中加入50 μL 0.5%鸡红细胞悬液，振荡混合后，室温下静置约50 min，判定结果，或者当抗原滴度为4个HA单位时进行判读。判读结果时，应将血凝板倾斜，只有那些与红细胞对照孔中的鸡红细胞悬液以相同的速率流动的，才被认为是血凝被完全抑制。

④ELISA：可根据市售的禽败血支原体病ELISA诊断试剂盒产品说明书进行实际检测操作。

(3) 禽败血支原体病的检测结果判定。

可依靠流行病学、宿主临床症状及病理剖检结果，初步判定禽败血支原体感染。而最终确诊依赖于病原分离培养、生化鉴定、病原学或血清学鉴定，病原学鉴定包括间接免疫荧光法、PCR鉴定等，血清学鉴定包括快速血清凝集试验、血凝抑制试验、ELISA等。

## 二、出入场检疫

### (一) 出场检疫

**1. 检疫申报**

种鸡、种蛋在出场前15 d，鸡场兽医人员应向当地动物卫生监督机构进行检疫申报，如目的地为无高致病性禽流感区和无新城疫区，还应当向输入地省级动物卫生监督机构申报检疫，填写、提交"动物检疫申报单"。如跨省（自治区、直辖市）调运，还应提前30～60 d向输入地省级动物卫生监督机构提交"跨省引进乳用种用动物检疫审批表"。如售种鸡、种蛋，还须同时申领"种畜禽合格证"。

**2. 协助检疫**

动物卫生监督机构接到检疫申报并受理后，会安排官方兽医到场或到指定地点实施检疫。鸡场兽医人员应协助开展鸡只临床健康状况检查与样本采集工作，并提供本场"动物防疫条件合格证"、"种畜禽生产经营许可证"与所售种鸡/种蛋及其父母代的养殖档案。检疫合格，即可领取动物卫生监督机构出具的"动物检疫合格证明"，并在启运前，通知动物卫生监督机构派人监督对运载工具进行有效消毒。而"种畜禽合格证"办理过程中，需向到场专家提供"动物检疫合格证明"与种鸡系谱资料。

### (二) 入场检疫

**1. 进场审核**

兽医人员在鸡场引种时，应严把入场关，认真验看相关资料。应要求对方出具所售鸡苗/种蛋的"动物检疫合格证明"、"种畜禽合格证"与种鸡系谱资料，进行核对。鸡苗应符合该品种特征，数量一致，全群整齐，为同一批次生产，健康水平应一致。此外，还须了解鸡苗/种蛋及其父母代的疫病免疫净化情况，如该批种蛋父母代的疫病净化方案、效果评估以及免疫抗体检测报告等相关材料。查验有资质实验室出具的高致病性禽流感、新城疫、禽白血病、鸡白痢抽样检测报告。

**2. 隔离检查**

查验合格后，鸡只方可卸车。雏鸡进入"全进全出"的鸡舍进行隔离饲养60 d，按本场免疫程序进行常规免疫。其间随时注意观察鸡群精神状态、粪便情况和其他异常表现，并定期进行实验室检测。对检视不合格的病弱鸡、病原检测阳性鸡和同笼鸡均予淘汰。如果病原检测阳性率超过本场控制标准,应按本场监测控制方法与程序进行净化,直到达标后方可调入鸡场。

**3. 种蛋孵出后检疫**

外购种蛋时,在雏鸡孵出前3 d,鸡场兽医应向当地动物卫生监督机构申报检疫,并在官方兽医到场后陪同开展工作。检疫方法主要是对雏鸡进行全批次视检,必要时辅以实验室诊断。观察雏鸡肤色、绒色是否符合品种特征,查看雏鸡的精神、体态、动作等。检疫后将不合格的病弱雏鸡剔除,作无害化处理。若检出重点传染病,按有关规定处理。

# 第三节　种鸡场消毒及效果监测

## 一、种鸡场消毒

种鸡场具有养殖量大、人员及车辆进出频繁等特点,一旦疫病传播,损失往往相当严重。因此,种鸡场要做好消毒工作,有效杀灭病原体,控制微生物的繁殖和传播,为鸡群提供安全的环境,确保鸡场正常生产。

### (一)消毒方法

清扫与冲洗:在使用化学消毒剂消毒前对鸡舍进行粪污、笼具、料槽、蛋槽等的清扫和清洗,以减少舍内的病原微生物量,提高化学消毒剂的消毒效率。

紫外灯消毒:紫外线具有较强的杀菌能力,能够有效地杀灭物体表面的病原微生物。鸡场外来的物品进入鸡舍应在紫外灯下照射30 min。

火焰消毒:火焰消毒适用于鸡场笼具、地面、粪沟等耐火设施,用酒精、汽油、柴油、液化气喷灯火焰喷射进行瞬间灼烧杀菌。

浸泡消毒:使用合适的消毒剂按照一定浓度对物品浸泡消毒。主要适用于器具、工作衣物、手,以及人员入场时鞋的消毒。

熏蒸消毒:熏蒸消毒适用于封闭式的空鸡舍。按照福尔马林28 mL/$m^3$、高锰酸钾14 g/$m^3$配制消毒剂,操作完成后人员撤离出鸡舍,将鸡舍门关严密封,熏蒸24 h后打开通风。

喷雾消毒:喷雾消毒是将消毒剂喷洒于物体表面,从而达到杀灭微生物的目的。主要用于带鸡消毒,以及运输车辆和外来物品的消毒。

## (二)消毒程序

见表9-3。

表9-3 种鸡场消毒程序

| 消毒种类 | 消毒对象 | 消毒措施 |
|---|---|---|
| 环境消毒 | 入口 | ①鸡场大门处设置车辆消毒池和人员消毒通道,供进场车辆和人员消毒。车辆消毒池内置2%氢氧化钠溶液,深度不小于10~15 cm,池里的消毒液根据消毒药品和车辆通过频率等实际情况进行及时更换,不要长期使用同一种消毒剂。同时配置低压消毒器械,对进场车辆的车身、车厢内外和底盘都要进行喷洒消毒,选用对车体涂层和金属部件无损伤的消毒药物,如过氧化物类消毒剂、含氯消毒剂、酚类消毒剂等。车辆先经喷雾消毒,再经消毒池后方可入场。驾驶室内和驾驶员也应进行喷雾消毒。②人员通道里的消毒池,内装脚垫,使用2%氢氧化钠溶液或煤酚皂溶液,每周更换2~3次消毒液。进场人员脚踏消毒垫时间至少15 s,然后照射紫外线,消毒液洗手,更换经紫外线灯照射过的工作服、专用鞋等方可进入。 |
|  | 场区道路 | 用三氯异氰尿酸钠(浓度1:800)或其他氯制剂喷洒消毒,喷雾消毒每周至少2次,要求水泥路面要全部均匀喷湿。大风、大雨过后应对种鸡舍周围彻底消毒1次。污区路面每天用4%氢氧化钠溶液喷洒消毒一次。 |
|  | 排污沟、下水道 | 排污沟、下水道、污水池定期清理干净,用生石灰每周至少消毒1次。 |
| 人员消毒 | 饲养员、鸡舍的工作人员 | ①饲养员进入生产区仍须踏踩消毒垫,照射紫外线或全身喷雾消毒,在外更衣间脱衣,进入淋浴间洗澡,更换场内消毒工作服和鞋、靴后入场。进出鸡舍时,脚踏消毒垫,至少停留1 min,全身、手喷雾消毒,更换舍内专用工作服后进入鸡舍。严禁饲养人员串舍,各鸡舍用具和设备应固定使用。②巡检人员进出不同圈舍,应换穿不同的橡胶长靴,将换下的橡胶长靴洗净后浸泡在消毒槽中,并用1%新洁尔灭洗手消毒。工作服、鞋帽于每天下班后挂在更衣室内,紫外线灯照射消毒。③生产区的配种人员,每次完成工作后,用消毒剂洗手,并用消毒剂浸泡工作服,最后用紫外线照射。 |
|  | 外来人员 | 严禁外来人员进入生产区,经批准后按消毒程序严格消毒方可入内。 |
| 鸡舍消毒 | 空舍 | 清理拆卸及搬出舍内可移动设备,清除鸡粪。用高压水枪对地面、墙壁、房顶和设备进行彻底冲洗。洗净后的鸡舍,自然干燥12 h以上。第一次消毒,用1:400的高沸点煤焦油酸与有机酸复方消毒剂(农福)喷洒消毒,然后开启风机尽快使鸡舍干燥;对地面缝隙进行石灰及氢氧化钠涂抹。除鸡舍外的其他房间,用泡沫型消毒剂彻底消毒一次。第二次消毒,待鸡舍安装设备后,对墙壁、角铁、地面和棚架等位置用火焰进行消毒。第三次消毒,进鸡前半个月所有物品、垫料入舍,密封鸡舍,用甲醛和高锰酸钾熏蒸,24 h以后,开窗通风1~2周;鸡舍外墙和屋顶用20%石灰水消毒。 |
|  | 器具环境 | 每天清扫鸡舍2次,地面保持清洁干燥,定期进行消毒。笼具、料槽、水槽等定时擦洗,保持用具干净。进雏或转群前对鸡舍及用具要彻底清洗消毒。定期清除水箱、水管内的污物,加入酸性消毒剂浸泡,时间不低于12 h,浸泡后用清水冲洗干净。 |

续表

| 消毒种类 | 消毒对象 | 消毒措施 |
|---|---|---|
| 鸡舍消毒 | 带鸡消毒 | 选择刺激性小、无腐蚀性、无毒性消毒剂,以氯制剂、双链季铵盐、戊二醛等为宜,每周轮换使用。通常在中午进行。育雏期每周2次,育成、产蛋期每周1次,周围有疫情时每天1次。活苗免疫时,前24 h至后48 h内避免带鸡消毒。喷雾时关闭门窗、风机,消毒后10～30 min打开(炎热天气可适当缩短)。雾粒直径大小应控制在80～120 μm之间。喷雾量按15～30 mL/m³。冬季应先提高舍温3～4 ℃,消毒液适当加温。 |
| 器具消毒 |  | 蛋盘、蛋箱、孵化器、运雏箱等可用0.1%新洁尔灭或0.2%～0.5%过氧乙酸消毒后熏蒸消毒30 min以上。种蛋每次应用消毒过的蛋托和蛋箱或者一次性蛋托或蛋箱运送到孵化区,运送前都要对运输工具进行清洗和消毒;初孵雏鸡每次应用消毒过的雏鸡盒或者一次性雏鸡盒运送,运送前也要对运输工具进行清洗和消毒。<br>孵化器、出孵器等孵化器具在使用前,宜用0.1%的新洁尔灭溶液擦拭,然后以高锰酸钾熏蒸消毒20～30 min后,开机换气。用后应及时清洗,并将孵化器具装入消毒设备内,使用高锰酸钾熏蒸消毒3 h(最好过夜),待孵化器与出孵器上的熏蒸剂残留消除后,方可再次使用。 |
| 种蛋消毒 | 集蛋后 | 一般对刚收集的种蛋采用臭氧消毒,在消毒间或蛋库将种蛋码好后,开启臭氧消毒机,根据消毒间大小调整消毒的时间,消毒结束后通风10 min即可;也可将选好的种蛋放入熏蒸柜内,按每立方米用30 mL福尔马林和15 g高锰酸钾的量,密闭熏蒸20～30 min,然后打开柜门自然通风。送入蛋库贮存。 |
| 种蛋消毒 | 入孵前 | 对入孵前的种蛋可采用喷雾法或浸泡法,用0.02%的新洁尔灭水溶液喷洒蛋表面或浸泡0.5～1 min。 |
| 种蛋消毒 | 出壳前 | 种蛋送入孵化器12 h内,并且保证温度和湿度在正常工作水平内,可使用高锰酸钾熏蒸消毒。消毒时,关闭入孵器的门和通风口,开启风扇。熏蒸20 min后,打开通风口,排出气体。已孵化24～96 h的种蛋不能进行熏蒸消毒。<br>孵化18 d的种蛋从入孵器转移到出孵器后,在10%的雏鸡开始啄壳前应进行熏蒸消毒。保证出孵器的温度和湿度在正常工作状态,使用高锰酸钾熏蒸消毒。消毒时,关闭通风口,开启风扇,熏蒸20 min后,打开通风口;再将盛有150 mL福尔马林的容器放入出孵器内,自然挥发消毒,在出孵前6 h将其移出。 |
| 疫源地消毒 |  | 在发生疫情的鸡舍,10%的癸甲溴铵以1:150比例稀释,喷雾量30 mL/m³,一周2次带鸡消毒;2%戊二醛以1:100比例稀释,喷雾量30 mL/m³,一周3次带鸡消毒。每次带鸡消毒时应关闭门窗和风机,消毒30 min后再打开。 |
| 其他 | 进场物品消毒 | 进入场区的所有物品,根据物品特点选择适当形式进行消毒。如紫外灯照射,甲醛熏蒸,消毒液喷雾、浸泡或擦拭等。紫外线照射时间不低于1 h,熏蒸时间不低于30 min,不适宜用紫外线或甲醛消毒的物品用0.3%过氧乙酸溶液喷洒消毒。 |
| 其他 | 污水消毒 | 每升污水用2～5 g漂白粉消毒。 |
| 其他 | 粪便消毒 | 稀便注入发酵池或沼气池,干粪堆积发酵。 |
| 其他 | 病死鸡消毒 | 按规定进行无害化处理。 |

### (三)常用消毒剂

(1)季铵盐类消毒剂:包括新洁尔灭、苯扎溴铵、癸甲溴铵等,这类消毒剂可有效杀灭细菌、有囊膜病毒和一些真菌。无毒性、无刺激性、气味小、无腐蚀性、性质稳定。常用于带鸡喷雾消毒,也用于鸡舍用具、水槽、食槽及饮用水消毒。

(2)卤素类消毒剂:包括漂白粉、84消毒液、二氯异氰尿酸钠、氯胺、三氯异氰尿酸钠、碘酒、碘伏、碘酊等,这类消毒剂对细菌、病毒和真菌的杀灭效果较好,但对芽孢的杀灭效果较差。主要用于鸡体、车辆、鸡舍环境消毒。

(3)过氧化剂类消毒剂:包括过氧化氢、过氧乙酸、二氧化氯和臭氧、高锰酸钾等。广谱、高效、无残留、具强氧化性,能杀灭细菌、真菌、病毒等。其中,高锰酸钾主要用于鸡舍用具熏蒸消毒或鸡饮用水消毒;过氧乙酸用于鸡体、鸡舍地面和用具消毒,也可用于密闭鸡舍、用具和种蛋的熏蒸消毒。

(4)醛类消毒剂:包括甲醛、戊二醛等,这类消毒剂对细菌、病毒、真菌和芽孢都具有高效力的杀灭作用。其中,福尔马林(40%甲醛溶液)主要用于鸡舍、用具、种蛋等的熏蒸消毒,戊二醛主要用于带鸡喷雾消毒。

(5)酚类消毒剂:包括苯酚、甲酚、来苏儿、复合酚、农福等,性质稳定,较低温时仍有效,常用于空舍、场地、车辆及排泄物的消毒。

(6)碱类消毒剂:包括氢氧化钠、生石灰等,对病毒、细菌的杀灭作用较强,高浓度溶液可杀灭芽孢,但有一定的刺激性及腐蚀性。适用于墙面、地面通道、消毒池、贮粪场、污水池等的消毒。

(7)醇类消毒剂:包括乙醇和异丙醇等,属于中效消毒剂,可杀灭细菌繁殖体,破坏多数亲脂性病毒。其中,乙醇常用浓度为75%,用于皮肤、工具、设备、容器的消毒。

(8)酸类消毒剂:包括醋酸、硼酸、乳酸等。毒性较低,但杀菌力弱,常以熏蒸方式用于空气的消毒。

种鸡场常用带鸡消毒用消毒剂见下表。

表9-4 种鸡场常用带鸡消毒用消毒剂

| 成分(商品名) | 使用浓度 | 使用方法 | 使用剂量 | 间隔时间 | 适用季节 |
|---|---|---|---|---|---|
| 癸甲溴铵(百毒杀) | 667 mg/L | 喷雾 | 30 mL/m³ | 78 h | 夏季 |
| 戊二醛(新大卫) | 100 mg/L | 喷雾 | 30 mL/m³ | 72 h | 夏季 |
| 碘(碘伏) | 25 mg/L | 喷雾 | 30 mL/m³ | 66 h | 夏季 |
| 癸甲溴铵(百毒杀) | 333 mg/L | 喷雾 | 18 mL/m³ | 66 h | 冬季 |
| 戊二醛(新大卫) | 100 mg/L | 喷雾 | 18 mL/m³ | 48 h | 冬季 |
| 次氯酸 | 150 mg/L | 喷雾 | 18 mL/m³ | 60 h | 冬季 |

## 二、消毒效果监测

### (一)鸡舍监测方法

鸡舍物品表面检查:在消毒物品相邻部位划出2个10 cm²范围,消毒前后分别以无菌棉签采样,接种于培养基后培养24~48 h观察结果。

鸡排泄物检查:消毒前后各取0.2 mL排泄物的稀释液接种肉汤管,37 ℃培养24 h后再取样转种相应的培养基,24~48 h后观察结果。

鸡舍空气总菌数检测:使用多级撞击式安德森空气微生物采样器采集空气中的微生物,在鸡舍内选取中央料线长度的中点,以及对角线上与另两条料线相交的4点共5点作为测试点。采样点距地面60 cm,使用安德森空气微生物采样器采样1 min,采样器配置标准的9 cm直径的普通营养琼脂培养基;将采样后的培养板放入37 ℃培养箱中培养24~48 h。记录培养板上的细菌菌落。按公式计算菌落总数:$C=50\,000N/AT$。公式中,$C$为每立方米菌落总数($CFU/m^3$);$N$为每皿菌落数(个);$A$为培养皿面积($cm^2$);$T$为采样时间(min)。

结果判定:常用总菌数降低的百分率来评价消毒的效果,消毒后总菌落数下降80%以上为效果良好,降低70%为较好,减少60%为一般,减少60%以下为不合格。

### (二)孵化阶段细菌控制标准

对于孵化器、孵化间过道、储蛋室、出雏器、出雏室过道、放雏室,将营养琼脂平板放置于采样部位暴露15 min,培养24 h,菌落总数应少于50个。

入场种蛋在熏蒸消毒前后,用无菌棉拭子涂抹30 s,培养24 h,菌落总数应少于$1.0×10^3$个/cm²。

出雏前,在出雏器内任意地方无菌采集相当于一个鸡蛋体积的绒毛,置于灭菌包装袋内,并带回实验室。称取0.5 g绒毛放入100 mL灭菌三角瓶中,加入50 mL的灭菌盐水充分摇动,使绒毛湿润但不要粘到三角瓶壁上。使混合物静置30 min。用灭菌1 mL吸管,分别吸取三角瓶中混合液0.1 mL和1 mL,各加到灭菌平皿中,而后倒入45~50 ℃的营养琼脂充分混合,待凝固后放入37 ℃温箱中培养24 h。

针对100倍和1 000倍两个稀释度分别记录其菌落数,然后各乘其稀释倍数,再取两个稀释度平均值的对数,即为每台孵化器绒毛的得分。

绒毛的检测标准见下表:

表9-5 熏蒸后绒毛的检测标准

| 级别 | 细菌数 |
| --- | --- |
| 优 | <25 000 |
| 良 | 25 000~49 999 |
| 中 | 50 000~99 999 |
| 差 | ≥100 000 |

### (三)种蛋表面微生物检查

为了保证雏鸡的质量,通常需要对种蛋进行熏蒸消毒,取样检测合格后,方可将种蛋入孵。

采样方法:种蛋表面微生物学检查常采用涂抹法,将被检种蛋夹在直径为 3.5 cm 的特制规板内,种蛋大头朝上,在装有 5 mL 灭菌生理盐水试管中浸湿灭菌棉棒,在试管壁上挤去多余的盐水,然后在规板内滚动棉棒涂抹蛋壳取样。折去棉棒的手持端,使棉棒落入生理盐水试管中,塞紧试管塞后带回实验室检查。

检测方法:用消毒过的镊子夹住棉签,在试管里的生理盐水中反复搅拌、挤压,彻底清洗棉棒上的细菌。用灭菌吸管吸取 1 mL 样品放入灭菌平皿,倒入 45～50 ℃灭菌普通营养琼脂 18 mL,充分混合待琼脂凝固后,置于 37 ℃温箱培养 24 h,记录平板内的菌落数。

检测标准:规板内细菌总数=平板上菌落数×采样管中液体毫升数×稀释倍数。分级标准如下表所示。

表9-6 消毒后种蛋微生物学检测结果分级标准

| 级别 | 规板内菌数/种蛋枚数 |
|---|---|
| 优 | 0～60 |
| 良 | 61～120 |
| 中 | 121～180 |
| 差 | >180 |

## 第四节 病死鸡的无害化处理

种鸡养殖中,利用无害化处理技术能减少病鸡、死鸡、破损蛋、血样等动物尸体及有机废弃物对养殖场内环境的损害,减少环境中的病原体,降低疾病发病率。同时利用无害化处理技术还能减少养殖对周围环境造成的污染。目前,根据《动物防疫法》和《病死及病害动物无害化处理技术规范》的要求,鸡场应当对动物尸体及有机废弃物进行及时处理,密封装袋后用专门车辆运输到无害化处理点,采取深埋、焚烧等无害化处理措施。

### 一、委托有资质机构处理

病死鸡无害化处理应遵循就近、及时、安全、高效、环保、节能的原则。无处理能力的种鸡场,可联系当地政府指定的动物尸体处理厂代为处理。鸡场兽医需填写"动物尸体无害化处理登记表",然后做好个人防护,病死鸡尸体表面用2%氢氧化钠溶液、0.5%过氧乙酸溶液(现用现配)或次氯酸钠溶液(有效氯浓度300 mg/L)喷洒消毒后装入动物尸体周转箱或动物尸体袋并密封。再对场地、车辆、用具、周转箱及人员进行消毒。喷洒消毒药时,车体由内到外依次进行,消毒药品要喷洒均匀,不留死角,药液用量每平方米不少于1 000 mL,达到地面湿润、车体挂水珠的状态。将登记表和周转箱(或动物尸体袋)一同送往收集点入冻库冷冻暂存或处理厂处理。病死鸡尸体卸下后,对车辆、动物尸体周转箱进行彻底消毒。收集点内动物尸体达到一定存量时通知处理厂派专用车辆收取。处理厂工作人员对动物尸体与"动物尸体无害化处理登记表"核对无误后签字,用封闭运输车辆将病死鸡尸体运至无害化处理厂处理。

### 二、自行处置

有焚烧炉、高温生物降解罐、深埋坑等无害化处理设施的种鸡场,可按照《病死及病害动物无害化处理技术规范》要求进行处置。兽医人员在操作过程中应穿戴防护服、口罩、护目镜、胶鞋及手套等防护用具。工作时使用专用的收集工具、包装用品、运载工具、清洗工具、消毒器材等。处理完毕后,应对一次性防护用品作销毁处理,对循环使用的防护用品作消毒处理。深埋法、焚烧法的具体操作可参照第七章相关内容。

此外,在实际工作中,堆肥法也是部分鸡场对死鸡进行无害化处理的主要方式。从生物学的角度来看,焚烧是一种安全的处置方法,但即使是使用高效的焚烧设备,这个过程也是缓慢而昂贵的。在过去的十年中,从业者们仔细研究了堆肥技术。认为只要其方法正确,致病微生物就不能在堆肥过程中存活,堆肥产品可作为土壤肥料。因此,堆肥技术因其低成本和环保性而被广泛采用。但在实际堆肥过程中,很多的因素,如温度、湿度,都易导致其杀灭病原体的效果减弱,甚至失败。而且,养殖场也需要配套有相应的生物安全监测条件和措施。如果做法正确,监控到位,堆肥是最环保和经济有效的理想选择。

## 第五节 杀虫、灭鼠与控鸟

种鸡场要通过建立微生物学屏障来防止病原体和鸡群的接触,这是预防鸡群疫病的基础。所以养殖场不但要做好外来人员和入场物品的管理,对可能携带禽类病原体的其他动物也须严格控制,避免或减少其与鸡群接触。

## 一、灭蝇与灭蚊

养鸡场内,要防止蚊蝇传播传染病,一般采用高效低毒化学药物杀灭蚊蝇。

### (一)蝇幼虫防治

**1. 喷洒法**

对于有蝇幼虫滋生的阳性滋生物以及不能及时处置的滋生物,可调节喷洒化学杀虫剂的浓度和喷洒量。繁殖盛期每周喷洒2次,春秋季每周1次,或根据滋生物被覆盖状况增加喷洒频次;喷洒时应使用常量或高容量喷雾器。对于干燥、固体状滋生物喷洒药液量应能够湿润滋生物表面10~15 cm,一般喷洒量为0.5~5 L/m²,使药剂能充分渗透到滋生物中的蝇幼虫活动处;对于液状滋生物喷洒应适当提高浓度,减少喷洒量。

**2. 颗粒剂撒布法**

对于有蝇幼虫滋生的粪槽、下水道以及难以及时处置的液状蝇类滋生地,可直接撒布灭蝇颗粒制剂,根据药物的作用期长短及滋生物被覆盖状况调整施药频次。

可用于防治蝇幼虫的杀虫剂如下表所示。

表9-7 可用于防治蝇幼虫的杀虫剂及剂量

| 杀虫剂 | 化学类型 | 剂型 | 有效成分剂量/(g/m²) | 使用方式 |
| --- | --- | --- | --- | --- |
| 除虫脲 | IGR | 乳化浓缩剂 | 0.5~1.0 | 喷洒 |
| 灭蝇胺 | IGR | 乳化浓缩剂 | 0.5~1.0 | 喷洒 |
| 吡丙醚 | IGR | 颗粒 | 0.05~0.10 | 撒布 |
| 杀铃脲 | IGR | 乳化浓缩剂 | 0.25~0.50 | 喷洒 |
| 甲基嘧啶磷 | OP | 乳化浓缩剂 | 1~2 | 喷洒 |
| 二嗪磷 | OP | 乳化浓缩剂 | 1~2 | 喷洒 |
| 倍硫磷 | OP | 乳化浓缩剂/缓释剂 | 1~2 | 喷洒/撒布 |
| 敌百虫 | OP | 固体 | 1~2 | 撒布 |
| 杀螟松 | OP | 乳化浓缩剂/缓释剂 | 1~2 | 喷洒/撒布 |

注:IGR为昆虫生长调节剂,OP为有机磷。

### (二)成蝇防治

**1. 毒饵法**

在场区内外成蝇聚集处,如鸡舍、堆粪处、垃圾场等场所内或周边,可用杀虫剂与糖类等混匀后作为诱饵(通常干毒饵杀虫剂有效成分剂量5～20 g/kg,液体毒饵杀虫剂有效成分剂量1～12.5 g/kg,糖100 g/kg,黏性涂刷毒饵含有杀虫剂有效成分剂量7～125 g/kg),也可使用商品毒饵。将颗粒毒饵置于容器中6～25 g/10 m², 每1～2周补充或更换1次;液体毒饵盛于容器内,200～400 mL/10 m², 每7 d补充或更换1次;黏性毒饵用刷子在蝇类聚集处涂成点状,每1个月补1次。毒饵应布放在鸡群不能接触的地方,并有警示标识。

**2. 毒蝇绳法**

在鸡舍或室内成蝇活动、栖息处,可将毒蝇绳横拉或竖挂于此,每隔1个月更换1次。不能将毒蝇绳挂在食槽、水槽上方或鸡群可触及处。

浸泡毒蝇绳的杀虫剂可采用甲基吡恶磷、甲基嘧啶磷、二嗪磷、倍硫磷、马拉硫磷、残杀威、氯菊酯、溴氰菊酯等。有机磷和氨基甲酸酯化合物的推荐剂量为100～250 g/L,拟除虫菊酯为0.5～10 g/L。将深色或红色的棉绳、麻绳、绒布条等绳索浸泡在杀虫剂药液中,待绳索吸足药液,取出晾干后备用。在毒蝇绳制作过程中可加入5%～10%红糖或其他引诱剂提升吸蝇效果。

用于制作灭蝇毒饵的杀虫剂见下表。

表9-8 用于制作灭蝇毒饵的杀虫剂

| 杀虫剂 | 化学类型 | WHO危害分级 |
| --- | --- | --- |
| 多杀菌素 | Bp | U |
| 残杀威 | Car | Ⅱ |
| 吡虫啉 | Neo | Ⅱ |
| 噻虫嗪 | Neo | NA |
| 甲基吡恶磷 | OP | Ⅲ |
| 二嗪磷 | OP | Ⅱ |
| 二溴磷 | OP | Ⅱ |
| 辛硫磷 | OP | Ⅱ |
| 敌百虫 | OP | Ⅱ |

注:①Bp为生物杀虫剂,Car为氨基甲酸酯类,Neo为硝基亚甲基类,OP为有机磷。
②Ⅱ级,中等危害;Ⅲ级,轻微危害;U级,正常使用不会出现急性危害;NA级,没有可用的资料。

**3. 滞留喷洒法**

对于室内外成蝇栖息处,根据滞留表面的吸水状况调节杀虫剂的使用浓度,用手持储压式或动力驱动喷雾器,采用扇形喷头实施滞留喷洒。喷洒的周期一般室外每15～45 d处理1次,室内2～3个月处理1次；或依据喷药处强迫接触试验，试蝇死亡率小于70%作为确定处理时间的依据。喷洒时，做好个人防护，避免喷洒到蛋表面、饲料中和鸡体上。需注意的是，滞留喷洒容易使成蝇加速形成抗药性，不建议大面积滞留喷洒和连续半年以上使用同一类杀虫剂。常用的蝇类滞留喷洒用杀虫剂见下表。

表9-9 用于蝇类滞留喷洒的杀虫剂

| 杀虫剂 | 化学类型 | 有效成分剂量/(mg/m$^2$) | WHO危害分级 |
| --- | --- | --- | --- |
| 二嗪磷 | OP | 400～800 | Ⅱ |
| 甲基嘧啶磷 | OP | 1 000～2 000 | Ⅲ |
| 顺式氯氰菊酯 | PY | 15～30 | Ⅱ |
| 高效氯氰菊酯 | PY | 50 | Ⅱ |
| 氟氯氰菊酯 | PY | 30 | Ⅱ |
| 氯氰菊酯 | PY | 25～100 | Ⅱ |
| 苯氰菊酯 | PY | 25～50 | Ⅱ |
| 溴氰菊酯 | PY | 10～20 | Ⅱ |
| 顺式氰戊菊酯 | PY | 25～50 | Ⅱ |
| 醚菊酯 | PY | 100～200 | U |
| 氰戊菊酯 | PY | 1000 | Ⅱ |
| 高效氯氟氰菊酯 | PY | 10～30 | Ⅱ |
| 右旋苯醚菊酯 | PY | 250 | U |

注：①OP为有机磷，PY为拟除虫菊酯。
②Ⅱ级，中等危害；Ⅲ级，轻微危害；U级，正常使用不会出现急性危害。

**4. 空间喷雾法**

想要快速杀灭室内外的成蝇，可用空间喷雾，其特点是作用快、用量少、残效期短。室内处理应使用电动超低容量喷雾器进行低毒卫生杀虫剂喷雾；室外处理应使用背负式或车载超低容量喷雾器和热烟雾器进行中等毒至低毒卫生杀虫剂喷雾。室外喷雾量0.5～2.0 L/hm$^2$，热烟雾10～50 L/hm$^2$。室外喷雾应在早上或傍晚进行。喷雾周期依据蝇密度监测结果而定。室内喷雾处理时应当做好个人防护，避免喷洒到蛋表面、饲料中和鸡体上；室外喷雾处理时应使无关人员和动物远离。常用杀虫剂见下表。

表9-10 用于空间喷雾法灭蝇的杀虫剂

| 杀虫剂 | 化学类型 | 有效成分剂量/(g/hm²) | WHO危害分级 |
|---|---|---|---|
| 马拉硫磷 | OP | 672 | Ⅲ |
| 甲基嘧啶 | OP | 250 | Ⅲ |
| 生物苄呋菊酯 | PY | 5~10 | U |
| 氯氰菊酯 | PY | 2~5 | Ⅱ |
| 溴氰菊酯 | PY | 0.5~1.0 | Ⅱ |
| 顺式氰戊菊酯 | PY | 2~4 | Ⅱ |
| 醚菊酯 | PY | 10~20 | U |
| 高效氯氟氰菊酯 | PY | 0.5~1.0 | Ⅱ |
| 氯菊酯 | PY | 5~10 | Ⅱ |
| 右旋苯醚菊酯 | PY | 5~20 | U |

注:①OP为有机磷,PY为拟除虫菊酯。
②Ⅱ级,中等危害;Ⅲ级,轻微危害;U级,正常使用不会出现急性危害。

**(三)灭蚊**

3—5月间,在养鸡场的向阳面,设置毒蚊缸毒杀前来产卵的早春雌蚊。毒蚊缸内放置一定数量的脱氯水或淘米水,加入0.5%~1%的敌百虫或灭幼脲,水面上放置供雌蚊产卵停息的少量稻草或树叶,贴上醒目标记。一周检查一次,一旦发现毒蚊缸内有2龄以上幼虫时,重新换药。对于杀灭成蚊,可使用动力式超低容量喷雾器或各种储压式喷雾器(喷头为锥形喷头)进行空间喷洒。喷洒前熟悉喷雾器的性能、参数及操作步骤。检查机器的有效性(流量、喷幅、喷距)。舍内选择喷洒LD50(半数致死量)≥5 000 mg/kg,而且人、鸡对其不敏感的药物;外环境喷洒选择中等毒性(LD50 ≥50 mg/kg)的药物。为了延缓蚊虫抗药性的产生,连续使用的灭蚊药物品种每2~3年更换一次。

配制药液前,应测定墙面的吸水量,按照药物说明,计算所需药物浓度与重量。将喷雾器装入一定量的水,均匀地喷洒在预先划好的一块单位面积的墙面内,要求以湿而不流淌为宜。按下式计算药物使用浓度与所需重量:

$$墙面吸水量(mL/m^2) = \frac{原水量 - 余水量}{喷洒面积}$$

$$杀虫剂使用浓度(\%) = \frac{每平方米使用剂量(g/m^2)}{墙面吸水量(mL/m^2)} \times 100\%$$

$$所需杀虫剂重量(g) = \frac{杀虫剂使用浓度(\%)}{原药浓度(\%)} \times 喷雾器容量(mL)$$

进入舍内实施喷洒时,关闭门窗,操作者手持喷雾杆,喷头向上45°,距喷药表面45 cm左右距离,自下而上,再自上而下,自左往右均匀喷洒,喷幅之间重叠5 cm,由左到右,从里向外喷洒。喷洒要求达到处理墙面湿而不流。外环境喷洒时,则应从上风处向下风处移动,直接喷洒于蚊虫栖息的灌木丛、绿化地或蚊虫群舞地带。喷洒时间应严格控制在黄昏或清晨。

工作人员在接触药物过程中应身着防护服、戴橡胶手套和口罩,禁止吸烟、吃食物;喷洒完毕必须用肥皂洗手后脱下口罩、防护服并再次洗手。使用过的橡胶手套和防护服、口罩等应洗涤后使用。

此外,也可使用灭蚊灯、吸蚊器、电蚊拍、捕蚊器、驱蚊器等工具灭蚊,注意用电安全。

**(四)灭效评估**

在实施灭蝇与灭蚊措施前后,应进行蚊虫滋生地调查或密度测定,以便及时评估杀灭效果,分析所采取的控制措施的优缺点,制定下一阶段的灭蚊蝇计划。

**1. 滋生地调查**

定期调查场区内外蚊蝇的滋生地和散在滋生物,检查蝇幼虫(蛆)和蛹滋生阳性数,以及蚊幼虫(孑孓)的阳性数和滋生地的种类与数量,并做好记录。计算滋生地阳性率和幼虫滋生密度。

**2. 成蚊成蝇侵害调查**

采用人工小时法、灯诱法或帐诱法等方法调查成蚊密度,采用笼诱法、粘捕法或目测法等方法调查成蝇密度,并做好记录。

人工小时法:在鸡舍、库房、生活区等场所的室内,每次测定在日落后1 h进行,用电动吸蚊器在每个测定点捕捉15 min,分类计数。根据捕获蚊虫总数与监测点数,计算蚊虫密度(只/h)。

紫外线灯诱捕法:在易栖息蚊虫的舍外和绿化地带等场所,每个测定点离地1.5 m高度悬挂一只紫外线诱蚊灯,18:00开灯,次日早上6:00关灯。将捕获的蚊虫分类计数。根据各测定点捕获蚊虫总数和调查的灯数,计算蚊虫密度(只/灯)。

粘捕法:在场区鸡舍内悬挂粘蝇带,数量不少于5条。粘蝇带长40 cm,宽3.5 cm。监测时将粘蝇带挂置在室内2.5 m高度以下,粘蝇带之间需相距3 m以上。每次监测时间为9:00—15:00,每旬或每月监测1次,记录一次捕获的蝇数。根据粘捕蝇总数和粘蝇带数,计算蝇密度(只/条)。

## 二、灭鼠

养殖场鼠害防治一般有三种方式:生态学灭鼠法、器械灭鼠法和药物灭鼠法。生态学灭鼠法是在保证环境卫生的前提下,断绝鼠粮,动物饲舍建筑及门窗、地面要有防鼠设施。器械灭鼠法是利用夹板、压板、捕鼠笼、安置陷阱等防治鼠害。药物灭鼠法是应用化学药物灭鼠。药物灭鼠法具有效率高、使用方便、成本低和见效快的特点,其经济、省时、简便和大面积灭鼠的优点已获得多数人的认可。

灭鼠剂种类繁多,分为急性杀鼠剂和慢性杀鼠剂,由于急性杀鼠剂对人和畜禽很不安全,使其中毒,我国早已明令禁止使用此类灭鼠药物。目前养殖场较多使用的是慢性灭鼠剂,其主要是抗凝血剂类药物,具有高效、安全等优点。

此外,需注意养鸡场不能采用引进鼠类天敌如猫、猫头鹰、蛇等动物或者人为造成鼠类流行致死性传染病的方法来灭鼠,这样易增加养鸡场疫病传播的机会。具体灭鼠与效果监测方法可参照第七章相关内容。

### 三、野鸟的控制

因为鸟类的生存环境太复杂,易在野外感染或携带禽类病原体,尤其像禽流感、新城疫之类的疫病,所以养鸡场应严格控制鸟类进入,鸡舍的窗户、通风口等处必须安装防护网,掉落在生产区或鸡舍周边的饲料要及时清扫。

## 实习评价

**(一)评价指标**

(1)能掌握种鸡场重点疫病免疫接种的程序和方法、免疫档案的建立方法、免疫鸡群抗体检测方法。

(2)能掌握禽网状内皮组织增殖症、禽败血支原体病等的检疫方法,阳性鸡的正确处置方法;了解种鸡及其产品出入场检疫的方法与内容。

(3)能掌握种鸡场消毒的方法,正确使用各种消毒设施设备,实施消毒效果监测。

(4)能掌握鸡场蚊蝇、老鼠驱杀及野鸟控制方法,可开展灭鼠效果的评价。

(5)能了解病死鸡的无害化处理要求,基本掌握病死鸡尸体及污物的处理方法。

(6)能初步了解种鸡场生物安全措施体系的构成。

(7)在进入种鸡场后,能与场内领导、老师积极沟通,按本实习岗位内容开展全部或大部分实习工作,坚持撰写实习日志且实习日志完整、真实,顺利完成实习。

**(二)评价依据**

(1)实习表现:学生在鸡场兽医岗位实习期间,应遵纪守法,遵守单位的各项管理规定和学校的校纪校规,按照实习内容积极参加并完成大部分工作,表现优良。

(2)实习日志:实习期间,学生应每天对实习内容、实习效果、实习感受或收获等进行真实记录,对实习中的精彩场景、典型案例拍照并编写进实习日志。

(3)能力提升鉴定材料:鸡场在学生结束实习前,可组织鸡场管理、技术等部门专家形成学生实习能力鉴定专家小组,对学生在岗主要实习内容进行现场考核,真实评价其能力提升情况,给出鉴定意见。

### (三)评价办法

(1)自评:学生完成实习后,应按要求写出规范的实习总结材料,实事求是地评价自己在思想意识、工作能力方面的提升情况,本岗位实习内容完成的情况。可占总评价分的10%。

(2)小组测评:学生实习小组可按照参评人的实际实习时间、参加实习工作内容多少、工作中表现,以及参评提供材料的情况给予公正的评价。可占总评价分的20%。

(3)实习单位测评:实习单位可依据学生在实习工作中具体表现、能力提升情况,结合本单位指导老师给出的实习意见,给予学生实习效果的评价。可占总评价分的30%。

(4)学校测评:实习期间,每位学生均指派有实习校内指导教师。学生应定期向校内指导教师汇报实习情况,教师应定期对学生实习进行巡查和指导。可按学生提交的实习总结材料、实习单位鉴定意见、实习期间的各种汇报和表现,结合学生自评、小组测评、实习单位测评情况,给出综合评价。可占总评价分的40%。

# 附录

# 养殖场兽医安全用药

## 一、养殖场兽医安全用药的必要性

**1. 兽医安全用药的法律法规依据**

国家《兽药管理条例》第六章第三十八条规定,"兽药使用单位,应当遵守国务院兽医行政管理部门制定的兽药安全使用规定,并建立用药记录";第三十九条规定,"禁止使用假、劣兽药以及国务院兽医行政管理部门规定禁止使用的药品和其他化合物";第四十条规定,"有休药期规定的兽药用于食用动物时,……应当确保动物及其产品在用药期、休药期内不被用于食品消费";第四十一条规定,"禁止在饲料和动物饮用水中添加激素类药品和国务院兽医行政管理部门规定的其他禁用药品","禁止将原料药直接添加到饲料及动物饮用水中或者直接饲喂动物","禁止将人用药品用于动物"。

**2. 兽医安全用药与兽药残留**

兽药残留是指食品动物在应用兽药后在肉、蛋、乳及其他产品中的原形药物及其代谢产物的残存现象。当前,人们关注的兽药残留主要为化学药物的残留。引起兽药残留的原因很多,值得引起注意的有:①兽用处方药物未在执业兽医指导、监管下使用,或执业兽医师不执行处方药制度,临床用药任意扩大药物使用剂量、时间;②不遵守休药期规定,使动物组织中兽药残留超标;③随意使用未批准在食品动物中使用的药物,因该类药物在食品动物中的用法、用量、疗程和休药期等尚未明确,使用后极易发生残留超标;④饲料中非法添加药物,并未标明药物的品种、浓度等,一旦长期使用极易造成残留超标;⑤非法使用国家禁止使用的物质,如盐酸克伦特罗、安定等。

食品动物中兽药的残留可对人体健康、公共卫生安全及对外经贸往来造成较严重的危害,主要体现在:①对人体造成毒性作用,氨基糖苷类药物的残留可能对人类的肾、耳功能造成损害,喹乙醇、卡巴氧、砷制剂的残留可能表现出致癌性,苯并咪唑类、氯羟吡啶等残留有致畸、致突变的作用;②过敏反应,青霉素等在牛奶中的残留可引起人体过敏反应,甚至出现过敏性休克并危及生命;③激素样作用,雌激素、同化激素残留有致癌、致畸形作用,还可干扰人体内激素的正常分泌,引起儿童早熟等;④影响人体胃肠道菌群,抗菌药的残留可使人体胃肠道菌群平衡遭受破坏,病原菌增殖,进而易患消化道疾病,同时,长期食用抗生素残留的动物产品,可使胃肠道菌群在残留的抗生素选择压力下产生耐药性,甚至产生超级细菌,对人体健康带来巨大危害。

**3. 兽医安全用药与病原菌耐药性产生的关系**

耐药性是病原微生物、寄生虫等对化学药物作用的耐受性,又称为抗药性。通常情况下,细菌可发生低频率持续性的内在突变,导致偶发性的耐药性产生;但在抗菌药物的胁迫下,可使细菌群体突变频率大大增加。细菌可通过在感受态下摄取外环境中游离DNA,或经噬菌体、质粒交换等方式获得耐药基因,进而导致耐药突变体的产生。养殖生产或兽医临床中抗菌药物的长期使用,使得细菌的生态平衡被打破,耐药共生菌和条件致病菌会快速替代敏感菌并成为优势菌群,表现为显著的耐药性。此外,越来越多的研究发现,消毒剂、杀虫剂也可引起细菌耐药性的产生。

早在20世纪60年代人们就认识到,兽医临床和食品动物生产中使用抗生素是造成食源性致病耐药菌产生的重要因素。目前已有的研究资料显示,我国分离的畜禽源性大肠杆菌对氨苄西林、四环素、复方磺胺甲噁唑耐药率接近100%,对阿莫西林-克拉维酸、环丙沙星的耐药率超过80%,对庆大霉素、头孢噻呋的耐药率超过40%,对黏菌素的耐药率超过20%。并且我国畜禽源大肠杆菌耐药性还存在地区性差异。如广州猪场分离的119株大肠杆菌对复方新诺明、左氧氟沙星、加替沙星、环丙沙星的耐药率超过30%,对庆大霉素、头孢他啶的耐药率为20%～30%,46.09%的菌株呈现3重以上的耐药性;而分离自江苏猪场的200株大肠杆菌对氟苯尼考、氯霉素的耐药率均超过90%,并存在6～8重耐药性。我国已是抗生素滥用最严重的国家之一,病原菌的耐药情况也颇为严重,兽医安全用药已势在必行。

## 二、养殖场兽医安全用药的原则和措施

**1. 安全原则**

青霉素在使用时,其降解产物青霉噻唑酸易与多肽或蛋白质结合成青霉噻唑酸蛋白,可引起猪、牛、犬、马等的速发型变态反应,严重时引起休克甚至死亡。临床使用时,可加用糖皮质激

素和抗组胺药物,阻止或减少过敏反应的发生。头孢噻呋可引起畜禽胃肠道菌群紊乱或二重感染,使牛出现脱毛和瘙痒;减少药物的使用频率,尤其是不要将本药物作为预防保健用药,可达到安全用药目的。庆大霉素、卡那霉素、阿米卡星等氨基糖苷类药物可在肾皮质部蓄积,引起肾的损害;剂量过大时,可出现呼吸抑制、肢蹄瘫痪、骨骼肌松弛,故应按剂量要求和治疗时间限制使用。氟苯尼考有胚胎毒性,妊娠动物应禁用。泰乐菌素注射马属动物后可引起死亡,应禁用。替米考星静脉注射有致死的危险,故一般仅供皮下注射和内服,且不能超量使用。林可霉素可引起牛、马、兔等腹泻甚至致死,临床使用应谨慎。泰妙菌素与聚醚类抗生素合用,可引起鸡麻痹瘫痪,甚至死亡;该药用于马可导致结肠炎,应谨慎与聚醚类抗生素联用,对马应禁用。磺胺类药物剂量过大或使用时间过长,因其代谢物乙酰化物结晶形成而损害泌尿系统,还可破坏造血机能引起血凝不良、溶血性贫血,幼年畜禽还表现免疫抑制,因此应充分注意用药剂量和时间,用药期间提供充足饮用水,同时补充维生素B和维生素K。此外,药物安全使用还应按照国家《兽药管理条例》要求,不使用假、劣兽药,国家禁止使用的药品和其他化合物,严格执行原料药禁止直接添加到饲料和饮用水中使用和禁止人药兽用等规定。

**2. 合理原则**

临床合理用药应遵循对症用药原则,因此在用药前应先对动物所患疾病进行准确的诊断。对各种致病菌感染所引起的疾病,应选择窄谱抗菌药,如革兰氏阳性菌所致的葡萄球菌病、链球菌病、猪丹毒、气肿疽、牛放线菌病等,可选用β-内酰胺类、林可霉素、四环素类等;革兰氏阴性菌所致的大肠杆菌病、沙门氏菌病、巴氏杆菌病、泌尿生殖道感染等,可选用氨基糖苷类、氟喹诺酮类、氟苯尼考等;对支原体所致的猪喘气病、牛支原体肺炎、鸡慢性呼吸道病,可选用恩诺沙星、达氟沙星、替米考星、泰乐菌素、泰妙菌素、多西环素、林可霉素等。但病因不明或疑有合并感染时,可选用广谱抗菌药;单纯的病毒、真菌感染时,一般不宜使用抗菌药物。考虑病原菌的耐药性,合理用药时还应开展细菌的药敏试验及联合药敏试验,以帮助选择病原菌高度敏感的药物。

**3. 有效原则**

临床用药要做到有效,首先要考虑药物的使用剂量,药物的剂量与治疗效果息息相关。药理学中常以有效血药浓度作为衡量剂量的指标,轻、中度感染情况下,要求血药浓度为MIC(最小抑菌浓度)的4~8倍,中度感染则应在8倍以上。其次,还应考虑用药时机,一般病原微生物感染性疾病宜及早使用药物治疗以控制病情,但也有例外,如细菌性腹泻病,则不宜过早使用止泻药物,否则会引起体内毒素排出困难、加重病情。此外还要考虑药物的特性、给药途径、间隔时间及疗程等。如细菌性或支原体性肺炎,除选择敏感药物外,还应考虑选择能在肺组织中达到有效血药浓度的药物,例如恩诺沙星、达氟沙星等氟喹诺酮类、四环素类、大环内酯类药物;细菌性脑部感染应首选能较好在脑脊液中达到高浓度的磺胺嘧啶。药物的给药途径也有要求,危重病例一般以肌内注射或静脉注射为主,消化道感染多进行药物内服,也可同时配合注射给药。

疗程应足够,一般的感染性疾病可连续用药2~3 d,症状消失后,可加强巩固1~2 d;支原体病的疗程一般为5~7 d,使用磺胺类药物时疗程要增加2 d。临床若需更换或调整治疗方案,则至少应在前一方案给药1个疗程(即2~3 d)或用药后5 d内进行。

**4.注意药物配伍和禁忌**

药物的配伍是在临床用药过程中将两种或两种以上药物混合在一起使用的方法,若两种及以上抗生素混合在一起使用称为联合用药。药物的配伍使用可扩大抗菌谱、增强疗效、减少用量、降低或避免毒副作用,还可减少或延缓耐药菌株的产生。配伍或联合用药需满足的条件有:①用一种药物不能控制的严重感染或/和混合感染,如败血症、鸡支原体-大肠杆菌混合感染、牛支原体-巴氏杆菌混合感染等;②病因不明的严重感染;③长期用药治疗易出现耐药性的细菌感染,如慢性乳房炎、结核病;④联合用药可使毒性较大的药物用药剂量减少,如两性霉素B与四环素、黏菌素与四环素的配伍使用,可减少前面药物的用量和减轻毒性反应。临床联合用药的规律大致为细菌繁殖期或速效杀菌药(青霉素类、头孢菌素类)与静止期或慢性杀菌药(氨基糖苷类、氟喹诺酮类、多黏菌素类)联合或配伍使用,可以获得抗菌增强效果,细菌繁殖期或速效杀菌药与慢效抑菌药(磺胺类)配伍使用,或也可取得抗菌的相加作用,如用青霉素与磺胺嘧啶钠联用,可较好地治疗脑膜炎。兽医临床上联合用药或配伍用药的经典组合有磺胺药与抗菌增效剂TMP(甲氧苄啶)或DVD(二甲氧苄啶)合用、氨苄西林与庆大霉素合用、阿莫西林与克拉维酸合用、林可霉素与大观霉素合用、泰妙菌素与金霉素合用等。

但在药物的配伍或联合使用过程中,应注意药物合用后其治疗作用减弱、副作用产生或增强等配伍禁忌现象的出现。如青霉素类、头孢菌素类与四环素类、酰胺醇类、大环内酯类抗生素合用,多出现拮抗作用;氨基糖苷类药物之间合用可增加对动物脑神经的毒害作用,大环内酯类与林可胺类合用可能出现拮抗作用。当前兽医临床抗生素、抗病毒药物联合使用及禁忌,见下表。

表附-1　兽医临床抗生素、抗病毒药物联合使用及禁忌

| 主要使用的药物 | 可联合使用的化学药物 | 可联合使用的中药及制剂 | 不可联合使用的药物 |
| --- | --- | --- | --- |
| 青霉素、氨苄西林、阿莫西林 | 链霉素、庆大霉素、卡那霉素、环丙沙星、头孢类药物 | 金银花、鱼腥草、板蓝根、双黄连、五苓散、麻杏石甘汤 | 四环素、氟苯尼考、替米考星、罗红霉素、磺胺类药物 |
| 头孢噻呋钠、头孢喹肟 | 青霉素类、氨基糖苷类、喹诺酮类、TMP | 双黄连散或注射液 | 氟苯尼考、罗红霉素、卡那霉素、四环素、多黏菌素 |
| 链霉素、庆大霉素、卡那霉素、新霉素、壮观霉素、阿米卡星、安普霉素 | 青霉素类、喹诺酮类、四环素类、TMP |  | 头孢类、林可霉素、罗红霉素、两性霉素、磺胺类药物 |
| 罗红霉素、泰乐菌素、替米考星、螺旋霉素 | 新霉素、氟苯尼考 |  | 青霉素类、头孢类、林可霉素、庆大霉素、卡那霉素、磺胺类,双黄连 |

续表

| 主要使用的药物 | 可联合使用的化学药物 | 可联合使用的中药及制剂 | 不可联合使用的药物 |
|---|---|---|---|
| 林可霉素、克林霉素 | 喹诺酮类、TMP | 双黄连 | 罗红霉素、替米考星、头孢类、氨基糖苷类、磺胺类 |
| 四环素、土霉素、多西环素、金霉素、米诺环素 | 氟苯尼考、庆大霉素、泰乐菌素、泰妙菌素、新霉素 | 柴胡、黄连、黄柏、白芍、赤芍、葛根、清肺汤、竹叶石膏汤、六味地黄汤 | 罗红霉素、卡那霉素、青霉素、多黏菌素B、磺胺类、大黄、羚羊角、白矾、滑石、硼砂 |
| 甲砜霉素、氟苯尼考 | 新霉素、四环素类、黏杆菌素 | | 青霉素、头孢类、罗红霉素、林可胺类、卡那霉素、链霉素、喹诺酮类、磺胺类、蜂胶 |
| 环丙沙星、恩诺沙星、氧氟沙星、沙拉沙星 | 青霉素、头孢菌素类、林可霉素类、氨基糖苷类、TMP | | 替米考星、四环素、罗红霉素、氟苯尼考 |
| 磺胺嘧啶、磺胺二甲嘧啶、磺胺间甲氧嘧啶、磺胺对甲氧嘧啶 | 链霉素、新霉素、卡那霉素、多黏菌素、制霉菌素、TMP | | 青霉素类、四环素类、头孢类、喹诺酮类、氨基糖苷类、莫能菌素类、两性霉素B、山楂、乌梅、神曲、麦芽、五味子、川芎、白芍、赤芍、活性炭、硼砂 |
| TMP、DVD | 磺胺类、青霉素类、头孢类、氨基糖苷类、利福平、土霉素、红霉素、林可霉素、多西环素、喹诺酮类、黏菌素类 | 黄连素、鱼腥草、苦参、蒲公英、女贞叶、青蒿、白头翁、仙鹤草、马齿苋、地榆、旱莲草、忍冬藤、黄芩、黄柏、贯众 | 四环素 |
| 氨基比林、安乃近、安痛定 | 青霉素类、胃复安、皮质激素 | 夏枯草、穿心莲、干姜、秦艽、川芎、赤芍、蜂蜜、荆芥、山楂、秦皮、延胡索 | 头孢类、前列腺素类、环孢菌素、维生素A、维生素C、氯化铵、利尿剂 |
| 多黏菌素、杆菌肽、万古霉素、维吉尼霉素 | 青霉素类、磺胺类 | | 氨基糖苷类、庆大霉素、头孢类、红霉素、四环素类 |
| 干扰素 | 抗生素、阿糖腺苷、氟尿嘧啶、维生素D,但不能混合注射 | 清开灵、黄芪、柴胡、板蓝根、知母、川芎、茵黄注射液,能混合注射 | 麻醉药、镇静药、强的松、葡萄糖注射液 |
| 阿糖腺苷 | 干扰素 | | 氨茶碱 |

续表

| 主要使用的药物 | 可联合使用的化学药物 | 可联合使用的中药及制剂 | 不可联合使用的药物 |
|---|---|---|---|
| 清开灵注射液 | 干扰素、免疫核糖核酸、转移因子、白细胞介素、细菌素、溶菌酶、排疫肽、抗菌肽、心肌炎药物、阿托品 |  | 青霉素类、阿米卡星、红霉素、肾上腺素、多巴胺 |
| 黄芪多糖注射液 | 干扰素、免疫核糖核酸、转移因子、白细胞介素、抗菌肽、溶菌酶、肾上腺素、利尿剂 | 苦参、板蓝根、柴胡、当归、生地、防风、金银花、麻黄、党参、附子、益母草、山豆根 | 青霉素类、黄连、黄柏、玄参 |
| 双黄连注射液 | 青霉素类、头孢类、林可霉素、干扰素、免疫核糖核酸、转移因子、白细胞介素、抗菌肽、溶菌酶、肾上腺素、利尿剂 | 苦参、板蓝根、柴胡、当归、生地、防风、金银花、麻黄、党参、附子、益母草、山豆根 | 庆大霉素、卡那霉素、红霉素 |

**5. 避免残留**

畜禽产品中兽药残留一直受到人们的关注,我国的《食品安全法》已明确规定了畜禽产品中兽药残留的限量标准和检验方法。因此,生产中推行兽医安全用药、避免兽药残留显得十分必要。避免兽药残留,首先应做到规范使用兽药,具体要求有严格禁止使用违禁兽药及其他化合物,要严格执行处方药管理制度,严格执行依病用药,避免药物滥用;还要严格执行用药记录制度,兽医人员用药时,必须对使用的兽药品种、剂型、剂量、给药途径、疗程或用药时间等进行规范登记。其次是合理使用兽药,兽医应带头执行国家关于"饲料禁抗"的规定,不给养殖场(户)开具在饲料、饮用水中长期应用的抗生素兽药;兽医使用药物时,应尽可能使用具有生产资质、符合我国《兽药典》规定的兽药,坚决不使用未被批准的复方产品、成分不明产品及其他非法产品;使用兽药还要严格执行休药期,尤其是奶用、蛋用及育肥后期畜禽,以免增加残留发生的风险;使用兽药时,还应按照兽药使用说明书进行,杜绝不按说明书或产品标签规定用药、盲目超剂量用药、超疗程用药。最后,应协助相关部门做好兽药残留的监控工作。我国农业部早在1999年即启动了动物及动物性产品兽药残留监控计划,2004年起又建立残留超标样品追溯制度,兽医人员应配合相关部门做好样品的抽样采集、送检及产品溯源码放置等辅助工作,最大限度地减少畜禽产品中兽药的残留,保障动物性食品的安全。

**6. 中西药结合使用**

为更好地控制生产中耐药菌的产生、减少动物及动物性食品中兽药的残留,响应国家关于"饲料禁抗""兽用抗菌药使用减量"的号召,积极探索和实行动物健康绿色保健和管理措施有着很重要的现实意义。中兽医药是我国的瑰宝,数千年来在我国动物疾病防治中发挥着不可忽视的作用。近代研究证实,中草药防治动物疾病效果确切、低或无残留、不会产生耐药性,是防治畜禽疾病的绿色、环保、安全的好方法。目前的临床和药理试验证明,中西兽药合理并用可提高疗效、降低毒副作用、扩大适用范围、缩短疗程、减少用药量,显示出中西兽医结合用药的优越性。中西兽药结合使用的方法有三种,具体为:①增效配伍法,使用后可使药物的疗效得到增强,如青霉素与金银花的合用,可增强青霉素对耐药性葡萄球菌的抑制作用;②加法配伍法,使用后可更大发挥伍用药物疗效,如磺胺类药物与黄芩、白芷、防风、苍耳子、辛夷、桔梗的配伍使用;③制偏配伍法,使用后可减轻药物的毒副作用,如链霉素与甘草酸配伍使用,环磷酰胺与刺五加、三颗针、莪术的配伍使用。据调查,当前生产中最为广谱高效的中西医联合用药方案有:①黄芪多糖+氟苯尼考+多西环素,用于细菌和病毒感染引起的呼吸道疾病,防治效果显著;②双黄连+阿莫西林或乳酸环丙沙星,用于动物病毒与细菌感染所致的消化道疾病,防治有良效;③黄芪多糖+鱼腥草(提取物)+阿莫西林,用于动物泌尿生殖系统感染性疾病;④小柴胡散+姜汤红糖水+可溶性阿莫西林,用于动物季节性感冒、春冬季节的呼吸道疾病;⑤碳酸氢钠+广木香+高良姜,用于猪胃溃疡的防治,可提高疾病的治愈率。但是,需要注意的是,中兽药与化学药物配合使用时,也需要了解其配伍禁忌,如四环素类药物与中草药配合使用时,可因中草药中含有的鞣酸、钙、镁、铝、铁等影响四环素的吸收和疗效的发挥;磺胺类药物与山楂、乌梅、五味子等含有机酸的中药配合使用,可影响磺胺类药物在体内的转化,进而降低磺胺类药物的疗效。

## 三、国家禁用药品及常用药物的休药期

**1. 我国禁止使用的兽药及化合物(表附-2 至表附-5)**

表附-2 食品动物中禁止使用的药品及其他化合物清单

| 序号 | 药品及其他化合物名称 |
| --- | --- |
| 1 | 酒石酸锑钾(Antimony potassium tartrate) |
| 2 | β-兴奋剂(β-agonists)类及其盐、酯 |
| 3 | 汞制剂:氯化亚汞(甘汞)(Calomel)、醋酸汞(Mercurous acetate)、硝酸亚汞(Mercurous nitrate)、吡啶基醋酸汞(Pyridyl mercurous acetate) |
| 4 | 毒杀芬(氯化烯)(Camahechlor) |
| 5 | 卡巴氧(Carbadox)及其盐、酯 |
| 6 | 呋喃丹(克百威)(Carbofuran) |
| 7 | 氯霉素(Chloramphenicol)及其盐、酯 |

续表

| 序号 | 药品及其他化合物名称 |
|---|---|
| 8 | 杀虫脒(克死螨)(Chlordimeform) |
| 9 | 氨苯砜(Dapsone) |
| 10 | 硝基呋喃类：呋喃西林(Furacilinum)、呋喃妥因(Furadantin)、呋喃它酮(Furaltadone)、呋喃唑酮(Furazolidone)、呋喃苯烯酸钠(Nifurstyrenate sodium) |
| 11 | 林丹(Lindane) |
| 12 | 孔雀石绿(Malachite green) |
| 13 | 类固醇激素：醋酸美仑孕酮(Melengestrol Acetate)、甲基睾丸酮(Methyltestosterone)、群勃龙(去甲雄三烯醇酮)(Trenbolone)、玉米赤霉醇(Zeranal) |
| 14 | 安眠酮(Methaqualone) |
| 15 | 硝呋烯腙(Nitrovin) |
| 16 | 五氯酚酸钠(Pentachlorophenol sodium) |
| 17 | 硝基咪唑类：洛硝达唑(Ronidazole)、替硝唑(Tinidazole) |
| 18 | 硝基酚钠(Sodium nitrophenolate) |
| 19 | 己二烯雌酚(Dienoestrol)、己烯雌酚(Diethylstilbestrol)、己烷雌酚(Hexoestrol)及其盐、酯 |
| 20 | 锥虫砷胺(Tryparsamile) |
| 21 | 万古霉素(Vancomycin)及其盐、酯 |

注：资料来源于农业农村部公告第250号(2020年1月6日发布)。

表附-3　禁止用于食品动物的其他兽药和化合物

| 兽药及化合物名称 | 禁用动物 | 对应公告 |
|---|---|---|
| 洛美沙星、培氟沙星、氧氟沙星、诺氟沙星4种原料药的各种盐、酯及其各种制剂 | 所有食品动物 | 农业部公告第2292号（2015年9月1日） |
| 非泼罗尼及相关制剂 | 所有食品动物 | 农业部公告第2583号（2017年9月15日） |
| 喹乙醇、氨苯胂酸、洛克沙胂等3种兽药的原料药及各种制剂 | 所有食品动物 | 农业部公告第2638号（2018年1月11日） |

表附-4　禁止在饲料和动物饮用水中使用的药物品种目录

| 序号 | 药物类型 | 药物名称 |
| --- | --- | --- |
| 1 | 肾上腺素受体激动剂 | 盐酸克仑特罗(Clenbuterol Hydrochloride)、沙丁胺醇(Salbutamol)、硫酸沙丁胺醇(Salbutamol Sulfate)、莱克多巴胺(Ractopamine)、盐酸多巴胺(Dopamine Hydrochloride)、西巴特罗(Cimaterol)、硫酸特布他林(Terbutaline Sulfate) |
| 2 | 性激素 | 己烯雌酚(Diethylstibestrol)、雌二醇(Estradiol)、戊酸雌二醇(Estradiol Valcrate)、苯甲酸雌二醇(Estradiol Benzoate)、氯烯雌醚(Chlorotrianisene)、炔诺醇(Ethinylestradiol)、炔诺醚(Quinestrol)、醋酸氯地孕酮(Chlormadinone Acetate)、左炔诺孕酮(Levonorgestrel)、炔诺酮(Norethisterone)、绒毛膜促性腺激素(绒促性素)(Chorionic Gonadotrophin)、促卵泡生长激素(尿促性素主要含卵泡刺激FSHT和黄体生成素LH)(Menotropins) |
| 3 | 蛋白同化激素 | 碘化酪蛋白(Iodinated Casein)、苯丙酸诺龙及苯丙酸诺龙注射液(Nandrolone Phenylpropionate) |
| 4 | 精神药品 | (盐酸)氯丙嗪(Chlorpromazine Hydrochloride)、盐酸异丙嗪(Promethazine Hydrochloride)、安定(地西泮)(Diazepam)、苯巴比妥(Phenobarbital)、苯巴比妥钠(Phenobarbital Sodium)、巴比妥(Barbital)、异戊巴比妥(Amobarbital)、异戊巴比妥钠(Amobarbital Sodium)、利血平(Reserpine)、艾司唑仑(Estazolam)、甲丙氨酯(Meprobamate)、咪达唑仑(Midazolam)、硝西泮(Nitrazepam)、奥沙西泮(Oxazepam)、匹莫林(Pemoline)、三唑仑(Triazolam)、唑吡旦(Zolpidem)、其他国家管制的精神药品 |
| 5 | 各种抗生素滤渣 | 抗生素滤渣 |

注：资料来源于农业部公告第176号(2002年2月9日发布)。

表附-5　禁止在饲料和动物饮用水中使用的其他物质

| 序号 | 药物类型 | 药物名称 |
| --- | --- | --- |
| 1 | β-肾上腺素受体激动剂 | 苯乙醇胺A(Phenylethanolamine A)、班布特罗(Bambuterol)、盐酸齐帕特罗(Zilpaterol Hydrochloride)、盐酸氯丙那林(Clorprenaline Hydrochloride)、马布特罗(Mabuterol)、西布特罗(Cimbuterol)、溴布特罗(Brombuterol)、酒石酸阿福特罗(Arformoterol Tartrate)、富马酸福莫特罗(Formoterol Fumatrate) |
| 2 | 抗高血压药 | 盐酸可乐定(Clonidine Hydrochloride) |
| 3 | 抗组胺药 | 盐酸赛庚啶(Cyproheptadine Hydrochloride) |

注：资料来源于农业部公告第1519号(2011年1月13日发布)。

## 2.常用药物的休药期(表附-6)

表附-6  常用药物的休药期

| 药物种类 | 药物名称 | 执行标准 | 休药期 |
| --- | --- | --- | --- |
| β-内酰胺类抗生素 | 注射用青霉素钠 | 《中国兽药典(2020年版)》 | 0 d,弃奶期3 d |
| | 注射用青霉素钾 | 《中国兽药典(2020年版)》 | 0 d,弃奶期3 d |
| | 注射用氨苄西林钠 | 《中国兽药典(2020年版)》 | 牛6 d,猪15 d,弃奶期48 h |
| | 注射用氨苄西林 | 《中国兽药典(2020年版)》 | 牛10 d,弃奶期2 d |
| | 复方阿莫西林粉 | 部颁标准 | 鸡7 d,产蛋期禁用 |
| | 复方氨苄西林片 | 部颁标准 | 鸡7 d,产蛋期禁用 |
| | 复方氨苄西林粉 | 部颁标准 | 鸡7 d,产蛋期禁用 |
| | 头孢噻呋或头孢噻呋钠注射液 | 部颁标准 | 牛3 d,猪2 d,弃奶期12 h |
| | 头孢喹肟注射液 | 部颁标准 | 牛5 d,猪3 d,弃奶期72 h |
| | 阿莫西林-克拉维酸钾注射液 | 部颁标准 | 牛、猪14 d,弃奶期60 h |
| 氨基糖苷类抗生素 | 注射用硫酸链霉素 | 《中国兽药典(2020年版)》 | 牛、羊、猪18 d,弃奶期72 h |
| | 注射用硫酸庆大霉素 | 《中国兽药典(2020年版)》 | 猪40 d |
| | 注射用硫酸卡那霉素 | 《中国兽药典(2020年版)》 | 牛28 d,弃奶期7 d |
| | 注射用硫酸庆大-小诺霉素 | 《中国兽药典(2020年版)》 | 猪、鸡40 d |
| | 硫酸新霉素粉 | 《中国兽药典(2020年版)》 | 鸡5 d,火鸡14 d,产蛋鸡禁用 |
| | 盐酸大观霉素可溶性粉 | 《中国兽药典(2020年版)》 | 鸡5 d,产蛋鸡禁用 |
| | 硫酸安普霉素注射液、硫酸安普霉素可溶性粉 | 部颁标准 | 猪21 d,鸡7 d,产蛋鸡禁用 |
| 四环素类抗生素 | 土霉素片 | 部颁标准 | 牛、羊、猪7 d,禽5 d,弃蛋期2 d,弃奶期3 d |

续表

| 药物种类 | 药物名称 | 执行标准 | 休药期 |
|---|---|---|---|
| 四环素类抗生素 | 土霉素注射液 | 部颁标准 | 牛、羊、猪8 d,弃奶期48 h |
| | 四环素片及盐酸四环素可溶性粉 | 部颁标准 | 牛12 d,猪10 d,鸡4 d |
| | 盐酸四环素注射液 | 部颁标准 | 牛、羊、猪8 d,弃奶期2 d |
| | 盐酸多西环素片及可溶性粉 | 部颁标准 | 牛、羊、猪5 d,产蛋期禁用 |
| 酰胺醇类抗生素 | 氟苯尼考粉 | 部颁标准 | 猪20 d,鸡5 d,产蛋期禁用 |
| | 氟苯尼考注射液 | 部颁标准 | 猪14 d,鸡28 d,产蛋期禁用 |
| 大环内酯类抗生素 | 酒石酸泰乐菌素可溶性粉 | 《中国兽药典(2020年版)》 | 鸡1 d,产蛋期禁用 |
| | 注射用酒石酸泰乐菌素液 | 《中国兽药典(2020年版)》 | 猪21 d |
| | 泰乐菌素注射液 | 《中国兽药典(2020年版)》 | 猪14 d |
| | 替米考星粉 | 《中国兽药典(2020年版)》 | 猪14 d |
| | 替米考星注射液 | 《中国兽药典(2020年版)》 | 牛35 d,肉牛犊牛禁用 |
| | 吉他霉素预混剂 | 《中国兽药典(2020年版)》 | 猪、鸡7 d,蛋鸡禁用 |
| 林可胺类抗生素 | 盐酸林可霉素可溶性粉 | 《中国兽药典(2020年版)》 | 猪、鸡5 d,产蛋期禁用 |
| | 盐酸林可霉素注射液 | 《中国兽药典(2020年版)》 | 猪2 d |
| 磺胺类药物 | 磺胺嘧啶钠注射液 | 《中国兽药典(2020年版)》 | 牛10 d,羊18 d,猪10 d,弃奶期3 d |
| | 磺胺二甲嘧啶片 | 《中国兽药典(2020年版)》 | 牛10 d,猪15 d,禽10 d |
| | 磺胺二甲嘧啶钠注射液 | 《中国兽药典(2020年版)》 | 畜禽28 d |
| | 磺胺间甲氧嘧啶片 | 《中国兽药典(2020年版)》 | 畜禽28 d |
| | 磺胺间甲氧嘧啶钠注射液 | 《中国兽药典(2020年版)》 | 畜禽28 d |
| | 磺胺脒片 | 《中国兽药典(2020年版)》 | 畜禽28 d |

续表

| 药物种类 | 药物名称 | 执行标准 | 休药期 |
|---|---|---|---|
| 磺胺类药物 | 磺胺喹噁啉钠可溶性粉 | 《中国兽药典（2020年版）》 | 鸡10 d,产蛋期禁用 |
| | 磺胺噻唑片 | 《中国兽药典（2020年版）》 | 畜禽28 d |
| | 磺胺对甲氧嘧啶、二甲氧苄氨嘧啶预混剂 | 《中国兽药典（2020年版）》 | 畜禽28 d |
| | 磺胺对甲氧嘧啶片 | 《中国兽药典（2020年版）》 | 畜禽28 d |
| | 磺胺氯吡嗪钠可溶性粉 | 部颁标准 | 火鸡4 d,肉鸡1 d,产蛋期禁用 |
| 喹诺酮类药物 | 甲磺酸达氟沙星粉 | 部颁标准 | 鸡5 d,产蛋期禁用 |
| | 甲磺酸达氟沙星注射液 | 部颁标准 | 猪25 d |
| | 乳酸环丙沙星粉 | 部颁标准 | 禽8 d,产蛋期禁用 |
| | 乳酸环丙沙星注射液 | 部颁标准 | 牛14 d,猪10 d,禽28 d,弃奶期84 h,产蛋期禁用 |
| | 恩诺沙星可溶性粉 | 部颁标准 | 鸡8 d,产蛋期禁用 |
| | 恩诺沙星注射液 | 部颁标准 | 牛、羊、兔14 d,猪10 d |
| 喹噁啉类及其他抗生素 | 乙酰甲喹片 | 《中国兽药典（2020年版）》 | 牛、猪35 d |
| | 乙酰甲喹注射液 | 《中国兽药典（2020年版）》 | 牛、猪35 d |
| | 喹乙醇预混剂 | 《中国兽药典（2020年版）》 | 猪35 d,禁用于禽、鱼及35 kg体重以上的猪 |
| | 甲硝唑片 | 《中国兽药典（2020年版）》 | 牛28 d |
| | 地美硝唑预混剂 | 《中国兽药典（2020年版）》 | 猪、禽3 d,产蛋期禁用 |
| | 延胡索泰妙菌素可溶性粉 | 部颁标准 | 猪、鸡5 d |
| 作用于中枢神经系统的药物 | 盐酸氯丙嗪片 | 《中国兽药典（2020年版）》 | 28 d,弃奶期7 d |
| | 盐酸氯丙嗪注射液 | 《中国兽药典（2020年版）》 | 28 d,弃奶期7 d |
| | 地西泮注射液 | 《中国兽药典（2020年版）》 | 28 d |
| | 盐酸赛拉唑注射液 | 《中国兽药典（2020年版）》 | 28 d,弃奶期7 d |

续表

| 药物种类 | 药物名称 | 执行标准 | 休药期 |
|---|---|---|---|
| 作用于中枢神经系统的药物 | 盐酸赛拉嗪注射液 | 《中国兽药典（2020年版）》 | 牛、羊14 d,鹿15 d |
| | 注射用苯巴比妥钠 | 《中国兽药典（2020年版）》 | 28 d,弃奶期7 d |
| | 盐酸氯胺酮注射液 | 《中国兽药典（2020年版）》 | 28 d,弃奶期7 d |
| 作用于呼吸系统的药物 | 氨茶碱注射液 | 《中国兽药典（2020年版）》 | 28 d,弃奶期7 d |
| 作用于生殖系统的药物 | 苯丙酸诺龙注射液 | 《中国兽药典（2020年版）》 | 28 d,弃奶期7 d |
| | 苯甲酸雌二醇注射液 | 《中国兽药典（2020年版）》 | 28 d,弃奶期7 d |
| 自体活性物质和解热镇痛抗炎药物 | 盐酸苯海拉明注射液 | 《中国兽药典（2020年版）》 | 28 d,弃奶期7 d |
| | 盐酸异丙嗪片 | 《中国兽药典（2020年版）》 | 28 d |
| | 盐酸异丙嗪注射液 | 《中国兽药典（2020年版）》 | 28 d,弃奶期7 d |
| | 复方氨基比林注射液 | 《中国兽药典（2020年版）》 | 28 d,弃奶期7 d |
| | 安乃近片 | 《中国兽药典（2020年版）》 | 牛、羊、猪28 d |
| | 安乃近注射液 | 《中国兽药典（2020年版）》 | 牛、羊、猪28 d |
| 营养药物 | 亚硒酸钠维生素E注射液 | 《中国兽药典（2020年版）》 | 牛、羊、猪28 d |
| | 亚硒酸钠维生素E预混剂 | 《中国兽药典（2020年版）》 | 牛、羊、猪28 d |
| 抗寄生虫药物 | 阿维菌素粉 | 部颁标准 | 羊35 d,猪28 d,泌乳期禁用 |
| | 阿维菌素注射液 | 部颁标准 | 羊35 d,猪28 d,泌乳期禁用 |
| | 阿维菌素透皮溶液 | 部颁标准 | 牛、猪42 d,泌乳期禁用 |
| | 阿维菌素片 | 部颁标准 | 羊35 d,猪28 d,泌乳期禁用 |
| | 伊维菌素注射液 | 《中国兽药典（2020年版）》 | 牛、羊35 d,猪28 d,泌乳期禁用 |
| | 阿苯达唑片 | 《中国兽药典（2020年版）》 | 牛14 d,羊4 d,猪7 d,禽4 d,弃奶期60 h |
| | 氧阿苯达唑片 | 部颁标准 | 羊4 d |

续表

| 药物种类 | 药物名称 | 执行标准 | 休药期 |
|---|---|---|---|
| 抗寄生虫药物 | 芬苯达唑 | 《中国兽药典（2020年版）》 | 牛、羊21 d,猪3 d,弃奶期7 d |
| | 奥芬达唑片 | 《中国兽药典（2020年版）》 | 牛、羊、猪7 d,产奶期禁用 |
| | 盐酸左旋咪唑片 | 《中国兽药典（2020年版）》 | 牛2 d,羊、猪3 d,禽28 d,泌乳期禁用 |
| | 盐酸左旋咪唑注射液 | 《中国兽药典（2020年版）》 | 牛14 d,羊、猪28 d,泌乳期禁用 |
| | 磷酸左旋咪唑片 | 《中国兽药典（2020年版）》 | 牛2 d,羊、猪3 d,禽28 d,泌乳期禁用 |
| | 磷酸左旋咪唑注射液 | 《中国兽药典（2020年版）》 | 牛14 d,羊、猪28 d,泌乳期禁用 |
| | 精制敌百虫 | 《中国兽药典（2020年版）》 | 28 d |
| | 蝇毒磷溶液 | 部颁标准 | 28 d |
| | 巴胺磷溶液 | 部颁标准 | 羊14 d |
| | 磷酸哌嗪片 | 《中国兽药典（2020年版）》 | 牛、羊28 d,猪21 d,禽1 d |
| | 枸橼酸哌嗪片 | 《中国兽药典（2020年版）》 | 牛、羊28 d,猪21 d,禽1 d |
| | 枸橼酸乙胺嗪片 | 《中国兽药典（2020年版）》 | 28 d,弃奶期7 d |
| | 吡喹酮片 | 《中国兽药典（2020年版）》 | 28 d,弃奶期7 d |
| | 氯硝柳胺片 | 《中国兽药典（2020年版）》 | 牛、羊28 d |
| | 硝氯酚片 | 《中国兽药典（2020年版）》 | 28 d |
| | 氯氰碘柳胺片 | 《中国兽药典（2020年版）》 | 28 d,弃奶期28 d |
| | 盐霉素钠预混剂 | 《中国兽药典（2020年版）》 | 鸡5 d,产蛋期禁用 |
| | 马杜霉素预混剂 | 《中国兽药典（2020年版）》 | 鸡5 d,产蛋期禁用 |

续表

| 药物种类 | 药物名称 | 执行标准 | 休药期 |
|---|---|---|---|
| 抗寄生虫药物 | 二硝托胺预混剂 | 《中国兽药典（2020年版）》 | 鸡3 d,产蛋期禁用 |
| | 盐酸氨丙啉、乙氧酰胺苯甲酯、磺胺喹噁啉预混剂 | 《中国兽药典（2020年版）》 | 鸡10 d,产蛋鸡禁用 |
| | 盐酸氨丙啉、乙氧酰胺苯甲酯预混剂 | 《中国兽药典（2020年版）》 | 鸡3 d,产蛋期禁用 |
| | 磺胺喹噁啉、二甲氧苄氨嘧啶预混剂 | 《中国兽药典（2020年版）》 | 鸡10 d,产蛋期禁用 |
| | 磺胺喹噁啉钠可溶性粉 | 《中国兽药典（2020年版）》 | 鸡10 d,产蛋期禁用 |
| | 磺胺氯吡嗪钠可溶性粉 | 部颁标准 | 火鸡4 d,肉鸡1 d,产蛋期禁用 |
| | 注射用三氮脒 | 《中国兽药典（2020年版）》 | 28 d,弃奶期7 d |
| | 注射用喹嘧胺 | 《中国兽药典（2020年版）》 | 28 d,弃奶期7 d |
| | 精制马拉硫磷溶液 | 部颁标准 | 28 d |
| | 氰戊菊酯溶液 | 部颁标准 | 28 d |
| | 双甲脒溶液 | 《中国兽药典（2020年版）》 | 牛、羊21 d,猪8 d,弃奶期48 h,禁用于产奶羊 |
| | 环丙氨嗪预混剂(1%) | 部颁标准 | 鸡3 d |

# 主要参考文献：

[1]肖定汉.奶牛疾病防治[M].北京:金盾出版社,2003.

[2]贺生中.羊场兽医[M].北京:中国农业出版社,2003.

[3]巩忠福,曹兴元.奶牛场兽药规范使用手册[M].北京:中国农业出版社,2019.

[4]李连任.现代牛病防制实战技术问答[M].北京:化学工业出版社,2016.

[5]马庆仁,孙秋业.牛病防治关键技术[M].北京:中国农业出版社,2005.

[6]王仲兵,岳文斌,姚继光,等.现代牛场兽医手册[M].北京:中国农业出版社,2009.

[7]常新耀,魏刚才.规模化牛场兽医手册[M].北京:化学工业出版社,2013.

[8]李连任.牛场消毒防疫与疾病防制技术[M].北京:中国农业科学技术出版社,2016.

[9]ANDREWS A H, BLOWEY R W, BOYD H, et al. Bovine medicine: diseases and husbandry of cattle[M]. 2nd ed. Oxford: Wiley-Blackwell, 2004.

[10]KAOUD H. Bacterial cattle diseases[M]. London: IntechOpen, 2019.

[11]陈溥言.兽医传染病学[M].6版.北京:中国农业出版社,2015.

[12]辛蕊华,郑继方,罗永江.羊病防治及安全用药[M].北京:化学工业出版社,2016.

[13]律祥君,王拥庆,冯海洋,等.实用羊病防治新技术手册[M].北京:中国农业科学技术出版社,2015.

[14]王建华.兽医内科学[M].4版.北京:中国农业出版社,2010.

[15]王洪斌.兽医外科学[M].5版.北京:中国农业出版社,2011.

[16]赵兴绪.兽医产科学[M].4版.北京:中国农业出版社,2009.

[17]陈杖榴,曾振灵.兽医药理学[M].4版.北京:中国农业出版社,2017.

[18]李国清.兽医寄生虫学:双语版[M].北京:中国农业大学出版社,2006.

[19]RIVIERE J E, PAPICH M G. Veterinary pharmacology and therapeutics[M]. 10th ed. Oxford: Wiley-Blackwell, 2018.

[20]GARG S. Diseases of sheep[M]. Burlington: Delve Publishing, 2017.

[21]ZIMMERMAN J J, KARRIKER L A, RAMIREZ A, et al.猪病学(第10版)[M].赵德明,张仲秋,周向梅,等译.北京:中国农业大学出版社,2014.

[22]张慧辉,余小领.规模化猪场兽医手册[M].北京:化学工业出版社,2013.

[23]姚四新,魏刚才.猪场卫生、消毒和防疫手册[M].北京:化学工业出版社,2015.

[24]王振来.猪场防疫消毒无害化处理技术[M].北京:中国科学技术出版社,2017.

[25]焦连国.猪场消毒与疫苗使用技术[M].北京:中国农业出版社,2015.

[26]陈焕春.规模化猪场疫病控制与净化[M].北京:中国农业出版社,2000.

[27]MEHTAR S. Understanding infection prevention and control[M]. Cape Town: Juta & Company, Limited, 2010.

[28] DUA K. Infectious diseases of farm animals[M]. Oxford:Alpha Science International,2012.

[29] SYKES J E,CREENE C E. Infectious diseases of the dog and cat[M]. 4th ed. St. Louis,Mo.:Saunders,2011.

[30]廖明.禽病学[M].3版.北京:中国农业出版社,2021.

[31]牛钟相.鸡场兽医师手册[M].北京:金盾出版社,2008.

[32]姚四新,魏刚才.鸡场卫生、消毒和防疫手册[M].北京:化学工业出版社,2015.

[33]朱国强.鸡场疾病防控关键技术[M].北京:中国农业出版社,2014.

[34]BEACH J R. Diseases of chickens[M]. Newark:Christopher Publishers Limited,2015.

[35]KAPUR I,MEHRA A. Chickens:physiology,diseases and farming practices[M]. New York:Nova Science Publishers,Inc.,2012.

[36]CHARLTON B R. Avian disease manual[M]. Pennsylvania:Kennett Square,Pa.,2000.

[37]SAIF Y M. Diseases of poultry[M]. 12th ed. Malden,MA:Blackwell Publishing,2008.

[38]王济民,辛翔飞,等.中国肉鸡产业经济(2019)[M].北京:中国农业出版社,2020.

[39]张敬,马吉飞.规模化肉鸡场生产与经营管理手册[M].北京:中国农业出版社,2014.

[40]徐士新.肉鸡场兽药规范使用手册[M].北京:中国农业出版社,2019.

[41]王海威,王珍,罗艺.规模化肉鸡养殖场生产经营全程关键技术[M].北京:中国农业出版社,2019.

[42]刘安芳,梅学华.规模化蛋鸡养殖场生产经营全程关键技术[M].北京:中国农业出版社,2019.

[43]朱宁.中国蛋鸡产业经济(2017)[M].北京:中国农业出版社,2018.

[44]曾振灵,郭晔.蛋鸡场兽药规范使用手册[M].北京:中国农业出版社,2018.

[45]周友明,高木珍.规模化蛋鸡场生产与经营管理手册[M].北京:中国农业出版社,2014.

[46]苏一军.种鸡饲养及孵化关键技术[M].北京:中国农业出版社,2014.